DONG WU XUE

动物学

直翅目 —— 棉蝗

半翅目 —— 缘蝽

鳞翅目 —— 大红蛱蝶

鳞翅目 —— 粉蝶

半翅目 —— 负子蝽

半翅目 —— 黾蝽

多足纲 —— 马陆

蜚蠊目 —— 地鳖虫

鳞翅目 —— 凤蝶

鳞翅目 —— 红灰蝶

鳞翅目 —— 眼蝶

鳞翅目 —— 灰蝶

鳞翅目 —— 弄蝶

鳞翅目 —— 蛱蝶

鳞翅目 —— 天蛾

脉翅目 —— 草蛉

膜翅目 —— 胡蜂

膜翅目 —— 姬蜂

蜻蜓目 —— 蜻蜓

蜻蜓目 —— 豆娘

双翅目 —— 苍蝇

双翅目 —— 大蚊

鞘翅目 —— 虎甲

鞘翅目 —— 瓢虫

鞘翅目 —— 叶甲

双翅目 —— 食虫虻

双翅目 —— 食蚜蝇

同翅目 —— 蜡蝉

直翅目 —— 蝗虫

蛛形纲 —— 网蛛

蛛形纲 —— 游蛛

螳螂目 —— 螳螂

同翅目 —— 蚜虫

直翅目 —— 蟋蟀

直翅目 —— 螽斯

动 物 学

王　慧　崔淑贞　主编

中国农业大学出版社

主　编　王　慧（山东农业大学）
崔淑贞（河南农业大学）

副主编　刘学英（山西农业大学）
潘　勇（安徽科技学院）
侯建华（河北农业大学）
朱　伟（莱阳农学院）
宋憬愚（山东农业大学）

参　编　崔　峰（安徽科技学院）
李双安（河北农业大学）
李国喜（河南农业大学）
申瑞玲（山西农业大学）
付国庆（莱阳农学院）
杨小林（长江大学）
孙　平（河南科技大学）
王寿昆（福建农林大学）
王　亮（内蒙古民族大学）
崔　岩（河北工程大学）
陈万光（洛阳师范大学）
任道泉（塔里木农垦大学）
刘发央（甘肃农业大学）
杜利强（河北科技师范学院）
李顺才（河北科技师范学院）
冯纪年（西北农林科技大学）

前　言

本书是一本综合性的动物学基础教材，适合用作高等院校《动物学》、《普通动物学》或《现代生物学基础》中动物学部分的课程教材。全书结合动物科学、动物医学、水产科学、生命科学，尤其是生物系（如生物技术专业等）的特点，力求简明扼要地阐明动物学的基础理论知识和学科的研究与发展现状，揭示动物生存与发展的规律，阐明各个层次的动物种类、结构、功能、行为、习性、繁殖、发育、进化、分布移动、历史发展及其与环境的相互依存关系等一系列有关动物生命活动的基本规律和特征等。

20 世纪以来，由于学科的相互渗透和研究手段的不断改进，促成了动物学的飞跃。当今的动物学，已由过去的观察描述阶段，上升到了研究和揭示动物的生命本质以及揭示生命活动内在规律的高峰。动物学作为一门基础学科，传统上一直是农业、林业、环境科学以及医学等有关生命科学的基础，涉及种植业、畜牧业、水产养殖业、医疗、制药、卫生等。随着生物学理论与方法的不断进步，它的应用领域也在不断扩大。现在，动物学的影响已拓展到食品、化工、环境保护、能源、冶金等方面，如果考虑仿生学的因素，它还影响到了机械、电子技术、信息技术等诸多领域的发展。本教材将充分体现这些新内容或新发展，尤其是动物学与农业的相互交融与相互促进的密不可分的关系，以及分子生物学技术的发展给动物学带来的新的研究方法与发展思路，以使学生有能力迎接知识经济和信息时代的崭新农业，并为此作好充分的思想准备和知识贮备。

为保证和加强学生对动物学基础理论、基础知识、基本技能的传授和训练，使学生较系统地掌握动物学的完整知识体系，了解国内外动物学发展的前沿，新编《动物学》将增加一些有关生命科学领域的新内容、新观念、新术语和新发展。例如，在思想观点上，使学生由过去的“征服自然”等违背自然规律的传统观念，转变为当今的“顺应自然界发展规律，使人、自然和社会协调发展”，努力创建“和谐社会”的新理念；在内容上增加了一些现代分子生物学手段的应用和研究成果，使学生对动物学的发展和研究现状有一个清新的认识；最重要的是强化了生物多样性的概念，使学生重视对物种多样性的保护意识，更加着重体现动物学对未来农业可持续发展的深刻影响和潜在价值。这正是本教材的特色和创新之处。

本教材将侧重思想内容改革，把现代基因组时代，乃至蛋白质组时代的生物学思想自始至终地贯穿到整个动物学的知识体系中，突出动物学知识对现代农业的影响和对未来农业的潜在价值，使学生对现代农业和未来农业有一个清晰的认识，对动物学知识在农业可持续发展中的作用有一个整体把握。对动物学知识在农业中的潜在价值有一个全面的了解。

限于我们的水平，并由于参加编写的人员较多，因而，在内容的安排和取舍等方面肯定会有不妥之处，对于书中的缺点和错误，恳请广大读者和各位同仁批评指正。

编 者

2005 年 8 月

目　录

第一章 绪 论

导读 动物学是研究动物及其生命活动规律的科学。它既是一门基础学科，又是一门综合性学科。其研究内容涉及动物的分类、分布、生存与发展，包括动物与环境之间的物质、能量和信息交流等生命活动的各个方面。目前，动物学研究正在向宏观和微观两个方向发展，同时衍生出许多分支或边缘学科。动物学的基础作用将在生命科学的迅猛发展中更加凸显。

第一节 动物学及其分科

动物学历史悠久，与人类活动关系密切。今日的动物学，已发展成为一门内容十分广博的动物科学。它以整个生物学的普遍规律为基础，不仅研究动物及其生命活动的各个方面，还以此来阐明广泛的生命现象和规律，因而它已成为生命科学的重要基础和开拓人类未来的重要手段。

一、动物学的涵义与性质

动物学(zoology)是研究自然界中各个层次的动物及其生命活动规律的生物学分支学科。它以生物学的观点和方法，系统地研究动物的种类组成、形态结构、生理机能、生活习性、繁殖与发育、遗传与进化、分类、分布移动和历史发展，以及其他的生命活动形式和规律。

动物学既是一门基础学科，又是一门综合性学科。传统上一直是农业科学、医学等有关生命科学的基础，内容涉及种植业、畜牧业、水产养殖业、医疗、制药、卫生、资源、环境、轻工业等。动物与人类关系密切，随着生物学理论与方法的不断进步，它的应用领域也在不断扩大。如果考虑仿生学的因素，动物学的影响已拓展到工业、农业、地质勘探、食品、环境保护、能源、电子与信息技术等人类活动的各个方面。

二、生物的分界及动物在生物界的地位

自然界存在的物质可分为两类：一类具有生命现象，统称为生物(organism)；另一类没有生命现象的，统称为非生物(non-living things)。生命现象主要表现为新陈代谢(metabolism)、自我繁殖(reproduction)、生长发育(growth and development)、遗传变异(heredity and variation)、对外界环境的感应性(irritability)和适应性(plasticity)等。生命是物质的一种运动状态。它是由蛋白质、核酸、糖类和脂类等生物大分子等组成的物质系统。生命现象就是这一复杂系统中物质、能量和信息综合运动与传递的表现。

生命世界(vivicum)中的生物种类繁多，已被人类认识和命名的约有 200 万种，其中动物约有 150 万种，约占生物界已知种数的 78%。估计尚有成百上千万种生物有待被发现和命名。而已经灭绝的生物种类有 1 500 多万种，有些生物在尚未被人类发现之前就已经灭绝了，还有些生物，正在随着生存环境的日益恶化而濒临灭绝或正在灭绝。

为了更方便地研究地球上的各类生物，以及他们彼此间的关系，生物学家根据生物的发展历史、形态结构特征、营养方式以及在生态系统中的作用等，将生物分成了不同的界(kingdom)。关于生物的分界，有许多不同的观点。林奈(Carl von Linné，1735)提出了动物界(Animalia)和植物界(Plantae)的两界系统。霍格(J. Hogg，1860)和赫克(E. H. Haeckel，1866)提出了原生生物界(Protista)、植物界和动物界的三界系统，其中的原生生物界包括细菌、藻类、真菌和原生动物。电子显微镜技术的发展，使生物学家揭示出细菌、蓝藻细胞的细微结构，提出原核生物(Prokaryote)和真核生物(Eukaryote)的概念。考柏兰(H. F. Copeland，1938)提出了四界系统，即原核生物界(Monera)、原始有核界(Protoctista)(包括单胞藻、简单的多细胞藻类、粘菌、真菌和原生动物)、后生植物界(Metaphyta)和后生动物界(Metazoa)。原核生物自立一界的见解，获得了普遍接受，成为现代生物系统分类的基础。惠特克(R. H. Whittaker)1969 年，将真菌从植物界中分立出来，提出了原核生物界(细菌、蓝菌等)、原生生物界(单细胞的真核生物)、植物界(光和自养)、真菌界(Fungi)(吸收异养)和动物界(吞食异养)的五界系统，见图 1-1。

我国的昆虫学家陈世骧(1979)提出 3 个总界的六界系统，即病毒界(属于非细胞总界)，细菌界和蓝藻界(均属于原核总界)，植物界、真菌界和动物界(均属于真核总界)。反映出了非细胞形态的生命形式。

病毒就是一种非细胞的生命形态，它只由一个核酸链和蛋白质外壳构成，没有自身的代谢系统，一旦离开了宿主细胞，就成了没有任何生命活动的化学物质；而

图 1-1 生物的五界系统简图(仿陈世骧)

当进入宿主细胞后,它就可以利用细胞中的物质和能量系统以及 DNA 复制和蛋白质合成的装置,按照病毒的核酸所包含的遗传信息产生与其一样的新一代病毒。

近年来发现了比病毒还要简单的生命体——类病毒(viroid),它仅由小的 RNA 分子构成,没有蛋白质外壳,但它可以寄生在动物体上,引起疾病。

朊病毒(prion)是近年来新发现的又一种比病毒更为简单的生命形式,它仅由蛋白质构成,没有核酸,但它可以寄生在脊椎动物(如牛、羊)的脑组织中,引起人、畜共患的恶性传染病——疯牛病。

这些不断发现的不完整的生命形态的存在,说明人类对自然界的认识是没有止境的。目前,人们对生物分界的观点尚未统一。但从 30 亿年古生物的化石记录或当前地球上现存生物的情况,从形态比较、生理、生化的例证等方面,都揭示了生物从原核到真核,从简单到复杂,从低等到高等的进化方向。而生物的分界系统则显示了生命历史所经历的发展过程。在自然界中,无论是进化地位还是物种数量,动物都占据着绝对的优势,位于生态系统中食物链的最顶层。在生命发展的早期,生态系统是由生产者和分解者组成的两环系统。随着真核生物特别是动物的产生和发展,两环生态系统发展成为由生产者、分解者和消费者所组成的三环系统。从类病毒、病毒到植物、动物,生物拥有众多特征鲜明的类群。各种类群之间又由一系列的中间环节,形成连续的谱系。营养方式的不同决定了生物向不同的方向进化,光合自养型的植物、吞噬异养型的动物和腐生异养型的微生物等在生态系统中呈现出了相互作用的空间关系。因而，进化既是时间过程，又是空间发展过程。从时间的历史渊源和空间的生活关系上来看，生物都是一个整体。

三、动物学的分支

经历了2 000多年的发展，如今的动物学已发展成为分支十分广泛的学科。传统的方法是按照研究内容来划分的，有动物形态学、动物生理学、动物分类学、动物生态学等。若按研究对象来划分，可分为无脊椎动物学、原生动物学、寄生虫学、软体动物学、昆虫学、甲壳动物学、鱼类学、鸟类学、哺乳动物学等；若按照研究重点和服务的范畴，又可划分为理论动物学、应用动物学、资源动物学、实验动物学等。

近年来，由于各学科的迅速发展和相互渗透，出现了一些边缘学科，如动物地理学、生物数学、生物统计学、生物化学、生物物理学、分子生物学、悉生生物学、宇宙生物学、仿生学、结构生物学等，这些新兴的分科是动物学中最活跃的领域。总之，一些新的学科在不断地分化出来，另一些学科又在走向融合。动物学分支的这种局面，既反映了生命极其丰富的内容，又反映了动物学蓬勃发展的态势。

第二节 动物学简史与学科发展态势

一、动物学发展简史

动物学历史悠久。在以渔猎为主要生产方式的原始社会，人类就逐步积累了一些动物学知识，开始饲养驯化有益的动物。在4 700年前中国殷商时期的甲骨文中，就已经出现了许多兽、鸟、鱼、虫等文字，后来的象形文字也把“虫”、“鱼”、“犭”作偏旁，可见，那时我国已拥有了一定的分类意识。3 000多年前的著作《夏小正》中记载了“五月浮游出现，十二月蚂蚁进窝”等生态现象。春秋时代的《诗经》中述及动物达100余种。2 500年前的《尚书·禹贡篇》中记载了当时9个大区域的经济动物种类，是中国动物地理学的萌芽。距今2 000多年前的《周礼》中把动物分为毛、羽、介、鳞、赢5类。汉代《尔雅》中有释虫、释鱼、释鸟、释兽、释畜5类，每篇都写了近百种动物。隋唐时期的《扁鹊难经》提到人体血液循环现象，比英国学者哈维约早1 000年。北魏的《齐民要术》总结了许多渔、桑、农、牧的经验。唐代陈藏器的《本草拾遗》中以侧线鳞数目作为鱼类分类的重要性状，至今沿用。公元265～420年的晋代，中国已率先编纂了动物图谱，稽含的《南方草木状》绘制了利用蚂蚁扑灭柑橘害虫的生物防治的先例。明代李时珍《本草纲目》描述了400多种动物，许多还附有外形图，堪称动物学史上的伟大典籍。

西方动物学的发展起源于 2 000 多年前古希腊的亚里士多德（Aristotle，公元前 384 至公元前 322 年），他系统地描述了几百种动物，被誉为动物学之父。老普林尼编写的 37 卷的《博物志》中，第 7～11 卷为动物学内容。在欧洲宗教统治的黑暗时代，动物学停滞不前。15 世纪前后，封建制度崩溃，欧洲进入文艺复兴时期，随后，资本主义生产兴起。动物学才又有所发展。16 世纪后，动物学呈现出勃勃生机，其中分类学和解剖学的进展尤为迅速。荷兰人詹森（H. & Z. Janssen）父子试制成功复式显微镜。17 世纪英国人胡克（R. Hook）用自制的显微镜首先观察到植物组织的细胞结构，推动了微观领域中组织学、胚胎学及原生动物学的繁荣。18 世纪，瑞典分类学家林奈（C. Linnaeus，1707—1778）将动、植物分为纲、目、属、种和变种 5 个阶元，并首创双名法，为现代分类学奠定了基础。19 世纪，法国生物学家拉马克提出了物种进化的思想。居维叶（G. Cuvier，1769—1832）在比较解剖学及古生物学方面做出了贡献。德国植物学家施莱登（M. Schleiden，1804—1881）和动物学家施旺（T. Schwann，1810—1882）于 1838—1839 年创立了《细胞学说》。1859 年，英国科学家达尔文确立了生物进化论学说，推动了动物学的发展。孟德尔（Mendel，1822—1884）和摩尔根（Morgan，1866—1945）奠定了遗传学的理论基础。从此，动物学走上了现代发展的道路。

20 世纪以来，由于学科的相互渗透和研究手段的不断改进，促成了动物学的飞跃。当今的动物学，已由过去的观察描述阶段上升到了从个体、显微、亚显微乃至基因、蛋白质等分子水平研究生命活动规律的高峰。到 20 世纪 50 年代，在阐明了遗传物质 DNA 的双螺旋结构的基础上，建立了分子生物学，生物学的研究从此进入了全新的阶段。

二、动物学发展态势

20 世纪 40 年代以来，动物学吸收了数学、物理学、化学等的成就，逐渐发展成一门精确的、定量的、深入到分子层次的科学。

动物学的发展趋势是学科间的相互渗透和向宏观和微观两个方向发展，同时，又相互结合，形成了从分子、细胞、组织、器官、个体、群体、生态系统等多层次的研究。多种新思想和新技术也被应用于动物学的各个研究领域。

随着分子生物学的发展、基因工程、克隆技术、DNA 体外扩增、基因芯片等生物技术的成熟和各种计算机程序的使用，促使动物学家从不同层次逐步深化对生命活动规律的认识。基因组学、蛋白质组学、人类基因组计划、动物基因组计划等的迅猛发展，促使动物形态、生理和遗传的研究逐步达到更深的层次。

近年来,不同的分类系统理论,为研究动物的区系演化提供了强有力的支持,极大地丰富了动物学的研究手段和研究内容,使动物学的研究不断地向重要的国际前沿方向拓展。

第三节 动物学的研究方法

动物学内容庞杂,门类繁多,作为学科也极其复杂,但综合起来,其研究方法主要有以下几种:

(1)描述法。通过观察,将动物外形、内部结构、生活习性及经济和学术意义用文字和图表等如实记录下来。

(2)比较法。通过动物间的系统比较,揭示其内在联系,从而得出动物结构与机能,进化与发展等方面的规律。

(3)实验法。在人为条件下,用物理的、化学的和生物学的方法对动物的生活和生命活动现象进行观察,以揭示动物生存和生命活动的本质等。

(4)综合研究法。运用多学科知识,采用多种方法,进行综合研究,取得研究成果和使研究向高深方向进展。

对于动物学来说,既需要有精确的实验分析,又需要从动物体整体的角度来观察生命现象。动物学积累了大量关于各种层次生命系统及其组成部分的资料。今天对于生命系统的规律作出定量的理论研究已经提到日程上来,系统论方法将作为新方法正受到人们的重视。从事动物学研究,必须多方面接触自然与实际,丰富感性认识,然后再通过整理和概括,提高到理性阶段,把最本质的问题揭露出来。

第四节 动物分类的基本知识

自然界中的动物种类繁多,彼此间亲缘关系错综复杂,这就需要有一个完整的、能反映进化系统的分类法才能正确地认识和区分不同的动物和动物类群,深入地研究它们的发生发展规律。因而,动物分类的知识是学习和研究动物学的基础。

一、分类依据

动物分类的依据最初主要是根据形态特征或习性特点。随着研究技术手段的发展,逐渐由形态、解剖、胚胎、生理、生态和地理分布等方面深入到细胞学、遗传学、分子生物学、生物化学、数学等领域。同时,也从形态学、生态学领域拓展到基因(包括核基因和核外基因)、蛋白质等分子水平。

现在所用的动物分类系统,是以各个层次上动物形态、解剖和基因组DNA序列的相似性和差异性的总和为基础的;再结合古生物学、比较胚胎学、比较解剖学上的许多证据,基本上能反映动物界的自然类缘关系,称为自然分类系统。

二、物种的概念与分类阶元

物种(简称为种)是具有一定的形态、生理特征和一定的自然分布区的自然繁殖群体。物种是分类系统中最基本的阶元,是自然选择的历史产物。一个物种中的个体不与其他物种中的个体交配,或交配后不能产生有生殖能力的后代。这叫做种间的生殖隔离。

对于物种的认识是随着科学的发展而发展的,随着人们对自然界认识的不断深入而加深的。林奈时代关于种的概念远比现在简单,18世纪时认为物种是固定不变的。当进化的概念被广泛接受以来,人们逐渐公认:地球上现存的物种是物种在长期历史发展过程中通过变异、遗传和自然选择的结果。世界上没有固定不变的物种,一个物种通过世世代代的遗传变异会逐渐演变成一个新种,或分化出几个新种而延续下去,这样,原来的物种就消失(间断)了。物种正是动物进化的连续性和间断性统一的基本间断形式。

如果一个种群内的个体长期生活于不同的地区,彼此间断绝了交流,并各自由于地理和生态上的隔离而演变出了一些独特的形态特征,则称为亚种。如东北虎与华南虎就是两个亚种。亚种是种以下的分类阶元。人工选育的动植物经济品种不属于分类阶元。

通常将相近的种归并为属(genus),相近的属归并为科(family),相似的科归并为目(order);目以上为纲(class)、门(phylum)、界,则构成了界、门、纲、目、科、属、种的分类阶元(category)或分类等级,为了更准确地表明动物间的相似程度,又可细分为亚门、亚纲、亚目、总科、亚科、亚属等,构成一个科学的动物分类系统,如:家犬的分类

动物界 Animalia

  脊索动物门 Chordata

   脊椎动物亚门 Vertebrata

    哺乳纲 Mammalia

     真兽亚纲 Eutheria

      食肉目 Carnivora

犬科 Canidae

犬属 *Canis*

家犬 *Canis familaris*

三、物种的命名

国际上，为了各国交流的方便，也为了避免同物异名或异物同名现象，规定每一个物种都应有一个学名(science name)。目前，国际上采用的物种命名法是用林奈(Linnaeus)首创的"双名法"，即用拉丁文或拉丁化的斜题文字来给动物命名。学名应包括属名和种名，属名在前，为单数主格名词，第一个字母大写；种名在后，多为形容词，第一个字母小写；也可将命名人附后，第一个字母大写。如亚洲象(*Elephas maximus*)，非洲象(*Loxodonta africanus*)，虎(*Felis tigris*)，狮(*Felis leo*)，金钱豹(*F. pardus*)，云豹(*F. nebulosa*)，家猫(*F. domestica*)。

如果种内有亚种，则用三名法命名，即在种名后加上第三个拉丁字或亚种名。例如，东亚飞蝗的学名为：*Locusta migratoria manilensis* Linne。

四、动物的分门

动物界根据动物体细胞的数量而分为单细胞的原生动物(Protazoa)和多细胞的后生动物(Metazoa)两大类。后生动物又根据胚层分化、体制、体腔、分节、附肢形状、脊索和脊椎等，分为约30多个门，比较常见的动物门类有：

(1)原生动物门 Protozoa：约30 000种。

(2)多孔动物门 Porifera：约5 100种。

(3)腔肠动物门 Coelenterata：约9 000种。

(4)栉水母门 Ctenophora：约90种。

(5)扁形动物门 Platyhelminthes：约10 000～15 000种。

(6)纽形动物门 Nemertina：约750种。

(7)假体腔动物门 Pseudocoelomata：约13 000种。

(8)环节动物门 Annelida：约17 000种。

(9)软体动物门 Mollusca：约130 000种。

(10)节肢动物门 Arthropoda：约923 000种。

(11)腕足动物门 Brachiopoda：约260种。

(12)棘皮动物门 Echinodermata：6 000种。

(13)毛颚动物门 Chaetognatha：约50种。

(14)半索动物门 Hemichordata：约80种。

(15)脊索动物门 Chordata:约 41 210 种。

五、生物多样性及其保护

生物多样性是人类生存极为重要的基础,是生态平衡的重要因素。生物多样性有三个层次的含义:一是物种多样性,是指自然界中含有多种多样的生物种类;二是遗传多样性,是指同属一个物种的个体之间具有多种不同的基因或遗传组成;三是生态系统多样性,是指物种赖以生存的生态系统是千差万别的。

随着人口的迅速增加和人类经济活动的加剧,生物多样性正在遭受着严重的威胁,许许多多的物种由于生态环境的日益恶化或人类无节度的捕食和杀戮等,已经灭绝或濒临灭绝。生态平衡屡遭破坏或威胁。因此,有关生物多样性的研究、保护和合理地开发利用已经成为全球性的重大课题。

目前,生物多样性和保护生物学研究已在世界范围内引起了广泛的重视。1992 年联合国环境署主持制定了《生物多样性公约》,为全球生物多样性的保护提供了法律保障。为了维护地球的生态环境和可持续发展,为了人类的现在和未来,保护生物多样性意义深远。

第五节 动物学课程的目的与意义

动物学作为一门基础科学,传统上一直是农学和医学的基础,与其他生物科学如医学、兽医学、农学、畜牧学、环境科学以及人类的生产活动都有着密切联系。今日的动物学实际上已发展成为内容十分全面的动物科学,它以整个生物学的普遍规律为基础,不仅研究以动物为内容的学术和生产活动的各个方面,还以此来阐明广泛的生物学活动,因而,动物学已成为开拓人类未来的重要手段。

动物学的研究成果对人类的思维产生了深远影响,由“征服自然”转变成“人、自然和社会协调发展”。动物学研究不仅要使动物学得到不断的丰富和发展,而且要提供充分利用和保护动物资源的方法、途径和理论依据,使有益的动物资源及其生态系统逐渐得到有效的保护;更多的动物逐渐得到家养驯化、人工繁殖和开发利用;有害的动物得到有效的控制;随着生物物理学、结构生物学和仿生学的发展,动物的各个层次上的结构特点将给人类更多的启示和为人类所利用,动物学的基础作用将在生命科学的迅猛发展中更加凸显。

本章小结

动物学是研究动物及其生命活动规律的科学。在自然界中，动物在进化地位和物种数量上都占据着绝对的优势。动物学与其他学科相互融合和渗透，衍生出许多分支或边缘学科。国际上规定了统一的动物分类等级或阶元，并统一采用“双名法”为物种命名。物种是最基本的分类阶元，是生物进化的连续性与间断性统一的基本间断形式。生物多样性的涵义包括遗传多样性、物种多样性和生态系统多样性。在动物学的研究过程中，人类意识到应该摒弃征服者的姿态，使“人、自然、社会协调发展”；保护生物多样性具有极其深远的意义。随着生命科学的迅猛发展，动物学的基础作用将更加凸显。

思考题

1. 动物学的研究范畴、发展简史与研究现状是什么？
2. 生物有哪些特征？分为几个界？
3. 如何用双名法给物种命名？
4. 如何区分物种、亚种和变种？
5. 动物学有哪些研究方法？各有何特点？
6. 生物多样性的含义？保护生物多样性的意义是什么？

第二章　动物体的基本结构、繁殖与个体发育

导读　形态各异的生物有机体都是由细胞构成的，细胞是生物体结构与功能的基本单位。生物个体是一个多层次的复杂结构体系，细胞之上的结构层次有组织、器官和器官系统；而细胞之下还有亚显微结构、分子和原子等；生物个体之间又构成物种、种群、群落和生态系统等结构体系。细胞以无丝分裂、有丝分裂和减数分裂等方式产生新一代细胞。动物体以无性生殖和有性生殖的方式繁衍种族。多细胞动物的个体发育经历胚前期、胚胎期和胚后期 3 个发育阶段，有直接发育和间接发育 2 种发育方式。

第一节　细　　胞

动物是一种生命体，生命体都是由细胞构成的多层次、非线性、多侧面的复杂结构体系。细胞是生命体结构与功能的基本单位，有了细胞才有完整的生命活动。

一、细胞的一般特征和基本结构

细胞比较微小，通常以 μm 度量，一般用肉眼难以辨认，要借助于显微镜才能看清。细胞内的结构更要借助于电子显微镜或特殊的光学显微镜才能看清，故称其为亚显微结构。但也有少数较大的细胞，如鸵鸟的卵(不包括卵清)，直径可达 5 cm。最长的细胞是运动神经元细胞，如人的坐骨神经细胞可长达 1 m。一般说来，真核细胞的体积大于原核细胞，卵细胞大于体细胞。大多数动物细胞直径一般在 20～30 μm 之内。几种动物细胞见图 2-1。

不同的细胞由于结构、功能和所处的环境不同，在形态上便产生了千差万别的特化，有圆形、椭圆形、柱形、方形、多角形、扁形、梭形，甚至不定形等。单细胞的动物，如草履虫，体呈鞋底状。高等生物体内的细胞具有结构和功能上的分化，呈现出各种形状，而细胞的形状是与其功能和所处的环境密切相关的。如：具有收缩功能的肌肉细胞，呈长条形或长梭形；红细胞为圆盘状，有利于运输 O_2 及 CO_2 和气

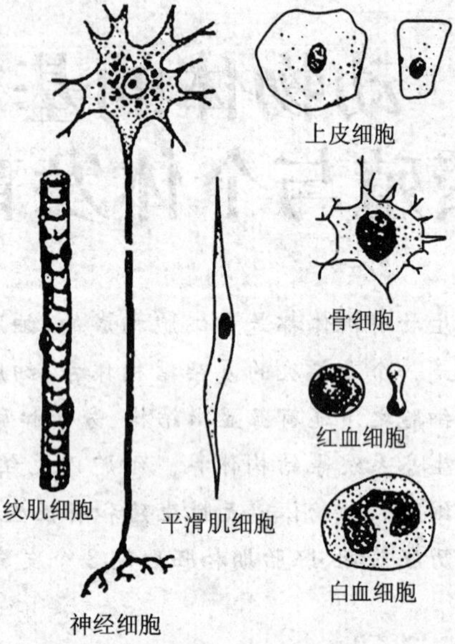

图 2-1 几种动物细胞(自刘凌云)

体交换;神经细胞呈星形,多具长突起,有利于传导神经冲动。

各类细胞尽管形态多样、功能各异,但都具有共同的基本结构或属性:①都是由膜包围的原生质团,可以与胞外环境进行物质和信息交流;②具有自我复制的能力,是有机体生长发育的基础;③是代谢与功能的基本单位,具有一套完整的代谢和调控体系;④是遗传的基本单位,具有发育的全能性。所以说,构成生命的细胞是多层次、非线性、多侧面的复杂结构体系。

Purkinje(1839)用原生质(protoplasm)一词指细胞的全部活性物质,从现代概念来说它包括质膜、细胞质和细胞核(或拟核)。质膜(plasma membrane)又称细胞膜(cell membrane),是由磷脂双分子层镶嵌上许多蛋白质分子构成的,在其外表面还分布有糖脂。细胞膜具有不对称性、流动性和一定的通透性,细胞通过质膜与周围环境进行物质和信息的交流。质膜以内、细胞核以外的原生质称为细胞质(cytoplasm)。细胞核是细胞中最大、最重要的细胞器,由双层膜围绕,内含遗传物质 DNA。细胞核中的原生质称为核质(nucleoplasm;karyoplasm)。在光学和电子显微镜下,细胞质中显示出的具有一定形态特点并执行特定功能的结构称为细胞器(organelle),如:线粒体、内质网、核糖体、高尔基体、溶酶体、中心粒(centriole)和细胞骨架。细胞质中除细胞器以外的部分称为细胞质溶质或胞质溶胶(cytosol)，内含水、无机离子、酶及可溶性大分子和代谢产物。细胞的各种亚显微结构都拥有特定的立体结构，以完成各种生命活动。

二、细胞的化学组成

在自然界的 107 种元素中，有 24 种是组成细胞(即构成生命)的元素。其中碳(C)、氢(H)、氧(O)、氮(N)、磷(P)、硫(S)是构成大部分有机分子的重要元素。钙(Ca)、钾(K)、钠(Na)、氯(Cl)、镁(Mg)、铁(Fe)是常量元素；而锰(Mn)、碘(I)、钼(Mo)、钴(Co)、锌(Zn)、铯(Se)、铜(Cu)、镉(Cr)、锡(Sn)、钒(V)、硅(Si)、氟(F)12 种元素的含量仅占生物体总量的 0.1%，称为微量元素，其作用是非常重要的。由 24 种元素形成生命的各种化合物——有机物和无机物。有机物包括蛋白质、核酸、糖类、脂类 4 类生物大分子和小分子的维生素；无机物包括水和无机盐。

蛋白质(protein)是细胞的主要组分，也是各种生命活动的基础。其结构单位是氨基酸，已知的氨基酸约 20 种。蛋白质是由几十、几百乃至成千上万个氨基酸分子，通过肽键按照一定的顺序联结成长链，又按一定的方式盘曲折叠而形成的复杂的生物大分子。蛋白质具有种的特异性，可作为种类鉴别及物种间亲缘关系的证据。

核酸(nucleic acid)是遗传物质的主要成分，生物的遗传变异主要是通过核酸实现的。核酸可分为 RNA 和 DNA 两大类。构成核酸的基本单位是核苷酸，一个核苷酸包括一个五碳糖、一个含氮碱基和磷酸。核酸就是由几十个到几万个甚至几百万个核苷酸聚合而成的生物大分子。DNA 分子是由两条多核苷酸链平行围绕着同一轴盘旋而成的双螺旋结构。双螺旋结构对于生物的多样性及传递遗传信息具有极大的优越性，为遗传物质的复制提供了有利条件。DNA 结构及复制见图 2-2，DNA 通过 RNA 合成蛋白质见图 2-3。

糖类(carbohydrate)是细胞的主要能源，也是一种细胞组分，其基本单位是由 C、H、O 组成的，化学式为 $C_m(H_2O)_n$，单糖在体内脱水合成多糖，如肝糖原、肌糖原等。脂类(lipid)是一种主要能源，也是细胞的主要组分。主要有甘油酯、磷脂和固醇 3 大类。维生素(vitamins)是维持细胞正常代谢的关键元素，虽然需要量很少，也不是有机体内的能源物质和组成细胞的结构物质，但对正常代谢影响很大。大多数维生素都不能由动物自身合成，必须从食物中摄入，否则就会发生维生素缺乏症。

矿物质或无机盐(minerals)对生物有机体也起着非常重要的作用。生物体内的矿物质或无机物多以盐类的离子形式存在，故名无机盐。无机盐对于生命体具有重要的生理作用。例如维持体液的正常渗透压、酸碱度、神经肌肉的正常兴奋性

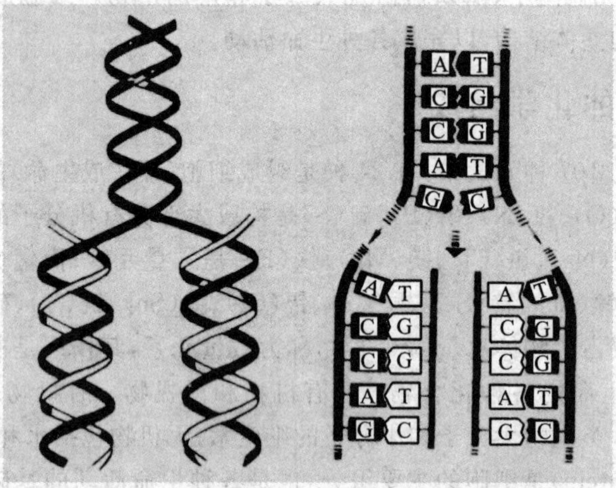

图 2-2 DNA 结构及复制示意图

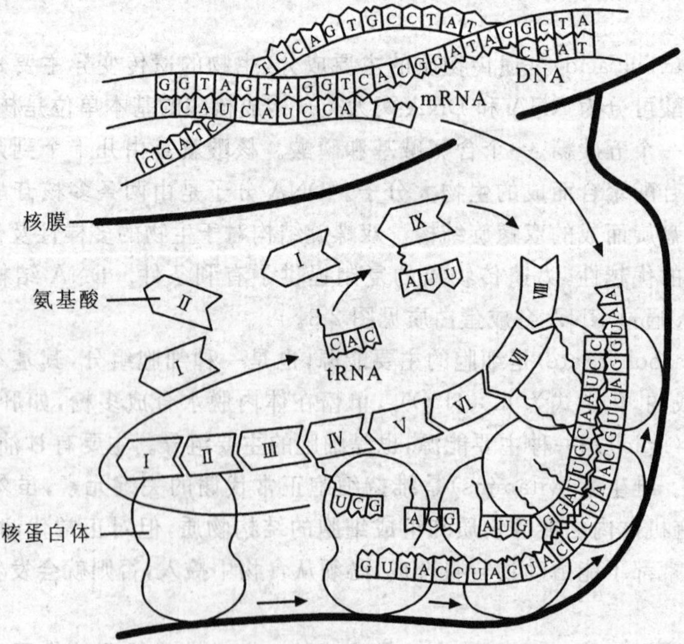

图 2-3 DNA 通过 RNA 合成蛋白质示意图

等，此外，还有一些呈不溶解状态的无机盐（如碳酸钙、磷酸镁等）是动物外骨骼或贝壳的主要成分。

水(water)是生物体含量最多的物质，一般占体重的60%～95%。一般成年人含水量在65%左右；而动物在胚胎期含水量可高达体重的95%左右，腔肠动物门中的水母是含水量最多的动物之一。其成体含水量可达95%。水在动物体内的作用非常重要，既是体内物质的溶剂、运输媒介、化学反应物，又可以调节体温等。

三、细胞周期与细胞分裂(图 2-4)

细胞在生活过程中在不断地进行着生长与分裂的周期性变化。在细胞生长时，其体积逐渐增大，为细胞分裂提供了基础。在分裂期，细胞分裂为两个子细胞。细胞周期(cell cycle)，是指细胞从一次有丝分裂结束，到下一次有丝分裂完成所经历的一个有序的周期性变化过程。包括分裂间期(interphase)和分裂期。分裂间期就是两次细胞分裂之间的时期，又分为 DNA 合成前期即 G1 期(presynthetic phase)、DNA 合成期即 S 期(synthesis)和合成后期即 G2 期(postsynthetic phase)。一般认为，在 G1 期合成 DNA 复制所需要的酶和底物、RNA 等，在 G2 期合成纺锤体和星体的蛋白质等。细胞分裂间期所需要的时间远较分裂期长。细胞已经分化执行特殊的机能时，通常不再进行分裂。把细胞已经分化但脱离生长分裂期的这个阶段称为 G0 期。

细胞分裂(cell division)可分为无丝分裂、有丝分裂和减数分裂 3 种类型。

无丝分裂(amitosis)，又称为直接分裂，由 R. Remark(1841)首次发现于鸡胚血细胞。表现为细胞核伸长，从中部缢缩，然后细胞质分裂，其间不涉及纺锤体形成及染色体的变化，故称为无丝分裂。无丝分裂不仅发现于原核生物，同时也发现于高等动植物，如植物的胚乳细胞，动物的胎膜、间充质组织及肌肉细胞等等。

有丝分裂(mitosis)，又称为间接分裂，W. Fleming 于 1882 年首次发现于动物，E. Strasburger 于 1880 年发现于植物。有丝分裂的特点是有纺锤体和染色体的形成，经过复制的染色体被平均地分配到子细胞，这种分裂方式普遍见于动植物。

减数分裂(meiosis)，是指染色体复制一次，而细胞连续进行两次有丝分裂。这是形成配子时的一种分裂方式，配子的染色体数目减少一半，称为单倍体。受精后，合子恢复为二倍体。

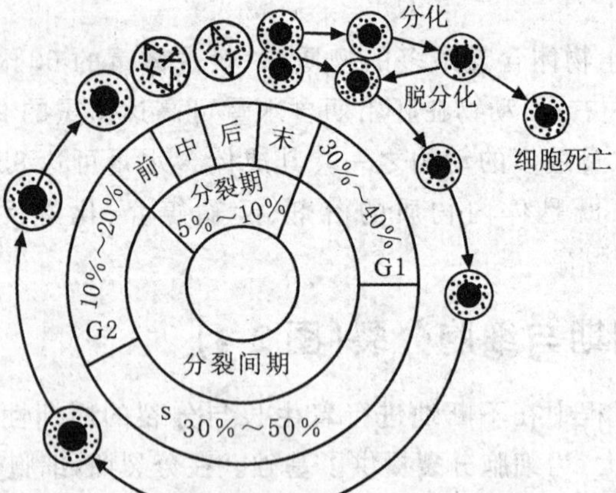

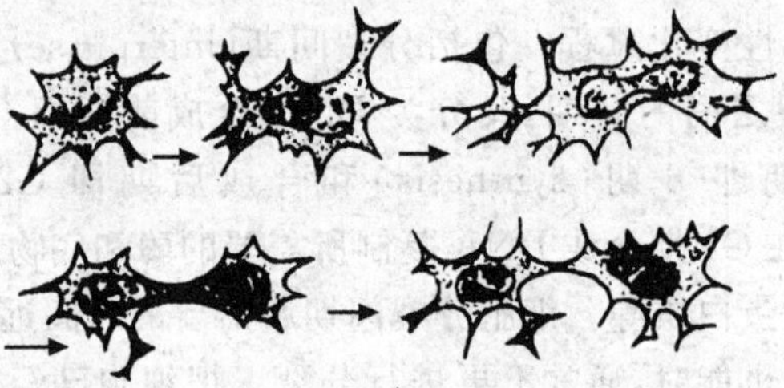

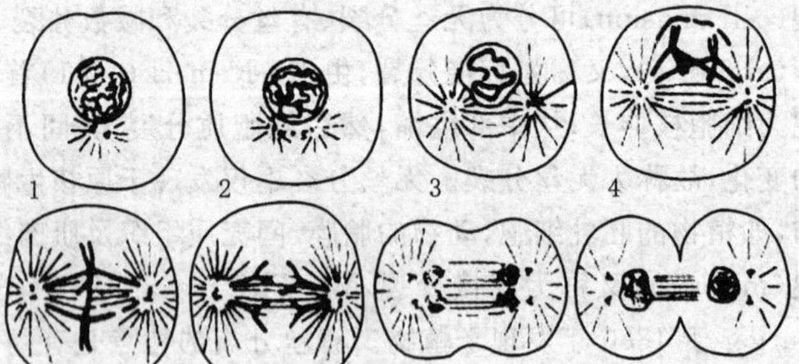

图 2-4　细胞增殖周期(上图,仿靳德明)**与细胞分裂**(下图,A 仿 Wilson;B 仿 Mazia)

A. 小鼠腱细胞无丝分裂;B. 有丝分裂图解:1～4. 前期;5. 中期;6. 后期;7～8. 末期

第二节 组织和器官系统的基本概念

一、组织(tissue)

组织是由一些形态相近、机能相同的细胞群构成的。在组织内不仅有细胞,也有非细胞形态的细胞间质(如细胞外基质等)。高等动物体具有很多不同形态和不同机能的组织,而每一种组织均完成特定的生物功能。动物的组织归纳起来可分为 4 类基本组织,即上皮组织、结缔组织、肌肉组织和神经组织。

上皮组织(epithelial tissue)由密集的细胞和少量细胞间质(intercellular substance)组成,在细胞之间又有明显的连接复合体(junctional complex)。一般上皮细胞密集排列呈膜状,覆盖在体表和体内各种器官、管道、囊、腔的内表面及内脏器官的表面。上皮组织具有保护、吸收、排泄、分泌、呼吸等功能。如被覆上皮(cover epithelium)、腺上皮(glandular epithelium)和感觉上皮(sensory epithelium)等。上皮组织的类型见图 2-5。

结缔组织(connective tissue):是由多种细胞和大量的细胞间质构成的。细胞的种类多,分散在液体、胶状体、固体基质和纤维样的细胞间质中,形成多样化的组织。具有支持、保护、营养、修复和物质运输等多种功能。如疏松结统组织(loose connective tissue)、致密结缔组织(dense connective tissue)、脂肪组织(adipose tissue)、软骨组织(cartilagenous tissue)、骨组织(osseous tissue)和血液(blood)等。

肌肉组织(muscular tissue):主要由收缩性强的肌细胞(也称为肌纤维)构成。主要机能是将化学能转变为机械能,使肌纤维收缩,机体进行各种运动。如:横纹肌(striated muscle)或称骨骼肌(skeletal muscle)、心肌(cardiac muscle)、斜纹肌或螺旋纹肌(obliquely striated muscle 或 spirally striated muscle 或 helically striated muscle)和平滑肌(smooth muscle)。斜纹肌广泛存在于无脊椎动物,如腔肠动物、涡虫、线虫、环节、软体等动物。肌原纤维与横纹肌的基本相同,只是各肌原纤维节不是排列在同一水平面上,而是错开排列呈斜纹状,暗带特别明显,像一个围绕细胞的暗螺旋。

神经组织(nervous tissue):由神经细胞或称神经元(neuron)和神经胶质细胞(neuroglia cell)组成。神经细胞具有高度发达的感受刺激和传导兴奋的能力。神经胶质细胞还没有证明有传导兴奋的能力,但有支持、保护、营养和修补等作用。神经组织是组成脑、脊髓以及周围神经系统其他部分的基本成分,它能接受内外环

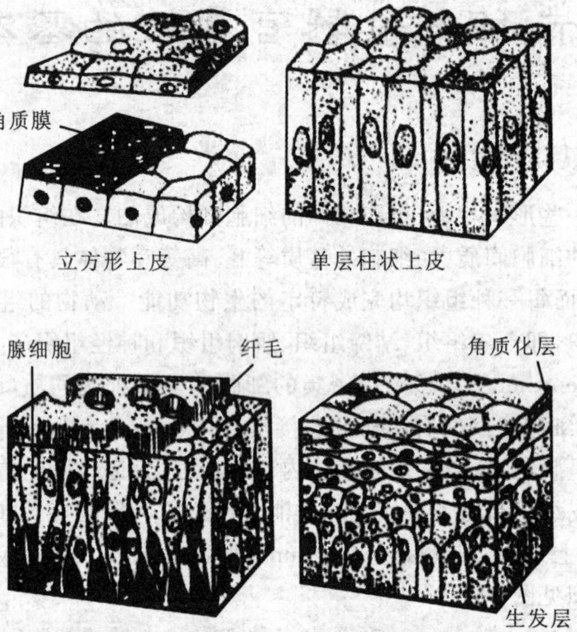

图 2-5 上皮组织的类型(仿江静波等)

境的各种刺激，并能发出冲动联系骨骼肌和肌体内部脏器协调活动。

二、器官(organ)

器官是几种不同类型组织的有机联合体，具有一定的形态特征和执行一定的生理机能。例如，小肠是由上皮组织、疏松结统组织、平滑肌以及神经、血管等形成的具有消化食物和吸收营养机能的器官，呈管状。

三、系统(system)

系统是一些在机能上有密切联系的器官的有机联合体，能完成一系列较为复杂的生理机能。如由鼻、咽、呼吸管和肺等器官有机地结合起来形成的呼吸系统，能执行吸进 O_2 和呼出 CO_2 的功能。高等动物体一般由皮肤系统、肌肉系统、骨骼系统、消化系统、呼吸系统、循环系统、排泄系统、生殖系统、神经系统和内分泌系统构成。这些系统在神经系统和内分泌系统等的调控下，彼此协调，执行不同的生理机能，使整个有机体适应外界环境的变化和维持体内外环境的协调，使生命得以生存和延续。

第三节　动物的繁殖与个体发育

在一切动物个体的生活史中，都有新生、生长发育、衰老和死亡的过程。当新生的动物个体经过生长发育达到性成熟时，必然要生殖后代，以使种族延续和进化发展。有些动物一生只经历一次繁殖期即死亡。如昆虫纲的蜉蝣、鱼纲的鳗鲡等。不同动物的寿命长短不同，如蜉蝣的生活史只有一天，可谓“朝生暮死”；最长寿的动物也不过一二百年，相对于植物而言，要短得多。

一、动物的繁殖

动物有机体自然繁殖后代的方法多种多样，归纳起来可分为无性生殖和有性生殖两大类，而每一类中又有许多不同的方式。

无性繁殖(asexual reproduction)，是指不经过雌雄交配这一有性过程而由单一亲体直接产生同种新个体的生殖方式。这种不产生性细胞的单亲遗传是较原始的生殖方式，其特点是不需要两个生殖细胞的相遇，遗传信息没有进行个体间的交换和重组，生殖过程简单而快速，但其种族的进化发展速度慢。无性生殖主要有以下几种类型：

分裂生殖(fission)，简称裂殖(schizogenesis)，是单细胞动物的主要繁殖方式，通常是由一个亲代细胞通过横二分裂、纵二分裂或复分裂而形成两个或多个细胞(后代)。如原生动物等。

出芽生殖简称芽殖(budding)，属于一种营养繁殖，是由亲体的一定部位长出与自身体形相似的芽体，这个芽体在一定条件下能发育成一个新个体。有时，芽体上会再生出芽体。如果芽体不脱离母体，则会形成群体或临时群体。如水螅等动物。

断裂生殖(fragementation)，一个动物体自身能自发断裂成一段或多段，每一段都能发育成一个新个体。如无脊椎动物中的一些小型蠕虫。

其他的无性生殖方式还有：孢子生殖(spore reproduction)，如孢子纲的动物；包囊生殖如原生动物；芽球生殖如海绵休眠后的生殖方式。

有性生殖(sexual reproduction)，通过两个性细胞的结合，或由两个亲体细胞交换部分核物质后才产生新个体的生殖方式。主要有配子生殖类型。

配子生殖(gamete reproduction),是由两个特化的生殖细胞(配子)融合而进行的一种较高等的生殖方式。由于后代的遗传物质源于2个亲体产生的单倍体配子,配子间的遗传物质重组可以使合子核产生新的基因型,因而,虽然繁殖速度较慢、较复杂,但有利于种族的进化发展。根据两种配子的分化程度(形态差异大小),将配子生殖划分为:同配生殖(两种配子形态完全相同)、异配生殖(配子既有大小等形态上的差异,又有性别区分)和卵配生殖(如高等动物的精子和卵高度分化)。

动物界还有一些特殊的有性生殖方式,主要有以下几种:

接合生殖(conjugation):原生动物纤毛虫类特有的一种不产生配子的有性生殖方式。进行生殖时两个亲体相互紧接,互换一部分核物质,然后再分开,各自以横分裂的方式产生4个后代,两个个体一次接合共产生8个个体。

孤雌生殖(parthenogenesis):有些雌性动物不经过交配就可直接产卵,卵不经过受精就发育成新个体。如蚜虫、水蚤等在环境适宜时可通过孤雌生殖迅速繁殖下一代。

幼体生殖(paedogenesis):有些动物在幼体阶段就繁殖下一代的现象。如扁形动物的吸虫类等。

除了上述的自然繁殖方式之外,近年来,又出现了一些人工干预的繁殖方式,如借助于超数排卵、显微操作、胚胎移植等动物克隆技术,人们已经能够使高等动物进行无性繁殖,以克隆出与供核亲本高度相似的后代,如克隆羊、克隆牛的诞生;借助于转基因技术等基因工程技术,人们可以培育出具有某种特定经济性状的转基因动物,如抗病虫害畜禽品种的培育;借助于人工授精、显微操作等胚胎工程技术,人们可以打破自然界物种间所固有的生殖隔离现象,以“繁殖”新型的“组合动物”。目前,这些依赖于生物工程技术的人工“繁殖”手段虽然还处于实验阶段,但在不久的将来,必将成为培育优良畜禽品种的实用技术。

二、动物的个体发育

多细胞动物的个体发育远比单细胞的原生动物复杂。以有性生殖为基础的多细胞动物的个体发育可分为胚前期、胚胎期和胚后期3个阶段。

胚前期:胚前期是为下一步的生殖活动作准备的时期,主要是生殖细胞的发生与成熟。精子和卵子的发生都要经历增殖、生长和成熟3个阶段。具体过程是:当动物个体发育到达性成熟时,其生殖腺的生殖上皮细胞经过多次细胞分裂,产生性原细胞(在雄性为精原细胞,雌性为卵原细胞)。性原细胞通过多次有丝分裂进行增殖。当性原细胞停止分裂时即进入生长阶段,不断增大它们的体积,长成初级性母细胞。初级性母细胞经过成熟分裂(减数分裂)发育为成熟的配子。

减数分裂包括两次连续的有丝分裂，分别称为减数分裂Ⅰ和减数分裂Ⅱ。初级卵母细胞在减数分裂Ⅰ结束时，分裂成一个体积较大的次级卵母细胞和一个第一极体。在减数分裂Ⅱ结束时，次级卵母细胞又分裂成一个体积较大的成熟的卵和一个第二极体；而第一极体也分裂成两个小极体。小极体只有细胞核，几乎没有细胞质和卵黄，不久便消失。所以，一个初级卵母细胞只形成一个成熟的卵。卵子的类型见图 2-6。

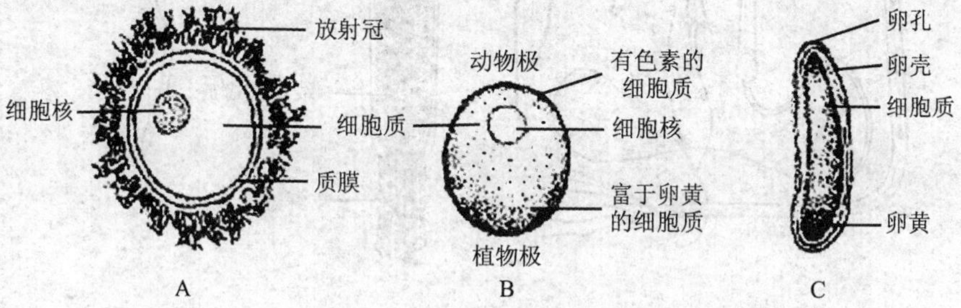

图 2-6　卵子的类型(仿谢祚浑)

A. 少黄卵(人卵)；B. 端黄卵(蛙卵)；C. 中黄卵(蝇卵)

初级精母细胞的减数分裂与初级卵母细胞的减数分裂过程相似，但不产生极体，所以，每一个初级精母细胞经过减数分裂能形成 4 个成熟的精子。

不同动物精子和卵的形态迥异，其发生所经历的时间长短也各不相同。精子一般较小，能运动，大多似蝌蚪状，可分为头部、颈部和尾部。卵细胞较大，呈圆形，一般含有大量卵黄。根据卵黄的多少和分布情况将卵划分为均黄卵(少黄卵)、中黄卵和端黄卵(多黄卵)。均黄卵中的卵黄含量少，分布较均匀，如哺乳动物的卵。中黄卵中的卵黄含量稍多一些，且集中分布于卵的中央，如昆虫的卵。端黄卵内含卵黄较多，分布集中一端，如鸟类的卵。卵黄含量较多的一端为植物极(vegetal pole)，另一端为动物极(animal pole)。精子的显微结构见图 2-7。

胚胎期：成熟的精子和卵子通过受精而形成受精卵，受精卵是新个体发育的起点。受精后，个体发育进入胚胎期。胚胎发育的主要阶段可以相对地区分为：卵裂、囊胚的形成、原肠胚的形成、中胚层及体腔的形成和胚层的分化。

受精卵的卵裂与一般细胞的分裂不同，每次分裂后形成的新细胞叫做分裂球(blastomere)，分裂球尚未长大又继续分裂，随着分裂次数的增加，分裂球越来越小。不同类型的卵，卵裂的方式不同，主要有完全卵裂和不完全卵裂两大类。完全

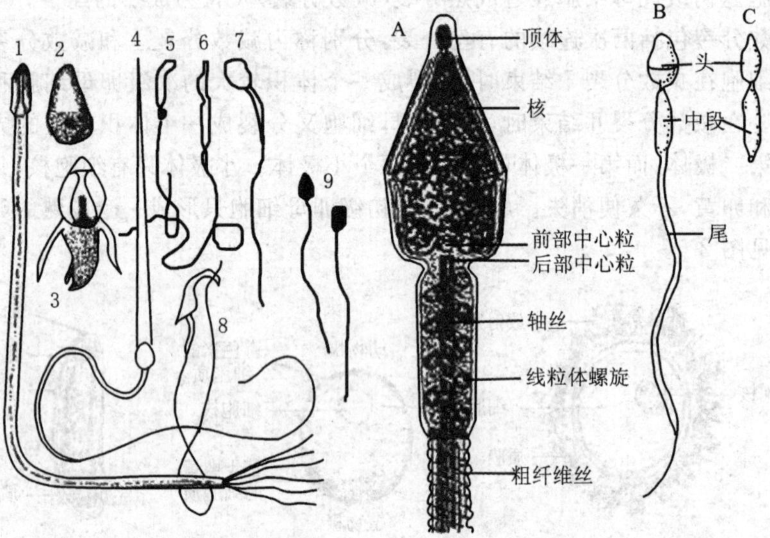

图 2-7 大小形态不同的各种动物精子(左)和人类精子显微结构(右)(仿 Villee C. A.)

1. 腹足类软体动物;2. 蛔虫;3. 寄居蟹;4. 蝾螈;5. 蛙;6. 鸡;7. 绵羊;8. 鼠;9. 人

A. 人类精子的超微结构;B、C. 精子的不同视觉显微观察

卵裂是整个卵都进行分裂,又有等裂和不等裂之分。一般均黄卵为等裂,形成的分裂球大小相等,如海胆、文昌鱼;而端黄卵多为不等裂,形成的分裂球大小不等,如海绵动物、蛙类等。不完全卵裂多见于多黄卵,大量卵黄的存在使分裂受阻,只在不含卵黄处进行分裂。如果分裂区仅限于胚盘处,则称为盘裂,如乌贼、鸡卵;如果分裂区只限于卵的表面,则称为表面卵裂,如昆虫卵。

卵裂的结果,形成囊胚,分裂球聚集成中空的球状胚。中间的空腔称为囊胚腔,周围的细胞称为囊胚层,囊胚腔的出现使胚体细胞的活动有了充分的空间。

囊胚进一步发育,进入原肠胚。出现了原肠腔、内胚层、外胚层和原口。在胚胎发育过程中,原口形成口的动物称为原口动物。包括:扁形动物、线形动物、环节动物、软体动物、节肢动物。在胚胎发育过程中,原口形成动物的肛门,在相反方向的一端由内胚层内陷形成口的动物称为后口动物。棘皮动物以后的动物属于后口动物。

随着胚胎发育的继续进行,多数动物在内外胚层之间形成了中胚层,并伴随有体腔形成。海星和蛙的胚胎发育见图 2-8。

细胞伴随胚胎发育的进行,开始在形态、位置和机能上发生有差异的变化,这种细胞由相似结构逐渐发生变异的过程称为细胞分化。3 个胚层的细胞开始分化

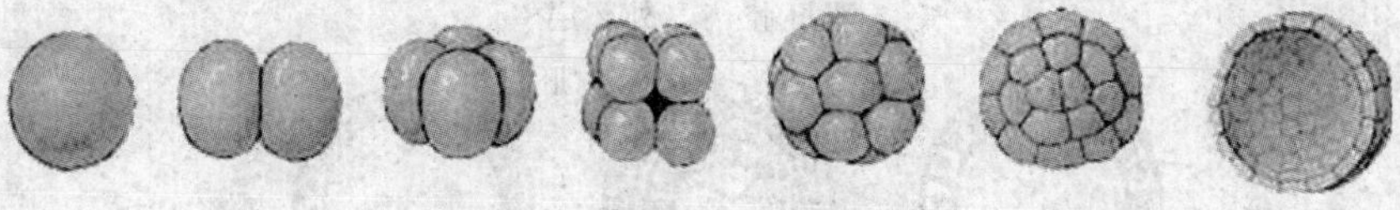

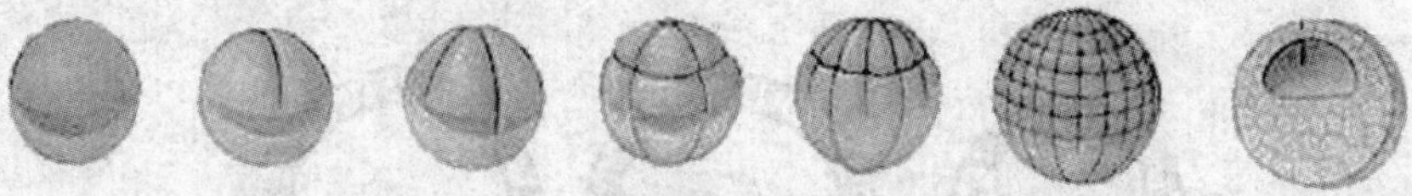

图 2-8 海星和蛙的胚胎发育(自中国大百科全书生物学)

形成不同的组织,以构建各个器官系统。3 个胚层的分化或主要衍生物如下:

外胚层:形成神经组织、表皮及其衍生物、感觉器官的感觉上皮、消化道两端的上皮等。

中胚层:形成结缔组织、循环、肌肉、大部分排泄系统和生殖系统的上皮组织等。

内胚层:形成大部分消化管上皮、消化腺和呼吸上皮、内分泌腺等。

多细胞动物的胚胎发育都要经历以上这些重要阶段。但是,这些重要发育阶段的形成方式,会由于动物种类的不同而有所差别。卵裂、囊胚形成和原肠作用方式也都是多种多样的。原肠胚形成和中胚层形成见图 2-9。

胚后期:动物体出生以后的发育阶段,称为胚后期或胚后发育。新生个体经过生长发育,达到性成熟即成年后,就开始繁殖后代,一般而言,寿命短的动物,性成熟期来得早,持续时间也短;寿命长的动物,性成熟期较晚,但持续时间较长。经历了一定阶段的生长发育和繁殖等生命活动之后,动物体便逐渐走向衰老和死亡。

根据动物幼体和成体的形态结构和生活习性差异的大小,主要是根据动物在成熟发育中是否要进行变态,将动物的胚后发育区分为直接发育和间接发育 2 种类型。

间接发育是指幼体要经历一段幼虫期,幼虫的形态结构和生活习性与成体大不相同,需要经过变态才能发育为成体。所以,又称为变态发育。

直接发育是指幼体不经过变态就能生长发育为成体,即没有幼虫期。也称为无变态发育。

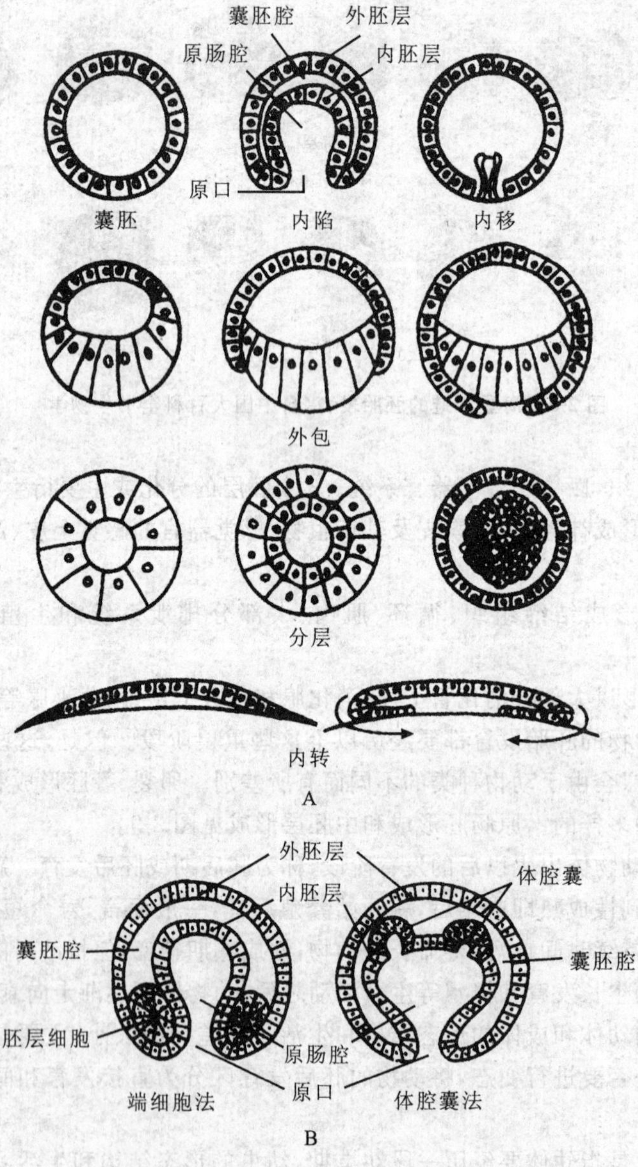

图 2-9 原肠胚形成(A)和中胚层形成(B)示意图(自谢祚浑)

三、生物发生律

通过对大量动物个体胚胎发育过程的观察，发现不同动物个体发育的几个主要阶段非常相似，这种相似性正好反映了动物界系统发育的顺序性。

动物个体发育的全过程是由受精卵（单细胞）发育到囊胚（多细胞群），再发育到原肠胚（2 个胚层），再发育到中胚层建成后的胚胎（3 个胚层）。而动物界系统发育的全过程是由单细胞动物进化为群体原生动物，再进化为只有 2 个胚层的多细胞动物，再进化为具有 3 个胚层的多细胞动物。

动物界系统发育与动物个体发育的相似性充分说明：动物的个体发育按顺序简短而迅速地重演着系统发育的全部主要过程，这就叫做生物发生律（biogenetic law）。是由德国科学家赫克尔（E. Haeckel）于 1866 年提出的。生物发生律是研究生物进化的重要依据。

本 章 小 结

动物体的生长发育与繁殖等一切生命活动都是在细胞的基础上进行的。细胞是动物体结构与功能的基本单位。细胞以及由细胞构成的动物体都是多层次、非线性、多侧面的复杂结构体系。虽然执行不同功能的细胞呈现出不同的形状，但是细胞的基本结构和属性是一致的。细胞以无丝分裂、有丝分裂和减数分裂的方式产生新一代细胞。动物以无性生殖和有性生殖的方式繁殖新一代个体。人们可以借助转基因动物、克隆动物等生物工程技术来打破自然界的种间隔离，以培育具有特定性状的转基因动物或克隆动物。多细胞动物的个体发育可以分为胚前期、胚胎期和胚后期 3 个阶段。动物的胚后发育有直接发育和间接发育 2 种方式。

思 考 题

1. 动物体有哪些结构层次？如何理解细胞是动物体结构与机能的基本单位？
2. 动物有哪些繁殖方式？
3. 多细胞动物的个体发育主要经历哪些重要阶段？
4. 什么是直接发育？什么是间接发育？
5. 什么是转基因动物？什么是克隆动物？各有何意义？

第三章 原生动物门 (Protozoa)

导读 原生动物是动物界最原始的类群。一般是单细胞个体,或是由单细胞个体构成的群体。原生动物的细胞分化出多种细胞器,为了与一般意义的细胞器相区别而称为类器官。原生动物的生命活动就是通过各种类器官来完成的。原生动物兼具多种营养方式,生殖方式也多种多样。以形成包囊的方式适应生存和四处传播。原生动物广泛分布于海水、淡水、土壤中,也有的寄生于动植物体内,对各种生态环境和人类生活都有重要影响。

第一节 原生动物门的主要特征

1. 身体微小的单细胞动物 原生动物是身体微小的单细胞动物,例如,草履虫(*Paramoecium*)的体长在 150～300 μm 之间,最小的利什曼原虫(*Leishmania*)体长仅 2～3 μm,大型的种类体长可达 7 cm,例如海产的某些有孔虫类(Foraminifera),迄今所记录的原生动物的最大个体是新生代的化石钱币虫(*Nummulites*),竟达 19 cm。一般的原生动物要借助于显微镜才能看清。

2. 以类器官完成生命活动 原生动物是一个独立完整的有机体,它们除了具有一般细胞的基本结构——细胞膜、细胞核、细胞质和细胞器(线粒体、核糖体、内质网等)之外,细胞又分化出多种细胞器(organelle)来执行类似于高等多细胞动物器官系统的功能,所以,又称为类器官。鞭毛、纤毛和伪足能分别进行鞭毛运动、纤毛运动和变形运动;胞口、胞咽等能完成取食的功能;食物泡、色素体和类淀粉粒等完成细胞内消化、吸收、制造有机物和贮存营养等;眼点能够感觉光线;收集管、伸缩泡等可以调节体内水分或渗透压。

原生动物除单细胞的个体外,也有由多个个体聚合在一体而形成的群体(colony),如盘藻、空球藻、实球藻、团藻等。原生动物的群体完全不同于多细胞动物,因为,群体中的细胞依然保持着相对的独立性,细胞一般没有分化,但有的种类有体细胞与生殖细胞的分化。

3. 多样化的营养方式　原生动物具有生物界全部的营养方式。如具有色素体的绿眼虫能进行光合(植物型)营养;变形虫、草履虫能进行吞噬(动物型)营养;变形虫能进行腐生型(渗透型)营养。许多原生动物兼有多种营养方式,如眼虫能够在光亮和黑暗的环境下变换采用不同的营养方式。

4. 有性和无性繁殖方式多样　原生动物具有多种生殖方式,可分为无性生殖和有性生殖两类。无性生殖方式有:分裂生殖和出芽生殖。其中分裂生殖又有纵二分裂、横二分裂和复分裂(多分裂)。有性生殖方式有动物界常见的配子生殖和纤毛虫独有的接合生殖。

5. 以形成包囊的方式适应不良环境　许多原生动物在环境条件不利时可脱去体表的鞭毛或纤毛,身体回缩为球状,并向体外分泌胶质厚壳,形成包囊,不再活动,新陈代谢水平降低,处于休眠状态,以度过干旱、低温、炎热、盐度变化等恶劣环境。包囊可以随风传播,或被迁徙的动物转移。待环境改善时,原生动物便在包囊内进行分裂、出芽等无性生殖,然后脱囊而出,恢复正常生活。因此,包囊不仅可以抵御不良环境,扩大分布范围,而且也是一种繁殖方式。

第二节　原生动物的重要类群

原生动物广泛分布于世界各地的淡水、海水以及潮湿的土壤中,也有不少是寄生的。一般认为约有 30 000 种。对原生动物的分类,学者们的意见不尽一致,主要分为 4 个纲:鞭毛纲、肉足纲、孢子纲和纤毛纲。

一、鞭毛纲(Mastigophora)

(一)代表动物——绿眼虫

绿眼虫(*Euglena viridis*)分布在有机质较丰富的水沟、池沼或缓流中,大量繁殖时常使水体变绿。绿眼虫身体梭形,长 60 μm,前端钝圆,后端尖,细胞核大,在身体后部。绿眼虫细胞膜特化成表膜,又称三分质膜,具有由沟嵴结构形成的螺旋状条纹,使虫体保持一定形状。表膜条纹的数目是眼虫种的分类特征。体前端有一胞口,向后连接一个膨大的储蓄泡。鞭毛一条,从胞口伸出,是细胞表面的突起,内部支持部分是微管,周围是九对双联体微管,中间有 2 个微管,鞭毛的摆动是由微管收缩造成的。眼虫的鞭毛下连有两条细的轴丝,每条在储蓄泡底部与一基体相连,由它产生出鞭毛。基体对虫体分裂起着中心粒的作用。每个基体连一细丝至核,这表明鞭毛受核的控制。绿眼虫的一般结构见图 3-1。

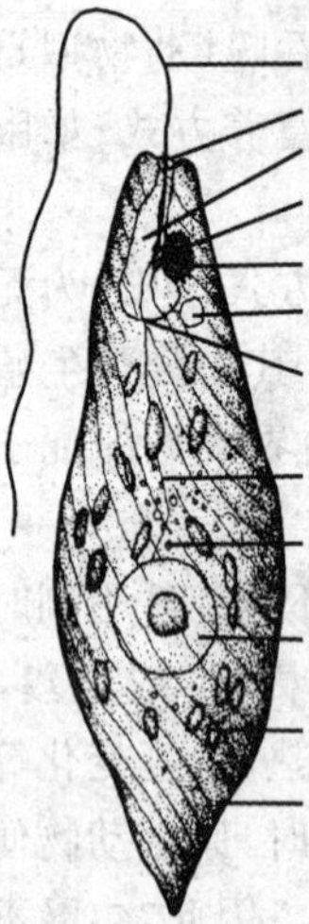

图 3-1 绿眼虫的一般结构(自刘凌云)

眼虫在运动中有趋光性,这是因为在鞭毛基部紧贴着储蓄泡处有一红色眼点,靠近眼点近鞭毛基部有一膨大部分,能接受光线,称光感受器。眼点是由埋在无色基质中的类胡萝卜素与血红素组成的。眼点和光感受器普遍存在于绿色鞭毛虫,与光合作用有关。

绿眼虫的细胞内有叶绿体,在叶绿体内有叶绿素。眼虫主要通过叶绿素的光合作用把二氧化碳和水合成糖类,这种营养方式即光合营养,合成的多糖为半透明的类淀粉粒。在无光的条件下,眼虫可以通过体表吸收溶解于水中的有机物质,这种营养方式称为渗透营养。

眼虫用伸缩泡收集细胞质中过多的水分,然后经储蓄泡由胞口排出。

眼虫在有光条件下,利用光合作用所放出的氧进行呼吸作用,呼吸作用所产生的二氧化碳又被利用来进行光合作用。在无光的条件下,通过体表吸收水中的氧,排出二氧化碳。

眼虫的生殖方式包括有性生殖和无性生殖。有性生殖为配子生殖,无性生殖一般是纵二分裂。首先是核进行有丝分裂,分裂时核膜不消失,基体复制为二,继之虫体开始从前端分裂,脱去鞭毛,同时由基体再长出新的鞭毛,或是一个保留原有的鞭毛,另一个产生新鞭毛。胞口也纵裂为二,然后继续由前向后分裂,断开成为 2 个新个体。环境不良时,绿眼虫虫体变圆,分泌一种胶质形成包囊,然后慢慢变小进入休眠状态,并可传播。环境好转时,虫体破囊而出,出囊前要进行一次或几次纵二分裂。绿眼虫的纵二分裂见图 3-2。

(二)鞭毛纲的主要特征

以鞭毛为运动类器官,通常 1～4 条或更多。在有光的条件下进行光合营养;无光的条件下进行渗透营养,即通过体表吸收周围呈溶解状态的营养物质;还有的吞食固体的食物颗粒或微小生物,行吞噬营养。无性生殖一般为纵二分裂。有性生殖为配子结合或整个个体结合,环境不良时可形成包囊。鞭毛显微结构见图 3-3。

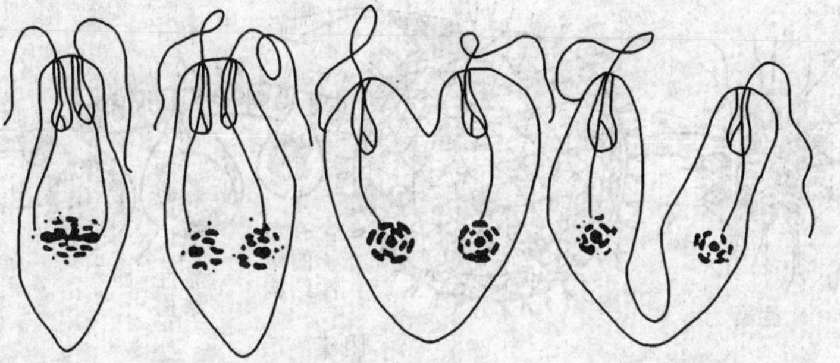

图 3-2　绿眼虫的纵二分裂(自 Brusca 等)

(三)重要类群

根据营养方式的不同,可将鞭毛纲分为 2 个亚纲。

1. 植鞭亚纲(Phytomastigina)　通常具色素体,能进行光合作用,属自养型。多数自由生活,单细胞或形成群体。多为浮游生物的组成部分,是鱼类的天然饵料。

植鞭亚纲的常见种类:绿眼虫(*Euglena viridis*)、夜光虫(*Noctiluca*)、盘藻(*Gonium*)、团藻(*Volvox*)(图 3-4)。

夜光虫:属腰鞭毛目,在夜间由于海水波动的刺激能发光。夜光虫等腰鞭毛目的一些种类大量繁殖时会形成赤潮,能使鱼类大量死亡。

盘藻:一般 4 或 16 个体排在一起呈盘状,每个个体都有营养和繁殖能力。

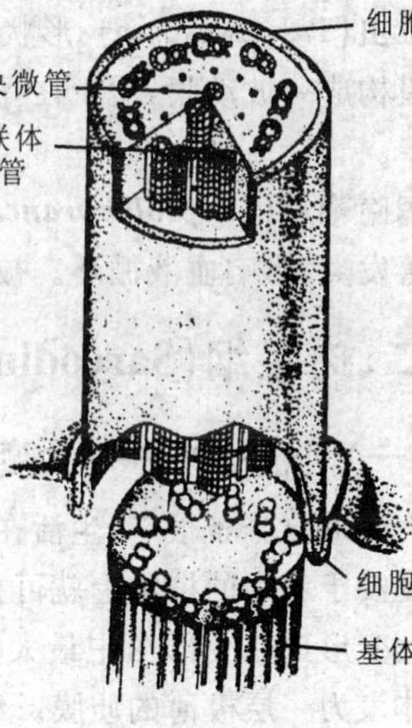

图 3-3　鞭毛显微结构模式图(自 Nason)

团藻:由成千上万个个体组成的空心圆球形体。彼此有原生质桥相连,个体间有分化,多数为营养个员,少数为生殖个员,有雌、雄之分,雌细胞可形成一个卵,雄个员可形成许多精子。团藻是本类群中比较高级的种类,多细胞动物可能就起源于类似的群体原生动物。

2. 动鞭亚纲(Zoomastigina)　无色素体,不能制造有机物,异养。有不少寄生种类。

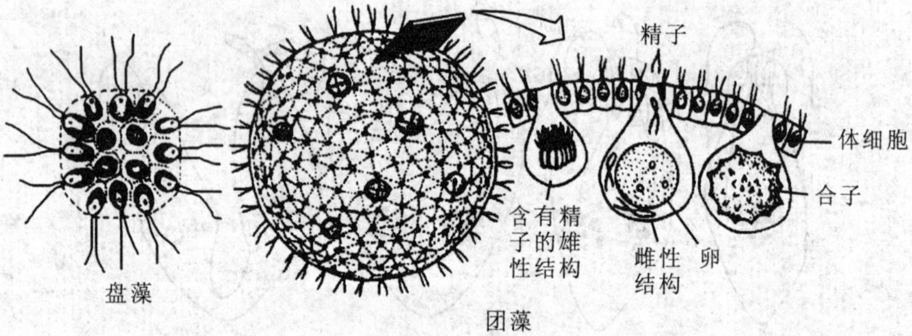

图 3-4 盘藻和团藻(自刘凌云 p42,仿 Keeton)

利什曼原虫(*Leishmania*):梭形,中央一核,核前有一基体,由基体伸出一鞭毛,寄生于人、犬及按蚊的体内。我国流行的是杜氏利什曼原虫,能引起黑热病,又称黑热病原虫。

锥虫(*Trypanosoma*):形状与利什曼原虫相似,鞭毛从体后端伸出,向前折,与细胞膜构成一波动膜,适于在黏稠度较大的环境中运动,广泛存在于各种脊椎动物体内。

鳃隐鞭虫(*Cryptobiabranchialis*):寄生于鱼鳃,破坏鳃细胞,分泌毒素使鳃的微血管发炎,影响血液循环。被害的鱼群常离群游于水面。

二、肉足纲(Sarcodina)

(一)代表动物——大变形虫(*Amoeba proteus*)(图 3-5)

大变形虫分布很广,生活在洼水池塘或在水流缓慢而藻类较多的浅水中。通常在浸没于水中的植物上就可找到。

大变形虫是变形虫中最大的一种,直径 200～600 μm,体形不断改变,结构简单。体表为一层极薄的质膜。细胞质分化为外质和内质,外质均质透明,无颗粒。内质具颗粒,其中有扁盘形的细胞核、伸缩泡、食物泡及处在不同消化程度的食物颗粒等。内质又可再分为 2 个部分,即外层相对固态的凝胶质和内部呈液态的溶胶质。

大变形虫在运动时,体表任何部位均可形成临时性的指状突,称为伪足。它是变形虫的临时运动器。伪足形成时,外质外突呈指状,内质流入其中,即溶胶质向运动的方向流动,流到临时突起的前端后,又向外分开而变为凝胶质,同时后边的凝胶质又转变为溶胶质,不断地向前流动,使虫体不断地向伸出伪足的方向移动。

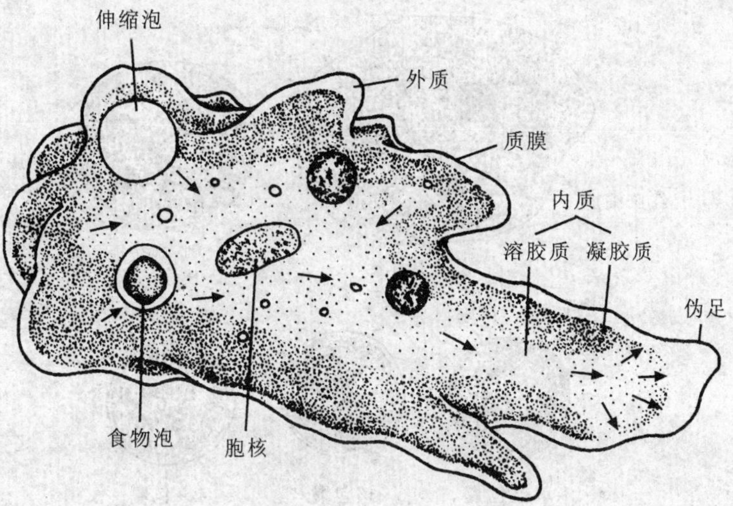

图 3-5　大变形虫(自刘凌云)

这种运动方式叫做变形运动。

伪足不仅是运动器,也有摄食的作用。大变形虫主要以单胞藻类和小的原生动物等为食。变形虫在进行变形运动的同时可由伪足包围食物,吞入细胞内形成食物泡。食物泡与溶酶体融合进行消化。这种摄食过程称为吞噬作用。当环境中的液体含有营养物质时,变形虫的体表质膜会内陷成管状,将含有营养物的水"饮入"体内,与溶酶体结合,形成包饮小泡来进行消化。这种胞饮作用是在某些蛋白质、氨基酸和无机盐类的诱导下发生的。

在内质中可见一伸缩泡,可有节律地膨大、收缩,以排出体内过多的水分(含有代谢废物),调节渗透压。海水中的变形虫一般无伸缩泡,因为它们生活在与细胞质等渗的海水中,如把它们放入淡水中,它们也能形成伸缩泡。

变形虫的呼吸作用(吸收氧气和排出二氧化碳)主要是通过体表进行的。

大变形虫多以二分裂方式繁殖,为有丝分裂。也有报道变形虫有孢子形成和出芽生殖的。变形虫亦可形成包囊。痢疾内变形虫见图 3-6。

(二)肉足纲的主要特征

以伪足为运动器。伪足的形态有叶状、丝状、根状等。体表仅有极薄的质膜;细胞常分化为外质和内质,内质又分为凝胶质和溶胶质。有的种类具石灰质或几丁质外壳,或有矽质的骨骼。多以二分裂方式繁殖,可形成包囊。有的种类行有性生殖。

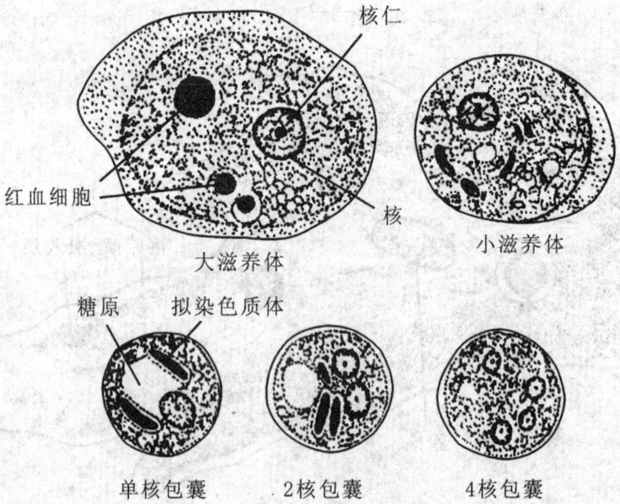

图 3-6 痢疾内变形虫(仿中国医科大学《人体寄生虫学》)

(三)肉足纲的重要类群

根据伪足的形态可将肉足纲分为 2 个亚纲。

(1)根足亚纲(Rhizopoda)。伪足为叶状、指状、丝状或根状。生活在水中、土壤中或寄生。如大变形虫、痢疾内变形虫、足衣虫、有孔虫、表壳虫、砂壳虫。几种根足虫见图3-7。

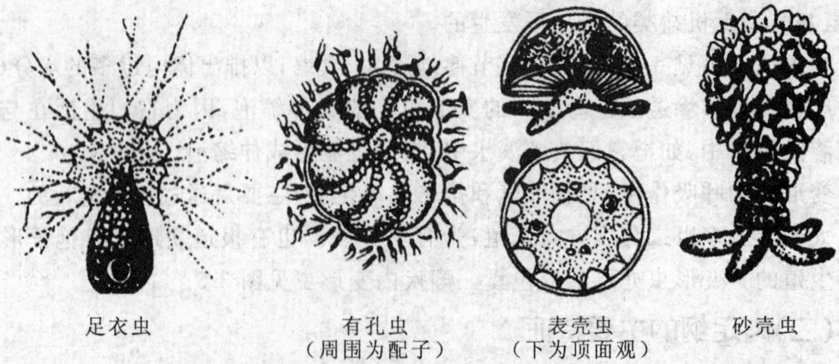

图 3-7 几种根足虫(仿陈义等)

(2)辐足亚纲(Actinopoda)。伪足有轴丝支持,一般体呈球形,多营漂浮生活,生活在淡水或海水中。如太阳虫、艾氏辐射虫等。表壳虫、太阳虫等是浮游生物的组成部分。太阳虫与放射虫见图 3-8。

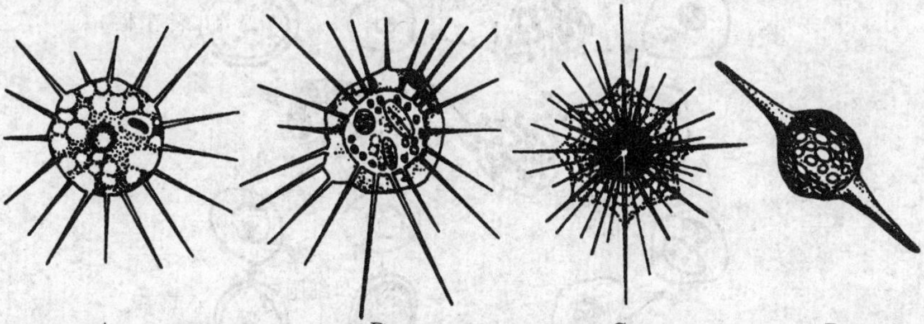

图 3-8 太阳虫与放射虫(仿 Meglitsch)

A. 放射太阳虫;B. 艾氏辐射虫;C. 等辐骨虫;D. 一种放射虫的中央囊

三、孢子纲(Sporozoa)

(一)代表动物——间日疟原虫

由疟原虫(*Plasmodiun vivax*)寄生于人体而引发的疟疾,是我国五大寄生虫病之一。寄生于人体的疟原虫主要有 4 种:间日疟原虫、三日疟原虫、恶性疟原虫和卵形疟原虫,我国以间日疟和恶性疟为常见。这 4 种疟原虫的生活史基本相同。现以间日疟原虫为例,说明疟原虫的生活史,见图 3-9。所谓生活史,就是生物在一生中所经历的发育和繁殖阶段的全部过程。

间日疟原虫有 2 个寄主:人和按蚊。疟原虫生活史复杂,有世代交替现象。即在动物的生活史中,无性繁殖和有性繁殖交替进行。进行无性生殖的时期称为无性世代,而进行有性生殖的时期则称为有性世代。

一种生物寄居于另一种生物的体内或体表,从而摄取养分以维持生活的现象称为寄生。被寄生生物所寄生的动、植物和人被称为寄主。寄生动物在其体内进行无性繁殖的寄主称为中间寄主(宿主);而寄生动物在其体内进行有性繁殖的寄主被称为终末寄主(宿主)。

间日疟原虫在人体内要经历红细胞前期、红细胞内期、红细胞外期和配子形成期。

红细胞前期:当被感染的雌按蚊叮咬人体时,其唾液中所含的疟原虫的长梭形

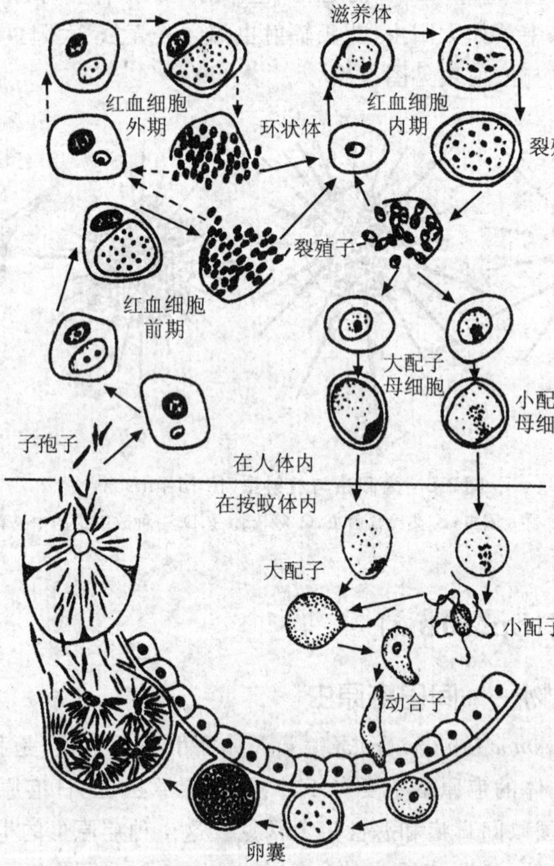

图 3-9　间日疟原虫生活史（自刘凌云）

子孢子便随唾液进入人体，随血流进入肝脏，侵入肝细胞，以胞口摄取肝细胞内的细胞质为营养，此时的虫体称为滋养体。滋养体在肝细胞内进行裂体生殖，细胞核首先分裂为多个，然后细胞质包围分裂的细胞核而形成很多新个体，这种生殖方式称为裂体生殖。进行裂体生殖时，当细胞核分裂为多个，而细胞尚未分裂时称为裂殖体。由裂殖体分裂产生的子体称为裂殖子。裂殖子成熟后，涨破肝细胞，散发在血液中，一部分被吞噬细胞吞噬，另一部分侵入红细胞，开始红细胞内期的发育。还有一些侵入肝细胞内发育，称为红细胞外期。还有许多学者认为，子孢子进入人体后，有些不是马上发育，而是处于休眠状态，经过一定时期才开始发育，侵入肝细胞。因此红细胞外期疟原虫的来源，尚未完全定论。

红血细胞内期:侵入红细胞的裂殖子,体积渐渐长大,发育成为环状滋养体。在几个小时内即变得非常活跃,伸出伪足,称阿米巴样体(或大滋养体)。大滋养体也进行裂体生殖,新生的裂殖子散到血浆中,又感染其他红细胞,重复进行裂体生殖。这个周期所需要的时间在各种疟原虫有所不同。间日疟需 48 h,三日疟需 72 h,恶性疟需 36 ～ 48 h。这也是疟疾发作的间隔期。当新形成的裂殖子从红细胞释放出来时,大量红细胞被破坏,同时裂殖子及其代谢产物也释放出来,引起病人生理上出现一系列变化,表现出发冷发热等症状。

配子形成期:在红细胞中的疟原虫经过几次裂体生殖后,或者寄主体内环境对疟原虫不利时,有些裂殖子进入红细胞后,不再发育成裂殖体,而是发育成大、小配子母细胞。在间日疟原虫中,这些配子母细胞在血液中可生存 30～60 天。

人是间日疟原虫的中间寄主,按蚊是终末寄主,在按蚊体内进行配子生殖和孢子生殖。在疟疾病人体内的大小配子母细胞达到一定密度后,如被按蚊吸去,就可在蚊的胃腔内继续发育,大配子母细胞成熟后称为大配子,形状变化不大;小配子母细胞则发生较复杂的变化,它的核先分裂,然后移至细胞边缘,同时胞质开始活动,由边缘突出 4～8 条活动力很强的毛状细丝,每个核进入到一个细丝内,之后鞭毛状细丝一个个脱离下来,形成小配子。小配子在胃腔内游动与大配子结合成合子。合子逐渐变长,长出鞭毛,能蠕动,称为动合子。动合子穿入蚊的胃壁,定居在胃壁基膜与上皮之间,体形变圆,外层分泌囊壁,发育成卵囊。卵囊里的核及胞质进行多次分裂,形成数百至上万的子孢子,成簇聚集在卵囊内,成熟后,子孢子破囊而出,进入体腔内,可以穿过各种组织,但最多的是到蚊的唾液腺内。唾腺内的子孢子可多达 20 万。子孢子在蚊体内可生存 70 天以上,但 30～40 天后传染力大为下降。当按蚊叮咬人时,子孢子就随唾液进入到人体。

电子显微镜的观察研究表明,疟原虫寄生于肝细胞和红血细胞时是以胞口摄取营养的,它们寄生在红细胞形成的凹陷内,而不是进入到红细胞内,随后被包进细胞内,虫体外包一层红血细胞膜。因此严格地说应该是细胞间寄生的。

(二)孢子纲的主要特征

全部营寄生生活,子孢子和裂殖子都有顶复合器,包括光锥体、极环、棒状体、微线粒体等结构。无运动器,或仅在生活史的某一阶段以鞭毛或伪足运动。生活史复杂,且多有 2 个寄主,有世代交替现象。无性世代在脊椎动物(或人)体内,有性世代在无脊椎动物体内。

(三)孢子纲的重要类群

球虫:多寄生于脊椎动物消化器官的细胞内,生活史与疟原虫相似,所不同的是只有一个寄主，卵囊在寄主体外发育。主要寄生于羊、兔、鸡、鱼等体内，如艾美兔球虫。

血孢子虫：有2个寄主。裂体生殖期是在脊椎动物(或人)体内，配子生殖和孢子生殖是在吸血的节肢动物体内(蚊或蜱)。除疟原虫外，重要的还有牛巴贝斯虫和牛泰勒焦虫等，引起牛焦虫病，有的死亡率可达90%。

粘孢子虫：大多数寄生于鱼类，极少数寄生于两栖和爬行动物。寄生部位广，靠孢子传染，寄生于鱼内脏的危害较大。如碘泡虫等。

四、纤毛纲(Ciliata)

(一)代表动物——大草履虫(图3-10)

大草履虫(*Paramecium caudatum*)生活在淡水中。一般在池沼、小河中都可采到。

草履虫的形状很像倒置的草鞋，全身长满了纵行排列的纤毛。从草履虫身体前端开始有一条斜沟伸向身体中部，称为口沟。口沟的末端为胞口。草履虫的外表为表膜，是由质膜特化形成的三层膜，最外层连续覆盖在体表和纤毛上，中间层和内层膜则形成表膜泡镶嵌系统。纤毛为细胞质的丝状突起，是运动类器官。纤毛的基部有复杂的微管纤维网。原生动物的纤毛、鞭毛与高等动物的精子鞭毛具有相同的结构，都是由9+2双联体微管纤维组成的。

草履虫的细胞质分化成外质和内质2部分，外质为表膜下面的一薄层，较透明；内质含有颗粒状结构，有流动性。许多重要结构如细胞核、伸缩泡、食物泡等都分布在内质。

刺丝泡分布在外质，与表膜垂直，为纺锤形的小杆状结构，有小孔开口于表膜。当受到刺激时，能释放出内含物，吸水后聚合成丝，可麻痹敌害，有防御和帮助取食的功能。

大草履虫有2个细胞核，位于细胞中央。大核呈肾形，位于胞咽附近。主要与营养代谢和细胞分化等有关；小核位于大核凹陷处，主要与生殖和遗传等有关。

胞口位于口沟的末端，其下连一漏斗形的胞咽。胞咽内有不断摆动的纤毛组，可以引起水流进入胞口。水流中带来的食物经过胞咽，落入内质，形成食物泡，食物泡在身体内沿一定路线移行，并与溶酶体融合，进行细胞内消化，不能消化的残渣由身体后部的胞肛排出。伸缩泡和收集管位于内外质的交界处，在身体的前部和后部各有一组。它们交替收缩，排除体内多余的水分和代谢废物。草履虫与其他原生动物一样，无专门的呼吸和循环类器官。

大草履虫的无性生殖方式为横二分裂，小核先行有丝分裂，大核再行无丝分

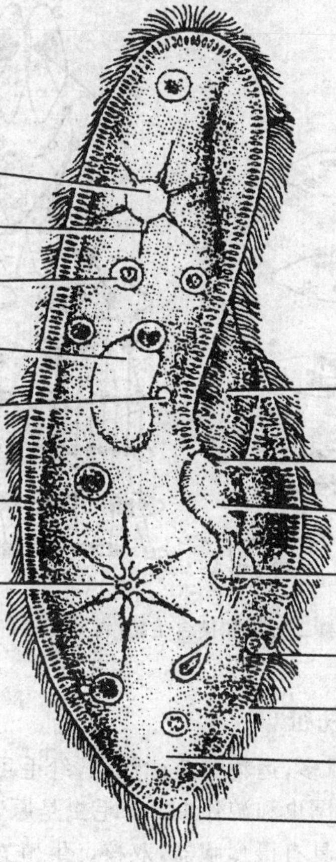

图 3-10　大草履虫(自刘凌云)

裂,各自延长,分成 2 部分。然后虫体从体中部横缢,形成 2 个子体。

接合生殖是草履虫特有的一种有性生殖方式。首先,2 个虫体口沟部分互相粘合,粘合处的表膜溶解,细胞质互相通连。然后,小核脱离大核,拉长成新月形,而大核则消失。小核分裂 2 次形成 4 个小核,其中 3 个解体,剩下的一个又分裂成大小不等的 2 个核。随后 2 个较小的核相互交换,与对方较大的核融合。此后 2 个虫体分开,融合核分裂 3 次成为 8 个核,4 个变为大核,其余 4 个有 3 个解体,剩下的一个再分裂 2 次成为 4 个小核,每个虫体也分裂 2 次成为 4 个个体。最终结果是 2 个相接合的亲本,经过一次接合生殖后各形成 4 个子体,共形成 8 个子体。大草履虫横二分裂和接合生殖见图 3-11。

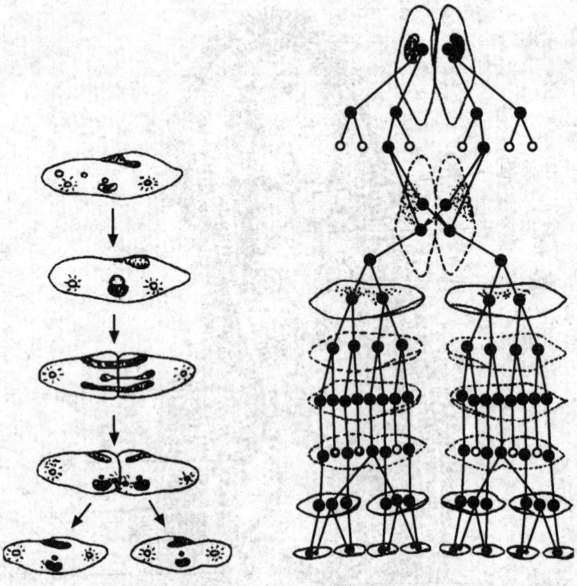

图 3-11 大草履虫横二分裂和接合生殖(自刘凌云,仿 Hickman、陈义)

(二)纤毛纲的主要特征

具有纤毛,纤毛短,数目多,运动时节律性强,纤毛可分散存在,也可粘在一起形成波动膜、棘毛束。如棘尾虫和游仆虫。纤毛虫是原生动物中结构最为复杂、细胞质分化程度最高的一类,具有摄食胞器,双核。生殖方式复杂,无性生殖为横二分裂;有性生殖为接合生殖。

(三)纤毛纲的常见种类

纤毛的多少和排列方式是纤毛纲动物的分类依据。

小瓜虫(*Ichthyophthirus*):虫体圆球形,全身长满很多纵行排列的纤毛。寄生于鱼的皮肤下层、鳃、鳍等处,对鱼类危害很大。

棘尾虫(*Stylonychia*)、游仆虫(*Euplotes*)的纤毛少。车轮虫寄生于淡水鱼的鳃或体表,虫体像一车轮,能吃鳃组织细胞和血细胞,对鱼苗、鱼种危害较大。

瘤胃原虫:每克牛瘤胃内容物中,含 60 万~180 万个原虫(还有 150 亿~250 亿个细菌),有 30 多种,主要属纤毛虫纲的全毛目和寡毛目,少数属鞭毛纲。几种常见的纤毛虫见图 3-12。

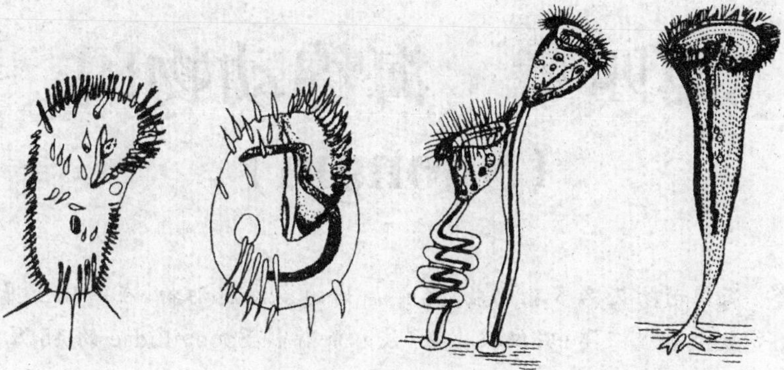

图 3-12　几种常见的纤毛虫(自刘凌云,仿 Sleigh, Grell, Marshall 修改)

A. 棘尾虫;B. 游仆虫;C. 钟虫;D. 喇叭虫

本章小结

原生动物是最原始的身体微小的单细胞动物,独立生活或形成群体。有两种基本运动形式,一种是鞭毛或纤毛运动,另一种是变形运动。具有多样化的营养方式和多种生殖方式;以形成包囊的方式抵御不良环境。主要类群有鞭毛虫纲、肉足纲、孢子纲和纤毛纲。自由生活或寄生。

思考题

1. 原生动物的主要特征有哪些?
2. 为什么说原生动物既具有简单性,又具有复杂性?
3. 解释变形虫进行变形运动的过程和机理。
4. 淡水中的原生动物是如何进行渗透压调节的?
6. 原生动物是如何获取营养的?有哪些营养方式?
7. 什么是细胞内消化?
8. 原生动物有哪些生殖方式?什么是接合生殖?
9. 原生动物分为几个纲?各纲的代表动物有哪些?
10. 寄生虫的生活史是怎样的?它们对人类和其他动物的生活有哪些影响?

第四章 海绵动物门
(Spongia)

导读 海绵动物又名多孔动物,是最原始的多细胞动物,在演化上是一个侧枝。绝大多数生活在海洋中,仅极少数(淡水海绵科 Spongillidae 的 15 属,约 150 种)生活在淡水中。以单体或群体营固着生活。身体大小悬殊,自 1 cm～1.5 m 不等;形态各异,体形多不规则;分布广泛,如生活在浅海中的钙质海绵,分布区可从潮间带至水深 18 m 处;六放海绵喜生活在深海,多位于水深 500～1 000 m 处,或可达 6 000 m。

第一节 海绵动物门的主要特征

一、体形

海绵动物的体形基本上是辐射对称(radial symmetry)。由于海绵动物营固着生活,除了有游离端和固着端的区别外,外界环境对其身体的影响是相似的。由此看来,辐射对称是动物适应固着生活的一种体形。但多数种类由于附着物不平,或因出芽等原因而不规则地生长,从而形成了筒状、瓶状、块状、枝状、管状、壶状等许多不对称或不规则的体形。

二、体壁结构

海绵动物的体壁由两层细胞构成,外面为皮层(dermal epithelium),里面的为胃层(gastral epithelium)。两层之间是中胶层(mesoglea),由类蛋白质的胶状物构成。中胶层中有骨针。由体壁包围的空腔叫做中央腔(central cavity)(图 4-1)。

皮层主要由扁平的皮层细胞(epithelial cell)又名扁平细胞(pinacocyte)(图 4-2A、B)组成,具有保护作用。扁平细胞内有能收缩的肌丝(myoneme),可以收缩以调节表面积。

在原始的种类,如白枝海绵(Leucosolenia)的皮层细胞中穿插有一些戒指状的

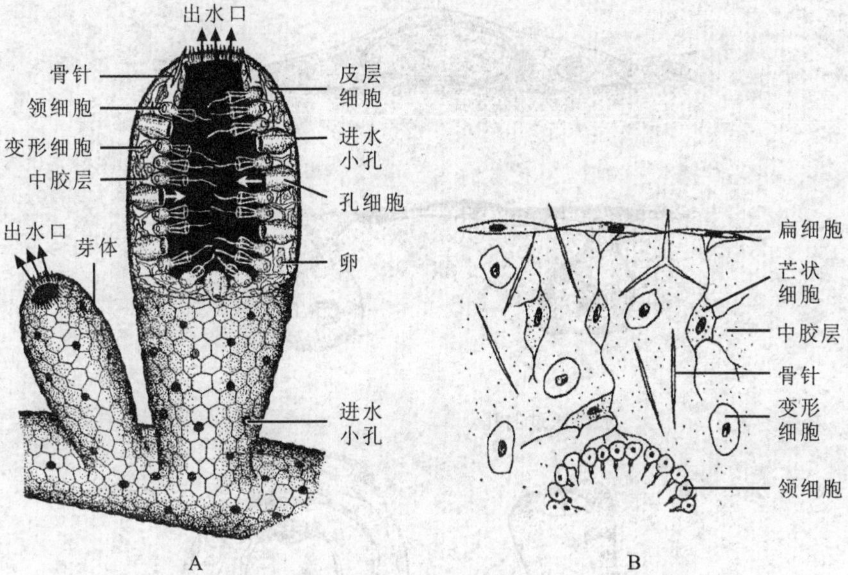

图 4-1　海绵动物的体壁结构(A. 仿 Buchobaum;B 仿 Hickman)

A. 白枝海绵;B. 海绵体内各种细胞

孔细胞(porocyte)(图 4-2C)。孔细胞的中央是一细管,与中央腔相通,构成进水小孔。在樽海绵等构造复杂的种类中,一些扁平细胞演化成类肌细胞(myocyte)(图 4-2D),可与孔细胞一起控制水流。中央腔的顶端有一较大的出水口(osculum)。食物随水流由体表的众多入水孔进入,而食物残渣则随水流由出水口抛出体外。

胃层即体壁内层,由领细胞(choanocyte)构成。领细胞都有一个由细胞质突出而形成的透明的领,中间围绕着一条鞭毛。在光学显微镜下,领像一薄膜,但在电子显微镜下,领是由一圈指状的细胞质突起,并由各突起间的很多微丝相连构成的(图 4-3),很像塑料羽毛球的羽领。鞭毛的摆动可引起水流通过海绵体,水流中带来的食物颗粒(藻类、细菌和有机碎屑)附在领上,再落入领细胞内消化(细胞内消化);或将食物传给变形细胞消化(图 4-4)。不能消化的残渣,由变形细胞排到水流中随水排出。一些淡水生活的海绵还有伸缩泡(spincule)和(或)类蛋白质的海绵质纤维(spongin fiber)或称海绵丝。钙质骨针的形状有单轴、三轴、四轴等;硅质骨针的形状除单轴外,形状变化较多,有弯形、三轴六放形及锚钩形等;角质海绵质纤维分支呈网状(图 4-5),质地柔软、坚韧且有弹性,不溶于水。骨针和海绵质纤维都具有支持作用,其成分和形状是分类的重要依据。中胶层内有几种类型

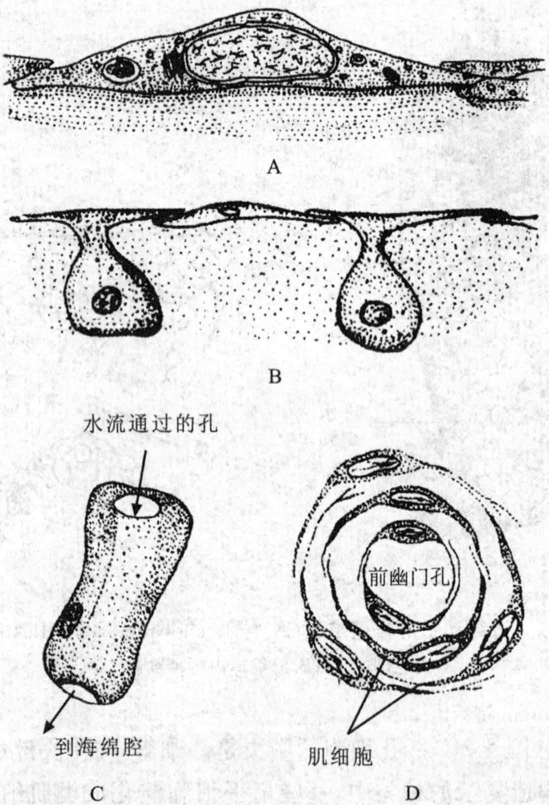

图 4-2 海绵动物的几种细胞(仿 Connes 等)

A. 寻常海绵表面的梭性细胞与其相邻的扁细胞重叠(按电镜照片绘);B. 钙质海绵 T 形扁细胞与梭形扁细胞相同排列;C. 孔细胞(白枝海绵);D. 肌细胞围绕着幽门孔

的变形细胞(amoebocyte):成骨针细胞(scleroblast)(又称为造骨细胞)能分泌骨针,成海绵质细胞(spongioblast)能分泌海绵质纤维,原细胞(archeocyte)则具有不同的功能。有的原细胞能消化食物,有些能形成卵和精子。在中胶层里还有芒状细胞(collencyte),可能具有神经传导的功能。

海绵动物的柔软躯体,借许多细小的硅质或钙质的骨针或角质的海绵丝来支持。它们统称为海绵动物的骨骼(图 4-5),由海绵动物中胶层里造骨细胞分泌产生(图 4-6)。这些造骨细胞是由外层细胞移入的变形细胞。一个骨针可由一个造骨细胞分泌而成,也可由多个造骨细胞合作分泌而成(图 4-6)。

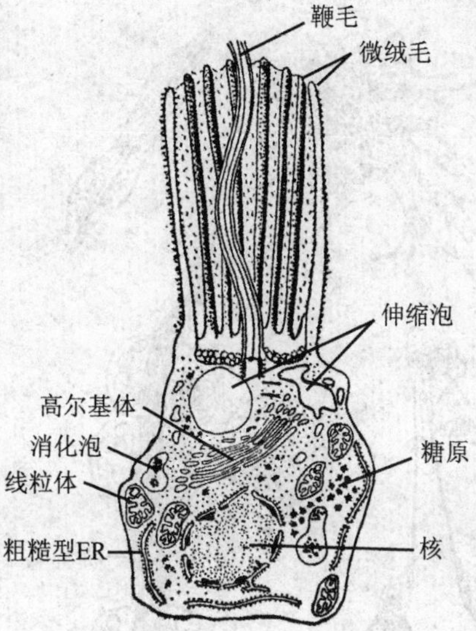

图 4-3 轮海绵(*Ephydatia*)
领细胞的细微构造(仿 Wilsch)

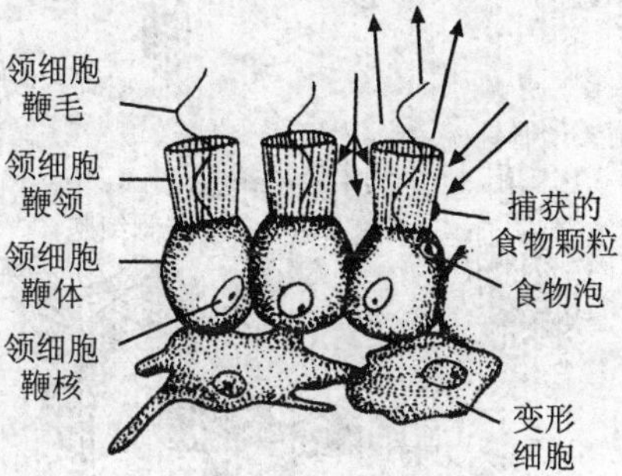

图 4-4 海绵动物的领细胞与取食(仿 Brnest)
注:箭头示水流方向

A B C

图 4-5 海绵动物的骨骼(仿 Storer & Usinger)
A. 钙质骨针;B. 硅质骨针;C. 海绵丝

三、具有水沟系

海绵动物的摄食、呼吸、排泄、生殖等生命活动都是依靠水沟系来完成的。鞭毛的摆动产生水流,不断地将食物和氧带入水沟系中,并将废物带出体外。有性生

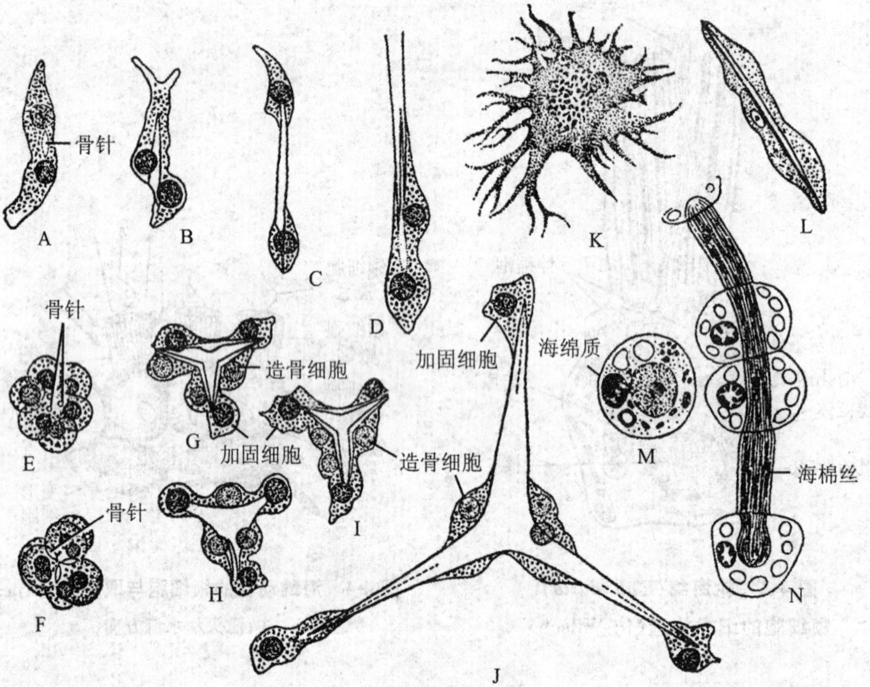

图 4-6 海绵动物的骨针和海绵丝的形成(仿 Hyman 等)

A～D. 单轴骨骼的形成;E～J. 三轴骨骼的形成;K. 钙质分泌细胞;

L. 淡水海绵单轴骨针的形成;M～N. 海绵丝的形成

殖时产生的精子,也是随水流流到另一个海绵体内去的。根据复杂程度将水沟系分为 3 种:

(1)单沟型(ascon type)。体壁较薄的海绵,一般为单沟型。在体壁上具有许多孔细胞沟通外界和中央腔。水流自进水小孔→中央腔→出水口→体外。如白枝海绵(图 4-7A)。

(2)双沟型(sycon type)。是由单沟型体壁凹凸折叠而成的。凹入体内的管道,称流入管(incurrent canal),与中央腔相通;向体外凸出的管道,称辐射管(radial canal),其管壁上有领细胞。两管间的壁上有孔相通或由孔细胞组成的前幽门孔(prosopyle)相联络。中央腔由扁平细胞包围。水流自流入孔(incurrent pore)→流入管→前幽门孔→辐射管→后幽门孔(apopyle)→中央腔→出水口(osculum)→体外。如毛壶的水沟系(图 4-7B)。

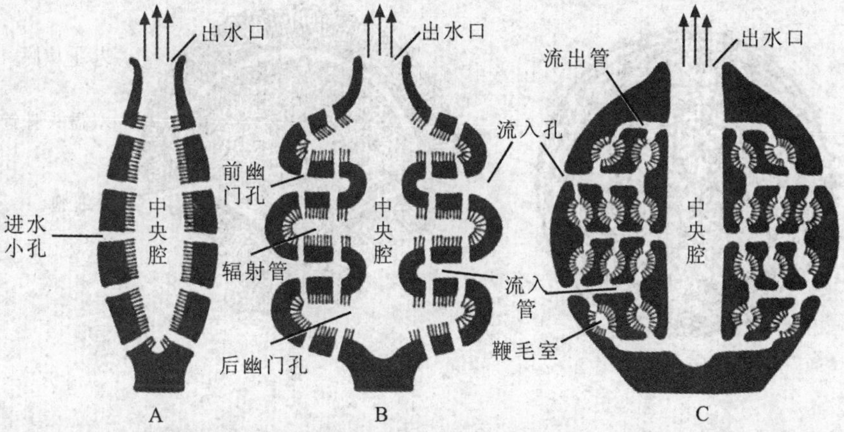

图 4-7 海绵动物的水沟系类型(仿江静波等)

A. 单沟型;B. 双沟型;C. 复沟型

(3)复沟型(leucon type)。是最复杂的类型。管道分支多,在中胶层中形成了数目众多的由领细胞组成的鞭毛室(flagellated chamber),鞭毛室通过流入管(incurrent canal)与外界相通,通过流出管(excurrent canal)与中央腔相通。水流自流入孔→流入管→前幽门孔→鞭毛室→后幽门孔→流出管→中央腔→出水口→体外。如浴海绵等(图 4-7C)。

海绵动物水沟系的水流出入均由领细胞的鞭毛摆动而产生。在鞭毛室里,水流速度每秒在 10～50 mm 之间,但是由于全部的鞭毛室要比出水孔大千余倍,因此出水孔的水流速度特别快,每秒可达 8 cm 以上;喷出的水流高度可达体高的 5 倍以上。一个直径 1 cm,高 10 cm 的海绵,一天能滤过 82 L 的海水。

四、生殖和发育

海绵动物营无性生殖和有性生殖。无性生殖方式是出芽(图 4-8)或产生芽球(图 4-9)。

出芽是由身体的一部分向外突出成芽体,芽体长大后脱离母体,成为新个体,或与母体连在一起。芽球(gemmule)是海绵动物抵抗不良环境的一种休眠体,是在中胶层中由一些储存了丰富营养的原细胞聚集成堆,外面再分泌一层角质膜和许多双盘头或短柱形的骨针,将里面的细胞包围而形成的。芽球只有一个小孔称为胚孔。当秋冬天气寒冷或干燥时,海绵成体死亡,但无数的芽球却沉入水底。当环境适合时,芽球内的细胞从胚孔逸出,重新长成新个体。所有的淡水海绵(和部

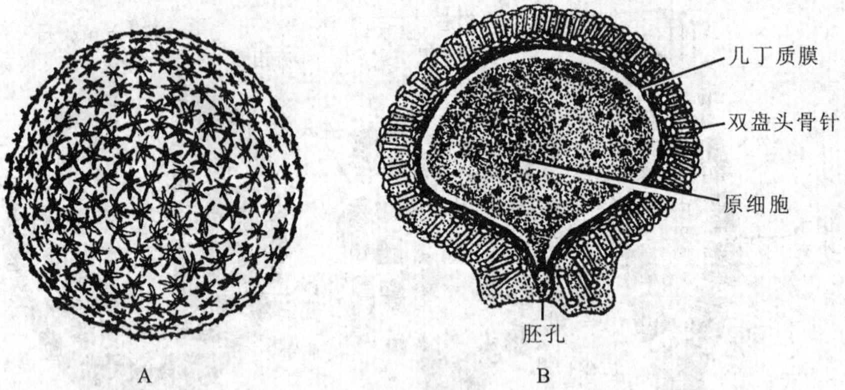

图 4-8 淡水海绵的芽球(仿江静波等)

A. 外形;B. 切面

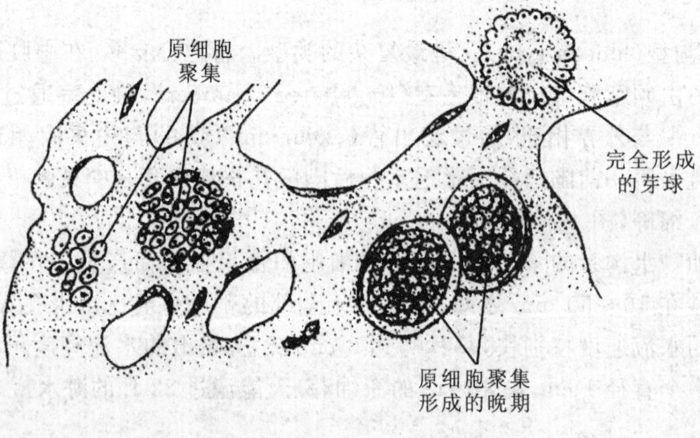

图 4-9 海产海绵动物芽球的形成(自刘凌云)

分海产海绵)都能形成芽球。

有性生殖:有些海绵是雌雄异体的,有些是雌雄同体的,皆为异体受精。卵和精子均由中胶层中的原细胞或领细胞产生。卵较大,留在中胶层中。精子略似蝌蚪状,随水流经中央腔流出体外,并进入另一个海绵体内。领细胞将精子吞入后成为变形虫状,将精子带入卵细胞进行受精。受精卵间接发育,钙质海绵在胚胎发育过程中常形成中空的两囊幼虫,寻常海绵则形成实心的实胚幼虫。现以钙质海绵纲的白枝海绵为例,说明海绵动物的胚胎发育过程(图 4-11)。

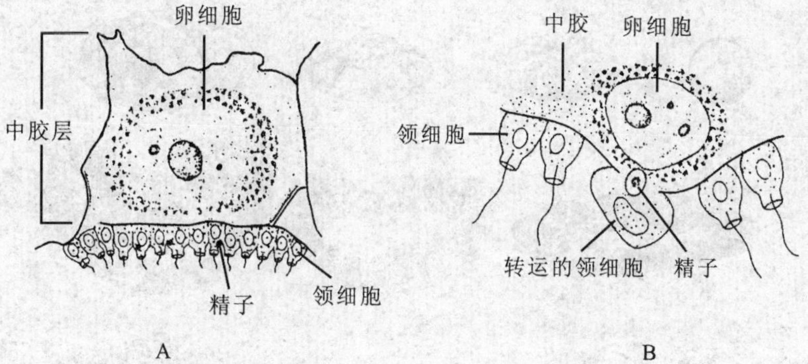

图 4-10 钙质海绵动物的受精作用(自刘凌云)

A. 精子被领细胞捕获;B. 领细胞转运精子至卵

海绵动物的胚胎发育特殊,有胚层逆转现象。受精卵先进行 3 次纵分裂,形成 8 个相似的胚胞(图 4-11B),第四次是横裂,形成 8 个大胚胞和 8 个小胚胞(图 4-11C)。大、小细胞继续分裂并形成囊胚(图 4-11E、F)。小胚胞向囊腔内生出鞭毛(图 4-11G);而另一极的大胚胞中间形成一个开口。然后整个囊胚由开口倒翻出去,小胚胞的鞭毛便翻出来,长在半个囊胚的表面了(图 4-11H～J)。因此,整个胚胎发育出现了两次囊胚现象,我们把经过翻转的特殊幼体称为两囊幼虫(amphiblastula)(图 4-11K)。两囊幼虫由出水口逸出,离开母体游泳一段时间后,有鞭毛的小细胞内陷,而大细胞被包在外面(图 4-11L),遇到固体物时,便以小细胞陷入的开口处附着其上,开始固着生活,并发育为海绵成体。中胶层中的细胞是由内外两层细胞分化出来的。外层形成皮层细胞、孔细胞、造骨细胞,内层形成领细胞和某些变形细胞等。

海绵动物胚胎发育最特殊之处是动物极的小细胞内陷形成内层,而植物极的大细胞外包形成外层,这与其他多细胞动物原肠胚的形成相反。因此称为逆转(inversion)现象。一般将海绵的内外两层细胞分别称为胃层和皮层,以区别于其他多细胞动物的内胚层和外胚层。

海绵动物有极强的再生能力。如果将海绵捣碎,并将细胞过筛,则这些分离了的单细胞还能重新聚合起来,形成一个海绵。这充分说明海绵动物在组织分化上的原始性。

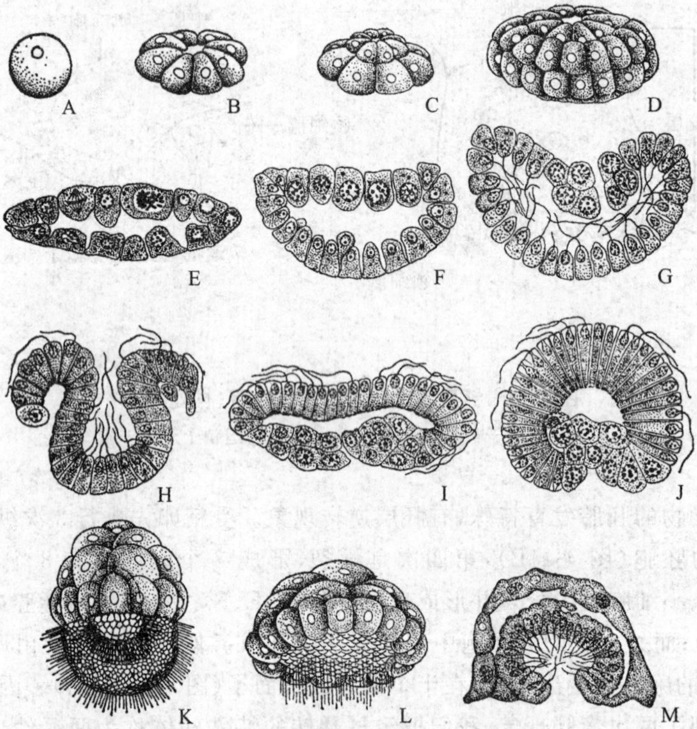

图 4-11　海绵动物的发育(自江静波等)

A. 受精卵;B. 8 胚泡期;C. 16 胚泡期;D. 48 胚泡期;E～F. 囊胚期(切面);G. 囊胚的小胚泡向囊胚内生鞭毛(切面);H～I. 大胚泡一端形成一个开孔,并向外包,里面的变成外面(鞭毛在小胚的表面)(切面);J. 幼两囊幼虫(切面);K. 两囊幼虫;L. 小胚泡内陷;M. 固着(纵切面)

第二节　海绵动物门分纲

海绵动物有 10 000 多种,根据其骨针或海绵丝的特点等分为 3 个纲:

钙质海绵纲(Calcarea):骨针完全由石灰质构成。小形的灰白色海绵,结构较简单。浅海产。如白枝海绵(图 4-13A)、毛壶(图 4-13B)等。

六放海绵纲(Hexactinellida):大形,具六放的硅质骨针,复沟系,鞭毛室大。深海产。如拂子介(*Hyalonema*)(图 4-13C)、偕老同穴(*Euplectella*)等(图4-13D)。

寻常海绵纲(Demospongiae):骨骼为角质的海绵丝或硅质骨针(非六射)所构

成,复沟系,鞭毛室小,体形常不规则。海产或淡水产。如南瓜海绵(*Tethya*)、穿贝海绵(*Cliona*)、浴海绵(*Euspongia*)、马海绵(*Hippospongia*)(图 4-12E~H)等。

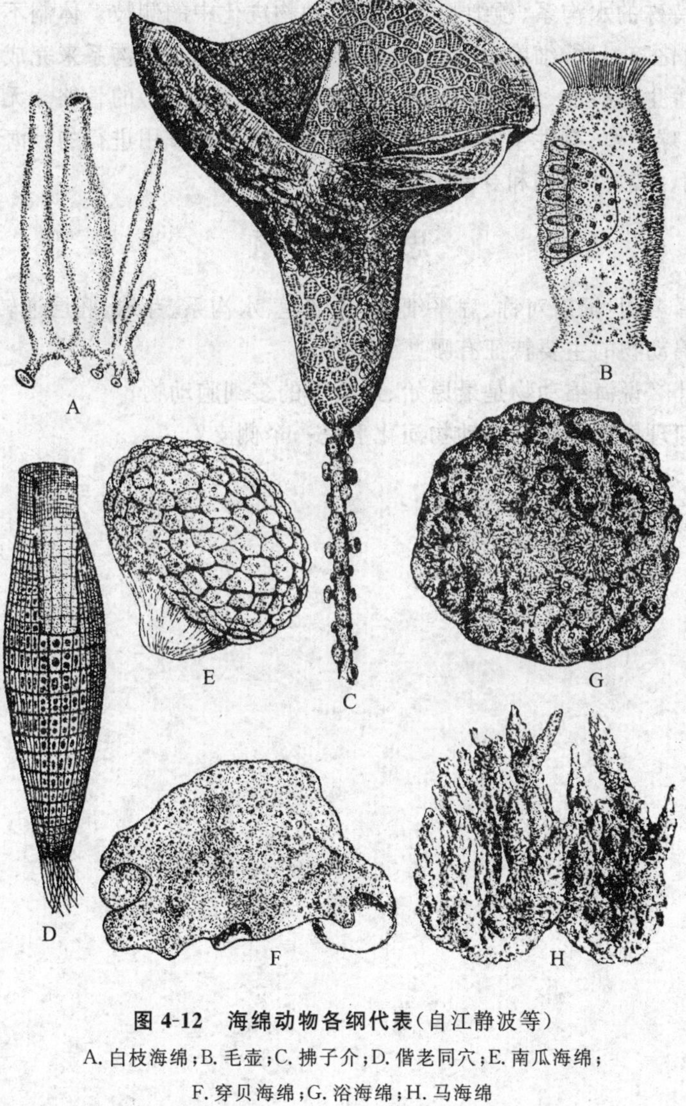

图 4-12 海绵动物各纲代表(自江静波等)

A. 白枝海绵;B. 毛壶;C. 拂子介;D. 偕老同穴;E. 南瓜海绵;F. 穿贝海绵;G. 浴海绵;H. 马海绵

本章小结

海绵动物又名多孔动物，因为在胚胎发育中具有胚层逆转现象，以及组织分化的原始性、特殊的水沟系、领细胞等而成为动物进化中的侧枝。体制不对称或辐射对称。无消化腔，只行细胞内消化。无神经系统，借助于水沟系来完成摄食、呼吸、排泄、生殖等生理机能。通常具钙质、硅质或角质(海绵丝)的骨骼。无性生殖方式有出芽和芽球生殖；有性生殖是通过精、卵细胞的受精作用进行的。海绵动物分为钙质海绵纲、六放海绵纲和寻常海绵纲。

思 考 题

1. 解释名词：辐射对称、扁平细胞、孔细胞、水沟系、芽球、胚层逆转、骨针。
2. 海绵动物的主要特征有哪些？
3. 为什么说海绵动物是最原始、最低等的多细胞动物？
4. 如何理解海绵动物在动物演化上是一个侧支？

第五章　腔肠动物门 (Coelenterata)

导读　腔肠动物(Coelenterata)又称为刺胞动物(Cnidaria),是一类体呈辐射对称的两胚层多细胞动物。是真正后生动物(metazo)的开始,在进化中占有重要位置,所有其他后生动物都是经过这个阶段发展起来的。除了水螅纲的少数种类生活在淡水外,其余的绝大多数腔肠动物均生活在海洋中。

第一节　腔肠动物的主要特征

一、辐射对称

从腔肠动物开始,体制都有了固定的对称形式。辐射对称即通过身体的中轴,有许多切面能将动物体分为两个相等的部分。辐射对称是动物对水中固着或漂浮生活的一种适应,因为周围的水环境对动物周身的影响是相似的,只有游离端和固着端之分,没有左右之分。固着或漂浮生活的动物多数都特化为辐射对称的体制。某些腔肠动物,如珊瑚纲中的海葵,通过身体的中轴,只有两个切面能把它们的身体分成相等的两半。这种体制叫做两辐射对称(biradial symmetry)或左右辐射对称,是介于辐射对称和两侧对称之间的一种中间类型。

二、两胚层与原始的消化腔

腔肠动物是真正的两胚层多细胞动物。其基本结构是一个由双胚层包裹着消化循环腔的囊(图 5-1),囊壁由外胚层、内胚层和中胶层构成。囊的中央是消化循环腔或称腔肠(gastrovascular cavity),即胚胎发育中的原肠。消化循环腔兼有细胞外和细胞内消化的功能,而且还可将消化后的营养物质输送到身体各处。囊只有一个开口,它是胚胎发育时的原口,兼有口和肛门两种功能,既是摄食的入口,又是排遗的出口。有的种类,外胚层从口的地方内陷,形成了口道(stomodaeum)(图 5-7C)。与高等动物比较而言,腔肠动物相当于处在原肠胚阶段。

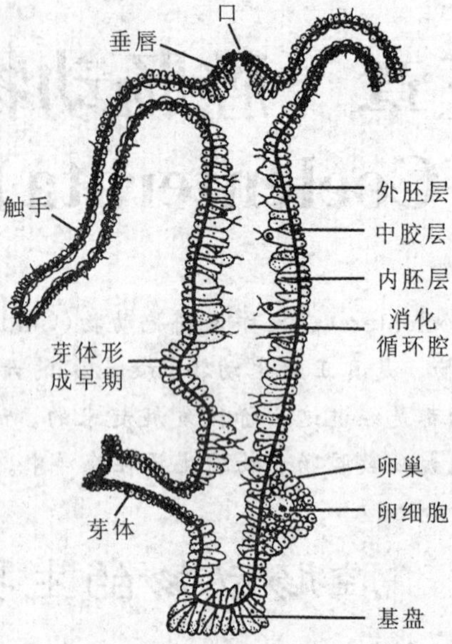

图 5-1 水螅的纵切面图(自刘凌云)

中胶层(mesoglea)位于两个胚层之间,是由内、外两个胚层的细胞共同分化形成的,有时极薄或不显著,如水螅;有时非常厚,占身体的绝大部分,如水母。在某些腔肠动物(如钵水母纲、珊瑚纲等)外胚层或内胚层的细胞还会侵入中胶层,甚至在中胶层中形成了结缔组织。但是这些中胶层的细胞,既非起源于内胚层形成的体腔囊,也非起源于原始中胚层细胞;就是在构造和功能上,也远不如后述三胚层动物的中胚层那么复杂。因此腔肠动物是两胚层动物。

三、细胞和组织的分化

腔肠动物不仅有细胞分化,如皮肌细胞、腺细胞、感觉细胞、神经细胞、刺细胞和间细胞等,而且开始分化出简单的组织(图 5-3)。

1. 皮肌细胞 是构成内外胚层的主要细胞。它是一种含有肌原纤维的上皮细胞,具有上皮和肌肉的双重功能,称为上皮肌肉细胞(epithelio-muscular cell),简称皮肌细胞。肌原纤维分布在皮肌细胞靠中胶层一侧的基部,呈纤维状,具伸缩能力,在内外胚层中的排列方向不同。外皮肌细胞较短,基部的肌原纤维伸展方向与体轴平行,收缩时可使水螅体及其触手缩短。内皮肌细胞较长,可伸出伪足摄取食物至细胞内进行消化。有些皮肌细胞还具有鞭毛,能击动水流。内皮肌细胞基部的肌原纤维环绕着水螅体，正好与外皮肌细胞的纤维垂直。当它们收缩时，水螅体及其触手的直径变细，虫体和触手伸长。在口和触手的基部，皮肌细胞的肌原纤维还有括约肌的作用。

2. 腺细胞　腺细胞(gland cell)多散布于内胚层中，为长形的细胞，顶端常膨大。腺细胞可以分泌消化酶到消化循环腔中，使消化循环腔具有细胞外消化的功能。在口旁垂唇的内胚层中有大量的腺细胞，能分泌黏液润滑食物，以利于从口进入到消化循环腔中。水螅基盘的外胚层细胞几乎都是腺细胞(图 5-1)，可以分泌黏液以便基盘的附着。

3. 间细胞　间细胞(interstitial cell)(图 5-1、图 5-2)是小圆形的未曾分化的细胞。它们常成堆或零散地分布在皮肌细胞的基部。在外胚层中比较多，在内胚层中较少。可以分化成其他各种细胞，包括皮肌细胞、刺细胞等。因此在出芽时它们的作用就特别大了。此外还可以形成性细胞。

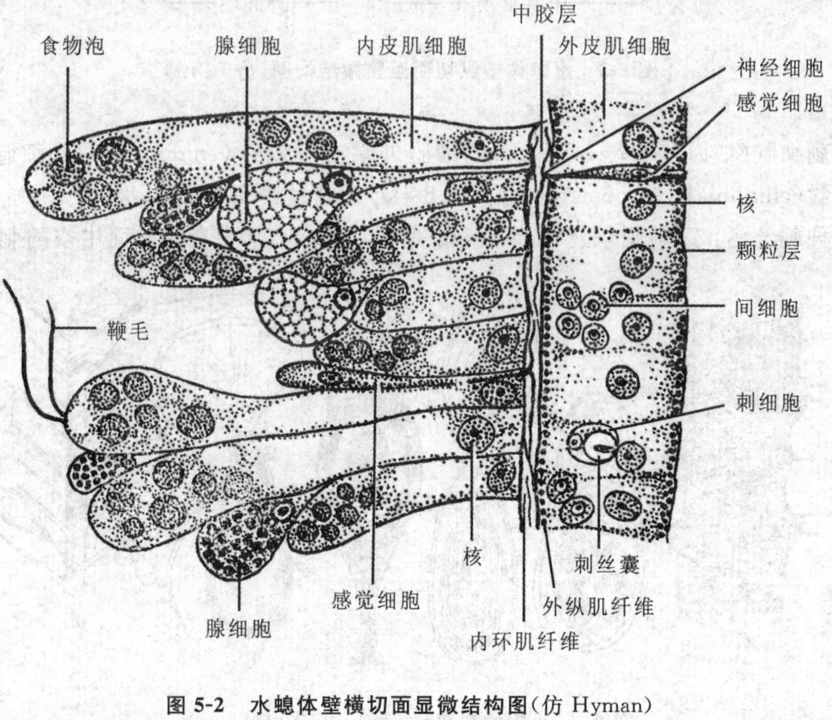

图 5-2　水螅体壁横切面显微结构图(仿 Hyman)

4. 刺细胞和刺丝囊　刺细胞(cnidoblast)是腔肠动物所独有的，是由间细胞形成的，一般产生于外胚层，在触手上分布较多(图5-4G)；但某些腔肠动物，内胚层

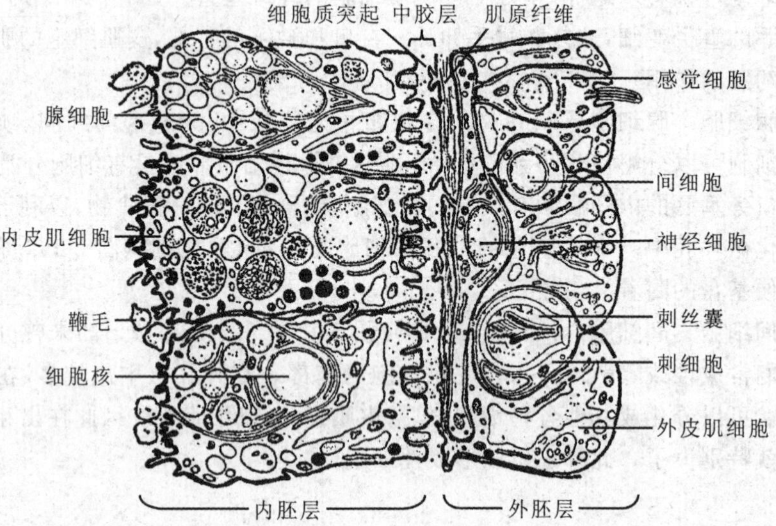

图 5-3　水螅体壁纵切面亚显微结构图(仿 Lentz)

也有刺细胞(如海月水母、海葵)。刺细胞外端有一刺针(cnidocil),内具细胞核和刺丝囊(cnidoblast & nematocyst)(图 5-4D)。刺丝囊有各种形状(图 5-4)。水螅有 4 种刺丝囊:穿刺刺丝囊(penetrant)是囊状构造,其中有细长而中空的刺丝。

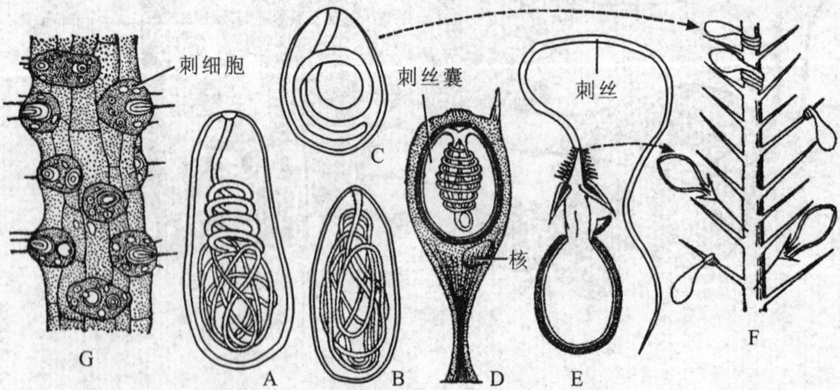

图 5-4　水螅的刺细胞(仿 Storer & Usinger)

A、B. 黏性刺丝囊;C. 卷缠刺丝囊;D. 含有穿刺刺丝囊的刺细胞;E. 穿刺刺丝囊的刺丝外翻;F. 刺出的卷缠刺丝囊缠在甲壳动物的棘毛上;G. 触手的一段,示其上的刺细胞

当刺针受刺激时,刺丝便向外翻出,如同手套中的指端从内向外翻一样(图5-4E),这样可以把毒汁注入猎物的体内。在海洋中,有一些水母,如钩手水母,其穿刺刺丝囊非常厉害,人受到攻击时会受到严重的创伤,重复作用,甚至可以使人死亡。卷缠刺丝囊(volvent)(图 5-4C)的刺丝不能注射毒液,但可用作缠绕被攻击动物的刺毛等。两种黏性刺丝囊(glutinant)(图 5-4A、B)运动和捕食都有关系。

腔肠动物没有特殊的呼吸和排泄器官或特化的细胞,呼吸和排泄依靠与水直接接触的细胞,及细胞之间的渗透来进行。

四、原始的神经系统——神经网

神经网(nerve net)是动物界里最简单最原始的神经系统。腔肠动物在外胚层近中胶层中的一侧,散布着许多细小的神经细胞(图 5-5),这些细胞都有 2～3 个或更多的细长的突起,彼此之间以神经突触互相联络成网状。有些种类只有一个神经网,存在于外胚层的基部;有些种类有 2 个神经网,分别存在于内、外胚层的基部;还有些除了内外胚层的神经网外,在中胶层中也有神经网。这些神经细胞又与内、外胚层的感觉细胞、皮肌细胞等相连。感觉细胞接受刺激,通过神经细胞传导,皮肌细胞的肌纤维收缩产生动作,形成神经肌肉体系(neuro-muscular system)。它能对外界的刺激(如接触、光或化学刺激)起有效的反应,同时身体各部分的动作也得以协调。腔肠动物能够移动及捕食和具有这种神经系统有关。但是腔肠动物没有神经中枢,神经细胞传导一般是没有固定方向的,因此又称为散漫神经系统(diffuse nervous system)或网状神经系统(图 5-6)。这种神经的传导速度较慢,它

图 5-5 水螅的皮肌细胞与神经网

(仿 Mackie & Passano)

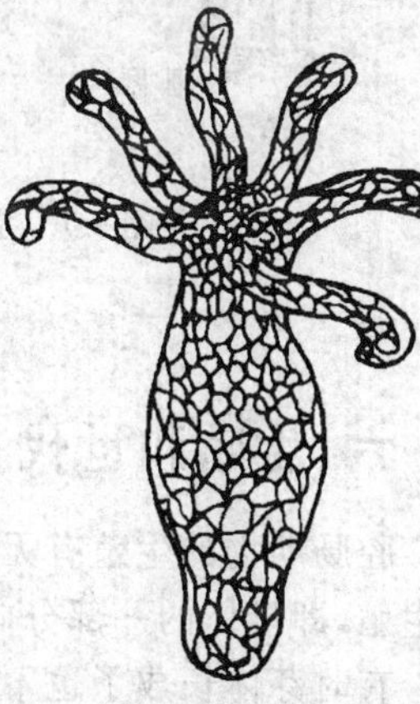

图 5-6 水螅的神经系统

(自江静波)

比人的神经传导速度约慢1 000倍以上。

五、水螅型与水母型

腔肠动物有两种基本形态：一种是适应固着生活的水螅型（polyp）；一种是适应漂浮生活的水母型（medusa）。水螅型呈圆筒状，一端是用作固着的基盘（basal disc），另一端是摄食的口，口周围有触手（图5-7A）。有的种类（如珊瑚虫）基盘和体壁的外胚层还可以分泌骨骼。水母型呈圆盘状，其突出的一面叫外伞（ex-umbrella），凹入的一面叫下伞（sub-umbrella），下伞的中央悬挂着一条垂管（manubrium），管的末端就是口；口进去是消化循环腔，后者分出许多辐管（radial canal），一直到伞的边缘，与环绕着伞边缘的环管（ring canal）相连接。伞的边缘有触手和感觉器官。下伞边缘有时有向内突入的一环膜状构造称缘膜（velum）。其实，若将水母型向上翻，使其下伞朝上方，就可以看出水螅型与水母型的基本构造是一样的（图 5-7B）。所不同的在于水母型比较扁平，中胶层比较厚（可以减轻身体的比重），神经系统在伞的边缘较集中，形成了神经环，并且有感觉器官如平衡囊和触手囊等。这些特点和水母型的漂浮生活都有密切的关系。

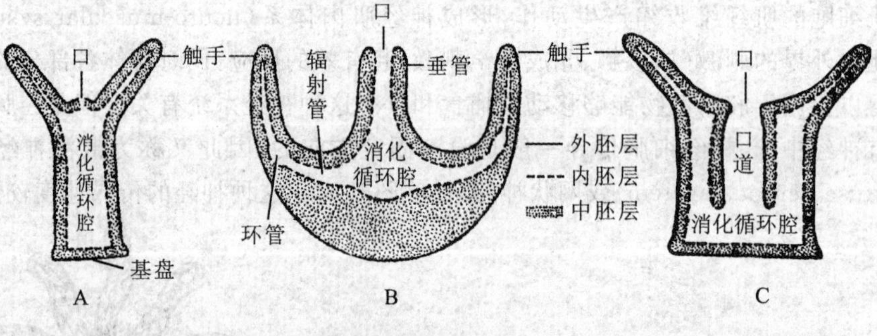

图 5-7　水螅型和水母型的比较（仿 Storer & Usinger）

A. 水螅型；B. 水母型；C. 水螅型珊瑚虫

六、生殖和世代交替

腔肠动物的生殖有无性生殖和有性生殖两种生殖方式。无性的生殖通常是出芽生殖，即母体的一部分向外突出为芽体（图 5-1），芽体长大后脱离母体而为新个体。有时芽体长成了也不脱离母体，留在母体上而构成复杂的群体。行有性生殖的种类多数为雌雄异体，其性细胞由间细胞产生，可能起源于外胚层（如水螅纲），也可能起源于内胚层（如钵水母纲、珊瑚纲）。精卵受精之后形成合子，有很多种类，合子经过了卵裂、囊胚而至原肠胚期时发育为体表长满纤毛的能游动的浮浪幼虫(图 5-8)。浮浪幼虫沉入海底，附着在固体物上，再发育成新个体。淡水生活的种类没有浮浪幼虫阶段，受精卵直接发育。在水螅型和水母型同时存在的种类，水螅期(hydroid stage)的水螅型个体用无性生殖(出芽或横裂)的方式产生水母型个体；水母期(medusoid stage)的水母型个体脱离母体长大成熟之后，又以有性生殖的方式产生水螅型的个体(图 5-9)。这种无性生殖与有性生殖交替出现的现象，称为世代交替，如薮枝螅。

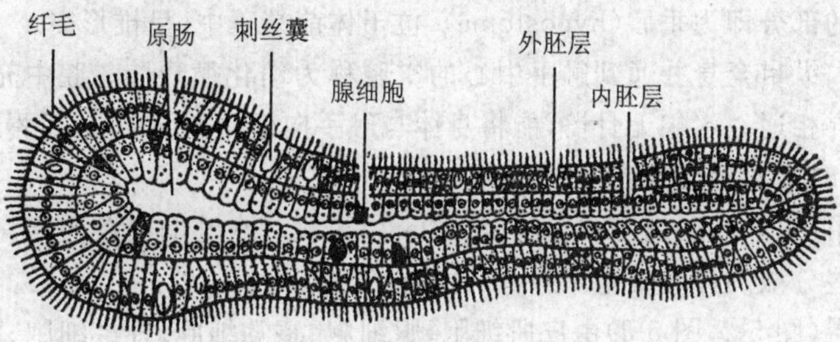

图 5-8 淡水棒螅浮浪幼虫纵切(仿徐利生)

图 5-9 水螅的运动(仿刘凌云)

1. 收缩；2. 伸展；3～7. 翻筋斗运动；8～10. 尺蠖样运动；11～12. 借精液气泡上升及飘动

第二节 代表动物——水螅

水螅生活在淡水中，多单独固着生活在水流缓慢、水草丰富多溪流或池塘中的水草、落叶或石块上。最适生长温度为18～20℃，低温时收缩缓慢，当水温高于31℃或低于0℃时，水螅死亡。水螅分布较广、易采集和培养，因此常被用作实验材料。

水螅身体呈细管状，体柱（垂唇与基盘之间的圆柱体）长约0.5 cm，以基盘(basal or pedal disk)为附着端。基盘处有腺细胞，腺细胞可分泌黏液，使水螅附着在水中的植物或其他物体上。游离端有口，口位于垂唇上。口关闭时呈星形，摄食时张开。口周围有一圈辐射状排列的中空的触手(tentacle)，数目5～12个。被触手所包围的部分即为垂唇(hypostome)，位于体前端正中，呈锥形突。

体壁内纵贯全身并通到触手中心的空腔称为消化循环腔。腔中充满液体，通过口与外界相通。水螅无骨骼，能将身体与触手向任何方向伸展，可慢慢弯曲和摆动，遇刺激时又会将全身收缩成一团。

体壁由内、外胚层细胞和中胶层(图5-1)构成。水螅的中胶层与海绵不同，除了含有一些分散的神经细胞之外，不含其他细胞。

外胚层(图5-2、图5-3)由皮肌细胞、腺细胞、感觉细胞、神经细胞、刺细胞和间细胞所组成。皮肌细胞数量最多，呈柱状，其基部有与身体纵轴相平行的肌原纤维，收缩时可使身体与触手缩短变粗。外皮肌细胞具有保护和运动的功能。感觉细胞(sensory cell)分散在皮肌细胞之间，特别是在口周围、触手和基盘上较多，其体积很小，细胞质浓，端部有感觉毛，基部与神经纤维连接。神经细胞位于外胚层细胞的基部，接近于中胶层的部分，其突起彼此连接成网状(图5-5、图5-6)，另外还以突起与周围的外皮肌细胞相连，传导刺激向四周扩散，形成了一个由感觉细胞接受刺激，神经细胞传导刺激，皮肌细胞产生反应的神经肌肉体系。当其身体的某处受到较强的刺激时，全身都会发生收缩反应，从而避开有害刺激。

刺细胞遍布于体表，在触手上特别多。刺细胞的核位于细胞的一侧，并有一梨形的刺丝囊，囊内贮有毒液及一长而盘旋的丝状管，刺丝的基部常具芒刺，当受刺激时，刺丝外翻或射出，像手套的指端从内向外翻一样。水螅有4种刺丝囊(图5-4)：穿刺刺丝囊(penetrant)，其中有一条细长中空的刺丝，在受刺激时，刺丝射出，可把毒液注入捕获物的体内，将其麻醉或杀死(图5-4D)。水螅可以同时射出许多刺丝而使比水螅大几倍的动物麻痹。当刺丝囊成熟时，刺细胞就向外移到靠近身体表面的地方，位于皮肌细胞内或细胞间。每一刺细胞有一毛状的原生质突起，叫做刺针。当刺针受到某种刺激时(例如接触到猎物时)，就能在刺细胞中引起反应而使刺丝囊的刺丝射出(图5-4E)。卷缠刺丝囊(volvent)，不注射毒液，而只能缠绕猎物的刺或毛，这种刺丝囊较小，刺丝的基部无芒刺。还有2种黏性刺丝囊(glutinant)与捕食和运动有关(图5-4A、B)。

间细胞，是成堆的小细胞，大小与皮肌细胞的核差不多，位于皮肌细胞之间靠近中胶层处，是一种未分化的胚胎性的细胞，可以分化成刺细胞和生殖细胞等其他细胞。

腺细胞分布于身体各部，以基盘和口周围最多，能分泌黏液，可使水螅附着于物体上或在其上滑行。也可分泌气体，由黏液裹成一气泡，使水螅由水底上升至水面。

中胶层薄而透明，为内外胚层细胞分泌的胶状物质，在身体和触手都是连续的。在电子显微镜下，中胶层中有很多小纤维，皮肌细胞突起也伸入其中。中胶层像是有弹性的骨骼，对身体起支持作用。

内胚层(图 5-2、图 5-3)由内皮肌细胞、腺细胞、感觉细胞和间细胞组成，紧密排列在消化循环腔周围。这些细胞较外皮肌细胞长大，使得内胚层较厚。在内胚层细胞的基部也有分散的神经细胞，但未连接成网。内皮肌细胞靠中胶层一端的肌纤维与身体纵轴及触手伸展的方向相垂直，呈环形排列，当其收缩时身体与触手就伸长变细。在口周围，皮肌细胞的肌原纤维还有括约肌的作用。

内皮肌细胞亦被称为营养肌肉细胞(nutritive muscular cell)，是一种兼具营养和收缩机能的细胞，常具有鞭毛，部分腺细胞也具有鞭毛，能击动水流，使消化循环腔中的液体流动，有助于内皮肌细胞的伪足获得食物，并使消化循环腔中被消化的食物和其中的液体相混合而被内胚层细胞所吸收。可见，消化循环腔兼有消化和输送营养物质的作用。从消化循环腔的内皮肌细胞所吸收的营养物质，可以通过渗透作用输送给身体各部分的其他细胞。

腺细胞在内皮肌细胞之间，分散于内胚层各部分，其所处的部位不同，功能也不同。如在垂唇部分的可分泌黏液，起滑润作用，使食物易被吞食；在消化循环腔内的，则分泌消化酶消化食物。

水螅以小甲壳类、昆虫幼虫、蠕虫等小动物为食。当猎物被刺丝所麻痹或杀死时，刺丝和带黏性的触手就紧紧抓住它，然后送到口中，这时口张开并把食物吞到消化循环腔中。由于酶的消化作用和身体的收缩与伸张所引起的机械作用，使食物变成碎块。这些食物颗粒被内皮肌细胞伸出的伪足摄取后，进行细胞内消化。因此，水螅的消化一部分是胞内的，一部分是胞外的。

水螅体表很薄，没有特殊的呼吸和排泄器官。水中的氧渗透入接触水的细胞内，再由后者渗透到较深层的细胞中。二氧化碳和代谢废物则以相反的方向排出至周围的水中或排入消化循环腔的水中。

在外胚层和内胚层之间散布着一定数量的神经细胞(图 5-5)，尤以口和基盘处为多。它们以长而分枝的突起互相联成网状。在皮肌细胞之间还嵌着较小的感觉细胞(图 5-2、图 5-3),能感觉刺激,其基部发出突起连接神经细胞。有些神经细胞的突起也和肌纤维相连。水螅没有脑和感觉器官。感觉细胞、神经细胞和其突起组成了网状神经系统。使身体各部分的活动互相协调。它能对全身任何部位的接触性刺激产生反应,能鉴别它所接触到的东西是否可作为食物,能区别光线的明暗,能调节身体的位置。水螅通常会避开较强和较弱的光线,这可能与摄食有关,因为水螅的猎物多数需要适宜的光线。水螅喜欢较冷的水,如果水温有差别时它就移向较冷的部分。在我国南方,秋冬水螅繁殖特别多。水螅对于环境刺激的反应是与当时的生理条件密切相关的,饥饿的水螅常比饱食的水螅具有更强的反应能力。

水螅可以扭动身体并作出各种活动来捕捉猎物,当水螅饥饿时,触手伸得很长。如狩猎一样,捕到食物后由触手缩回来送到口中。水螅还能移动位置。基盘的腺细胞除了分泌黏液供固着外,还能伸出伪足使身体沿着固着物慢慢滑动。水螅还可先把身体伸长并用触手附着在物体上,然后基盘脱离原来的支持物,再附着在靠近触手的地方,这样交替动作,水螅就可以向前移动。或者以触手附着而将基盘举起再落在触手前面,然后把身体竖起,就像是翻筋斗一样(图 5-9)。后两种迅速移动的方式可能是当水螅饥饿又不容易找到食物时才进行的。水螅有时也可以借基盘分泌到黏液中的气泡而浮至水面。

水螅有两种生殖方式,无性生殖与有性生殖。无性生殖为出芽(图 5-1)。开始时通常在身体中部以下,身体一边的体壁外凸,并伸长为一空心的芽体,其空腔与母体的消化循环腔相通,并以此获得营养。经过一段时期之后,芽体的游离端长出一圈触手,出现垂唇和口,最后,基部收缩与母体脱离,成为独立的个体。在母体产生芽体的地方并不留下明显痕迹。出芽主要决定于环境因素和食物的供给。当这些因素对它不利时出芽就停止。当条件较好时,在某些个体上同时可出现 2～3 个大小不同的芽体,在少数情况下芽体上还可再生芽体。有性生殖是配子生殖。同一个体可以产生精子和卵,但不同时出现,因此,须异体受精。两种配子都是由外胚层的某些间细胞分裂形成的(图 5-10)。产生精子的精巢(图 5-10B)出现在触手下面不远的地方,当精子成熟时精巢壁破裂,精子逸入水中。

卵巢的位置较靠近基盘。在卵巢中由间细胞形成一些具有大核的大形细胞,但其中只有一个能够发育为成熟的卵细胞,其余都成为营养细胞(图 5-10C)。当卵成熟时卵巢破裂使卵露出(图 5-11)。成熟的卵能吸引精子趋近它,当精子进入卵以后,精、卵核融合,完成受精。卵成熟并裸露后,如果在 24 h 之内没有受精,就会死亡并解体。

卵受精后,经完全均等卵裂,以分层法产生内胚层,形成实心的原肠胚。其外

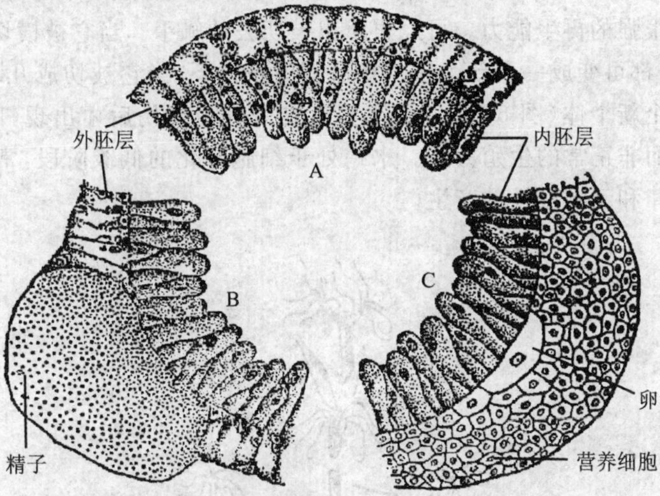

图 5-10　水螅横切,示 3 种切面(仿江静波等)

A. 普通体壁;B. 过精巢处横切;C. 过卵巢处横切

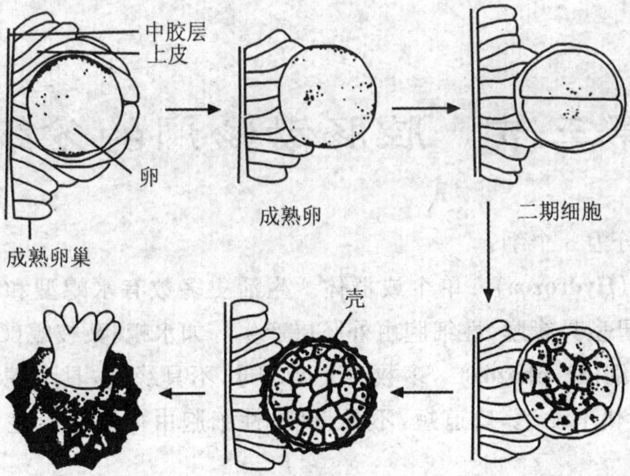

图 5-11　水螅有性生殖各时期示意图(仿 R. A. Booloofian)

胚层向外分泌一层角质外壳。这时发育暂停,从母体脱落,沉入水底,度过一段不活动期。当环境转好时,外壳破裂,胚胎逸出,并继续发育成小水螅(图 5-11)。

水螅有很强的再生能力。可以再生出被切去的触手。当它被横切或纵切为二时,每一部分都可变成一个新个体。在适宜的条件下,当它被切成几块时,每块都可再生为一个新个体(图 5-12)。再生只有在受外力损伤后才出现,因此,它是一种保存个体而非正常的生殖方式。水螅处于细胞分化的低级阶段,常被用于研究细胞分化规律和动物极性的产生。

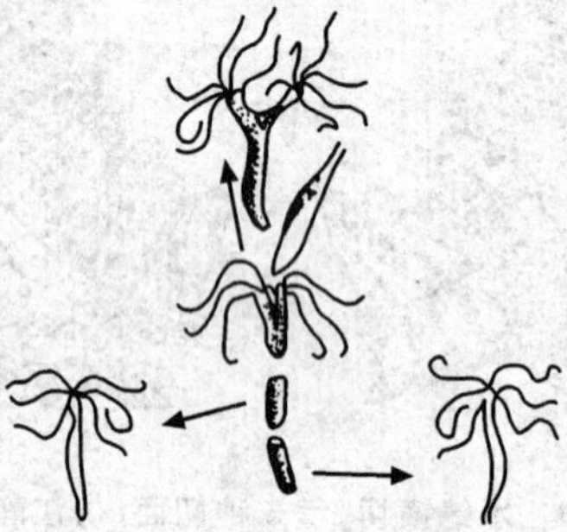

图 5-12 水螅的断裂生殖(仿 R. A. Booloofian)

第三节 腔肠动物门的分纲

腔肠动物分为 3 个纲:

1. 水螅纲(Hydrozoa) 单个或群体。生活史多数有水螅型和水母型两个世代,无口道,水母型具缘膜,性细胞由外胚层产生。如水螅,薮枝螅(*Obelia*)。

2. 钵水母纲(Scyphozoa) 多数为大型水母,不具缘膜,具水螅型和水母型两个世代,水螅世代不发达,口道短,不具骨骼,性细胞由内胚层产生。如海月水母(*Aurelia*)。

3. 珊瑚纲(Anthozoa) 只有水螅型世代,口道发达,大多数具发达的骨骼,性细胞由内胚层产生。如细指海葵(*Metridium*)和各种石珊瑚等。

一、水螅纲

本纲动物绝大多数分布于海水,少数在淡水。生活史中大部分有水螅型和水母型,即有世代交替现象,但少数种类有水螅型而没有水母型(如水螅),也有少数种类有水母型而没有水螅型的(如一般硬水母)。有许多种类形成了多态的群体,如薮枝螅(*Obelia*)。

(一)代表动物——薮枝螅

薮枝螅(图 5-13)生活于浅海,固着在海藻、岩石上,为一树枝状的水螅型群体(图 5-13A)。群体基部的构造似植物的根,故称螅根(hydrorhiza),由螅体上生出很多直立的茎,称为螅茎(hydrocaulus)。螅茎上分出 2 种类型的个体——水螅体(hydranth)与生殖体(gonangium)。二者的体壁和水螅的体壁构造是一样的。它们的体壁相连,因此,其消化循环腔也是相通的。所有成员的体壁互相联络称为共肉(coenosarc)。整个群体外包围着由外胚层分泌的一层透明的角质膜,称为围鞘(perisarc),具保护和支持的功能,在水螅体外面的叫螅鞘(bydrotheca),在生殖体外面的叫生殖鞘(gonotheca)。水螅体主要司营养,其构造与水螅基本相同,有口及触手,触手是实心的,垂唇较水螅的长大,其外有一透明的杯形鞘。生殖体无口及触手,只有一中空的轴,称为子茎(blastostytle),子茎的周围有透明的瓶状生殖鞘。生殖体能行无性生殖,其营养主要靠水螅体供给。群体中任一水螅体捕食消化后,均可将营养物质通过消化循环腔输送给群体中的其他个体。

薮枝螅的水螅型群体行无性生殖,它有两种出芽生殖方式,一种是在共肉处生出芽体,长大后成为群体中新的成员,这种方式可以增加群体中个体的数目;另一种是在盲管状的子茎(blastostyle)上以出芽方式产生盘状的水母型芽体。水母芽成熟后,脱离子茎,由生殖鞘顶端的开口出来,在海水中自由生活。薮枝螅的水母较小,1～2 mm,而且构造简单,伞边缘生有很多细的触手(初生时 16 个),下伞面中央有一短的垂唇,口向内通到胃,再由胃伸出 4 个辐管,与伞边缘的环管相通。口、胃、辐管、环管构成水母的消化循环系统。感觉器官是分布在伞缘上的 8 个平衡囊(statocyst),是外胚层包围着的小泡,其中有钙质小颗粒,司平衡觉。水螅水母特征之一是在伞下缘有一圈缘膜(velum),而薮枝螅的水母缘膜退化。薮枝螅的水母雌雄异体,四个精巢或卵巢由外胚层产生,悬于 4 条辐管上方。精卵成熟后在海水中受精。受精卵发育,以内移的方式形成实心的原肠胚,在其表面生有纤毛,能游动,称为浮浪幼虫(planula)。浮浪幼虫游动一段时期后沉入水底,固着下来,以出芽的方式发育成水螅型的群体。薮枝螅的无性世代(水螅体)的生存时间很长,但有性世代(水母体)的生存时间很短,产生性细胞后就死亡。

薮枝螅的生活史有 2 个阶段。水螅型群体以无性出芽的方式产生水母型个体,水母型个体又以有性生殖方式产生水螅型群体,两个世代交替进行,完成世代交替的生活史。

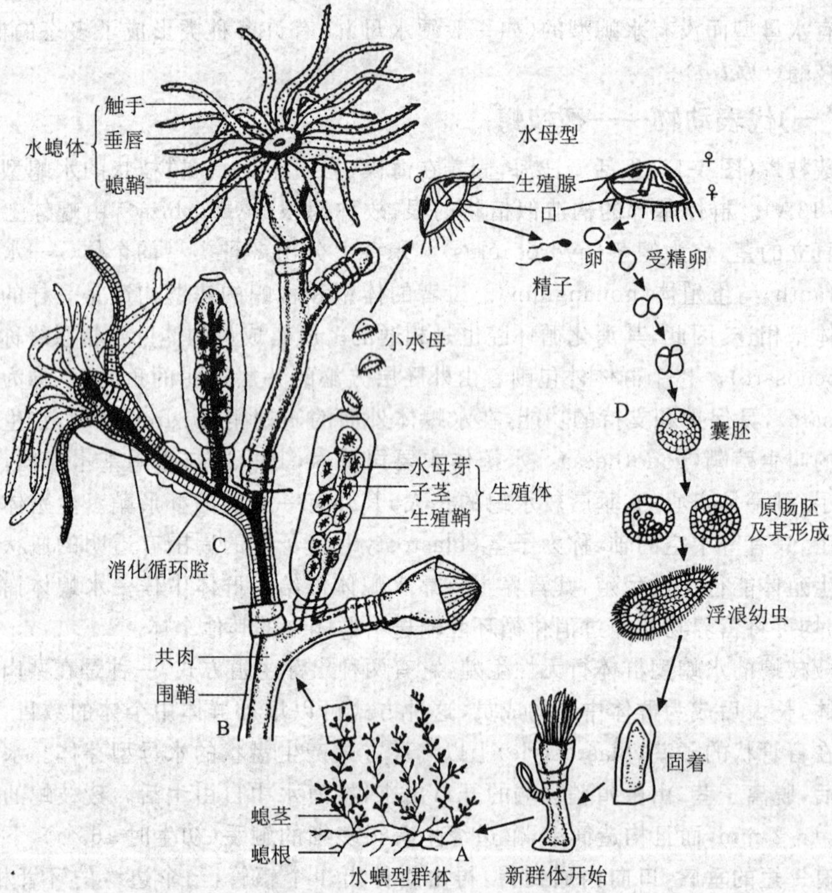

图 5-13 水螅有性生殖各时期示意图(仿刘凌云)

A. 群体;B. 部分群体放大;C. 部分剖面观;D. 生活史

由薮枝螅的结构与生活史可见本纲动物的主要特征:水螅型或水母型一般都较小;水螅型结构较简单;水母型有缘膜,触手基部有平衡囊;生殖细胞由外胚层产生;内胚层没有刺细胞;无口道;生活史中有世代交替现象,少数种类水螅型发达,无水母型(如水螅)或水母型不发达(如筒螅 *Tubularia*);也有水母型发达,水螅型不发达或不存在的,如钩手水母(*Gonionemus*)、桃花水母(*Craspedacusta*);还有的群体发展为多态现象,如僧帽水母(*Physalia*)(图 5-14)。

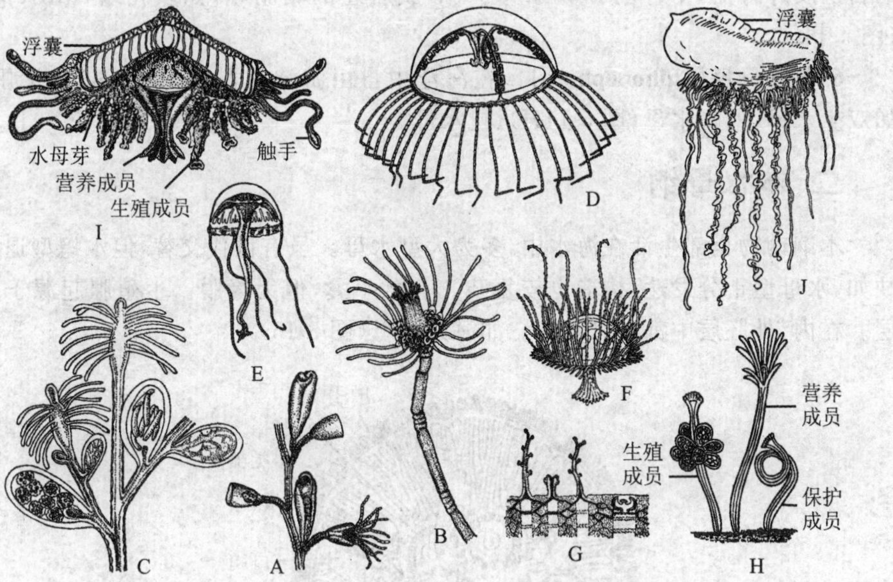

图 5-14　水螅纲的代表动物(仿江静波)

A. 钟螅；B. 海筒螅；C. 淡水棒螅；D. 钩手水母；E. 小舌水母；
F. 桃花水母；G. 多孔螅；H. 贝螅；I. 帆水母；J. 僧帽水母

(二)水螅纲分目

本纲约 4 000 种,分为 6 个目:

1. 被芽目(Calyptoblastea)　共肉外面有角质围鞘,围鞘伸展至水螅体周围成水螅鞘,又伸展至生殖个体成生殖鞘。水母型甚扁,生殖腺在下伞中辐管之下。如薮枝螅、钟螅(*Cam panularia*)(图 5-14A)。

2. 裸芽目(Gymoblastea)　共肉有围鞘,但只伸展至水螅体基部,因此水螅体裸出,无水螅鞘。水母型钟状,高度比宽度大,生殖腺在垂唇上。如筒螅(*Tubularia*)(图 5-14B),海产;淡水棒螅(*Cordylophora lacustris*)(图 5-14C),生活在河口水域。

3. 水螅目(Hydroidea)　单体,无水母型,无围鞘,个体能够运动。如水螅。

4. 硬水母目(Trachylina)　水母世代发达,水螅世代退化或无,平衡囊发生于触手基部的内胚层内。如钩手水母(*Gonionemua*)(图 5-14D)、小舌水母(*Liriope*)(图 5-14E)、桃花水母(*Craspedacusta*)(图 5-14F)。

5. 水螅珊瑚目(Hydrocorallina)　是固着的群体,根部连在一起共同分泌成块的石灰质外骨骼，个体可以收缩其中，形成后述的珊瑚礁，如多孔螅(*Millepora*)(图 5-14G)。

6. 管水母目(Siphonophora) 在海洋中自由游泳的群体，高度多态，无围鞘。如双生水母、僧帽水母(图 5-14H)、帆水母。

二、钵水母纲

本纲动物全部生活在海水中，多为大型水母。虽有世代交替，但水螅型退化或缺如，水母型十分发达，构造也较复杂。有触手囊，但无缘膜。生殖腺起源于内胚层。在内、外胚层中都有刺细胞。如海月水母(图 5-15)。

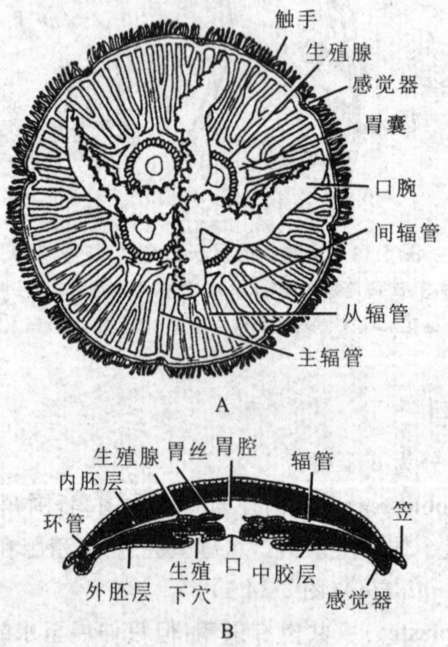

图 5-15 海月水母(仿刘凌云)

A. 口面观；B. 剖面观

1. 海月水母(Aurelia aurita Lamarck) 伞透明，圆盘状，直径 10 cm 左右。在海水中浮游时，外伞(凸出的一面)向上，下伞(陷入的一面)向下。伞的边缘有 8 个结节似的构造，将伞分为 8 个部分。每个结节包括一个感觉器。伞的边缘悬挂着许多触手。

海月水母的消化循环腔构造复杂。在下伞的中央，有一极短而不显著的垂管，为外胚层内陷而形成的口道,里面是4个胃囊,由此分出复杂的辐管至围绕伞缘的环管。辐管有多分枝的从两胃囊之间到环管的正辐管(perradius),多分枝的从胃囊的中央到环管的间辐管(interradium)和位于正辐管与间辐管之间的不分枝的从胃囊侧面到环管的辐管。在胃囊的底部有内胚层产生的4个马蹄形生殖腺。生殖腺的内缘排列着许多由内胚层形成的胃丝,其上有刺细胞。在正辐管和间辐管的尖端缺刻内各有一个包含触手囊的感觉器官(图5-16)。触手囊在平衡棍之内,由内胚层形成。由于触手囊是由环管突出而形成,因此是中空的,支水管通环管,囊内有平衡石(statolith)(钙质的颗粒)。囊的上面有眼点(ocellus),并有外伞延长的笠(hood)遮盖。在触手囊下面两侧有缘瓣(lappet),亦称感觉瓣,缘瓣上有感觉细胞和纤毛。当水母身体不平衡的时候,触手囊对感觉纤毛的压力有所不同,因而引起了不平衡的感觉。整个感觉器官还有2个内陷的嗅窝,其中有感觉细胞接受化学性刺激。在下伞的中央,有一极短而不显著的垂管。垂管的末端有一个正方形的口,在口的周围,有4条长而末端尖的口腕挂在口的四角。口腕为两边折叠着的膜状构造,边缘有许多细小的叶状突起,上面有许多刺丝囊。4个口角和口腕是对着4条正辐管。有8个边缘的感觉器,对着正辐管和间辐管。在间辐区,离口不远

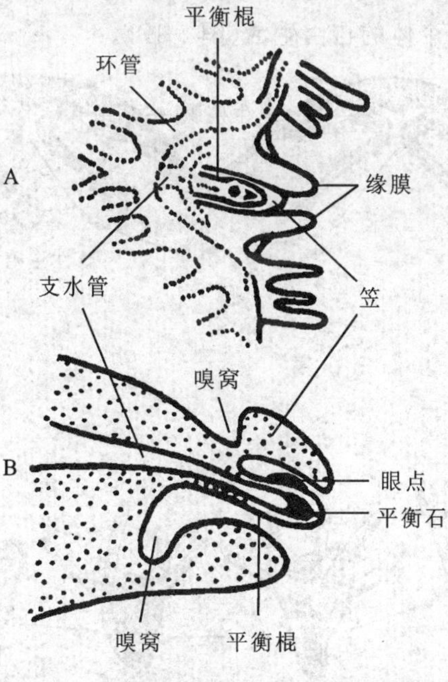

图 5-16　海月水母的感觉器官(仿 Hegner)

A. 触手囊下面观;B. 触手囊纵剖

的地方，生殖腺下的位置，有一圆形的凹窝，即生殖下窝(subgenital pit)，但是生殖下窝与生殖腺无任何联系。水流由口进入胃腔，经过一定的辐管至环管，然后再由一定的辐管流至胃囊，经口流出。食物进入胃囊后，即被刺丝杀死，经消化后(细胞内和细胞外消化)由辐管分布到全身各部，胃丝也起着保护生殖腺的作用。海月水母内外胚层细胞的组成类似于水螅纲的水母型。伞的主要部分是中胶层。中胶层中有一些肌细胞的纤维和一些由外胚层来的变形细胞。外伞和下伞的表面都是外胚层。胃和周围发出的管道由内胚层包围，内胚层细胞的表面一般有纤毛。只有垂管是由外胚层内凹产生，形成了短的口道。

海月水母雌雄异体，体内受精。精巢产生的精子由口游出，入雌性消化循环腔中与卵巢产生的卵受精。合子附着在口腕上，在那里发育成浮浪幼虫。浮浪幼虫游泳一段时间后，停下来附着在海底物上，纤毛脱落，变成喇叭形的小水螅体，称螅状幼体。螅状幼体具基盘、口和触手，可产生侧芽，再分出新的螅状体。在秋冬季，出现特殊的横裂生殖，它分层地水平内陷，形成钵口幼体，再发展为横裂体，很像重叠在一起的碟子，故称为碟状体。每一碟状体的边缘有 8 个分叉的缘瓣，叉内有感觉器，将来发育成触手囊。碟状体离开母体后，上下翻转(下面的形成外伞，上面的形成下伞)，开始水母型个体的自由生活(图 5-17)。

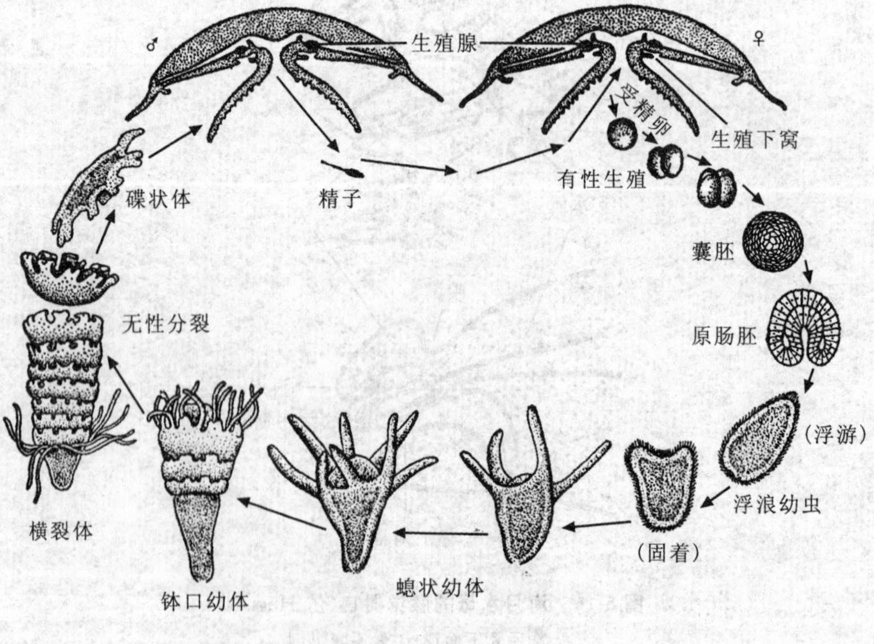

图 5-17 海月水母的生活史(仿江静波)

2. 海蜇(Rhopilema esculentum) 海蜇是钵水母类中经济价值较高的一类，结构与海月水母(图 5-18)基本一致，所不同的是海蜇的伞为半球形，中胶层很厚，含有大量的水分和胶质物，伞的边缘无触手，由 8 个感觉器将伞缘平分为 8 个区，每个区的伞缘有 14～20 个小舌状的缘瓣(lappets)，其数目为种的分类依据之一。口腕愈合，大形口消失，口柄基部有 8 对翼状肩板，口柄下部各有 8 个口腕，每个口腕又分成三翼，在其边缘上形成很多小孔，称为吸口。在口腕上长有很多触手(或称丝状附属器、棒状附属器)与腕管相通。各腕末端有一条长的棒状附属器。肩板上也有很多吸口及触手。海蜇就是靠吸口吸食微小的动植物为食的。吸口周围的触手先把小动物麻痹或杀死，然后送入口，经口腕中很多分枝的小管到胃腔，这很像植物吸收养料的根，故称为根口水母目(Rhizostomae)。

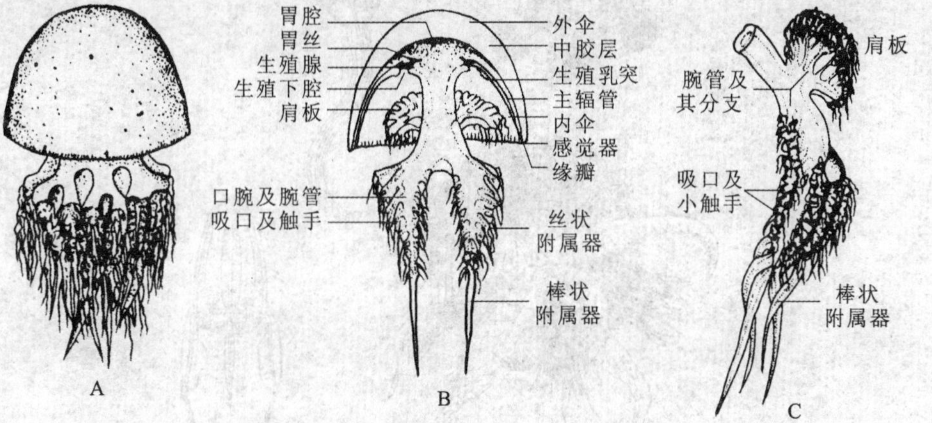

图 5-18 海月水母的生活史(仿江静波)

A. 外形图；B. 纵剖图；C. 口器，示腕管及吸口

多数钵水母类对渔业有害，危害幼鱼、贝类，破坏网具。腔肠动物的刺丝囊有毒，如一些大水母或海蜇刺入人体后，可造成红肿。水母可用于仿生学研究，制作预测风暴的报警器。

钵水母区别于水螅水母的特征有：钵水母一般为大形水母，无缘膜，感觉器官为触手囊，而非平衡囊。生殖腺来源于内胚层，结构较复杂，胃囊内有胃丝，内胚层中有刺细胞，有口道(很短)。

3. 钵水母纲分目 本纲已知约 200 种，分为如下的 4 目：

(1)十字水母目(Stauromcdusae)。外伞部柄状，无触手囊，无世代交替，营附着生活，如高杯水母(*Lucernaria*)(图 5-19A)。

(2)立方水母目(Cubomedusae)。伞部为立方形,有 4 个触手囊在正辐管,4 个触手囊在间辐管。无世代交替,如灯水母(*Charybdea*)(图 5-19B)。

(3)旗口水母目(Semaeostomae)。伞部扁平,边缘有触手,在正辐管及间辐管处有触手囊。有世代交替,如海月水母(图 5-19)、霞水母(*Cyanea*)(图 5-19C)。

(4)根口水母目(Rhizostomae)。伞为半球状,无边缘触手,口腕愈合,腕中有分枝的细管,管的外端有吸口。如海蜇(*Rhopilema*)(图 5-18)。

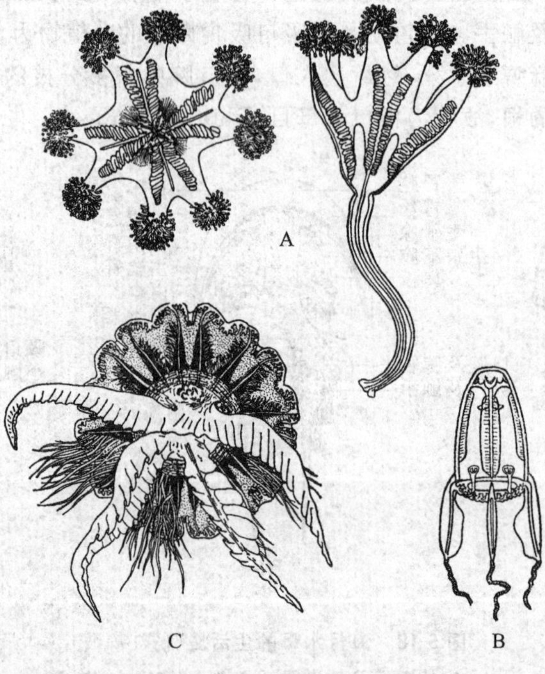

图 5-19 钵水母纲代表(仿江静波)

A. 高杯水母;B. 红水母;C. 霞水母

三、珊瑚纲

本纲包括海葵、石珊瑚、海鳃等,全海产,只有水螅型,没有水母型,无世代交替现象。外胚层内陷形成发达的口道,口道具 1～2 个口道沟(siphonoglyphe)。因此有左右辐射对称的情形(只具一个口道沟的类似于两侧对称)。消化循环腔被内胚层突出的隔膜(mesentery)分隔成若干小室。内胚层中有刺细胞。生殖细胞起源于内胚层。中胶层内有发达的结缔组织。许多种类具钙质的外骨骼,很多种类为群体结构。海葵(图 5-20)是沿海常见的种类。

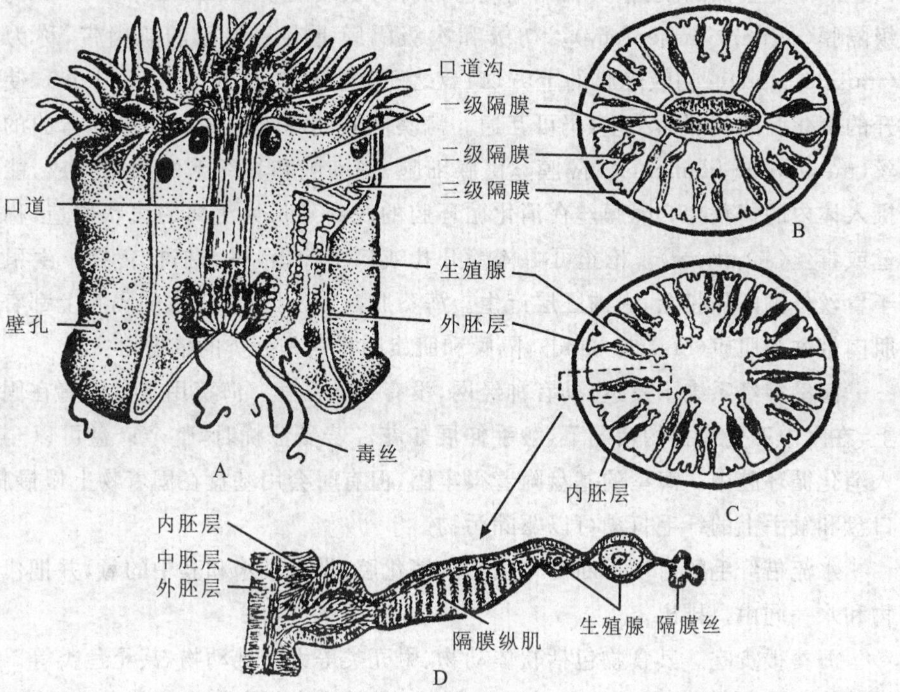

图 5-20 海葵的结构(仿刘凌云)

A. 部分体壁纵横切;B. 过口道横切;C. 过消化循环腔横切;D. 隔膜放大

(一)代表动物——海葵

海葵通常固着在海滨的岩石等物上,无外骨骼,身体柔软坚韧,呈圆筒形,直径略大于体高,外形像一只花朵。只有水螅世代。固着端(下端)称为基盘(basal disc)。另一端(上端)有一平的口盘,其周围有几圈中空的触手(一般是 6 的倍数),中央有一裂缝状的口。触手上有刺细胞,可用以捕食鱼虾及活的小动物。从口到消化循环腔有一条发达的扁形口道。口道的两侧各有一条具纤毛的沟,即口道沟。体呈左右辐射对称。通过纤毛的摆动,水流从 2 条口道沟进入消化循环腔,并最终从口道的中央部分流出。即使海葵收缩成一团,水流仍可由纤毛沟流入消化循环腔。

海葵的水螅体及其消化循环腔构造复杂,由外胚层内陷形成口道,由体壁中的内胚层向消化循环腔中垂直突入并和其中的中胶层一起形成隔膜,把整个消化循环腔分成许多小室。其中有 6 对完全的隔膜,直达口道,称为初级隔膜(primary mesentery),其中正对口道沟的为指向隔膜(directive mesentery),其余的是未达口道的不完全的隔膜,依其长短不同分别称为次级隔膜(secondary mesentery),三级隔膜(tertiary mesentery)。初级和次级隔膜上有一纵行的肌肉带,称为肌束(muscle band)。初级隔膜的上方(口盘之下)有开孔,称为窗孔(ostium),使被隔开的消化腔的相邻两小室,仍可互通。海葵隔膜的游离边缘有加厚的弯曲的隔膜丝(mesenteric filament)。隔膜丝由腺细胞、刺细胞和具纤毛的细胞组成,能杀死摄入体内的捕获物。隔膜丝在消化循环腔的底部延长为游离的线状构造,称为枪丝或毒丝(acontium)。枪丝可由体壁开孔或口中伸出,协助捕捉食物。生殖腺位于胃丝外侧的隔膜上,由内胚层产生。海葵肌肉较发达,在较大的隔膜上都有一纵肌肉带称为肌旗(muscle band),隔膜和肌旗的排列是分类的依据之一。

海葵神经系统不发达,具有神经网,没有感觉器官。海葵用基盘附着在固体物上,在水中不受惊扰的情况下,触手伸展如花。若受惊扰时,整个口盘可以全部缩入消化循环腔中。海葵的基盘附着很牢固,但有时会用基盘在固着物上慢慢爬行。口盘和触手上的纤毛打动可以驱除污物。

水流借纤毛的打动不断由口道沟入消化腔,带来了水和其中的氧,并把代谢废物和水一同由口排出。

海葵很贪吃。其食物包括软体动物、甲壳类等无脊椎动物,甚至鱼类等。食物被刺丝麻痹后由触手捕入口中。在消化循环腔中,隔膜丝上的腺细胞可分泌消化酶。

海葵雌雄异体,卵和精子都由口流出,在水中受精。合子发育为具纤毛的浮浪幼虫,在水底爬行一段时间后,以反口面的一端固着下来。触手、中胶层、隔膜随之产生,形成小海葵。但也有许多海葵是在母体内受精和发育的,精子流入雌海葵的体内与卵受精。形成浮浪幼虫之后,从母体的口中逸出。

无性生殖有基盘碎裂(即基盘移动时留下的碎块可再生为小海葵)和纵裂 2 种方式。

(二)珊瑚纲的其他种类

大多数种类其外胚层都能分泌石灰质或角质的骨骼,但少数种类如海葵则没有外骨骼。由于珊瑚虫(特别是石珊瑚)不断地大量繁殖,其石灰质的骨骼不断地在海洋中堆积,便形成了珊瑚礁或珊瑚岛。世界上最大的珊瑚岛是澳洲东北的大堡礁,宽约 48 km,长达约 1 930 km。此外印度洋的马尔代夫群岛和南太平洋的斐济群岛也是珊瑚岛。我国的西沙群岛,面积大者达 1 500 100 m^2,小者也有 76 250 m^2。造礁珊瑚、绿水螅及一些海葵,其体内常有虫黄藻或虫绿藻共生,这些藻能利用腔肠动物的代谢产物进行光合作用制造养料;而腔肠动物可从中获取氧气和糖类。在光线难以到达的深海水域,珊瑚虫将难以生存。

大多数珊瑚虫的外胚层细胞能分泌骨骼,但形成骨骼的情况又可分为几种类型:低等的八放珊瑚亚纲(Octocorallia)(触手、隔膜各有 8 个),由外胚层的细胞移入中胶层中,分泌角质或石灰质的骨针或骨片;有的种类这些骨针游离于中胶层中或突出于体表,如海鸡冠(*Alcyonium*)(图 5-22A)和海鳃(*Pennatula*)(图5-22C);有的种类沉淀在中胶层中的骨片互相连成管状骨骼,如笙珊瑚(*Tubipora*)(图 5-22B);有的种类则在群体共肉中央部形成坚硬的石灰质中轴骨骼,如树状群体红珊瑚(*Corallium*)(图 5-22E)。最常见的是六放珊瑚亚纲(*Hexacorallia*,触手和隔膜一般为 6 的倍数)中的石珊瑚类(*Madreporaria*)(图 5-22H、I),是由和海葵相似的个体基盘与体壁的外胚层分泌而成的(图 5-21),石灰质的骨骼连同整个体壁在成对隔膜之间内陷,因此形成了辐射骨隔板,石灰质鞘包在珊瑚虫体柱下半部的外面,虫体上部的柔软部分仍露在外面,好像每个柔软虫体的下部被嵌在一个石灰质座上。有时一个很大的骨骼只是由一个单体珊瑚虫分泌的,如石芝(*Fungia*)(图 5-22J)。但多数的石珊瑚是由群体中的许多成员共同分泌而成,随着个体数目的不断增长,骨骼也不断地增大。石珊瑚也常因其骨骼的形状得名,如脑珊瑚(*Meandrina*)(图 5-22I)和鹿角珊瑚(图 5-22H)等。角珊瑚的骨骼是似角质的材料构成,往往形成树状,如角珊瑚(*Madrepora* 或 *Acoropora*)(图 5-22K)。

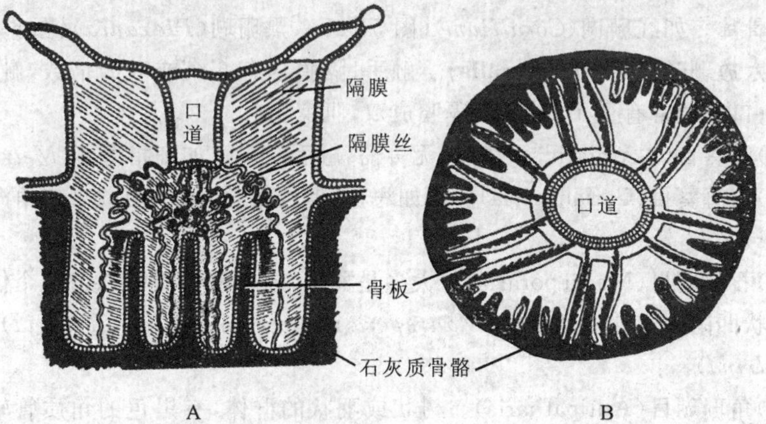

图 5-21　石珊瑚骨骼的结构(仿 Hyman)

A. 纵切面;B. 横切面

珊瑚礁可分3类：①岸礁：是紧靠陆地的沿岸地方，当退潮时便露出水面。②堡礁：离岸稍远，大轮船已能在其中航行。③环礁：孤立在海洋中，通常露出水面，作环状罗列。环内的海水，被称为礁湖。石珊瑚的生活习性要求温暖(一般要求水温22～30℃)、浅水(水深约在45 m以内)的环境，海水对它有一定的冲击力量，靠海边的珊瑚承受海水冲击的部分生活得最好，所以随着骨骼的堆积，常沿着海岸逐渐向海里推移，逐渐扩展，形成大的岛屿。在沿海的岸礁，有如海边上的天然长堤，能使海岸坚固。但在海底的暗礁，却妨碍航行。

珊瑚区别于水螅纲的特征有：只有水螅型，且构造较复杂，有口道、口道沟、隔膜和隔膜丝；生殖腺来自内胚层。

(三)珊瑚纲的分类

本纲有6 000多种，分2亚纲。其亚纲和主要的目如下：

1. 八放珊瑚亚纲(Octocorallia)　触手、隔膜各有8个，触手呈羽状分枝；口道只有一个口道沟，口道沟所在的一面即所谓腹面，肌束面向腹面。

(1)海鸡冠目(Alcyonacea)。固着的群体，体软，无中轴。骨骼为散在的骨片或结合成骨管。如海鸡冠(*Alcgonium*)(图5-22A)、笙珊瑚(*Tubipora*)(图5-22B)。

(2)海鳃目(Pennatulacea)。群体，部分呈棒状，柄部埋于泥沙中；有角质或石灰质的中轴。如海鳃(*Pennatula*)(图5-22C)、海仙人掌(*Cavernularia*)。

(3)柳珊瑚目(Gorgonacea)。树状群体，内部有石灰质或角质的骨轴，外部有散在的骨片。如红珊瑚(*Corallium*)(图5-22E)、黑珊瑚(*Plexaura*)(图5-22F)。

2. 六放珊瑚亚纲(Hexacoralla)　触手、隔膜各有6个或6的倍数，触手中空，不分枝；口道通常有2个口道沟；隔膜成双，肌束相对。

(1)海葵目(Actiniaria)。体软，无骨骼，触手众多。如细指海葵(*Metridium*)。

(2)角海葵目(Cerianthharia)。形如海葵，但较细长，触手两圈。如角海葵(*Cerianthus*)。

(3)石珊瑚目(Madreporaria)。大多是群体，外骨骼钙质，甚致密，个体在外骨骼的杯状凹陷中。如鹿角珊瑚(*Madrepora* 或 *Acropora*)、石芝(*Fungia*)、菊珊瑚(*Meandrina*)。

(4)角珊瑚目(Antipatharia)。树状或羽状的群体，有黑色的角质管轴。如角珊瑚(*Antipathes*)。

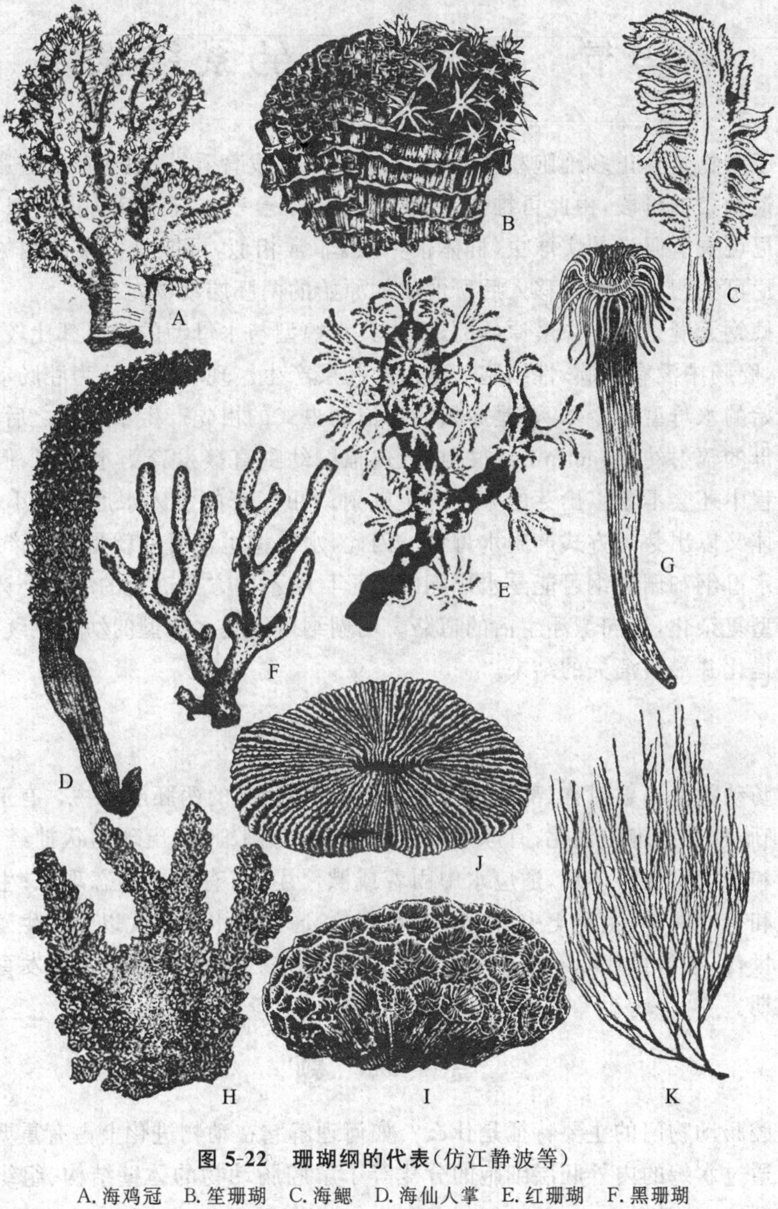

图 5-22　珊瑚纲的代表(仿江静波等)

A. 海鸡冠　B. 笙珊瑚　C. 海鳃　D. 海仙人掌　E. 红珊瑚　F. 黑珊瑚

G. 角海葵　H. 鹿角珊瑚　I. 菊珊瑚　J. 石芝　K. 角珊瑚

第四节 腔肠动物的系统发展

腔肠动物是真正多细胞动物的开始，从其个体发育看，一般海产的腔肠动物都经过浮浪幼虫的阶段，由此可推想：腔肠动物起源于一个与浮浪幼虫相似的祖先，与梅契尼可夫所假设的实球虫（群体鞭毛虫）非常相似，可能是由鞭毛纲的群体根据梅契尼可夫假设的细胞移入后所形成的原始的两胚层动物。

水螅纲无疑是三纲中最原始的，因为其水螅型与水母型的构造都比较简单，没有口道，腔肠中没有隔膜，性细胞又是由外胚层产生。现在一般认为腔肠动物的祖先是原始的水母型的个体，它是原始的浮浪幼虫式的祖先产生了触手之后形成的，与硬水母的辐射幼虫（actinula）很相似，这辐射幼虫直接发育为水母型，但有的在发育过程中还会不断以出芽的方式产生辐射幼虫。有的沉入水底形成小群体，而这小群体又以出芽的方式产生水母型。因此，水螅型世代可能就是这样产生的。

钵水母纲和珊瑚纲可能是水螅纲硬水母目向不同方向进化的结果。钵水母纲是水母型复杂化，走向漂浮生活的道路。珊瑚纲可能是水螅型的幼体继续发展，而水母型退化并最后消失的结果。

本章小结

腔肠动物是辐射对称（部分种类为左右辐射对称）的两胚层动物。有消化循环腔，行细胞外和细胞内消化；有原始的组织分化；有刺细胞；出现网状神经系统；有水螅型和水母型两种体形，适应水中固着或漂浮生活；有群体多态现象；生殖方式有无性和有性两种；生活史中有世代交替现象，通常是水螅世代以无性生殖方式产生水母世代，水母世代以有性生殖方式产生水螅世代。海产种类个体发育中有浮浪幼虫期。

思考题

1. 腔肠动物门的主要特征是什么？如何理解它在动物进化上占有重要位置？

2. 通过水螅的内外胚层细胞的分化等了解腔肠动物的体壁结构、组织分化等基本特征。

3. 腔肠动物分哪几个纲，各纲的主要特征是什么？

第六章 扁形动物门 (Platyhelminthes)

导读 扁形动物是最原始的三胚层动物,出现了两侧对称的体制,开始向主动运动的方向进化发展,在动物进化中处于重要地位。两侧对称和中胚层的出现为动物体结构与功能的进一步完善和从水生过渡到陆生奠定了基础。自由生活的扁形动物分布在海水、淡水和潮湿的土壤中,寄生生活的种类则表现出了对寄生生活的高度适应。

第一节 扁形动物门的主要特征

扁形动物门的代表动物是涡虫,涡虫的横切面和体壁的一部分见图 6-1。

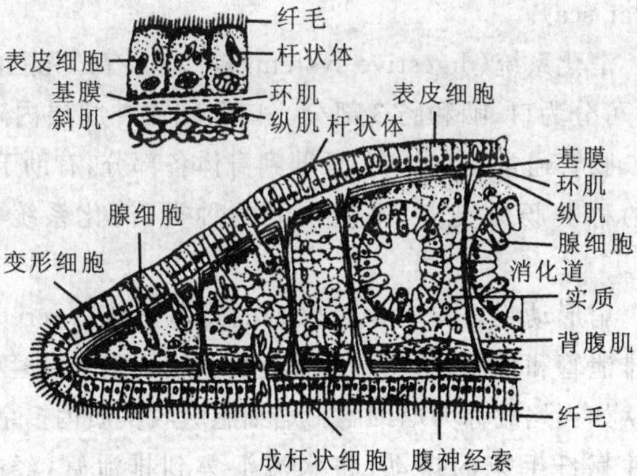

图 6-1 涡虫的横切面和体壁的一部分放大(仿 Storer & Usinger)

1. 两侧对称 扁形动物的身体背腹扁平,过身体中轴只有一个对称面,这种体制称为两侧对称(bilateral symmetry)。两侧对称体制的出现,使动物体在功能上出现了相应的分化,背面可以保护,腹面承担运动和摄食的功能,身体前端集中了神经系统和感觉器官。由于动物在运动中总是前端先接触新环境,因而出现了神经系统向前集中的现象,这为脑的进化发展创造了条件。两侧对称也扩大了动物的活动范围,既适合游泳,又适合爬行,为动物从水生进化到陆生创造了条件。

2. 中胚层 从扁形动物开始,在内、外胚层之间出现了中胚层(mesoderm),成为三胚层动物。中胚层的产生引起了一系列的组织、器官、系统的分化,是动物体结构和功能进一步发展的物质基础,使动物达到了器官系统的水平。中胚层形成的肌肉层增强了动物的运动机能和空间移动速度,使动物接触到的环境日趋扩大,这促进了感觉器官和神经系统的发展,加强了动物的摄食能力,从而促进了消化系统和排泄系统的形成和发展。提高了新陈代谢水平。

体壁与器官之间填充着由中胚层所形成的实质(柔软结缔组织),有贮藏水分和养料的功能,使动物得以耐干旱和耐饥饿,还能输送营养和排泄废物,并有再生新器官的能力。

3. 皮肤肌肉囊 扁形动物的体壁是由表皮细胞层和其下面的肌肉层所组成的。肌肉层由中胚层形成,包括环肌层、斜肌层和纵肌层,还有贯穿实质组织的背腹肌。体壁呈完整的口袋状,包裹全身,具有保护和运动等功能,故称为皮肤肌肉囊(dermo-muscular sca)。

4. 消化系统 消化系统(digestive system)较简单,有口无肛门,称为不完全的消化管(图 6-2)。可分为口、咽和肠 3 部分。口和咽由外胚层内陷形成,肠是由内胚层形成的盲管。肠管通常具有分支,延伸到身体各部分,有助于运输营养达全身各处,自由生活的种类肠分支多,寄生生活的种类,消化系统常趋于退化或完全消失。

5. 排泄系统 扁形动物多具有原肾管型的排泄系统(excretory system)。由焰细胞、毛细管、排泄管和排泄孔组成,遍布全身。焰细胞为盲管状,其顶端有一束纤毛,不断摆动,状如火焰故称为焰细胞。焰细胞吸收实质内多余的水分和溶于水中的代谢废物,并靠纤毛束的摆动,将水流汇集到排泄管,经排泄孔排出体外(图6-3)。

6. 神经系统 扁形动物开始出现了较为原始的神经系统(nervous system)。体前端有一对较大的神经节,称之为"脑"。由"脑"向后端分出若干纵行的神经干,以腹部的一对侧神经干最发达。在纵走的神经干之间有横神经相连,使整个神

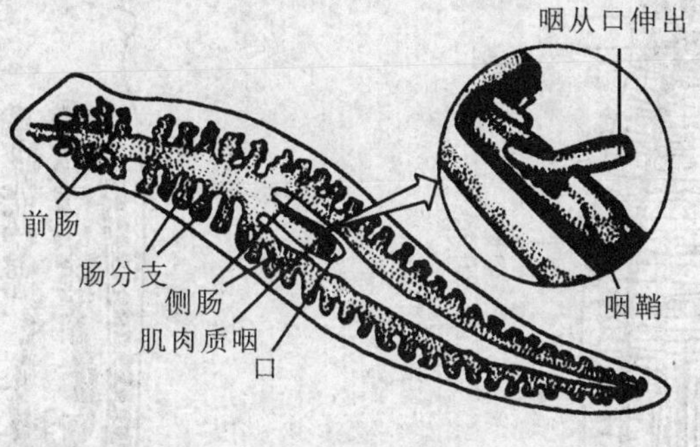

图 6-2 涡虫的消化系统(仿 Jan A. Pechnik)

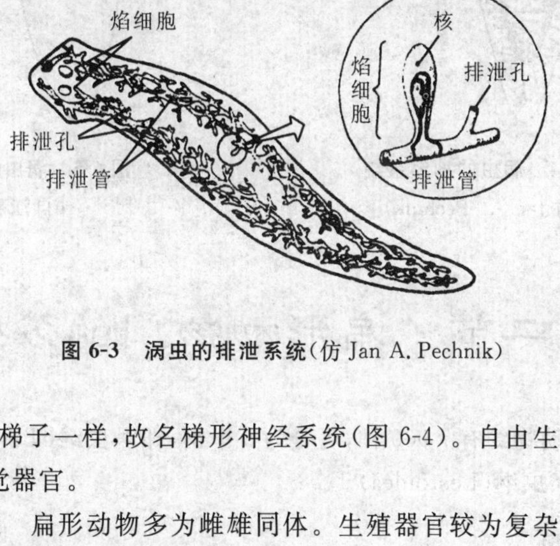

图 6-3 涡虫的排泄系统(仿 Jan A. Pechnik)

经系统的形状像梯子一样,故名梯形神经系统(图 6-4)。自由生活的种类常具眼点、平衡囊等感觉器官。

7. 生殖系统 扁形动物多为雌雄同体。生殖器官较为复杂多样。由于中胚层的出现,形成了固定的生殖腺、生殖导管(输精管、输卵管)及一系列的附属腺(前列腺、卵黄腺)(图 6-5)。生殖细胞能通向体外,使交配和体内受精活动得以完成。

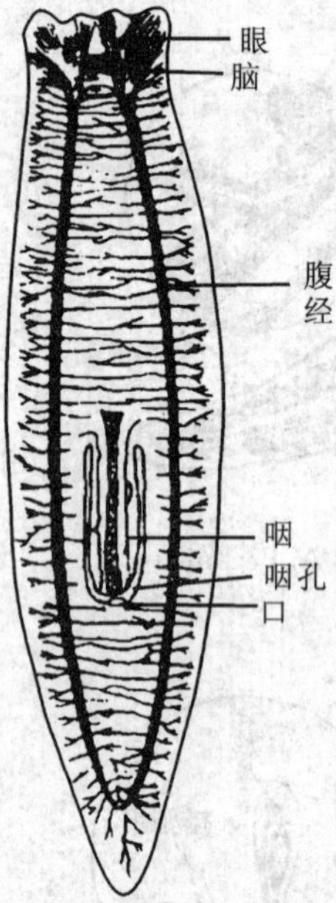

图 6-4 涡虫的神经系统
(仿 Jan A. Pechnik)

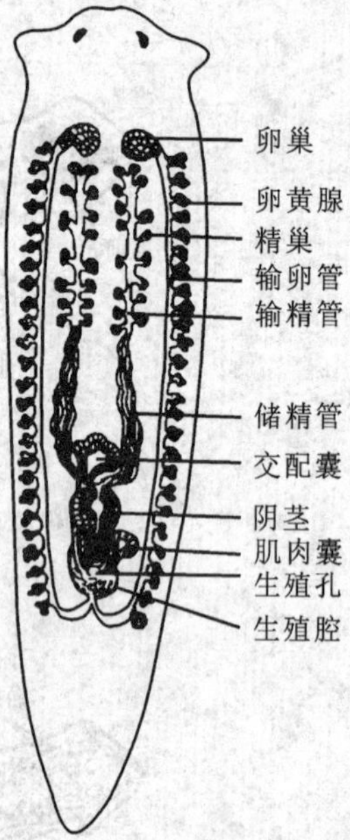

图 6-5 涡虫的生殖系统
(自江静波)

第二节 扁形动物门的分纲

现存的扁形动物约有 7 000 种,可分为 3 个纲,即涡虫纲(Turbellaria)、吸虫纲(Trematoda)和绦虫纲(Lestoidea)。

一、涡虫纲

涡虫纲是扁形动物门最原始的一纲。绝大多数在海水、淡水与湿土中营自由生活,充分地表现出对自由生活的适应。一般体表都有纤毛,具消化系统和神经系统,感觉系统也比较发达。

(一)代表动物——真涡虫

1. 外形与习性 真涡虫(*Dugesia*)常生活在淡水溪流中的石块下,以活的或死的小甲壳类及昆虫幼虫为食,身体柔软呈柳叶状,长达 15 mm。前端一般略呈三角形,两侧各有一对耳状突,头部背面有 2 个黑色眼点,后端逐渐变细。背面稍凸,有许多黑色素点色;腹面较扁平,颜色较淡,密生纤毛,以利于爬行。口位于体后 1/3 处的腹面,稍后方是生殖孔。

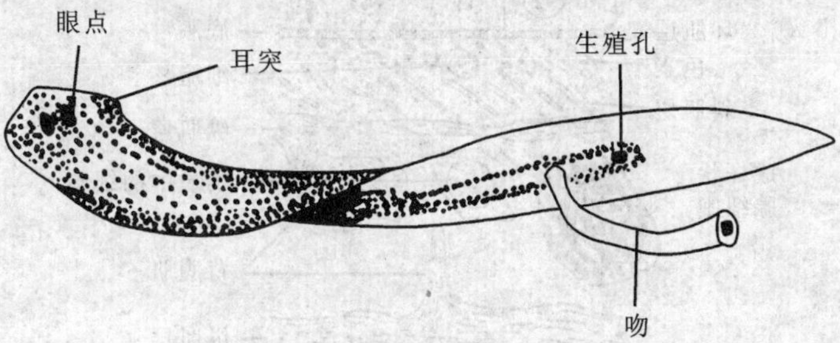

图 6-6 真涡虫的外形(仿 Jan A. Pechnik)

2. 体壁 为典型的皮肤肌肉囊(图 6-7)。表皮由上皮细胞组成和杆状体组成。遇到刺激时,杆状体能排出毒液,协助捕食和防御敌害。表皮下是非细胞结构的弹性基膜,基膜与其下的肌肉层贴在一起,构成皮肤肌肉囊。腹面的表皮有纤毛,由于纤毛的摆动和体壁肌肉的收缩,使动物能在物体上爬行或在水面上滑行。

3. 消化系统 口位于身体腹面,周围有闭口肌,控制口的开闭,口后为特殊的咽,外包咽鞘,内有肌肉质的咽。咽与舌的性质相似,其前端有味觉作用,并能伸出成吻,用以捕食。肠分三支,一支向前,两支向后,又分出若干分支和小支,达全身各部,成为末端封闭的盲管,无肛门。

4. 排泄系统为原肾型 一对多次分支的排泄管纵走在虫体两侧的实质组织内,分支细管的末端连着焰细胞。通过焰细胞吸收体内多余的水分和代谢废物,经开口于体背面的排泄孔排出体外。

5. 神经系统 真涡虫是典型的梯形神经系统。前端有一对脑神经节,向后伸出两条粗大的腹神经索,其间有横神经相连。

6. 生殖系统 真涡虫行无性和有性生殖,无性生殖以横裂的方式进行,有性生殖从早春到晚夏进行。雌雄同体,但必须通过交配行异体受精。雄性生殖器官包括许多球形精巢,位于体内两侧缘,每一精巢通过输精小管汇合入一对纵行的输精管中,到身体中部膨大为储精囊,两储精囊汇入多肌肉的阴茎,其基部有单细胞的前列腺,开口于生殖腔。雌性生殖器包括身体前方内侧的卵巢,每一卵巢与一条输卵管相连,在输卵管外侧有许多卵黄腺,通过卵黄管注入输卵管。两输卵管在虫体后端汇合,通入生殖腔。此外,还有一个交配囊,有导管直接开口于生殖腔。因此,雌雄生殖器官通过生殖腔,经由一个共同的生殖孔开口于体外。

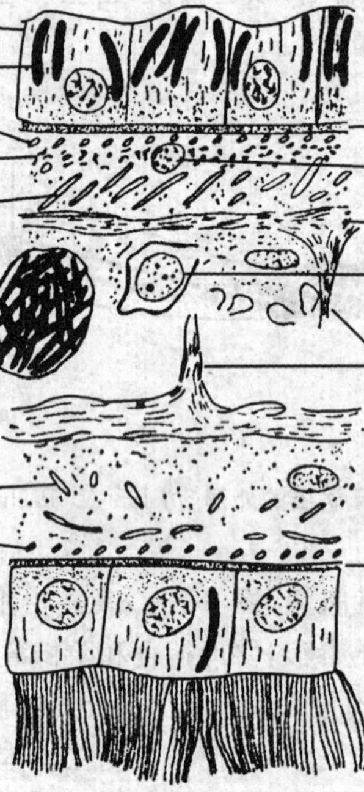

图 6-7 涡虫皮肌囊的构造

(上:背部体壁;下:腹部体壁)(仿 Hyman)

7. 再生 涡虫的再生能力很强,若将它横切为两段,每段都会将失去的部分再生出来。

(二)涡虫纲的分目

根据消化管及其分支情况,将其分为无肠目、大口虫目、多肠目和三肠目等。

二、吸虫纲

全部营寄生生活,少数体外寄生,多数体内寄生;体表无纤毛及腺细胞,有保护性的皮膜和附着器;消化道简单;感觉器官不发达或退化;一般生活史复杂,具有更换寄主的现象。

(一)代表动物——华支睾吸虫

华支睾吸虫(*Clonorchis sinensis*)的成虫寄生在人、猫、狗等的肝脏胆管内,可引起肝吸虫病。该虫于 1875 年在印度一华侨尸体的胆管中首次被发现,因此又称华支睾吸虫。据调查,在广东、广西、福建最为流行,其他各省、自治区都有零星分布,这与当地人民嗜生食或食半熟的鱼肉习惯有关。

1. 成虫结构 成虫身体柔软扁平,前端尖,后端较钝圆,长为 10～25 mm,体宽 3～5 mm,体表无纤毛。口吸盘在虫体前端,且略大于腹吸盘。腹吸盘,在虫体前 1/5 处腹面。吸盘富有肌肉,是附着器官(图 6-8)。

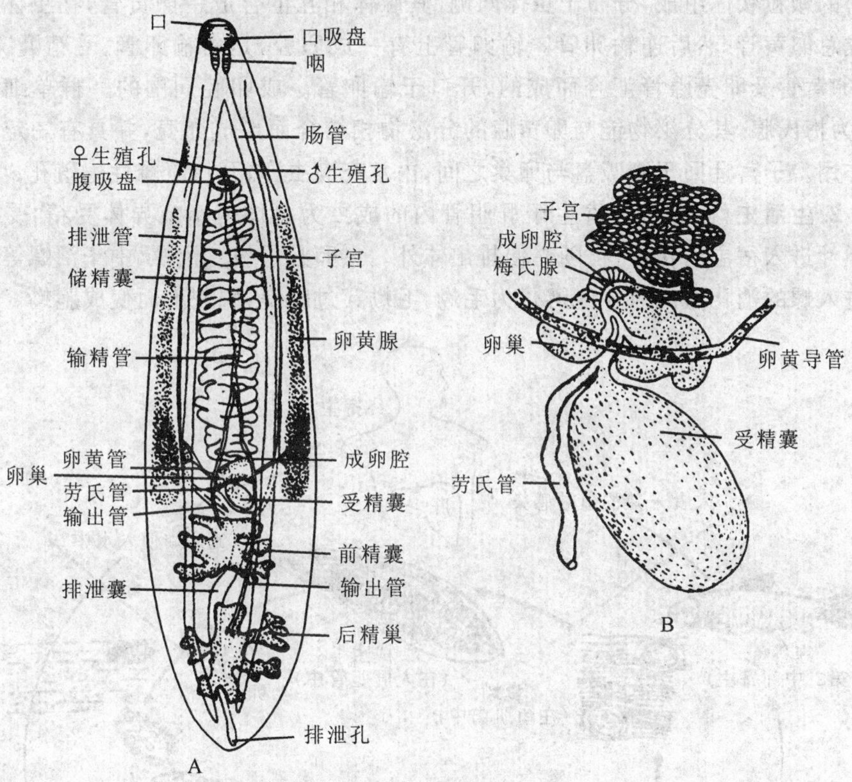

图 6-8 华支睾吸虫的构造(仿中国医科大学《人体寄生虫学》)

A. 外观;B. 生殖腺部分放大

口位于口吸盘的中央,其后为肌肉质的咽,下接短的食道和两分支的盲肠,无肛门。无呼吸器官和循环系统。排泄系统由焰细胞和排泄管所组成,位于体两侧的焰细胞收集代谢废物,经两个排泄管送至体后的排泄囊,由末端的排泄孔排出体外。

神经系统基本与涡虫相似,呈梯形,由咽后食道旁的 1 对神经节及其向后发出的 6 条纵行的神经构成。感觉器官退化。

华支睾吸虫是雌雄同体的。精巢有两个，呈树枝状，前后排列于体后部的1/3处，各发出一支输精小管在体中部汇合为输精管，向前逐渐膨大成管状的储精囊，前行开口于腹吸盘前的雄性生殖孔。卵巢只有一个，略呈分叶状，位于精巢前。受精囊呈长椭圆形，位于精、卵巢之间。劳氏管一端连输卵管，另一端开口于体背面，可能具有排出多余卵黄或精子的作用，也有人认为是退化的阴道。卵黄腺由许多细密的颗粒状体组成，分布于虫体两侧，其腺体相互汇合成一卵黄管，在虫体中部合成总卵黄管，然后连输卵管。输卵管上有一成卵腔，是由输卵管、受精囊、劳氏管、卵黄管及卵壳腺管汇合而成的，开口于输卵管。成卵腔周围的一群单细胞腺体，为梅氏腺，其分泌物能与卵黄腺的分泌物相结合而形成卵壳，并具有一定的润滑作用。子宫迂回于腹吸盘与卵巢之间，内常充满虫卵，开口于雌性生殖孔。

2. 生活史（图6-9） 寄生于肝胆管内的成虫为自体受精或异体受精，受精卵随胆汁进入宿主消化道，再随粪便排出体外。虫卵必须被纹沼螺、中华沼螺等吞食而进入螺的消化道内时才能孵化为毛蚴，毛蚴穿过肠壁，脱去毛而变成胞蚴。胞蚴

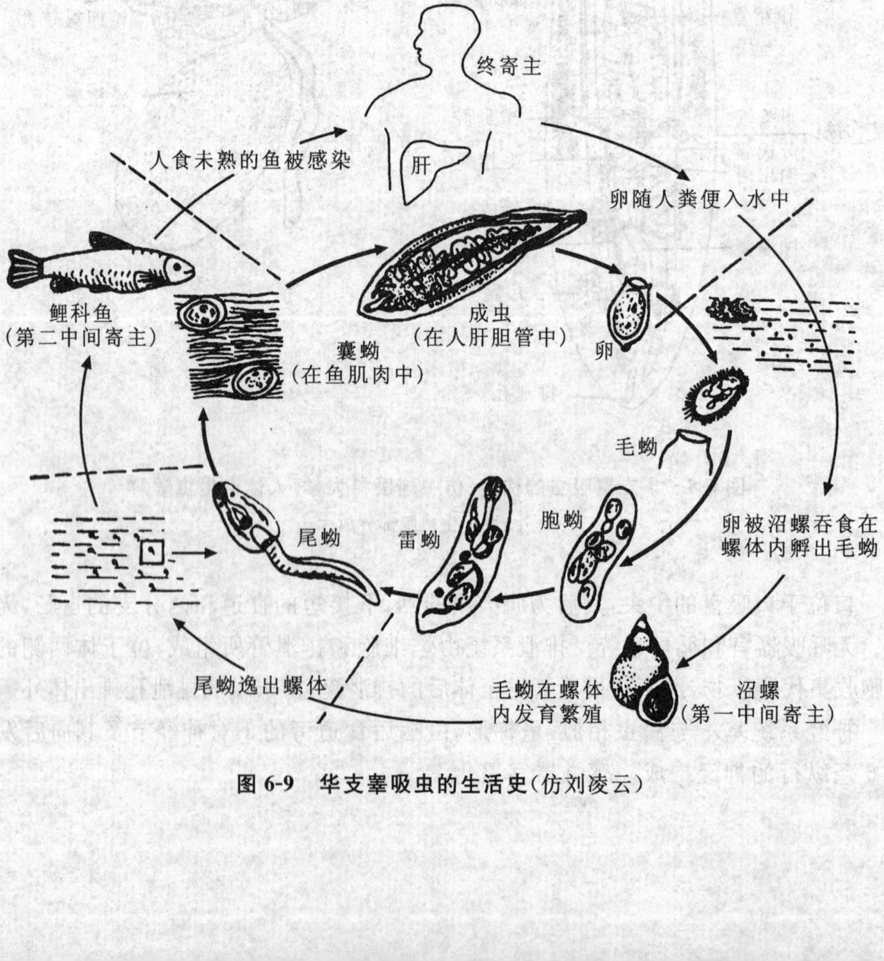

图6-9 华支睾吸虫的生活史（仿刘凌云）

在螺体直肠外围和鳃部的淋巴间隙中发育增殖,形成许多呈长袋形的雷蚴。雷蚴体内的胚细胞团发育产生大量的尾蚴。尾蚴体似蝌蚪,分体部和尾部,体部有溶解组织的穿刺腺和形成囊壳的壳腺,尾部较长。尾蚴成熟后逸出螺体,在水内可活1~2天,若遇第二中间寄主(主要是鲤科鱼类和虾类),即侵入其鳍、鳞、皮肤、肌肉等处,脱去尾,形成椭圆形的囊蚴。囊蚴具有感染性,被人、猫、狗等误食后便被感染。在胃肠道中的囊蚴经消化液的作用逸出,并从十二指肠侵入肝胆管,经1个月左右发育为成虫,并开始产卵。因此,人、猫、狗是华支睾吸虫的终末寄主。

3. 华支睾吸虫的危害及其防治原则 人感染华支睾吸虫病后会有慢性腹泻、消瘦、乏力、贫血、肝脏肿大等症状,后期可发生肝硬化。预防原则是切断华支睾吸虫生活史中的各个环节;不吃生的或不熟的鱼、虾;加强粪便管理;及时治疗病人和管理猫、狗等动物。

(二)其他重要寄生虫

1. 日本血吸虫(*Schistosoma japonicum*) 能引起血吸虫病,曾在我国引起很大危害。

日本血吸虫雌雄异体,雄虫粗短,腹吸盘略后于口吸盘且突出呈杯状,虫体腹面具有抱雌沟,雌虫停留沟中,呈合抱状态。雌虫较雄虫细长,暗黑色,前端细小,后端粗圆,口、腹吸盘等大。卵巢椭圆形,其后为卵黄腺(图 6-10)。成虫寄生于人

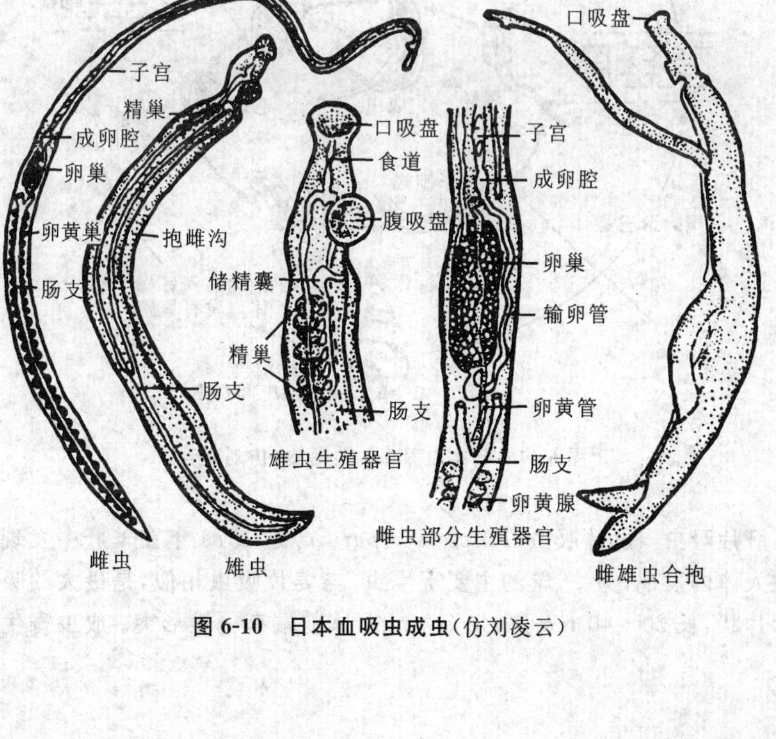

图 6-10 日本血吸虫成虫(仿刘凌云)

和家畜的门静脉及肠系膜下静脉内，交配产卵后，虫卵随血流进入肝脏，或逆血流进入肠壁。成熟卵内含毛蚴，毛蚴分泌酶溶解肠黏膜，虫卵随坏死的组织穿入肠壁，随粪便排出体外。在清水中孵出的毛蚴，若遇中间宿主钉螺，即主动侵入螺体，在钉螺体内进行无性生殖，形成母胞蚴、子胞蚴和尾蚴。成熟尾蚴的尾干分叉，是血吸虫的感染期。当触及人、畜的皮肤时，借头腺分泌物的溶解和本身的机械伸缩作用侵入宿主皮肤，脱去尾成为童虫(small worm)。童虫侵入淋巴管或静脉系统，随血流经心、肺入体循环，最后到肠系膜静脉定居。从尾蚴感染至成虫产卵需30～40 天。成虫在人体内的寿命 10～20 年。其生活史见图 6-11。

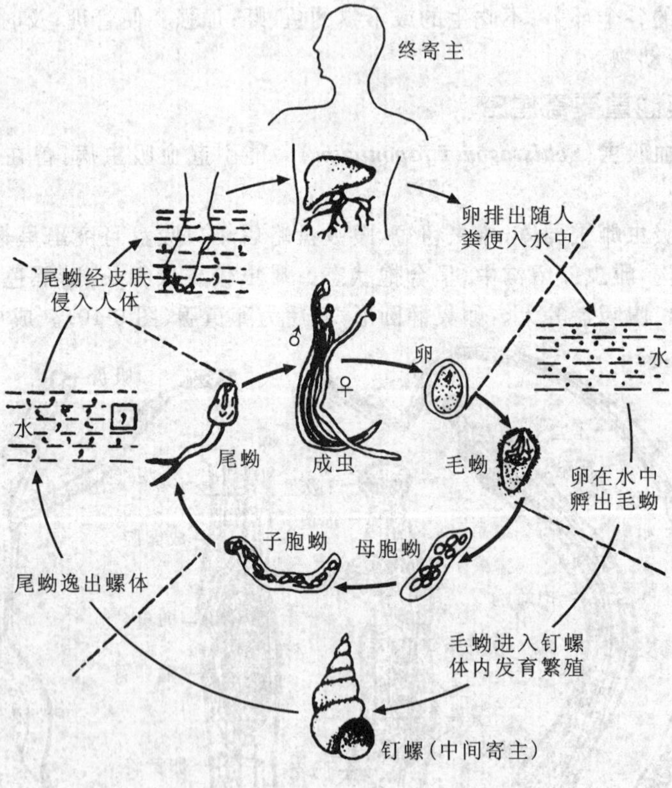

图 6-11 日本血吸虫的生活史(仿刘凌云)

2. 肝片吸虫 肝片吸虫(*Fasciola hepatica*)是 1379 年在羊肝中发现的，1960 年始在人体内发现，为牛、羊的主要寄生虫，与姜片吸虫相似，是最大的吸虫之一。虫体叶片状，长 20～40 mm，宽 5～13 mm，体前端有一锥形突。成虫寄生于牛、羊

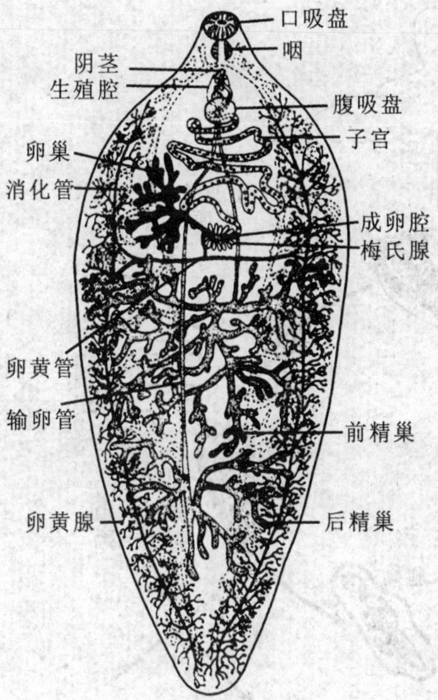

图 6-12 肝片吸虫(仿 Meglitsch)

等草食动物和人的肝胆管内,使肝组织遭受破坏,可引起肝炎及胆管堵塞变硬,消化不良,食欲减退等症状。同时,由于虫体分泌的毒素渗入血液中,溶解红细胞,使宿主发生贫血、消瘦及浮肿等中毒现象。虫卵随胆汁排到肠道,再随粪便排出体外,落入水中。经过 2～3 周发育成毛蚴。毛蚴在水中游动,遇到中间宿主椎实螺时侵入螺体内,经胞蚴、二代雷蚴后形成尾蚴。尾蚴成熟后离开螺体在水中游泳,遇水生植物茎叶时附着其上形成囊蚴,当终宿主饮水或食入附有囊蚴的水生植物时,即被感染。经移行至宿主肝胆管内发育为成虫。生活史似华支睾吸虫,但只有一个中间宿主,并能产生两代雷蚴。肝片吸虫及其生活史见图 6-12,图 6-13。

寄生动物普遍存在更换寄主的现象。最早的寄主是在系统发展中较早出现的类群(如软体动物),后来寄生虫的生活扩展到后出现的脊椎动物体内,而早先的寄主便成了中间寄主,后来的寄主便成为终末寄主。更换寄主是对寄主生活的一种重要适应。因为寄生虫在寄主体内繁殖过多时会使寄主死亡,更换寄主可以减轻对同一寄主的危害,使寄生的机会增加。在长期的进化发展中,只有繁殖率大的种类才能生存下来,这是长期自然选择的结果。

3. 布氏姜片虫 布氏姜片虫(*Fasciolopsis buski*)是人体最大的一种寄生虫,危害人、猪等。虫体扁平,卵圆形,生活时呈肉红色,体似姜片,故名。体大肥厚,虫长 20～70 mm,宽 8～20 mm。腹吸盘稍大于口吸盘,肠呈波浪状,精巢分枝。成虫寄生于人或猪的小肠内,以吸盘吸附于宿主肠壁上,易引起局部黏膜损伤、发炎、出血,甚至溃疡,导致宿主消化不良、腹泻、贫血、面部和下肢浮肿。虫卵随宿主粪便排出,落入水中,3～7 周孵出毛蚴,在水中若遇中间寄主扁卷螺,即钻入螺体,经胞蚴、两代雷蚴而发育成尾蚴。尾蚴从螺体内逸出,在水中游动,遇到菱角、荸荠、莲藕等水生植物,即吸附其表面而成为具有感染性的囊幼。囊蚴被人或猪误食后而被感染。在宿主消化液和胆汁的作用下,囊壁破裂,幼虫脱出,吸附在十二指肠

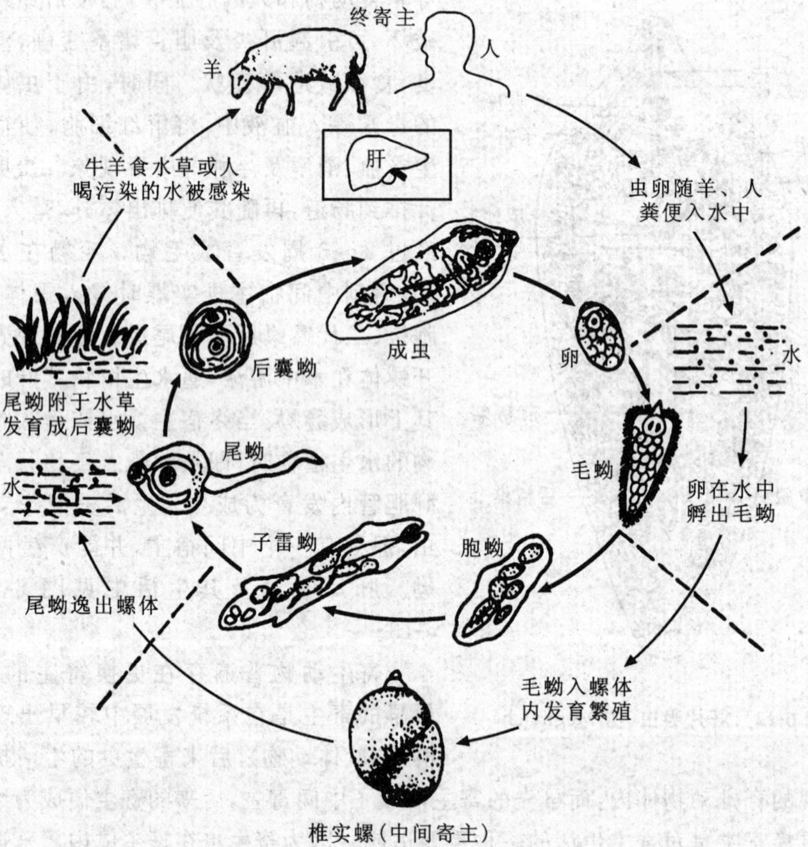

图 6-13 肝片吸虫的生活史(仿 Meglitsch)

或空肠上,约经 3 个月发育为成虫。布氏姜片虫及其生活史见图 6-14,图 6-15。

三、绦虫纲

绦虫是一种适应于高度寄生的蠕虫,身体高度特化,呈背腹扁平的带状,由许多节片构成。体前端的头节上集中着特殊的附着器,可抵抗寄主肠的强烈蠕动;消化系统完全消失,在宿主肠内行腐生营养。生殖系统极度发达,发育中有幼虫期和更换宿主的现象。

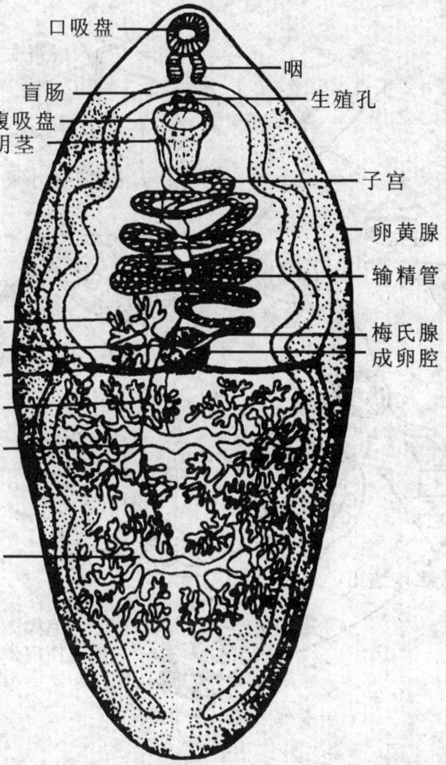

图 6-14　布氏姜片虫(自江静波)

(一)代表动物——猪带绦虫

猪带绦虫(*Taenia solium*)成虫白色、带状。虫体分头节(scolex)、颈部(neck)和节片 3 部分。头节微小,呈球形,其中央的顶尖上有两圈小钩,下有 4 个圆形吸盘。颈部纤细,与头节间无明显界限,以横分裂法产生节片,被称为生长区。颈后为节片,越往后越成熟,由未成熟节片、成熟节片和妊娠节片组成。未成熟节片宽大于长;成熟节片近方形;孕节片长大于宽,几乎全被子宫充塞。绦虫的体表具很多微毛,以增加表面积,可通过皮层直接吸取营养,因此,消化器官完全消失。神经系统不发达,感觉器完全退化。生殖系统极度发达,雌雄同体,每一个成熟节片内都有一整套雌雄生殖器官。雄性生殖器官有 150～200 个泡状的精巢散布在节片背侧的实质中,每一精巢均由输精小管汇合于输精管,雄性生殖孔开口于生殖腔。

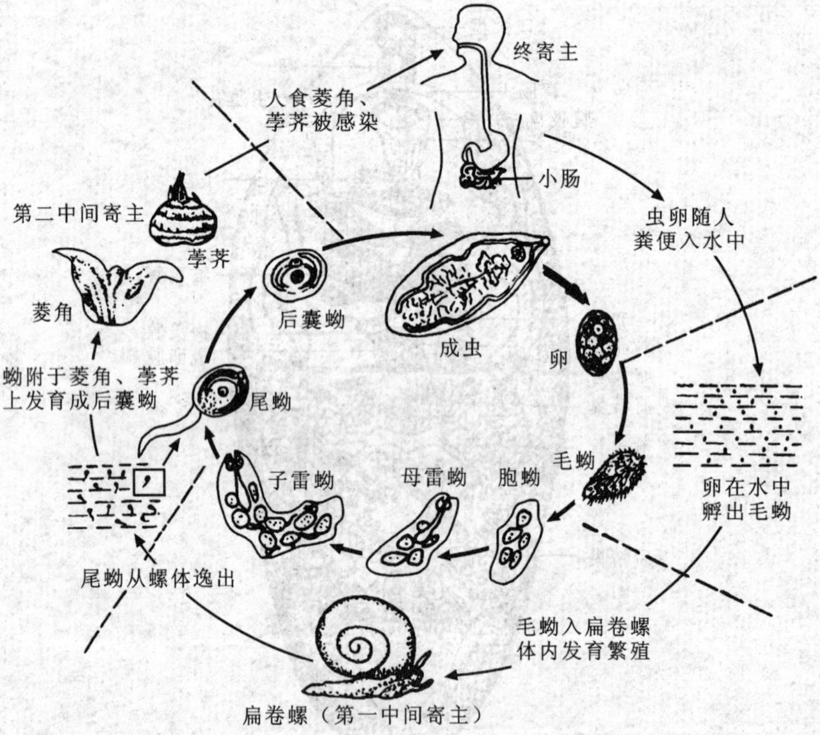

图 6-15　姜片吸虫的生活史(自刘凌云)

雌性生殖器官有卵巢一个,分左右两大叶和一个中央小叶。卵巢发出输卵管通入成卵腔,其侧面连接细长的阴道,由雌孔开口于生殖腔内。成卵腔汇合有输卵管、卵黄管、受精囊,并向上伸出一盲囊状的子宫。在孕卵节片内,子宫高度发达,从中央的主干向左右两侧分出 7～13 个侧枝,子宫内充满虫卵。其他器官萎缩或消失。猪带绦虫外形等及其生活史见图 6-16,图 6-17。

猪带绦虫的中间宿主为猪,人是其惟一的终宿主。成虫寄生于人的小肠中,附着于肠黏膜上。虫体的孕节片在离开宿主前卵已发育到六钩蚴。随粪便排出的孕节或虫卵被猪吞食后,在消化液的作用下,六钩蚴脱壳而出,吸附在肠壁上,随后全部钻入肠壁内,随血液或淋巴循环到达身体各部,以肌肉中存留最多。经 60～70 天成为成熟的猪囊尾蚴。囊尾蚴为卵圆形、乳白色、半透明的囊泡,头节凹陷在泡内,酷似成虫。这时的猪肉俗称为“米猪肉”。人食用了米猪肉而被感染。在胃液的作用下,头囊尾蚴节翻出,附着在肠壁上,囊泡破裂,颈部开始分裂出节片,经2～

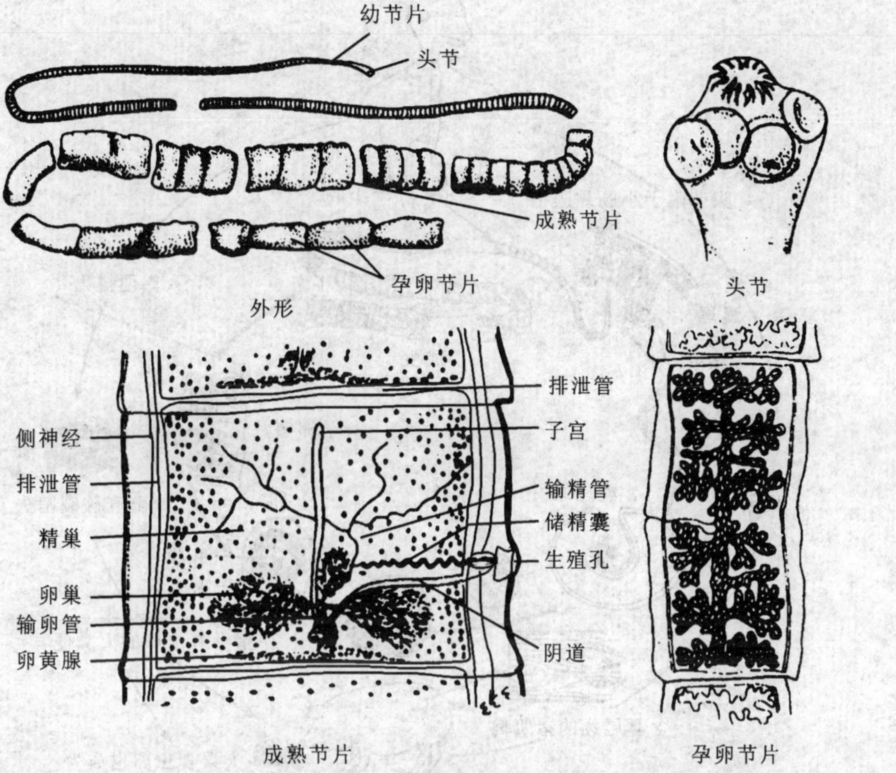

图 6-16　猪带绦虫的外形及头节、成熟节片、孕节片(自谢祚浑)

3 个月后发育为成虫。另外，当患者呕吐时，或因消化道的逆向蠕动，可将孕节送入胃中，而造成患者的自体感染。所以，人也可能成为猪带绦虫的中间宿主。成虫的寿命达数年至 25 年。猪带绦虫可引起患者消化不良、腹痛、腹泻、失眠、乏力、头痛。猪囊尾蚴如寄生于人脑，可引起癫痫、阵发性昏迷；寄生于肌肉，可出现局部肌肉酸痛或麻木；寄生于眼部，可引起视力障碍，甚至失明。

(二)寄生于人体的重要绦虫

1. 牛带绦虫(*Taenia saginatus*)　成虫寄生于人体小肠内，其形态构造和生活史与猪带绦虫大致相似(见表 6-1)，但头节有吸盘而无小钩，因此亦称为无钩绦虫。牛为中间寄主，牛囊尾蚴常见于肌肉中，人因吃未煮熟的含有囊尾蚴的牛肉而被感染。

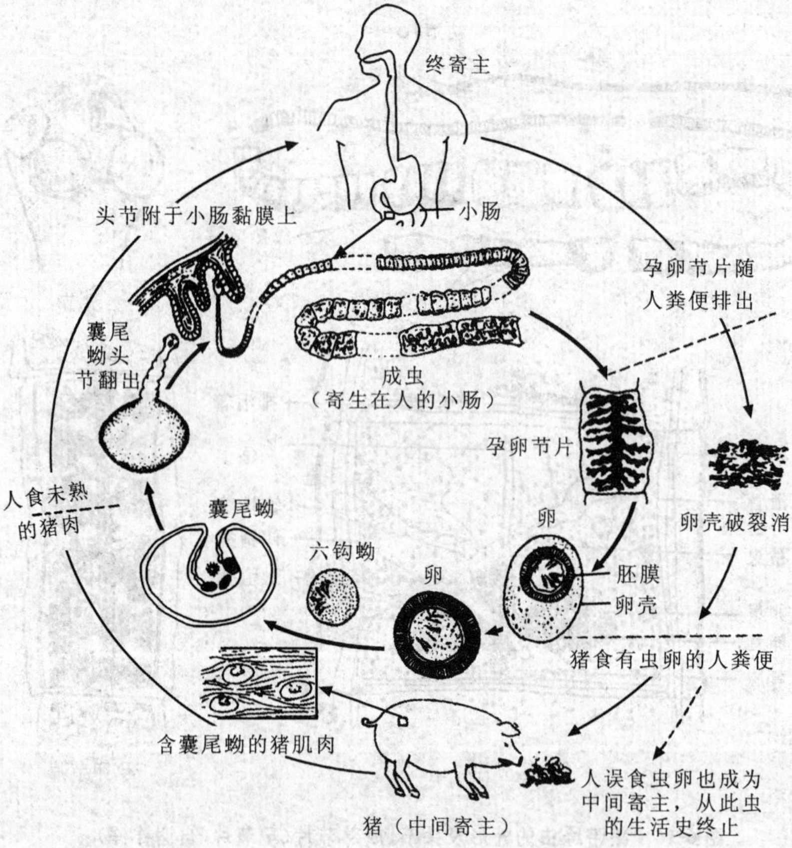

图 6-17　猪带绦虫的生活史(自刘凌云)

表 6-1　牛带绦虫与猪带绦虫的主要区别

特征	种类	
	牛带绦虫	猪带绦虫
成虫长度	5～10 m	2～4 m
节片数	1 000～2 000 片	800～1 000 片
头节形状	方形	球形
顶突	无顶突和小钩	略伸出，并有 2 行小钩
卵巢	分左右两大叶	分左右两大叶，还有一小副叶
妊娠节片子宫每侧分支数	10～30 支	7～13 支
节片脱落情况	分节脱落，能自动爬出	常数节同时脱落
中间寄主	牛	猪或人
幼虫型	牛囊尾蚴寄生于牛肉内	猪囊尾蚴寄生于猪或人肌肉内

2. 细粒棘球绦虫　细粒棘球绦虫(*Echinococcus granulosus*)可使人患棘球蚴病或包虫病。成虫只有 3～6 mm 长,除头节和颈节外,只有 3 个节片(幼节、成节和孕节)组成(图 6-18)。成虫寄生于狗、狐、狼等小肠中,幼虫寄生于人体及草食家畜的肝、肺、肾、脑、腹膜等部位。孕卵节片随粪便排出,虫卵被中间宿主误食后,卵内的六钩蚴在十二指肠中逸出,钻入肠壁,随血液至寄生部位,发育为囊状的棘球蚴。棘球蚴生长缓慢,往往经过数年才长成一个较大的囊泡。

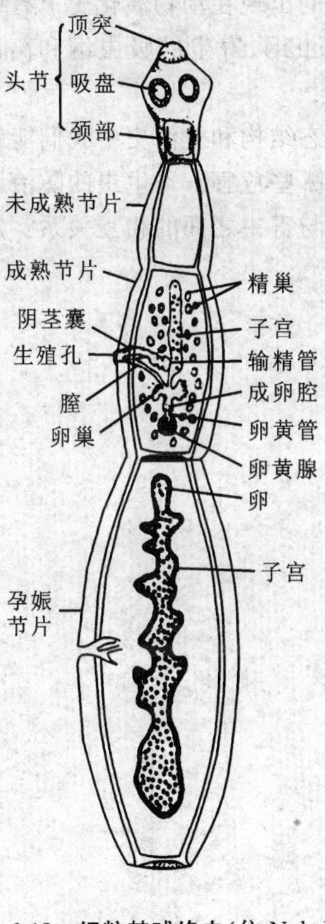

图 6-18　细粒棘球绦虫(仿 Nobel)

本章小结

扁形动物是两侧对称、三胚层的低等蠕虫,广泛分布于海水、淡水中,少数在陆地、湿土中生活。涡虫纲表现出对自由生活的适应,体表有纤毛和杆状体,神经系统和感觉器官较发达。寄生生活的吸虫纲尚有自由生活的幼虫，成虫体表纤毛消失，消化管尚存在。但神经系统和感觉器官退化，具有附着器官。绦虫纲则表现出了对寄生的高度适应性和高度特化，消化管完全消失，行腐生型营养。

思 考 题

1. 扁形动物门的主要特征有哪些？

2. 两侧对称和中胚层的出现在动物演化史上有何意义？

3. 比较自由生活的涡虫纲、寄生的吸虫纲和高度寄生的绦虫纲动物的异同之处。

4. 从吸虫和绦虫的形态结构和生活史中我们能够得到哪些启示？

5. 寄生动物对寄主有哪些危害？寄生虫的防治原则有哪些？

6. 如何理解寄生动物与寄主之间的相互关系？

第七章 原腔动物门
(Protocoelomata)

导读 原腔动物是动物界中较庞杂的一个类群，种类多，数量大，一般农田土壤中每平方米有线虫 1 000 万条。原腔动物包括腹毛动物、轮虫、动吻动物、线虫、线形动物、内肛动物和棘头虫，它们的形态结构差异极大，在演化上的亲缘关系也不很明确，但都有原体腔；均为螺旋型卵裂；由端细胞法形成中胚层。多数自由生活，但也有很多寄生种类，广泛寄生于动、植物体内。

第一节 原腔动物的主要特征

原腔动物的代表动物是人蛔虫。雌、雄人蛔虫的横切面见图 7-1。

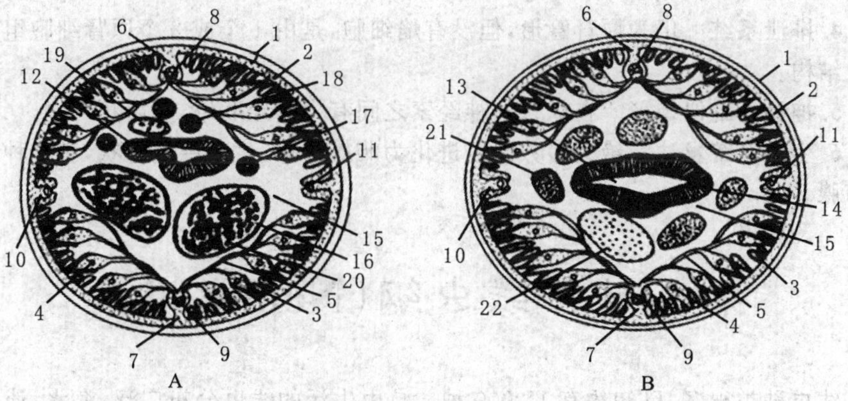

图 7-1 雌(A)、雄(B)人蛔虫的横切面(自刘凌云，仿 Sherman 修改)

1. 角质膜；2. 上皮；3. 纵肌层；4. 肌细胞核；5. 肌细胞原生质凸起；6. 背线；7. 腹线；8. 背神经；9. 腹神经；10. 侧线；11. 纵排泄管；12. 肠；13. 肠腔；14. 肠上皮微绒毛；15. 原体腔；16. 子宫；17. 卵巢；18. 卵巢的合胞体中轴；19. 输卵管；20. 卵；21. 精巢；22. 储精囊

1. 原体腔 消化道和体壁之间首次出现了空腔，是由胚胎期的囊胚腔持续到成体而形成的，其中充满体腔液，没有管道与体外相通，只有体壁中胚层，没有脏壁中胚层和体腔膜(peritoneum)包被，是动物界最原始的一种体腔，被称为原体腔、初生体腔或假体腔(pseudocoel)。体腔的出现对动物的进化发展有重要意义。首先，为体内器官的发展提供了空间；其次，体壁肌肉层与体腔液的压力，使原腔动物的运动能力加强。另外，体腔液具有流动循环运输的功能。

2. 完整的消化系统 既有口，又出现了肛门，使消化管发育完整。消化管分为前肠、中肠和后肠 3 部分。前肠是由外胚层细胞在胚胎发育时期的原口处内陷而形成的，内壁有角质膜，分化为口、口腔及咽。口腔内常形成齿、口针等，可辅助摄食；中肠由内胚层发育形成，为消化与吸收的主要部分。后肠是由外胚层细胞在胚胎的后端处内陷形成，内壁也具角质膜，分化为短的直肠和肛门。食物由口摄入，在中肠内进行细胞外消化，不能消化的食物残渣由肛门排出。完全的消化管提高了消化率；也为消化道的进一步分化奠定了基础。

3. 皮肤肌肉囊 皮肤肌肉囊连续而完整，将动物包裹起来。角质膜发达，具有保护功能，是由上皮层分泌来的，一般分为皮层、中层和基膜，基膜位于最内层，其下为肌肉层。在生长发育过程中，角质膜有脱落更换的现象。上皮内突成脊，在身体两侧形成侧线，而在背腹正中则分别形成背线和腹线。中胚层形成的纵肌层不发达，属典型的斜纹肌。

4. 排泄系统 仍为原肾管形，但没有焰细胞，是由 1 个或 2 个原肾细胞组成的管状结构。

5. 神经系统似梯形 在纵行的神经索之间有横神经联络，呈筒状。

6. 生殖系统发达 绝大多数已经进化为雌雄异体，生殖腺呈管状，有多种附属生殖腺。

第二节 线虫纲(Nematoda)

线虫种类很多，已知约有 15 000 种。自由生活的线虫分布广泛，海水、淡水或土壤中都有，数量极大，一般农田土壤中每平方米约有线虫 1 000 万条，重可达 10 g 以上。植食性线虫以细菌、单细胞藻类、真菌、植物根及腐败有机物为食；肉食性种类食原生动物、轮虫及其他线虫等。寄生线虫寄生在动、植物的各种器官内，危害较大。线虫的排泄系统见图 7-2。

线虫体表被覆一层角质膜，厚度一般为身体半径的 0.07 倍，坚韧富弹性，主要成分为蛋白质。线虫在生长发育中有几次蜕皮现象，在两次蜕皮之间及最后一次

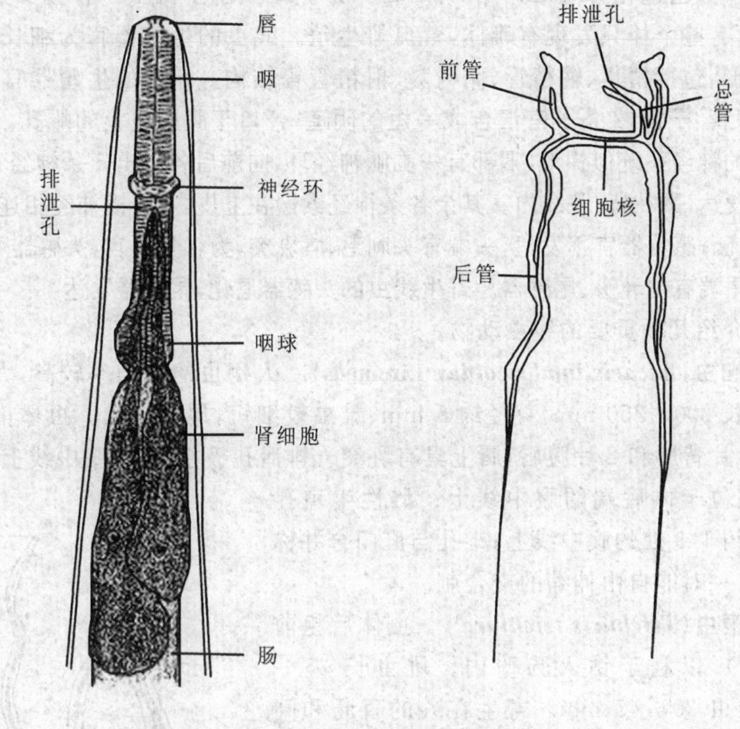

图 7-2　线虫的原肾管形排泄系统(仿 Hickman)

蜕皮之后均生长。

线虫的角质膜、上皮和纵肌层共同组成皮肌囊;角质层内的上皮细胞有的界线清楚,也有的融合为合胞体状。纵肌层被背、腹线和侧线分成 4 纵列。

线虫的原体腔无任何孔道与外界相通,内充满体腔液,致使虫体鼓胀饱满,较难进行任意伸缩,只能依靠纵肌的收缩而沿背腹方向弯曲,作波浪状蠕动或拱曲运动。弯曲波由体前逐渐向后传递,依此进行游泳或爬行。

线虫的消化管完全,有口和肛门,前肠、中肠和后肠明显。大多数线虫的咽外有单细胞咽腺,能分泌多种消化酶,进行胞外消化。寄生线虫的消化管简单,有退化趋势,无消化腺。线虫的原肾型排泄器官没有纤毛及焰细胞,可分为腺型和管型 2 种。腺型属原始类型,存在于自由生活的海产类,通常由 1～2 个称为原肾细胞的大的腺细胞构成。管型为特化类型,存在于寄生线虫,由一个原肾细胞特化而成,由纵贯侧线内的 2 条纵排泄管构成,二管间有一横管相连,呈 H 状,由横管处伸出一短管,通向位于体前端腹侧的排泄孔。

线虫多数已进化为雌雄异体，且雌雄异形。雄虫小于雌虫。有极少数种类为雌雄同体；有些个体只发现有雌体，营孤雌生殖。线虫的生殖器官为细长管状，雄性为单管形，包括精巢、输精管、储精囊、射精管等结构。雌性的生殖器官成对，有卵巢、输卵管、子宫，2条子宫汇合成一短的阴道，开口于腹中线上的雌孔。

线虫的神经系统似梯形，咽部有一围咽神经环，向前后各发出6条神经索，以背、腹神经最发达，嵌在背、腹线内。其余各条神经索嵌在上皮内，有横神经相连络，似梯形神经系统。感觉器官不发达，头端有头刺毛、唇乳突，为触觉器官，头感器可接受化学刺激。尾端有尾乳头、尾感器。寄生线虫的头感器退化，尾感器发达。

下面介绍几种重要的线虫动物。

1. 人蛔虫(*Ascaris lumbricoides* Linnaeus) 人蛔虫的感染率较高，尤其是儿童。雌虫长200～250 mm，直径约5 mm；雄虫较细短，尾呈钩状。虫体前端顶部为口，有1片背唇和2片腹唇，唇上具有乳突。排泄孔极小，位于腹中线上(口的后方)。肛门位于体后端的腹中线上。雌性生殖孔在体前部约1/3处的腹中线上；雄孔与肛门合并称泄殖孔，有一对能自由伸缩的交合刺。

2. 人鞭虫(*Trichuris trichiura*) 虫体后粗前细(图7-3)，以利于钻入肠壁内。雌虫长35～50 mm，雄虫30～45 mm。寄生在人的盲肠和阑尾。卵在外界发育成感染性卵，在人小肠内孵化出幼虫，最后到盲肠中，经3个月才成熟。

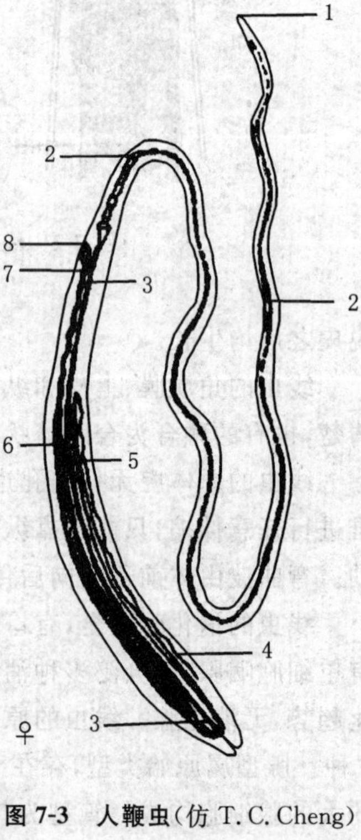

图7-3 人鞭虫(仿 T. C. Cheng)

1. 口；2. 食道；3. 肠；4. 卵巢；5. 输卵管；6. 子宫；7. 阴道；8. 阴门

3. 旋毛虫(*Trichinella spiralis*) 成虫小，前端渐细(图7-4)。雌虫长3～4 mm，雄虫不及2 mm。寄生于人、猪、鼠的十二指肠及空肠前部，成虫附着在肠壁上。雌雄交配后胎生幼虫，长仅100 μm，经血液、淋巴循环到达身体各处。只有在横纹肌中的才能继续发育，虫体卷曲，迅速增长，一般长1 mm，可形成一个直径250～500 μm的囊胞，内含1～2条幼虫。经6～7个月后，囊胞钙化。幼虫在内生活可达数十年。成熟囊被宿主吞食而被感染。幼虫经4次蜕皮发育为成虫。

4. 小杆线虫(*Rhabditis maupasi*) 本属所有种类都极小，生活在土壤中，食腐败有机质。某些种类可发育成雄性先成熟的雌雄同体，行自体受精。但

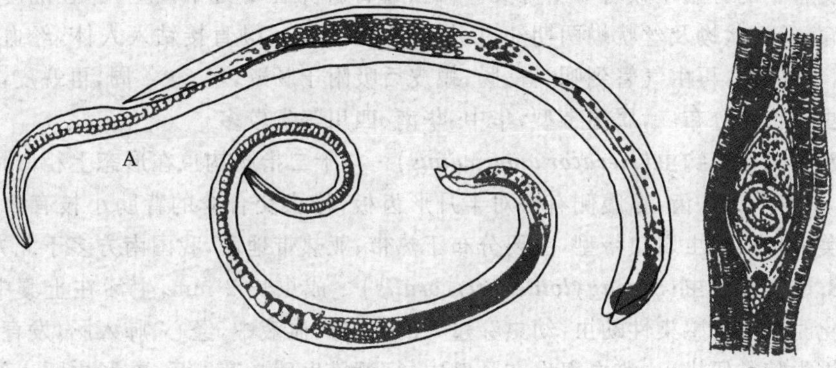

图 7-4 旋毛虫(自刘凌云 p159,仿 Faust)

A. 雌虫;B. 雄虫;C. 幼虫在寄主肌肉内

一般的种类为雌雄异体,如*R. maupasi*。虫体前端为口,具 3 片唇,肛门在体后端腹侧。雌虫后端长且尖,雄虫后端具盘形交合伞,雌性生殖孔在体中部的腹中线上(图 7-5)。

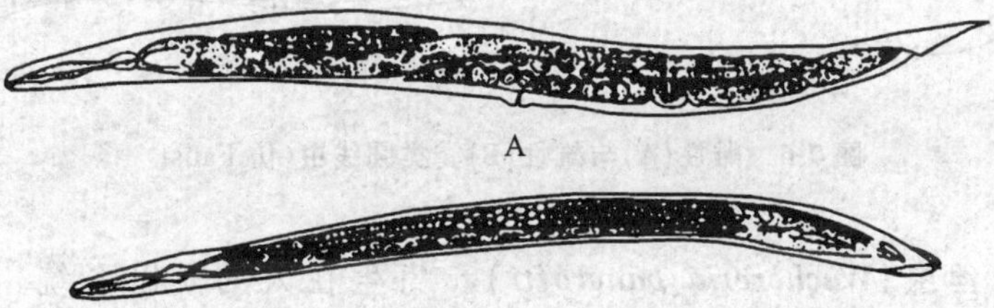

图 7-5 雌性(A)与雄性(B)小杆线虫(仿 Johnson)

5. 人蛲虫(*Enterubius vermicularis*) 成虫体细小,乳白色,似白线头状,前端具翼膜。雌虫长 9～12 mm,雄虫 2～5 mm。寄生在人肠内,虫体前端钻入肠黏膜,吸取营养。蛲虫为直接感染,儿童感染率特别高,雌虫在午夜时爬出肛门产卵,致使肛门奇痒。雌虫在宿主体内生活期一般为 2 个月左右。

6. 十二指肠钩虫(*Ancylostoma duodenale* Dubini) 于 1843 年在意大利发现,寄生在人的小肠内,大多活 1 年左右,也有活 5～6 年及以上者。虫体小,雌虫长10～13 mm,雄虫 8～11 mm;口囊发达,内有 2 对钩齿和一对三角形齿板;钩虫以口囊吸附肠壁,摄取肠黏膜及血液为食,可使人便血、贫血、肠溃疡等,危害严重。

雄虫交合伞的背肋小枝有3个分叉。雌虫每日排卵在2万个以上,卵在潮湿土壤中发育,经杆状蚴及丝状蚴两期幼虫,蜕2次皮。丝状蚴直接钻入人体,经血液或淋巴,过心、肺,再由气管到咽、胃、肠,蜕皮后吸附于肠壁,经3~4周,再蜕皮,发育为成虫。钩虫分布广,属温带型,华中、华南、四川等省较多。

7. 美洲板口钩虫(*Necator americanus*) 与十二指肠钩虫在形态上相似,但体较小,口囊内无钩齿,在腹侧有一对半月形齿板,雄虫交合伞的背肋小枝有2个分叉。美洲板口钩虫属热带型,主要分布于热带、亚热带地区,我国南方多于北方。

8. 粪类圆线虫(*Strongyloides stercoralis*) 成虫长2 mm,生活在土壤中,环境恶化时则产生感染性幼虫,幼虫穿过人的皮肤入血液中,经心、肺入肠,发育为成虫。雄虫随粪便排出,雌虫寄生在肠壁内,行孤雌生殖。产卵后,在肠内孵出幼虫,部分随粪便排出,发育成自由生活的成虫(图7-6)。

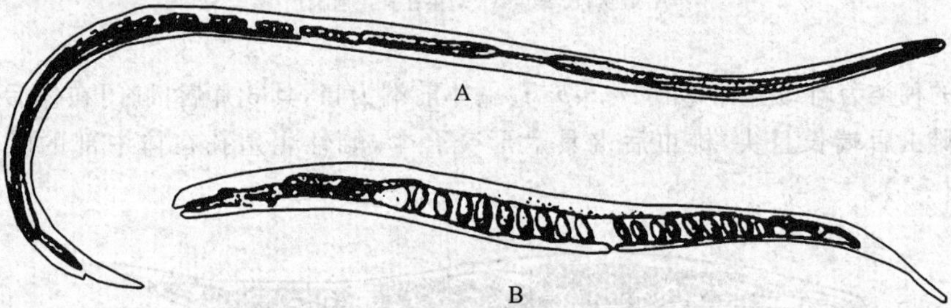

图7-6 雌性(A)与雄性(B)粪类圆线虫(仿 Faust)

9. 斑氏丝虫(*Wuchereria bancrofti*) 寄生在人的淋巴系统。雌虫长约75 mm,雄虫约40 mm,可引起组织增生,使下肢、阴囊等处畸形发展,形成"象皮肿"。在我国有丝虫病流行。雌雄虫交配,胎生幼虫称微丝蚴。体弯曲,长200~300 μm,体外有一鞘膜,内充满细胞核。微丝蚴在人体内可生活2周以上,白天在内脏血液中,夜间则移至体表血液内。按蚊(*Anopheles*)及库蚊(*Culex*)等为其中间宿主,在蚊体内经10~17天即可发育成感染期微丝蚴,再传给健康人。马来丝虫(*Brugia malayi*)也能引起丝虫病(图7-7)。

10. 小麦线虫(*Anguina tritici*) 是一种植物线虫,成虫体小,长仅3~4 mm,雌虫向腹侧弯曲盘绕,体较雄虫粗大。寄生在小麦麦穗上,使麦粒形成虫瘿,一个虫瘿内有数千条幼虫。虫瘿混在麦粒中播入土内,幼虫外出,侵入麦苗,先在叶腋间聚集,使小麦发育不良,严重时不能抽穗或死亡。当小麦抽穗时,即侵入子房,迅速发育为成虫,子房即变成虫瘿,雌雄虫在其内交配产卵,一个雌虫可产卵2 000

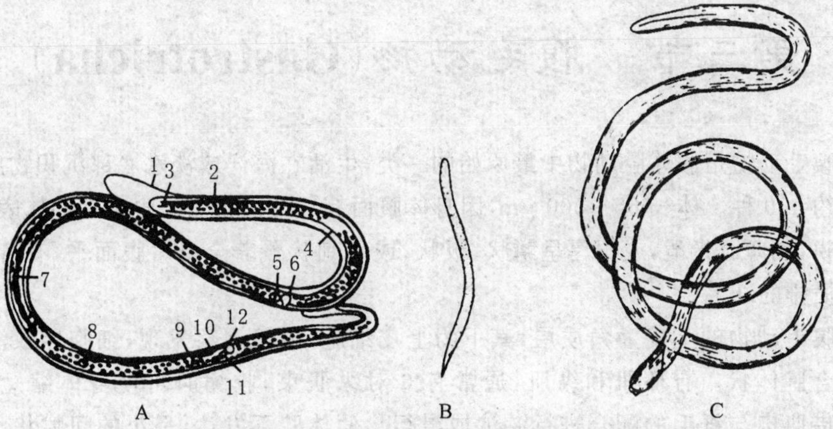

图 7-7　斑氏丝虫(仿 Manson)

A. 微丝蚴(仿 Fullebom);B. 在蚊体内最幼期的微丝蚴;

C. 在蚊体内的感染性蚴(仿 Manson)

1. 鞘;2. 上皮;3. 口针;4. 神经环;5. 原肾细胞;6. 排泄孔;7. 内团;8～11. 四个大细胞;12. 肛门

个左右。卵在虫瘿内孵出幼虫,脱皮 2 次,进入休眠期。幼虫在虫瘿内可生活 10 年以上。随小麦播种时再侵害小麦植株(图 7-8)。

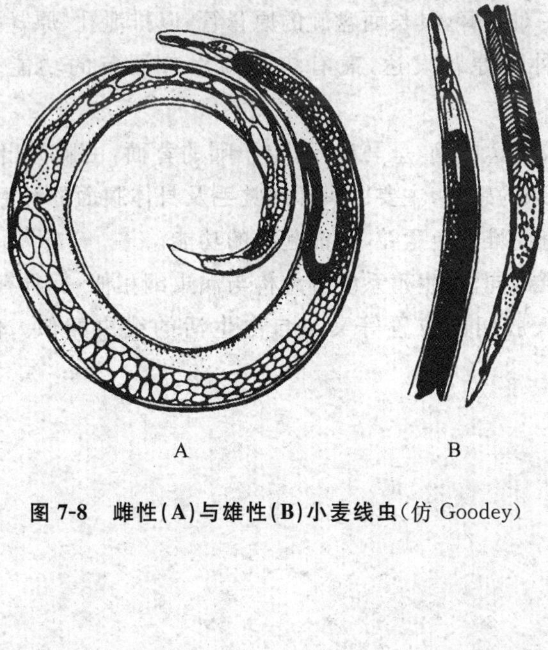

图 7-8　雌性(A)与雄性(B)小麦线虫(仿 Goodey)

第三节 腹毛动物(Gastrotricha)

腹毛动物是假体腔动物中最原始的一类,生活在海洋或淡水底部沉积物周围,已知约 400 种。体长 65～500 μm,因身体腹面有纤毛而得名。腹毛动物体表被有角质膜,或薄而光滑,或很厚呈鳞状、板状,或呈刺状覆盖全身。腹面平,有若干纵行或横排的纤毛。

腹毛动物的上皮为角质层,其下为上皮细胞,电镜观察发现,细胞界限清楚,不呈合胞体状。有环肌和纵肌,通常有 6 对纵肌束,收缩时可使身体缩短或弯曲。借肌肉与纤毛的配合进行游泳或滑行。假体腔不发达,呈小的间隙状,围绕在器官之间;消化管完全;体末端分叉,每叉末端有黏液腺开口,其分泌物有粘附作用。

口位于体前端,口腔内有突出的齿与钩,咽发达,其周围被肌肉包围呈球状,咽球内也有腺体。中肠为单层上皮细胞组织,直肠短,肛门开口在身体近后端的腹面。腹毛动物靠咽的抽吸作用取食原生动物、细菌、硅藻等。淡水生活的种类一般分布在腐烂植物较多的地方。海产种类的咽部有一对咽孔,用以排出随取食而入咽的过多水分。

排泄器官为一对原肾,具长而盘旋的原肾管,以排泄孔(原肾孔)开口在身体中部的腹侧。淡水种类原肾发达,兼有排泄与水分调节的功能。一些海产种没有原肾。

腹毛动物有较发达的脑,呈马鞍形,位于咽的背面,由脑分出的两条侧神经索纵贯全身,没有特殊的感官,主要由头部感觉毛及身体腹面的纤毛行感觉功能。淡水类的脑细胞中有成堆的色素粒,可能起眼的功能。

海产种类为雌雄同体,生殖系统等结构与涡虫纲相似;但具有假体腔和完全的消化道,咽的结构、肛门的位置等又与自由生活的线虫相似。代表动物为鼬虫(图7-9)。

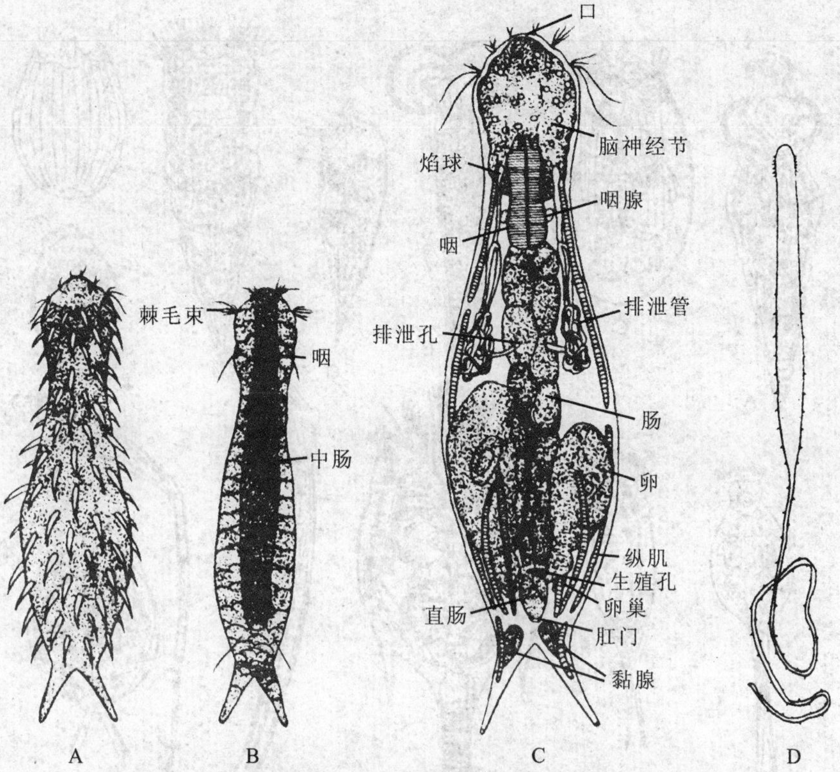

图 7-9　鰤虫(A、B、C 仿 Sherman;D 仿 Remane)

A. 鰤虫;B. 盾磷鰤虫;C. 鰤虫的内部构造;D. 尾趾虫

第四节　轮虫(Rotifera)

轮虫种类较多,已知约 1 800 种。分布广泛,有些在海洋和淡水中自由生活,有些营底栖生活,有些生活于潮湿的土壤中,还有些以群体生活。身体长圆形或囊形,体长一般在 0.5～3 mm 之间。身体分为头部、躯干部及尾部。尾部末端常有 1～4 个趾。轮虫的头部都有一个轮盘的结构,是由围绕在口周围及头区的纤毛环组成的纤毛器,又称为头冠。纤毛摆动时形似车轮,故名轮虫(图 7-10)。

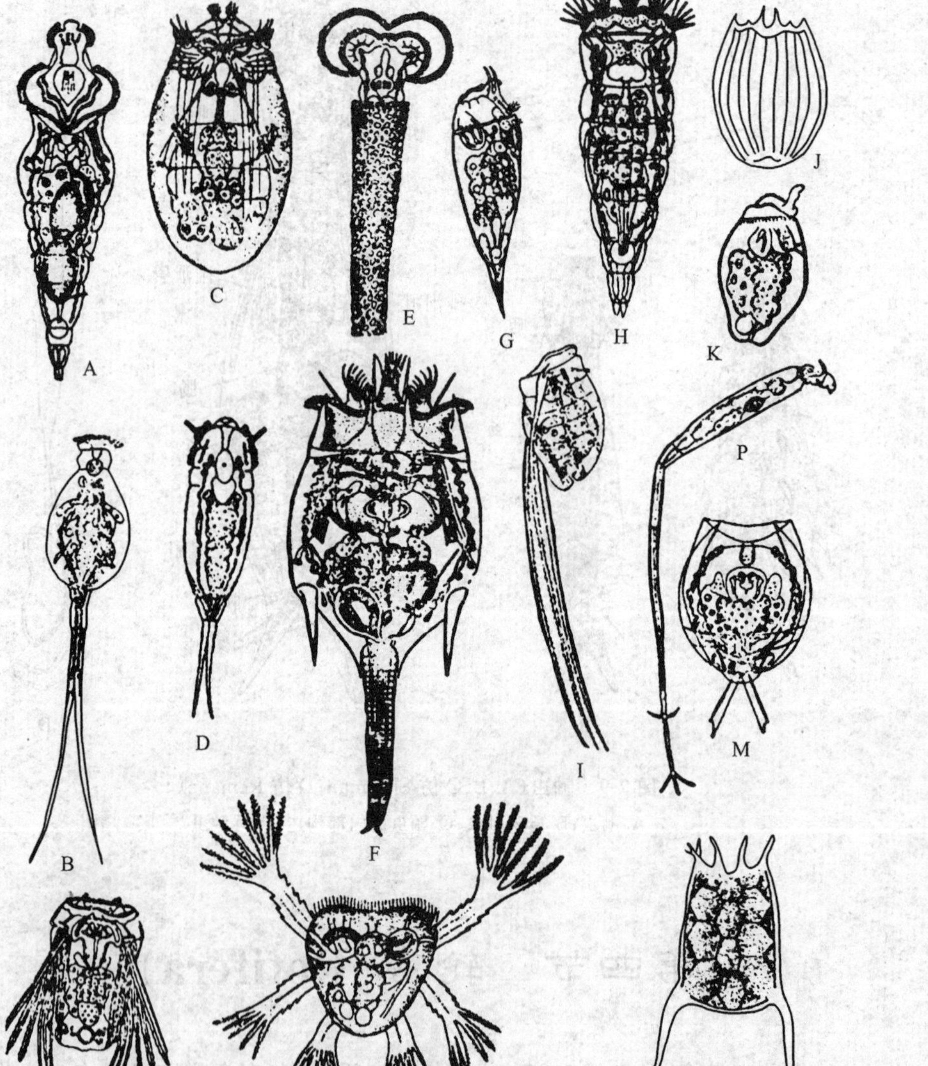

图 7-10　习见轮虫(自王家楫)

A. 前额犀轮虫;B. 真翫轮虫;C. 前节晶囊轮虫;D. 钩形猪尾轮虫;E. 金鱼藻轮虫;F. 萼花臂尾沼轮虫;G. 对棘同尾轮虫;H. 椎尾水轮虫;I. 长三肢轮虫;J. 鳞状叶轮虫;K. 团藻无柄轮虫;L. 大腕轮虫;M. 月形轮虫;N. 针簇多肢轮虫;O. 矩形龟甲轮虫;P. 长足轮虫

轮虫的头部或宽或窄,都有一个轮盘。原始的轮盘呈环顶纤毛带状,是由身体前端口周围的纤毛区及环绕头区的纤毛环组成的。口区的纤毛代表了祖先动物腹面纤毛的遗迹。躯干部呈囊状,包裹了内脏器官,体表的角质层在躯干部加厚形成兜甲。在躯干部还常有一对触角或触须,顶端具感觉毛,具感觉功能。

尾部在躯干之后,或长或短,与躯干的分界明显或不明显。尾部的角质层常成环状,可像望远镜筒般地套叠起来,使尾部缩短。尾部内具足腺,由2～30个腺细胞组成,分泌物通过足腺管开口到趾、尾端,用以黏附在其他物体上。漂浮生活的种类,尾端常退化或消失。

轮虫动物的体壁最表面一层为角质层,由上皮细胞分泌形成。上皮细胞的数目在同一个种是固定的。上皮细胞之内为独立成束的肌肉。环肌形成一定数目的环肌带;纵肌束较发达,特别是在头、尾区,肌肉的收缩可使头、尾伸出或缩回躯干部。由体壁也伸出肌肉到消化道等器官,以固定器官的位置。肌肉的组成是平滑肌与横纹肌。肌肉之内即为假体腔,其中充满体腔液,体腔液中含有分枝成网状的变形细胞。

轮虫为肉食性动物,以各种小型淡水动物为食。口位于身体前端腹面,常被轮盘环绕,口可直接通入咽(捕食种类),或借助于一个小管开口于咽(悬浮取食的种类)。咽壁具很厚的肌肉,呈球状。咽来源于外胚层,故其内壁有角质层,并有角质层特化成几个大的突起,构成轮虫特有的咀嚼器(trophi),因此,轮虫的咽又称咀嚼囊(mastax)。不同的轮虫咀嚼器的形态与结构不同,常作为轮虫的分类特征。其功能主要是机械消化,用以研磨食物。捕食性的轮虫取食时,咽中的咀嚼器可由口中伸出,用以捕食或把持食物,然后与食物一起缩回咽中进行食物的研磨。而悬浮取食的种类,则靠口前或口后纤毛带上纤毛的打动造成水流,再将水流中微小的食物颗粒扫入咽中;也可以靠咽壁肌肉的抽吸作用吸食捕获物的汁液。一些寄生的种类轮盘退化减小,咽完全退化。咽壁四周还有2～7个唾液腺,直接开口到咽,分泌物可帮助消化食物。咽后为膨大的胃,胃的两侧各有一胃腺(gastric gland),可以分泌消化酶,食物在胃中被消化和吸收。胃后为短的肠,肠末端汇合排泄管及生殖腺管,形成泄殖腔(cloaca),以泄殖孔开口到身体背面躯干的末端。

轮虫没有呼吸及循环系统,以体表进行气体交换,靠体腔液完成物质的输送。

轮虫的排泄器官为一对原肾,位于假体腔的两侧。每个原肾包括几个到20个焰茎球(flame bulb)及一个排泄管,它们由一个多核细胞组成,细胞核位于排泄管管壁中。焰茎球也呈倒杯形,从杯顶向管腔伸出许多鞭毛,焰球内壁周围还有些大小不等的原生质柱。焰球的两侧有原生质管,与排泄管相通。左右排泄管在后端联合形成膀胱(bladder),开口到泄殖腔。原肾的功能主要是调节体内的水分。因为，随着环境中离子浓度的变化，焰茎球内鞭毛的打动及液体的排出可以加速或减慢，其排出的液体比之体腔液也是低渗的。随水分的排出，可以带走一些代谢废物。

一些轮虫对干旱具有很强的抵抗能力，例如，生活在土壤或苔藓植物中的轮虫，可借助于土壤颗粒之间或植物茎叶表面的水膜而生存，当完全干燥时，轮虫可处于假死的休眠状态，以度过干旱，假死态可持续数月至一年之久。

在轮虫咽的背面有一分叶状的脑神经节，由它分出两条神经索直达身体后端。脑向前发出神经到感觉器官。轮虫的感官包括小眼、触须及轮盘处的感觉毛。有人认为头部的脑后器也是感觉器官，尚有待证实。

轮虫雌雄异体，且异形。有些轮虫未曾发现有过雄虫，即使有雄性个体的种，其雄性个体也仅在生命周期的一定时间内出现。因此，轮虫的生殖方式主要是孤雌生殖，间或进行两性生殖。雄性个体很小，最小的仅为雌体的 1/10。雄性个体的一些结构如泄殖腔、消化系统及神经系统均退化消失。多具有一个囊状的精巢及一具纤毛的输精管，以生殖孔直接开口在体后端。在输精管的两侧有一对前列腺，输精管的末端形成阴茎。

第五节 其他原腔动物

一、动吻动物(Kinorhyncha)

动吻动物是一类体表分节带、无纤毛的假体腔动物，仅有 100 种左右，生活在沿海底部泥沙中。体长一般不超过 1 mm，体表可分为 13 个节带，例如动吻虫(*Echinoderes*)。第一节带为头节，其顶端有口，头节上有几圈长刺；第二节带为颈节，周围有一层角质板，头节可缩入其中。其余的体节带构成躯干，在躯干节背面角质层形成一背板，腹面有两个腹板。节带间质膜很薄，身体可以弯曲自如。每个躯干节带有一中背刺及 2 个侧刺。尾节的侧刺很长，可以自由运动。刺中空，内充满上皮组织，通常在第 3～4 节带之间有一对黏液管，有的种具有多对侧黏液管。

体壁由角质层、合胞体上皮细胞及肌肉层组成。合胞体上皮细胞在背中及两侧加厚，肌肉成束，按节带排列。此外，还有一对背侧肌及一对腹侧肌纵贯全身，负责头及身体的收缩。运动时以头插入泥底，收缩头部，牵引身体移动，如此重复前进。体壁内为假体腔，充满体腔液及变形细胞。

动吻动物以硅藻或海底沉积的有机颗粒为食。消化道包括口、口腔、肌肉质的筒状咽、短的食道、中肠、短的后肠和开口在躯干末端的肛门。唾液腺及消化腺开口到食道内。

排泄系统有一对原肾,位于身体近后端。焰球内具一条鞭毛,肾孔开在第 11 节带两侧。脑成环状,围绕在咽前端,脑发出一条复神经索,在每个节带的腹、背面及两侧都有成丛的神经细胞,神经细胞与上皮细胞紧密相连。

雌雄异体。雌性个体身体中部有一对囊状卵巢,有短的输卵管,生殖孔开口在最后一节带上。雄性个体有一对精巢,经输精管及末节的一对生殖孔开口到外界。尾端有 2～3 个刺,幼年个体体表的节带分界不清,经多次蜕皮之后,节带明显。成年之后不再蜕皮。常见动物如动吻虫。

二、线形动物(Nenatomorpha)

线形动物是一类与线虫很相似,但成虫没有排泄器官、消化道退化的假体腔动物。仅有 250 种左右。身体细长如丝,俗称马尾毛虫(horsehair)。成虫自由生活,幼虫常寄生于节肢动物体内。成虫体长一般 30～40 cm,直径 0.5 mm,最长的可达 1.5 m,直径 3 mm。雌性一般比雄性长,体表呈暗褐色或黑色。没有明显的头部,前端有口,后端尖细,或分叉成二叶或三叶状。最常见的代表动物有铁线虫(*Gordius*)及拟铁线虫(*Paragordius*)。前者体长约 90 cm,直径约 1 mm,雌虫尾端不分叉,雄虫分两叶。后者体长约 30 cm,雌虫尾端分三叶,雄虫也分两叶。

三、棘头动物(Acanthocephala)

棘头动物是身体前端具吻,吻上有钩刺的假体腔动物,大约只有 500 种。成虫与幼虫均为内寄生生活,有两个寄主。幼虫寄生于昆虫或甲壳动物,成虫寄生于脊椎动物的消化道。代表动物为猪巨吻棘头虫(*Macracanthorhynchus*),为最大的棘头虫,雌虫长 65 cm,雄虫 15 cm。幼虫寄生在金龟子的幼虫体内,猪吞食金龟子幼虫而被感染。棘头虫以吻固着于猪的肠壁上,发育为成虫。

棘头动物体呈长柱形,体长一般 8 cm 到十几厘米,直径不超过 1 cm,个别种可长达 1 m。体无色或白色,分成吻、颈、躯干 3 部分。吻位于身体前端,呈球形或长圆形,吻上具锐利的钩或棘,或两者均有,用以钩着在寄主组织上。钩、刺的数目和排列是分类依据。吻似头状,具棘,故名棘头动物。吻位于吻鞘内,吻鞘由韧带囊附着在体壁上。吻后为短的颈部。吻与颈均可缩入吻鞘内。躯干部表面光滑或有褶皱,也有的形成环纹或披有许多小刺。体壁与消化管之间为假体腔,它也进入吻、吻鞘及韧带囊中。棘头动物没有消化系统,食物直接由体壁从寄主内吸收。排泄器官为一对原肾,但只存在于棘头目中,以共同的排泄孔开口在输精管或子宫内。棘头动物没有呼吸及循环器官。神经系统有脑,位于吻鞘内后端,由它发出神经,支配吻及感觉突起。由脑向后发出一对侧神经,支配躯干部。感觉器官均为触觉感受器,分布在吻与尾部。

棘头动物可在寄主体内大量寄生,有人曾报道,在一头鸭子肠壁内有 1 000 多条,一头海豹的肠内有 1 154 条。

四、内肛动物(Entoprocta)

内肛动物大约有 150 种,绝大多数为小型动物,大小不超过 5 mm。主要为海产,固着在浅海底部岩石或动物外壳上,只有 1～2 种生活在淡水。浅海常见的斜体节虫(*Loxosoma*)是单体的内肛动物。

单体的内肛动物身体分为萼部、柄部及基部的附着盘。群体的种类可以由 2～3 个柄共有一个附着盘,柄端具萼,如 Urnatella;但多数种类群体的附着盘变成了匍匐茎,许多柄着生在匍匐茎上,如 Barentsia。萼部一般为球形,其顶端边缘有一圈触手,数目在 8～36 个之间,形成触手冠,触手的内面具纤毛。触手是由顶端的体壁向外延伸形成。触手基部围绕着一个凹陷的部分,称为前庭。在前庭处有口、肛门、排泄管及生殖管开孔。触手环绕前庭,前庭边缘为具纤毛的前庭沟,由它与口相连。萼部内包含有全部内脏器官。柄是萼部背面的延伸物,两者之间常由不完整的隔膜隔开。柄外表常有念珠状的膨大,是由于肌肉膨胀而形成的。

内肛动物的体壁亦由角质层、上皮细胞及肌肉层组成。上皮细胞界限清楚;肌肉呈纵行排列,为平滑肌;触手及柄部肌肉发达,可以伸缩及弯曲柄部及触手。假体腔发达,亦伸入到触手、柄及茎内,其中包含有游离的或固定的变形细胞。

消化道为"U"形管,口与肛门分别开口在前庭的两端,肛门位于肛锥上,由于肛门位于触手冠之内,故名内肛动物。胃具腺体,可分泌消化酶进行细胞外消化。内肛动物为滤食性动物,靠触手纤毛摆动造成的水流携带食物颗粒进入前庭沟,再送入口内。消化后的残渣仍经前庭及肛门排出。排泄器官为一对原肾,位于食道周围,以一共同的排泄孔开口在前庭中。胃的上方具有一个分叶的脑神经节,它放射状的发出神经到触手、萼及柄部等处。触手上及萼的边缘具有感觉毛,触手冠对触觉刺激敏感,遇刺激后可缩回到前庭中。

本章小结

原腔动物又名假体腔动物,是一个种类繁杂、结构差异较大的类群。但它们都有假体腔,体壁由角质膜、上皮细胞以及肌肉层构成,肌肉层常为纵肌,有完全的消化管、原肾型排泄系统,雌雄异体甚至异型。多数自由生活,也有许多寄生的种类。

思　考　题

1. 为什么说原腔动物是种类庞杂的一群动物？它们有哪些共同特征？有哪些主要类群？

2. 试述人蛔虫的形态结构及生活史特点，并说明它的哪些特点代表了线虫动物。

3. 比较蛲虫、钩虫、丝虫及旋毛虫结构的异同。

4. 从腹毛类的特点，说明假体腔动物在系统演化中的位置。

5. 试述轮虫动物的主要特征、生殖发育的特殊性及其经济意义。

6. 比较假体腔动物中各类群动物间的异同。

第八章　环节动物门(Annelida)

导读　环节动物包括常见的各种蚯蚓、蚂蟥和海产的沙蚕等。它们是起源于扁形动物的身体分节的高等蠕虫。与前几门动物比较，环节动物身体分节，出现了真体腔、疣足式附肢、后肾管型排泄系统、闭管式循环系统、链状神经系统，感觉器官较发达。形态结构、生理功能等在动物界的系统进化上都有明显的进步和发展，是高等无脊椎动物的开始。环节动物大约有17 000种，分布于淡水、海水和陆地的土壤中，大多数营自由生活，穴居或管栖；少数可以吸附于脊椎动物的体表营暂时性寄生生活。

第一节　环节动物的主要特征

1. 分节现象　环节动物的身体由许多彼此相似而又重复排列的体节(metamere)构成，动物躯体分成体节的现象称为分节现象(metamerism)。环节动物多数是同律分节(homonomous metamerism)，即除了前两节和最后一节外，其余各体节的形态和功能基本相同。循环、生殖、排泄器官和神经节按体节重复排列。较高等的种类，生殖器官集中在几个体节中。极少数较高等的种类发展为异律分节(heteronomous metamerism)，即最前端与最后端的体节在形态和功能上出现了明显差别。体节的分化较为明显，各种器官位于一定的体节中，不同部位的体节群可以发挥不同的功能，大大加强了对环境的适应能力。如多毛纲隐居目的一些种类，一部分体节较粗，另一部分体节较细，或一部分体节有附肢，而另一部分体节无附肢等。异律分节在节肢动物中表现得更加典型。

分节现象是动物进化的一个重要标志。多数环节动物的体节不仅外形相似，而且排泄管、神经节、血管等内部器官也按体节重复排列，这使得每一个体节等于一个单位，对于加强新陈代谢和对外界环境的适应能力具有重要意义。从同律分节进一步可发展为异律分节，为有机体向更高级的发展，形成头、胸、腹部提供了可能性，是动物继续进化发展的一个重要前提。高等脊椎动物分节的脊椎骨就是分节遗留下来的。

关于分节现象的起源，一般认为可能是由假分节现象(pseudometamerism)演变而来的。如涡虫和纽虫等，消化道由前而后具有许多成对的侧盲囊，而生殖腺也成对地排列在前后两侧囊之间(图 8-1)。动物作蛇形运动时，体壁在前后生殖腺之间最易弯曲的地方产生了褶缝，而在褶缝之间长出特殊的肌肉群，于是横溢的节间沟也就表现出来，而形成了明显的体节。

2. 次生体腔(真体腔)　从环节动物开始，在体壁和消化管之间出现了广阔的真体腔(true coelom)。它与初生体腔(假体腔)大不相同。假体腔来源于胚胎时期的囊胚腔，其外壁以中胚层的肌肉为界，而内壁是内胚层的消化管；但真体腔是中胚层之间的腔，这个腔完全被中胚层形成的体腔膜所包被，既有体壁中胚层，又有脏壁中胚层，故名真体腔。

环节动物的真体腔是以裂体腔法形成的(图 8-1)。在胚胎发育到原肠期时，胚孔两侧的内、外胚层之间各出现了一团中胚层细胞，它们不断分裂，在内、外胚层之间逐步扩展，形成中胚层带。随后，两个中胚层带均裂开形成腔。腔逐渐扩大，其内侧贴附在内胚层之外，称为脏壁中胚层，与内胚层共同构成肠壁，形成了肠壁肌肉层和体腔膜；外侧的中胚层称为体壁中胚层，它贴在外胚层的内面，分化为体壁的肌肉层和体腔膜。这种由中胚层裂开形成的真体腔，又称为裂体腔(schizocoel)。由于真体腔在发生上比原体腔出现得迟，故名次生体腔(secondary coelom)。环节动物的次生体腔被体腔膜在各体节间形成的双层隔膜隔开，使真体腔被分成许多小室，相邻的体腔间有排泄孔彼此相通，而各小室又通过排泄管与外界相通。真体腔内除了具有神经、循环、生殖、排泄等器官外，还充满了体腔液，它与循环系统共同完成体内物质的运输。此外，依靠肌肉收缩和体腔液的流动，能使部分体节伸缩，所以体腔的形成和体腔液的存在与运动密切相关。体腔膜还在背、腹两侧的体腔接触处形成了肠系膜，起着固定肠道等内脏器官的作用。

真体腔的形成有重要的进化意义。发达的真体腔使肠壁上出现了肌肉层，肌肉收缩引起肠壁蠕动，消化道周围又有很大的空间，肠可以自由蠕动，所以环节动物不仅有化学消化，而且还出现了机械消化，提高了消化机能。而且由于中胚层的参与，为肠的进一步分化提供了条件。加之体腔膜的形成使体腔中的各器官系统的位置被固定并有所依托，促进了各器官系统的充分发展。真体腔的出现促进了循环、生殖、排泄、神经各系统的形成和发展，使动物的结构进一步复杂化，各种机能更加趋于完善。

3. 刚毛和疣足　环节动物出现了刚毛和疣足，提高了运动效率。多数环节动物每一体节都有刚毛。刚毛(seta)是由表皮细胞内陷所形成的刚毛囊中的一个毛

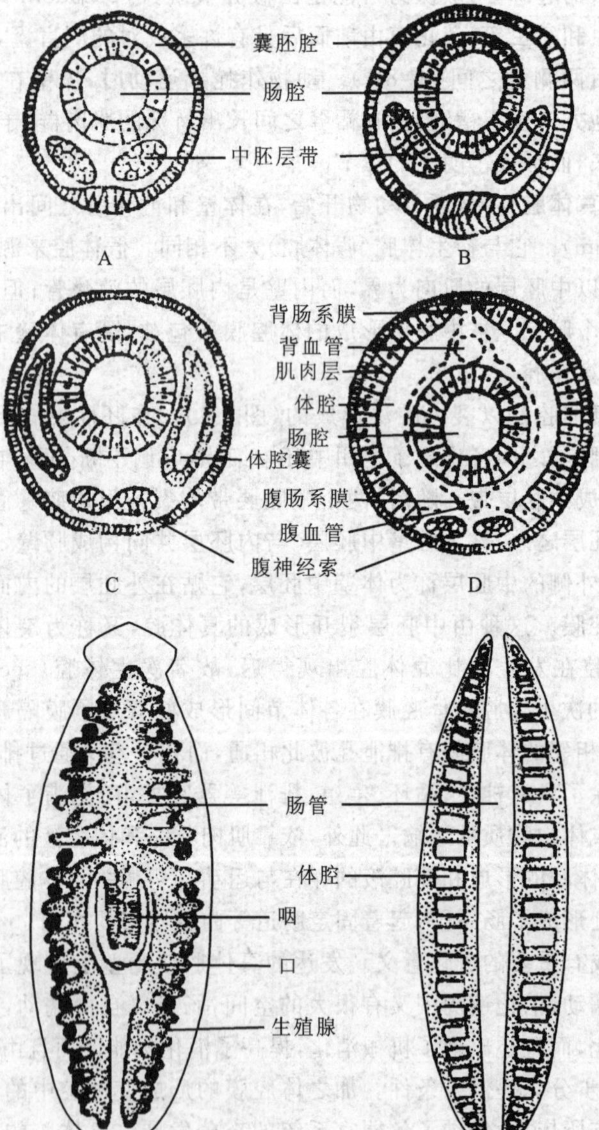

图 8-1 环节动物体腔的形成(仿江静波)

A,B. 中胚层带的出现;C. 体腔囊的出现;D. 真体腔形成;

E,F. 体腔形成的生殖学说示意图

原细胞分泌形成的几丁质结构，略呈“S”形(图 8-2A)。刚毛在运动中起到固定身体的作用。海产种类身体两侧长出数对疣足，一般每个体节一对。疣足(parapodium)是动物界出现的最原始的附肢，是体壁向外突出的扁平片状物，通常体腔也伸入疣足中(图 8-2B)。疣足有多种功能，主要是运动和呼吸。沙蚕的疣足可做缓慢的步行、迅速的爬行及游泳 3 种类型的运动。疣足内密布微血管网，可进行气体交换。典型的疣足分为背肢和腹肢，背肢的背侧具一指状的背须，腹肢的腹侧具一腹须，有触觉功能，有的背肢还有呼吸功能。背、腹肢中有刚毛和针毛(足刺)，背肢有一束刚毛，腹肢有两束刚毛。有的种类(如蛭类)失去疣足和刚毛，依靠吸盘及体壁肌肉的收缩进行运动。有的种类(如寡毛类)疣足退化，刚毛直接长在体壁上，它们靠肌肉发达的体壁使身体伸缩向前运动。

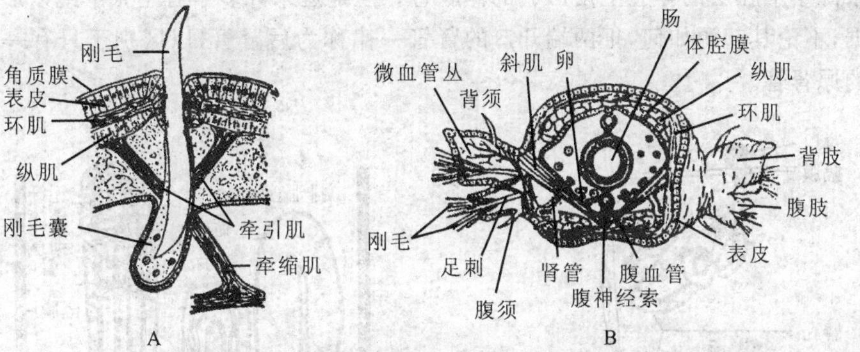

图 8-2 环节动物的刚毛和疣足(A 仿谢祚浑;B 仿华中师范学院《动物学》)

A. 刚毛囊切面图;B. 沙蚕的疣足

4. 闭管式循环系统 环节动物具有较完善的循环系统，由纵行血管(背、腹血管等)、环行血管、分支血管及其分支间的微血管网构成。血液始终在血管中流动，这种循环方式称为闭管式循环(closed vascular system)。

环节动物循环系统的出现与真体腔的形成密切相关。中胚层带的扩大，使原体腔缩小，结果在消化管的上、下方被挤得只剩下很小的空隙，成为纵行血管(背、腹血管)的内腔。在体腔膜接触处留下的空隙，则是环血管的内腔。

多数环节动物的血液血浆中含血红蛋白，血液呈红色，但血细胞无色。环节动物通过湿润的体表、富于血管的疣足或鳃与外界进行气体交换。

在蛭类，血管已完全消失，在相应位置，真体腔被间质填充而缩小，形成的腔隙称血窦，这种由于血液不是始终在血管中流动，而是要离开血管进入血窦(组织间隙)中的循环方式,称为开管式循环(open vascular system)。

5. 后肾管型的排泄系统　较原始的环节动物,排泄器官仍为原肾管,只是由有管细胞与排泄管构成,与扁形动物的焰细胞不同。但多数环节动物具有按体节排列的一对或多对后肾管(mentanephridium),又名体节器。典型的后肾管是一条两端开口的迂回盘曲的管子。一端是带纤毛的漏斗状的肾口,开口于前一体节的体腔,靠肾口纤毛的摆动收集体腔中的代谢废物;肾管的内壁有纤毛而且多盘旋,在肾管周围有血管网包围;另一端为肾孔或排泄孔,开口于体表。这种肾管也可变成小肾管,开口于体表或消化道(图 8-3)。后肾管除排泄体腔中的代谢产物外,因肾管上密布微血管,故还可以收集血液中的代谢产物和多余的水分,经肾孔排出体外。水生的寡毛类其排泄物主要是氨,陆生种类主要是排泄氨和尿素。后肾管多数来源于中胚层的体腔上皮形成的体腔管。但是近来许多学者主张单纯以形态为依据,不论其起源如何,把两端开口的肾管一律称为后肾管,以区别于只有一端开口的原肾管。

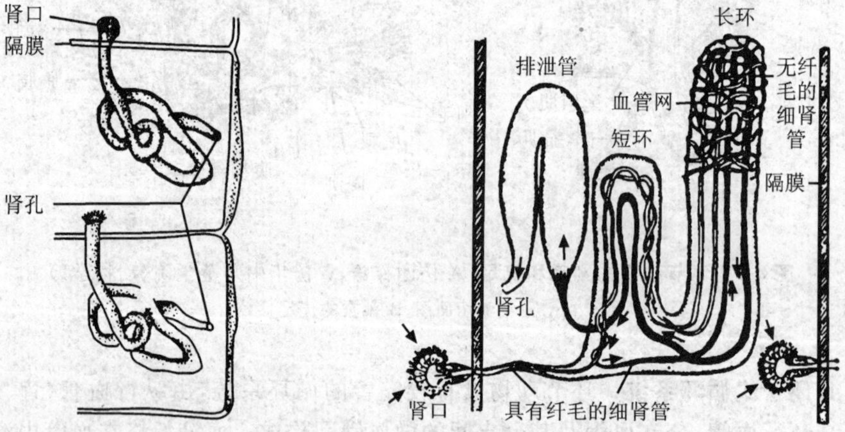

图 8-3　环节动物的后肾(体节器)(仿 Hickman)

6. 链索状神经系统　环节动物的神经系统属于链状神经系统,或称神经链。这种神经系统比梯形神经系统更为集中,在咽的背前方有一对由咽上神经节愈合形成的脑,脑借围咽神经与一对咽下神经节相连,由此向后伸出的腹神经索贯穿于全身。腹神经索是由 2 条纵行的腹神经合并而成,在每个体节有一个略为膨大的神经节,共同包被于结缔组织中,整体形似链状(或索状)。故称链状(或索状)神经系统(图 8-4)。脑控制全身的运动和感觉,脑部发出神经到头部的感觉器官,腹神经节发出若干对神经(通常3对)到体壁和各内部器官(咽、食道、胃 、肠等),分布到内脏器官的为交感神经,分布到体壁和附肢的为外周神经。可见环节动物的神经系统已经明显地分化出中枢神经系统、外周神经系统和交感神经系统,致使动物反应迅速,动作协调。

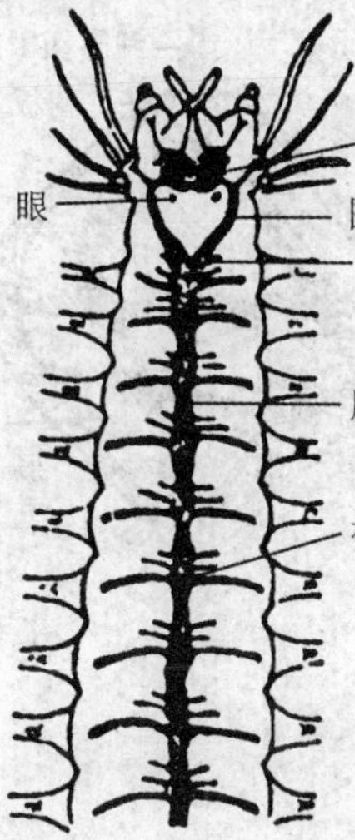

图 8-4 沙蚕的神经系统

(自华中师范学院《动物学》)

7. 体腔膜形成生殖系统 环节动物的生殖腺来源于中胚层形成的体腔膜,生殖导管来源于体腔膜向外突出形成的体腔管。某些海产种类(如沙蚕)在生殖季节由体腔膜形成临时的精巢和卵巢,每一节都有来自于体腔膜的生殖腺,以此来产生生殖细胞。其多无生殖导管,成熟的生殖细胞破体壁而排到水中。较高等的类群(如蚯蚓)由体腔膜形成固定的生殖系统(生殖腺、生殖导管、附性腺等),集中在某几个体节中。许多种类在性成熟后,身体中部某几节的节间沟消失,形成腺肿状隆起,形状如指环,这种结构称生殖带或环带(clitellum),其分泌物可形成卵茧(cocoon)。

8. 发育 环节动物为直接发育或间接发育。陆生和淡水产的环节动物为雌雄同体,直接发育。海产环节动物多为雌雄异体,间接发育。间接发育的种类一般都有一个担轮幼虫期。担轮幼虫(trochophore)形似陀螺,营浮游生活,在幼虫的体中部有2个纤毛环,其间有口,口前纤毛环称原担轮(protroch),口后纤毛环称后担轮(metatroch),担轮幼虫的前端顶部有一束纤毛,有感觉作用。体末尚有一束纤毛称顶纤毛束或端担轮(telotroch)。担轮幼虫保留很多原始性特点,如无体节、原体腔、原肾管等(图 8-5)。担轮幼虫在海水中游泳,变态时沉入水底,以口前纤毛环与顶纤毛束之间为生长区,口前纤毛环前的部分形成口前叶,口后纤毛环以后的部分逐渐延长,中胚层带形成体节和成对的体腔囊,近体末端的体节最早形成。外胚层形成腹神经索,前端与脑相连,原来幼虫的部分形成口前叶和围口节,口前叶和围口节构成头部,每节产生后肾管。最后幼虫的结构退化消失而转变为成体。根据生物发生率,担轮幼虫的变态过程反映了真体腔动物进化的过程。

担轮幼虫在动物进化上具有重要意义,有很多外形差异很大的动物,包括环节动物、软体动物、苔藓动物、腕足动物、帚虫动物等都经过担轮幼虫期,这可以说明它们的亲缘关系是比较近的。

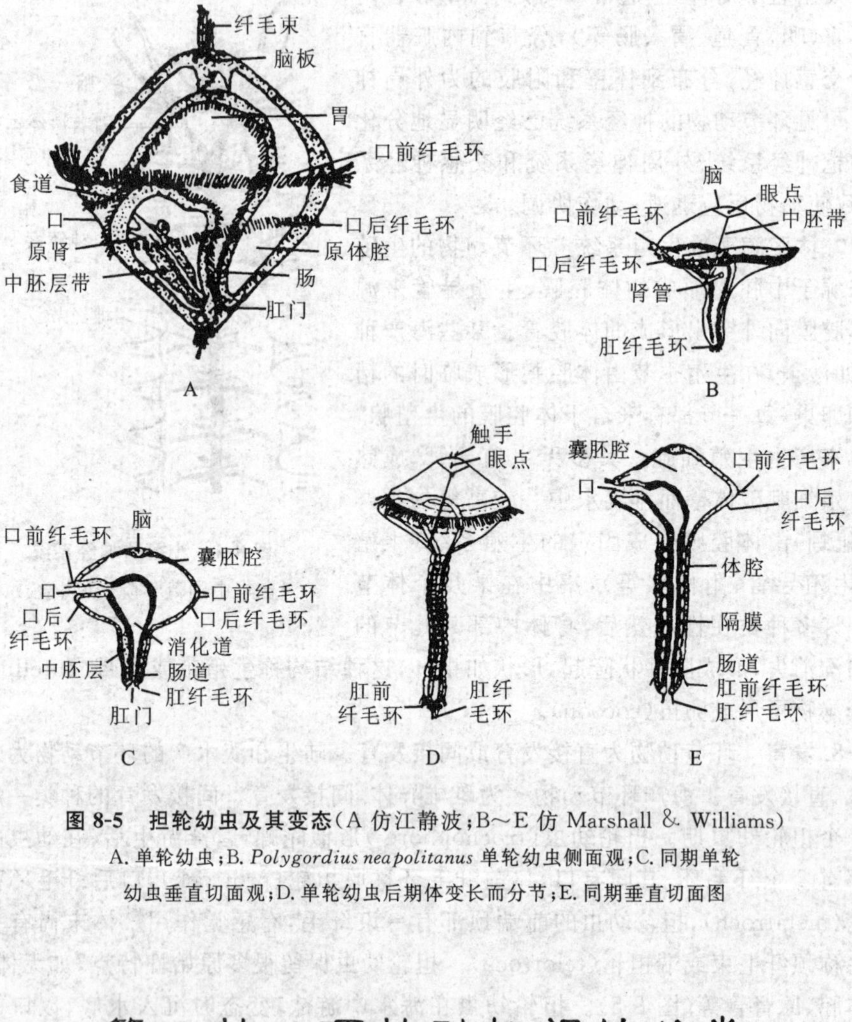

图 8-5 担轮幼虫及其变态(A 仿江静波;B～E 仿 Marshall & Williams)

A. 单轮幼虫;B. *Polygordius neapolitanus* 单轮幼虫侧面观;C. 同期单轮幼虫垂直切面观;D. 单轮幼虫后期体变长而分节;E. 同期垂直切面图

第二节 环节动物门的分类

环节动物约有 17 000 种,根据有无疣足、刚毛、生殖带等特征分为 3 个纲:

一、多毛纲

多毛纲(Polychaeta)常见的种类如沙蚕(*Nereis*)、沙蠋(*Arenicola*)、巢沙蚕(*Diopatra*)等。除少数种类外,几乎全部为海产。它们的头部明显,感觉器官发达(图 8-6),有触手、触须和眼。大多数体节有疣足,有许多刚毛,故称多毛类。刚毛通常长在疣足上,呈束状排列。某些种类无性生殖是出芽生殖。通常雌雄异体,无固定的生殖腺和生殖导管,无环带。间接发育,经过变态,有担轮幼虫期。多毛类可分为两种生活类型。一种是自由生活的,包括在海底泥沙表面爬行的种类、钻穴的种类、自由游泳的以及远洋生活的种类,通称为游走类(Errantia)。另一种是不能自由活动的,包括一些管居的或固定穴居的种类,通称为隐居类(Sedentaria)。

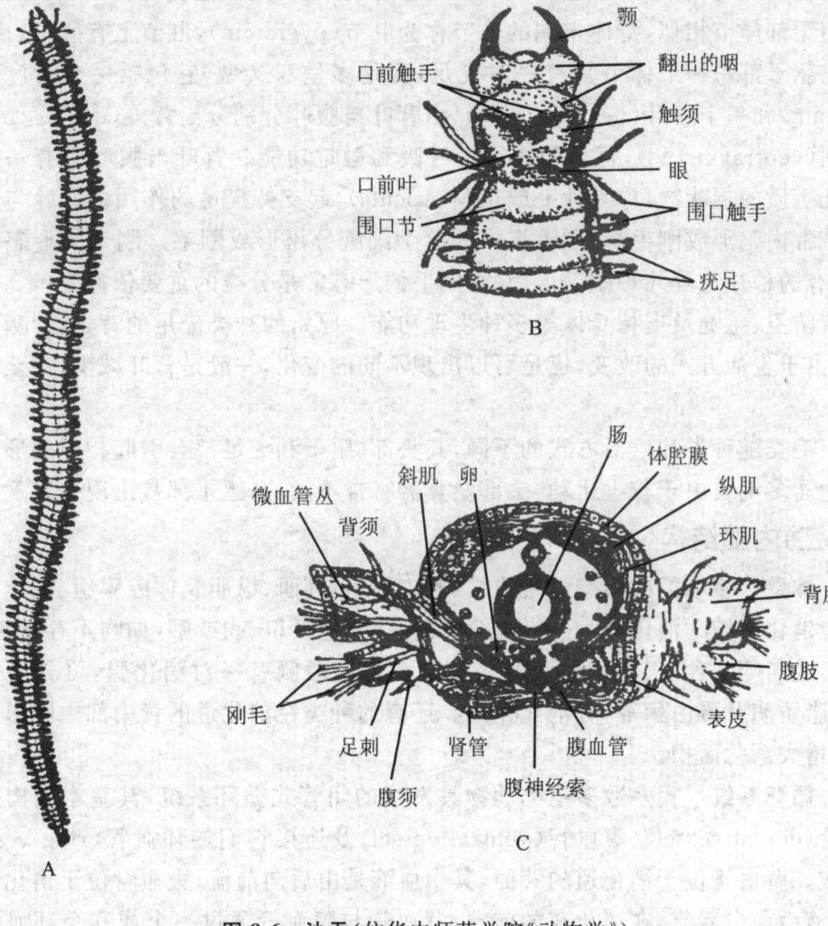

图 8-6　沙蚕(仿华中师范学院《动物学》)

A. 外形;B. 头部背面观;C. 通过肠的横切

(一)外部形态

多毛类动物身体一般呈长圆柱形,背腹略扁,绝大多数种类体长 10 cm 左右,直径 2～10 mm,但最小的种类体长不足 1 mm,最长的可达 2～3 m。身体前端有明显的头部,包括口前叶(prostomium)和围口节(peristomium)。口前叶上有各种感觉器官,通常包括背侧的眼 1 对或 2 对、前面的一对口前触手(antennae),腹侧的 1 对触须(palps)。口前叶之后为围口节,口位于围口节与口前叶之间体节的腹面。围口节两侧各有 4 条细长的围口触手(peristomial tentacle)。沙蚕及许多游走类动物的咽可以翻出,咽上有一对颚及排列的细齿,用以捕食(图 8-6)。

躯干部体节相似,身体末端的体节称为肛节(pygidium),肛节上有肛门。多毛类动物躯干部每一个体节具有一对疣足,疣足多呈双叉型,它包括一个背叶(notopodium)和一个腹叶(neuropodium),由背叶与腹叶分别分出背须(dorsal cirrus)和腹须(ventral cirrus),背须和腹须有呼吸和触觉功能。背叶与腹叶中有一个或几个几丁质的棍状物,称为针毛或足刺(acicula),起支持疣足的作用。背叶与腹叶的末端常内陷形成刚毛囊,刚毛囊中的单个细胞分泌形成刚毛。刚毛的形态因种而异,有的种往往具几种刚毛。因此,刚毛的形态常是分类的重要依据之一。刚毛担任着防卫、感觉及支持身体等多种生理功能。原始的种类疣足的背、腹叶基本相似,但由于生活方式的改变,疣足可以出现不同的变化,一般是背叶减少,甚至背叶消失。

多毛类随种类和生活方式的不同,其头部、躯干和疣足都会引起相应的形态改变。隐居多毛类由于较少运动,头部及其器官常不发达,躯干部常出现分区现象。

(二)内部结构

1. 体壁 多毛类的体壁由角质层、表皮细胞、环肌、纵肌及体腔膜组成。

2. 消化系统 消化道为一纵贯全身的直管,包括口、吻或咽(如吻不存在时,则形成口腔与咽)、食道、胃、肠、直肠及肛门。食道两侧有一对消化腺,可分泌消化酶,如脂肪酶及蛋白酶等,有消化作用。还有的种类在消化道的背中部内陷形成盲道,以增大消化面积。

3. 循环系统 大多数多毛类动物具发达的闭管式循环系统,其基本结构是由背血管(dorsal vessel)、腹血管(ventral vessel)及连接它们的环血管(ring vessel)所组成。背血管位于消化道的背面,其中血液是由后向前流、腹血管位于消化道腹面,血液由前向后流,在消化道的前端,背血管与腹血管通过一个或几个环血管或血管网直接相连。腹血管在每个体节发出血管分支到疣足、体壁、肾管和肠道,相应的背血管接受血液,因此构成了闭管式循环。其中血液的流动主要是由背血管管壁的收缩而引起的。血液含血红蛋白,呈红色。

4. 呼吸器官 原始的多毛类没有专门的呼吸器官,体壁密布微血管网,通过体表进行气体交换。大多数多毛类,特别是穴居及管栖的种类,具有鳃作为呼吸器官。鳃实际是由体壁的突起组成,其中含有血管丛,形状有叶状、羽状、丛状或树状等。还有许多种类的鳃是由疣足的背须或背叶改变形成的。

5. 排泄系统 多毛类的排泄器官在不同种类之间有很大区别,或是每个体节有一对肾;或是整个虫体仅有一对或几对肾。排泄孔位于疣足腹侧的基部。另外,体腔细胞与肠壁细胞对排泄也起辅助作用,特别是在肠壁及血管壁周围,常有成堆的淡褐色或绿色的细胞团,称为黄色细胞(chloragogen),被认为是中间代谢及血红蛋白合成的地方,它们所表现出的颜色是由于细胞中存在着色素,而这些色素可能是其代谢产物。

6. 神经系统 多毛类有典型的链状神经系统,它包括脑、围咽神经环(circumpharyngeal connective)及腹神经索(ventralnerve cord)3 部分。由脑发出神经,支配触手、触须、眼等感官。由围咽神经环发出神经可以支配吻或咽的伸缩。每个体节的神经节发出 2～5 对侧神经,支配体壁、疣足、体节的肌肉及其感官。感觉器官在游走多毛类中比较发达,除了触手、触须、眼外,还有项器(nuchalorgans)和平衡囊。项器是一对具纤毛的感觉窝或感觉裂缝,存在于许多多毛类的头区脑的附近,受脑的支配。项器是一种化学感受器,对发现食物有重要作用。平衡囊开口在头部两侧,囊内含有硅质或石英颗粒,外有几丁质包围。如果破坏其平衡囊,沙蠋则失去方向感及平衡能力。

7. 生殖与发育 无性生殖在多毛类中是存在的,主要是行出芽生殖或分裂生殖。分裂时身体分成两段或多段,每段可以形成 1 个新个体。多毛类也有很强的再生能力,触手触须甚至头部都可以再生。大多数的多毛类只行有性生殖,很少数种类是雌雄同体,大多数种类是雌雄异体,生殖腺只在生殖季节才出现,生殖细胞来自体腔膜。成熟的精子或卵子通过不同的方式排到体外,在一些种类中,生殖细胞通过肾管排出体外,少数种类性成熟后可以通过体壁的破裂而释放出生殖细胞,例如沙蚕、矶沙蚕及裂虫等。生殖细胞释放之后成体死亡。有的雄性沙蚕还可通过肛门排出精子。多毛类一般不发生交配行为,卵都在海水中受精。一些多毛类在生殖时期会出现一些特征性的生殖现象,如异型化现象(epitoky)、群游现象(swarming)等。一个著名的异型化例子是一种矶沙蚕(*Palola viridis*),生殖时身体的前端保持原来形状,但后端的体节变得细长,形成一长链状,而且每个体节的腹面中央有一眼点。异型的多毛类生殖时还常伴随有群婚现象,即性成熟的个体在环境的影响下,如光强度的改变,使异型虫体成群地离开海底,游到水面,雌雄个体相互环绕游动,进行群游。多毛类的卵属端黄卵,受精卵行螺旋型卵裂,通过内陷、外包或两者的联合作用,形成原肠胚。原肠胚之后,胚胎迅速发育成担轮幼虫。

(三)分类

多毛类包括了环节动物的大部分种类，约有 10 000 种，可分为两个亚纲：

1. 游走亚纲(Errantia) 头部明显，感觉器官发达，咽具颚及齿，通常能翻出。体节数目较多且相似，疣足发达，具足刺及刚毛。是自由生活的，主要包括爬行、游泳的种类以及少数管居及穴居的种类。游走多毛类多数是肉食性的。例如我国沿海习见的日本沙蚕(*Neanthes japonica*)、鳞沙蚕(*Aphrodita*)、吻沙蚕科(*Glyceria*)等。

2. 隐居亚纲(Sedentaria) 头部不发达，或有一厣，盖住管口。咽无颚及齿，大多不能伸缩。口前叶不具感觉附器，但头部具有用以取食的触须等结构，鳃常限制在身体的一定区域内或无鳃。身体多分区，具有不相同的体节和疣足，具有局部的分化。疣足不发达，不具足刺及复杂的刚毛，不能自由活动，管居或穴居。隐居多毛类多以腐烂有机物或微小动植物为食。例如毛翼虫(*Chaetopterus variopedatus*)、龙介虫(*Serpula*)、丝鳃虫(*Cirratulus*)、蛰龙介(*Terebella*)。

(四)经济意义

多数多毛类是有益的，其身体柔软，且富含蛋白质，是优质饵料，它们的存在和数量对鱼类的出现和捕捞渔区的分布有重要意义。有些多毛类人类也可以食用，沿海居民以几种沙蚕掺入虾酱作为食物。另一些是有害的，可危害贝类和海藻的养殖，如沙蚕嗜食蛤蜊；螺旋虫危害海带等。不甚活动的多毛类，常附着于船底，影响行船速度。

二、寡毛纲

寡毛纲(Oligochaeta)包括常见的蚯蚓、颤蚓(*Tubifex*)等一类动物，它们的特征为：头部退化，感官不发达。身体分节但不分区，环节数不同。疣足退化，刚毛长在体壁上。但刚毛的数目远少于多毛类，故名。体腔广阔，通常被节间隔膜按节分开。雌雄同体，生殖腺 1～2 对，有体腔管起源的生殖导管，性成熟时体表出现环带(clitellum)，交配时可相互授精，体内受精，卵产于环带中，脱落后形成卵茧，直接发育，无幼虫期。

寡毛类可化分成陆生和淡水生两类。一类大量的种是陆生的，体型也较大，在陆地上穴居。除了沙漠地区，任何土壤中都有分布，例如各种蚯蚓。另一类是水生的，主要分布在各种淡水水域，特别是有机质丰富的浅水。水生种类体型较小，结构简化。一般认为寡毛类是由海产穴居的原始环节动物侵入淡水及陆地而发展起来的一支。

(一)代表动物——环毛蚓

1. 外部形态 环毛蚓(*Pheretima* sp.)体呈圆筒形,身体由百余个体节组成,节与节之间有一深槽,称节间沟(inter-segment furrow),头部和感官适应穴居而退化。身体前端的肉质突起,称口前叶(prostomium),可以伸缩,用来钻穿泥土。有摄食、掘土及触觉功能。第一节称围口节(peristomium),口位于该节腹面。疣足退化,刚毛长在体壁上。除围口节和最后几节外,环毛蚓每节有刚毛一圈,故称环毛蚓。每条刚毛略呈"S"形,大部分埋藏于体壁中。刚毛的数目、排列方式在不同种有所不同。蚯蚓到性成熟时,身体前端出现一个环带(clitellum),又叫生殖带。环毛蚓的环带位于14~16节。该处表皮变成腺肿状隆起,它是由相邻的几个体节体壁的上皮细胞膨大、并分布有大量的单细胞腺体所形成,无刚毛,也无节间沟,其分泌物可构成卵茧(cocoon)。雌性生殖孔一个,位于第14节腹面中央。雄性生殖孔一对,位于第18节腹面两侧。受精囊孔(spermathecal orifice)3对,位于6~7,7~8,8~9三个节间的腹面两侧(图8-7)。除1~3节和最后一节外,每节腹面两侧有一对排泄孔。同时环毛蚓自7~8节以后,节间沟背中央有背孔(dorsal pores)。遇干燥或刺激时背孔张开,流出体腔液,湿润体表,有利于呼吸和在土壤中穿行。肛门位于身体末端,成直裂缝状。

2. 内部构造

(1)体壁、肠壁与真体腔。观察蚯蚓的横切面(图8-7右),最外面是一层很薄的角质层(cuticle),内为单层柱状的表皮细胞和腺细胞构成的表皮层,来自外胚层。表皮下为肌肉层,外面是一层薄的环肌,里面是一层厚的纵肌,再下面是一层由单层扁平细胞构成的体腔膜。蚯蚓也是管内套管的结构,肠的内层是来源于内胚层的肠上皮,外层是两层极薄的肌肉层,内为环肌,外为纵肌。最外一层是脏壁体腔膜。背面的肠壁向肠腔内陷入,形成一纵沟,称为盲道(typhlosole)。真体腔内有体腔液及各种内脏器官。体腔被节间隔膜分隔成许多小室,各室以肾口相通,且由背孔和排泄孔与体外相通。

(2)消化系统。蚯蚓以腐败的有机质和植物碎片为食。消化道包括口腔、咽、食道、砂囊、胃、肠和肛门。口腔(1~3节)内无齿或颚,后壁上有强大的肌肉质的咽(3~5节),可帮助吸食。咽头外围有单细胞的咽头腺,能分泌黏液和蛋白酶,使食物湿润和初步分解蛋白质。咽后为细长的食道(6~8节),食道壁上有钙质腺,可中和酸性物质,维持体内酸碱平衡和调节钙容量。食道后(8~9节)有一肌肉质的砂囊,内衬一层较厚的角质膜,能把土壤中的食物磨碎,在砂囊后(10~14节)是一段狭长而富有腺体的胃,在胃的前面有一圈胃腺,功能似咽腺。自胃后(从15节起)消化道扩大为肠,肠前端两侧(26节)有一对细小的盲肠,能分泌消化液。肠的

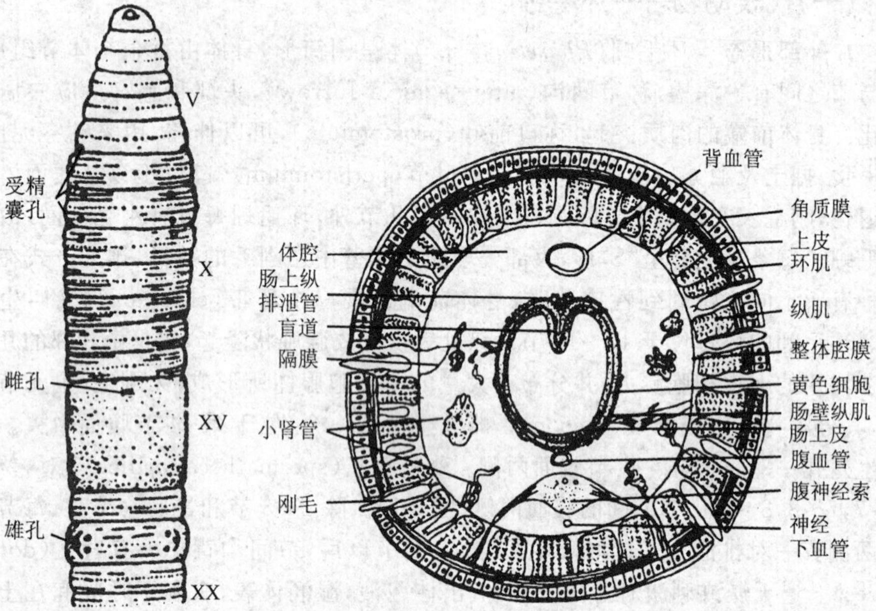

图 8-7 蚯蚓体前段腹面观(左,仿陈义)**及其横切面**

(右,自南京师范学院《无脊椎动物学》)

背中央有盲道,可增加消化、分泌和吸收面积。在肠和背血管周围有脏体腔膜分化形成的黄色细胞(chloragogen cell)。黄色细胞能贮存脂肪、合成糖原,并把氨基酸分解成尿素和氨,还有一定的排泄作用。黄色组织是由于细胞内黄绿色脂类内含物的存在所致。无盲道部分为直肠,最后由肛门开口于身体末端(图 8-8)。

(3)闭管式血液循环系统。蚯蚓有 5 条纵行血管。1 条背血管,1 条腹血管,1 条神经下血管(subneural vessel)位于腹神经索下方,还有 2 条食道侧血管(lateral esophageal vessel)。另有 4 条连接背、腹血管的环血管,其内有瓣膜,并能有节奏的搏动,故称心脏。自 15 节后,每节有一对壁血管(parietal vessel),它连接背血管和神经下血管。

血液循环途径:腹血管的血液由前向后流动,每体节都有分支到体壁、肠、肾管等处,在靶组织内有微血管网。血液在体壁进行气体交换后,含氧血在 14 节前流入食道侧血管,在 14 节后流入神经下血管,经壁血管流入背血管。背血管接受背肠血管(intestinal vessel)和壁血管的含氧血,自后向前流动。至食道、咽、口腔等处,一部分间接或直接流入食道侧血管,大部分经心脏流入腹血管。食道侧血管由

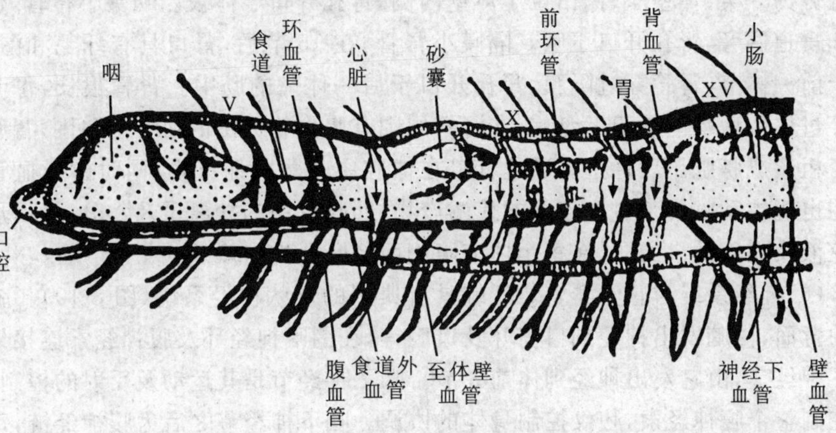

图 8-8　消化系统与循环系统(仿陈义)

前环管、胃上血管与心脏相连。由于血液始终在血管中流动,故称为闭管式循环。蚯蚓的血浆中含血红蛋白,血液呈红色,血细胞无色(图 8-9)。

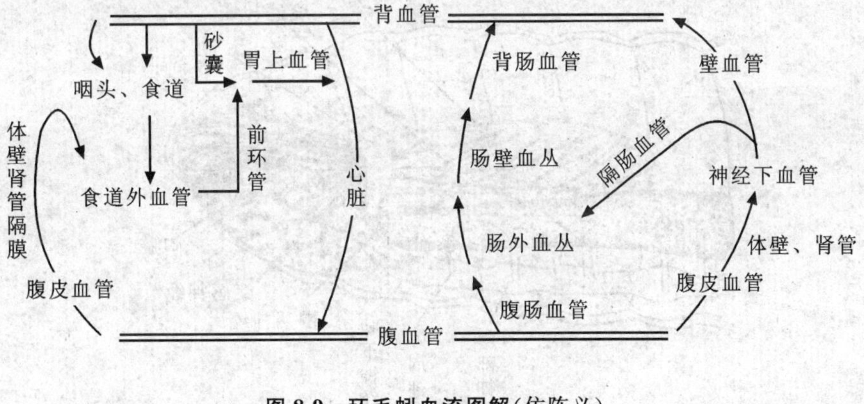

图 8-9　环毛蚓血流图解(仿陈义)

左侧示前 14 节,右侧示肠部循环

(4)呼吸系统。陆生的寡毛类没有呼吸器官。环毛蚓以体表进行呼吸,皮下有许多微血管分布,通过扩散作用进行气体交换。体表必须保持湿润,才能正常进行气体交换,主要靠背孔排出体腔液来维持体表的湿润,体表干燥时会引起环毛蚓窒息而死。

(5)排泄系统。蚯蚓属于后肾管型的小肾管。每一节都有很多,按肾孔的开口位置分为 3 类:体壁小肾管,位于体壁内侧,肾孔开口于体表。咽头小肾管,位于咽头和食道两旁,肾孔开口于咽。隔膜小肾管,在 15 节后,肾口具有纤毛和漏斗,开口于前一体节,肾管穿过隔膜,肾孔开口于后一体节的肠中。肾管很长,每节的肾管穿过体节后端的隔膜后盘旋,在肾管周围有腹血管分出的血管网包围,肾管的后端变粗形成膀胱。后肾主要通过肾口在体腔中收集代谢产物,同时由于血管网的包围也能主动收集来自血液中的代谢产物,回收有用的盐离子及水分,最后形成比体腔液及血液低渗的尿,在每个体节腹侧面经肾孔排出体外。

(6)神经系统与感觉器官。蚯蚓具有典型的链状神经系统(图 8-10)。脑位于咽的背面,由脑发出神经到口前叶及口腔等,在围咽神经环及腹神经索连接处形成咽下神经节,由它发出神经到体前 3 节。咽下神经节是其运动及反射的控制中心,并控制整个腹神经索,脑仅控制身体的协调。咽下神经节之后为腹神经链,每体节的神经节各分出 3 对神经到体壁、内脏、肠道等处,其中包括感觉纤维及运动纤维。寡毛类在神经索中有巨大神经纤维,其传导冲动的速度数倍或十几倍于普通神经,因此,当身体的任何一点受到刺激时,通过巨大神经纤维的传导,可引起所有体节同时收缩,以迅速逃避或隐藏于穴中。

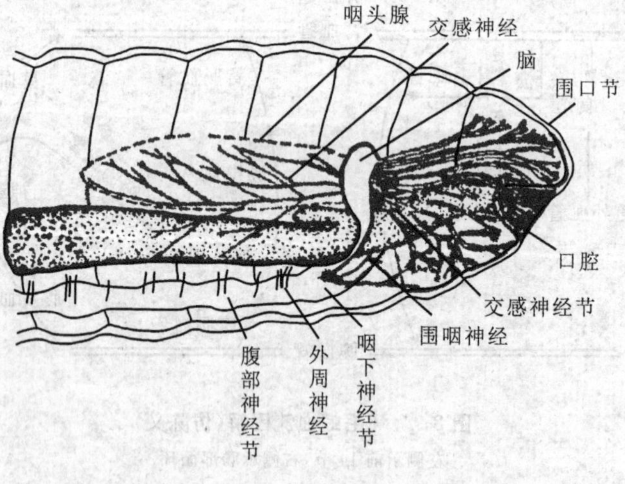

图 8-10 蚯蚓的神经系统(仿陈义)

陆生种类由于在土壤中钻穴生活,感官不发达,无眼,其感觉功能主要是由分散于表皮中的感觉细胞来完成。感觉器官主要分为以下几类:光感受器,是表皮内独立的光感受细胞,与脑神经分支相连,其广布于体表,在口前叶和前几节较多,能趋弱光避强光。化学感受器,在口腔及其附近,有嗅觉和味觉功能。表皮感受器,是体壁上的小突起,主要分布在身体的前、后端及腹面两侧。这种感受器可能有触觉和感受地面震动的功能。

(7)生殖与发育。雌雄同体,生殖器官集中于身体的前几个体节内。

①雄性生殖器官:在10~12节内,有精巢囊和贮精囊各2对,精巢囊与贮精囊相通。精巢和精漏斗被包在精巢囊内。贮精囊内充满营养液,精巢产生精子后,先入贮精囊内发育成熟后,再回到精巢囊,由精漏斗达输精管排出,每侧两条输精管紧密并行,穿过数个体节后至第18节与前列腺管汇合,并由雄性生殖孔开口于腹面两侧。雄性生殖孔开口于18节腹面两侧,前列腺一对,位于雄性生殖孔周围,前列腺管开口于输精管末端,它的分泌物有滋养精子和帮助交配的作用。

②雌性生殖器官:在13节前,有一对葡萄状的卵巢。在13节后,有两条卵漏斗,后接短的输卵管,两输卵管汇合后,开口于14节腹面的雌性生殖孔。在6~9节内有3对受精囊,用于接受和储存异体的精子。蚯蚓生殖系统见图8-11。

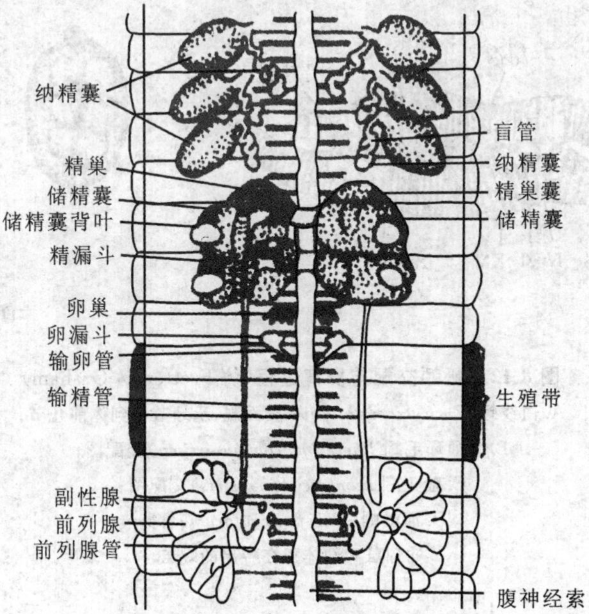

图8-11 蚯蚓的生殖系统(仿陈义)

蚯蚓虽为雌雄同体,但进行异体受精。交配时两条蚯蚓倒抱,腹面相贴,雄性生殖孔与对方的受精囊孔相对,各自把精液输入对方的受精囊内,然后分开。当卵成熟时(约 7 天),环带的分泌物形成卵茧,并具有协助交配、分泌白蛋白使卵悬浮于卵茧中及供应营养等功能。雌性生殖孔排卵于茧中,蚯蚓向后退出,当卵茧经过受精囊孔时,受精囊中的精子流入卵茧中,与卵结合而受精。卵茧继续后退,退下后两端封闭,留在土壤中。卵茧的大小如绿豆,色淡褐,每个卵茧中一般有 1～3 个受精卵,经 2～3 周发育为幼蚓。蚯蚓均为直接发育,受精卵经不等的完全卵裂形成中空的囊胚,经内陷法形成原肠胚,由端细胞法形成中胚层带,裂体腔法形成体腔。约经半年发育至性成熟,成体每月产 3～4 个卵茧。蚯蚓交配与发育过程见图 8-12。

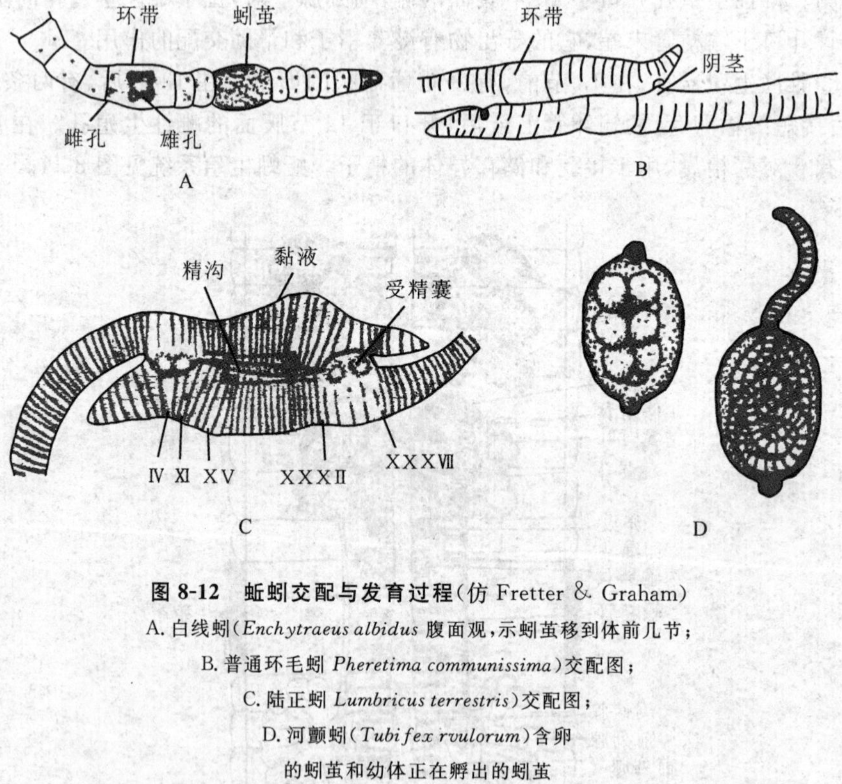

图 8-12　蚯蚓交配与发育过程(仿 Fretter & Graham)

A. 白线蚓(*Enchytraeus albidus* 腹面观,示蚓茧移到体前几节;

B. 普通环毛蚓 *Pheretima communissima*)交配图;

C. 陆正蚓 *Lumbricus terrestris*)交配图;

D. 河颤蚓(*Tubi fex rvulorum*)含卵

的蚓茧和幼体正在孵出的蚓茧

(二)分类

本纲约 6 700 种。主要依据雄性生殖孔的位置可分为 3 个目:

1. 近孔目(Plesiopora)　体形小,水生,底栖。雄性生殖孔一对,开口于具有精巢、精漏斗体节的后半部。如瓢体虫(*Aeolosoma*)、水丝蚓(*Limmodrilus*)、颤蚓

(*Tubifix*)等。

2. 前孔目(Prosopora) 体小,水生或寄生。雄孔1～2对,末对开口于具精巢、精漏斗体节的前一节。如带丝蚓(*Lumlbriculus*)和寄生于虾的鳃组织或体表的蛭蚓(*Branchiobdella*)。

3. 后孔目(Ophisthopora) 体较大,陆生。雄孔1对,开口在具精巢、精漏斗体节的后一节或后几节。如环毛蚓(*Phertima* sp.)、杜拉蚓(*Drawida* sp.)和异唇蚓(*Ailobophora* sp.)(图8-13)。

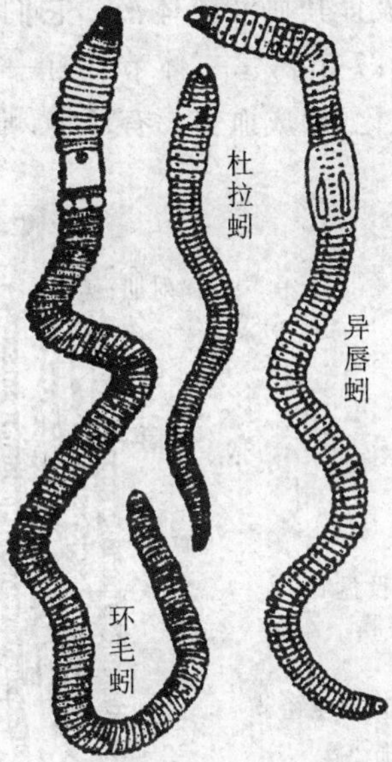

图 8-13 寡毛纲的代表动物(自许崇任)

(三)经济意义

环节动物的水生寡毛类是淡水底栖动物的主要成员之一,也是淡水鱼类的天然饵料。它们也是水域类型的指示生物。蚯蚓可以疏松土壤,增加腐殖质,使土壤由腐殖质造成的酸性近于中性,起到改良土壤,提高肥力的作用。目前世界上很多国家利用人工饲养蚯蚓来清理城市生活垃圾,还能产生优质肥料而净化环境。蚯蚓含有丰富的蛋白质,可以代替鱼粉用于饲养畜禽或池塘养鱼。我国南方的一些少数民族地区和台湾的居民有食用蚯蚓的习惯。蚯蚓用作中药,称为地龙,具有治疗哮喘、解热、降压、镇痉、利尿和治外伤炎症等功效。

三、蛭纲

(一)外部形态

蛭类俗称水蛭或蚂蟥,常见种类有日本医蛭(*Hirudo nipponica*)(图 8-14)、金线蛭(*Whitmania laeuis*)和山蛭(*Haemadipsa*)。蛭纲(Hirudinea)动物约有 500 种,多数生活于温热带,我国南方比较多。绝大多数生活在淡水,少数生活在海水或陆地。少数自由生活,杂食性或肉食性。多数在无脊椎动物或脊椎动物体上营暂时性体外寄生生活,吸食其血液或体液。它们的特征是:一般体表无刚毛。体节数减少,体节数目一定(27 节),每一体节上有一定数目的体环。身体前后端通常各具一个吸盘。体腔退化,形成血窦。有环带,雌雄同体,直接发育。

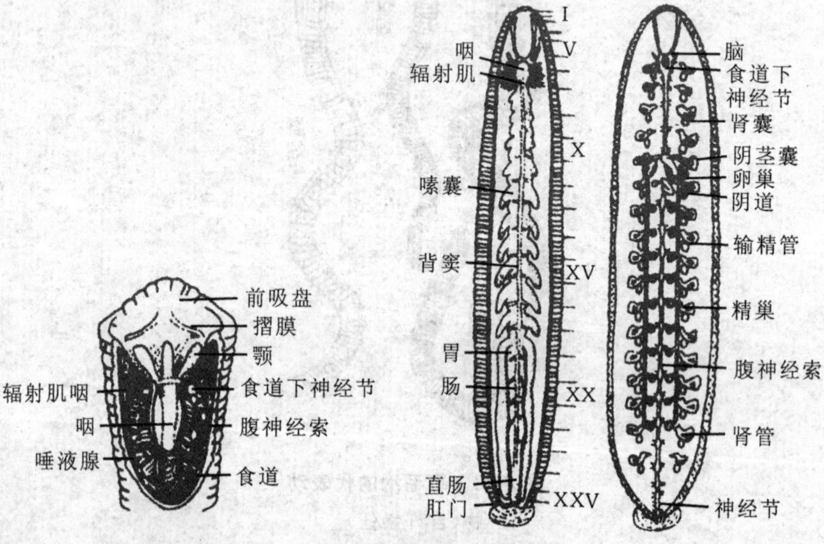

图 8-14 医蛭(左为体前端解剖腹面观,仿 Fretier & Graham;右为内部结构,仿 Mann)

蛭类的体型较小,体长在 1~30 cm 之间,多数种体长 3~6 cm。身体一般呈扁筒状,前后吸盘用作吸附器官。没有专门的运动器官,在水中靠体壁肌肉的收缩而蠕动,可以呈波浪式向前游泳。在固体物上靠前后吸盘的交替吸附前行,作尺蠖样运动。在口吸盘后面,常有若干小眼点。有些种类身体两侧还有成对的鳃,如我国的扬子江鳃蛭(*Ozobranchus*)。它们一般没有刚毛,有生殖带。

蛭类的体节数目一定，一般都由 34 节组成。体节数是通过计算神经节和侧神经支的数目而确定的。由于构成后吸盘的 7 节难以区分，因此常可看到 27 节。外表可见一个体节上有若干体环，内部体节和体腔上的隔膜完全消失。蛭类一般没有刚毛，如医蛭(*Hirudo nipponica*)。医蛭体长约 10 cm，可分出 100 多个体环，身体的生长是通过体环的延伸而加长的。身体前端和后端的体节改造成了吸盘。前吸盘小于后吸盘。医蛭的环带位于 9～11 体节处，不甚明显。

(二)内部构造

蛭纲动物与外寄生生活相适应，消化系统发生了一系列变化。如医蛭的口腔内有 3 个大颚，呈三射状。颚上有角质齿，吸血时能刺破寄主皮肤，留下"Y"形齿痕。咽部有发达的肌肉，有强大的吸吮力，咽周围有一种单细胞的唾液腺(咽腺)，能分泌蛭素，有扩张血管和抗凝血作用。咽之后接食道，食道通入发达的嗉囊，嗉囊极发达，两侧还伸出多对(一般为 1～11 对，医蛭为 11 对)盲囊，扩大了消化道的容量。使它们在寄主身上的一次吸血量可达体重的 1～10 倍(医蛭 3～5 倍)，贮存在嗉囊中，能供胃肠几个月的消化与吸收。胃或嗉囊之后为肠，肠是食物消化的主要场所。肠后为短的直肠，以肛门开口在后吸盘的前背面。蛭类吸食的血液消化缓慢，一般取食后可以数月(医蛭 3～6 个月)内不再取食。这是一种对生存的有效适应，因为水蛭不可能经常有摄食的机会。医蛭横切见图 8-15。

蛭类内部结构的最大特点是体腔的退化和血窦(blood sinus)的形成。它们的次生体腔被中胚层形成的葡萄状组织所填充，体腔受挤压缩小。一部分血管消失，形成一种血窦系统。因此，蛭类的循环系统是体腔的残留，而事实上血液就是体腔液。以某些纵管(如侧血窦)的搏动推动血液的流动。蛭类的循环系统属于开管式。

蛭类主要是通过体表进行气体交换，只有个别种具有鳃。有些种类的血液中含有呼吸色素，以致呈现红色，这些呼吸色素负责部分气体的传递。蛭类的排泄器官亦为后肾，一般 10～17 对，位于身体的中部，每节一对。

蛭类完全行有性生殖。与寡毛类相似，雌雄同体，异体受精。具有环带。雄性生殖系统有 1～12 对球形精巢，每个精巢都包在精巢囊中，并通过一输精小管连到两侧的输精管上。输精管前行，至前端盘旋形成储精囊，其后端形成肌肉质的射精管。两个射精管联合形成阴茎，其周围有前列腺包围，最后以雄性生殖孔开口在体表腹中线上。雌性生殖系统有卵巢一对，位于精巢之前，也包在卵巢囊中。每个卵巢通出一条输卵管，两个输卵管联合形成阴道，以共同的雌孔开口于雄孔之后。有交配现象。产卵时也形成卵茧，卵茧落入水底或潮湿土壤中。发育也相似于寡毛类，为直接发育，一年后性成熟，在夏季开始繁殖，成体寿命 2～5 年。水蛭再生能力不大或者没有。蛭纲各目代表见图 8-16。

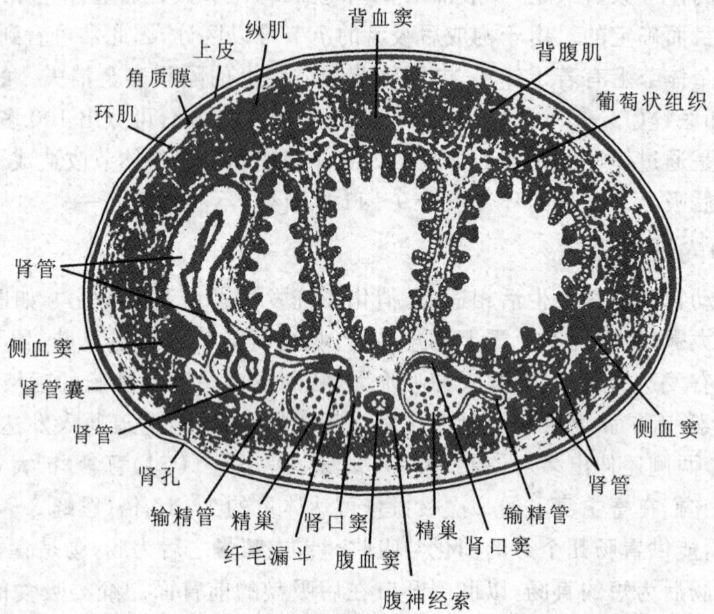

图 8-15 医蛭横切面(示体腔)(自 Marshall, Hurst)

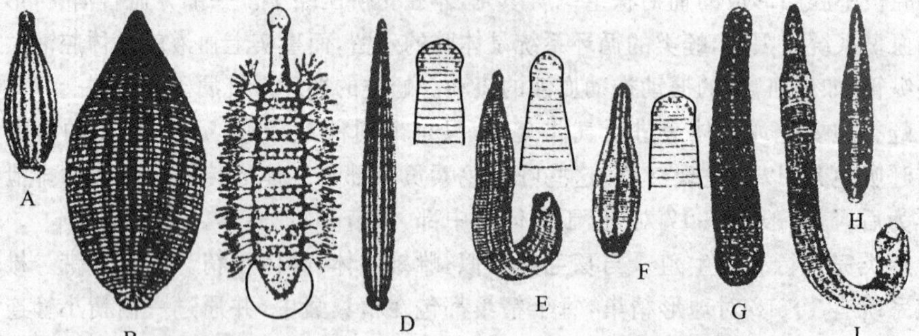

图 8-16 蛭纲各目代表(自张训蒲;A～F、H 自沈喜瑞;G 自宋大祥;I 自陈义)

A. 喀什米亚扁蛭;B. 宽身扁蛭;C. 杨子扁蛭;D. 日本医蛭及其前端;E. 宽身蚂蟥及其前端;F. 日本山蛭及其前端;G. 天目山蛭;H. 带状石蛭;I. 勃氏石蛭

蛭纲在形态结构上有着许多与寡毛类共同的特征,例如头部退化,无疣足,雌雄同体,具明确的生殖腺及生殖导管,并限制在少数几个体节内。性成熟时出现环带。由环带形成卵茧,在茧中完成发育。这些相似性说明两类动物有着共同的起源。

(三)经济意义

多数水蛭生活于淡水中,吸食鱼类、两栖类及其他动物的血液。若水中有血的猎物缺乏时,水蛭能无限期地以小型蠕虫和节肢动物为食,将其囫囵吞下。人们最熟悉的是生活在水田及沼泽中的医蛭,对农民有较大的危害。当人畜在水田中劳作时,水蛭可吸附在皮肤上咬食血液。还有生活于山区竹林中的陆蛭,常爬在植物上,以后吸盘固着,前端伸向路边等待兽类和人经过。生活于热带森林里的陆生山蛭会从树上落到人畜的身体上吸血,这种情况在我国海南岛最常见。蛭类体内含有蛭素,宽体金线蛭(*Whitmania pigra*)和日本医蛭(*Hirudo nipponica*)用作中药,具有破血通经、消积散结和降血压等作用,用于治疗跌打损伤、心肌梗死、急性血栓性静脉炎等。蛭素也可用作抗凝血剂。在古代欧洲人用蛭吸吮脓血。

本章小结

环节动物是身体分节的三胚层动物,出现了真体腔,表皮层薄且充满腺体,使体表保持湿润。皮肤肌肉囊构成的体壁兼有环肌和纵肌,出现了刚毛和疣足,运动更加灵活。发达的真体腔被隔膜分成许多小室(蛭类除外)。真体腔内可容纳较多器官,亦使消化管与体壁隔开并能独立活动,提高了消化和运动效率。闭管式循环系统(蛭类除外),血液中通常具有呼吸色素(血红蛋白),血浆中有变形细胞。以体表、疣足和鳃进行呼吸。排泄器官在每个体节具有典型的成对的后肾管(体节器)。具有链状神经系统。感觉器官有触觉器、化感器、平衡囊、顶器(有些种类)、感光细胞和眼(有些种类)。具有出芽生殖等无性生殖方式,但以有性生殖为主,雌雄同体或异体。生殖腺来源于中胚层形成的体腔膜,生殖导管来源于体腔膜向外突出形成的体腔管。环节动物具有断裂再生的能力。间接发育的海产种类具有担轮幼虫期。一般自由游泳的多毛类头部明显,有眼和触手等感觉器官,是环节动物中最原始的类群;穴居的寡毛类头部和感觉器官均不发达;蛭类有口吸盘和腹吸盘,体腔被间质所占据,形成血窦,行开管式血液循环。环节动物门分为多毛纲、寡毛纲和蛭纲。

思考题

1. 名词概念:同律分节,后肾管排泄系统,闭管式循环,开管式循环,链状神经系统。

2. 环节动物门的主要特征有哪些?

3. 环节动物身体分节和真体腔的出现在动物演化上有何意义？

4. 何为刚毛和疣足，各适宜于何种运动？

5. 试述蚯蚓的外形及内部构造，何为盲道、嗉囊、钙腺、黄色细胞，其功能如何？

6. 蚂蟥（蛭）对外寄生生活是如何适应的？

7. 环节动物分为哪几纲，各纲主要特征是什么？

第九章　软体动物门(Mollusca)

导读　软体动物是动物界仅次于节肢动物门的第二大类群，种数不少于13 000种，分布很广。软体动物的身体结构特殊，一般划分为头、足和内脏团3部分。身体两侧对称或扭转为不对称。真体腔是裂腔法形成的。软体动物具有混合体腔。真体腔不发达，仅存在于围心腔、生殖腺腔和后肾管；假体腔则存在于各组织器官的间隙，常形成血窦。螺旋式卵裂，自由生活的种类一般在个体发育中有担轮幼虫期。软体动物被认为与环节动物有共同的祖先，是向着身体不分节，不很活动的方向较早分化出来的一支。因多数都有贝壳，故又称"贝类"。

第一节　软体动物门的主要特征

(一)对称方式与躯体的划分

软体动物的身体柔软，多数为两侧对称，也有的种类(如螺类)因为在发育过程中身体发生扭转时失去了一侧的器官而变为不对称。各类软体动物形态结构变化很大，但基本结构是相同的。身体化分为头部、足部和内脏团。

1. 头部　位于身体前端，其上有眼点、触、口等感觉器官和摄食器官。运动敏捷的种类，头部分化明显，如田螺、蜗牛和乌贼等。运动迟缓的种类，头部退化，如双神经纲和掘足纲的动物。固着生活的种类，头部消失，仅有口，如瓣鳃纲的蚌类、牡蛎等。

2. 足部　常位于身体的腹侧，为运动器官，常因动物的生活方式不同而形态各异。有的足部发达，呈叶状、斧状或柱状，可爬行或挖掘泥沙；有的足部退化，失去了运动功能，如扇贝等；固着生活的种类则无足，如牡蛎；有的足特化成腕，与头部愈合，为捕食器官，如乌贼、章鱼等，称为头足；少数种类足的侧部特化为片状，可游泳，称为翼或鳍，如翼足类。

3. 内脏团(visceral mass)　为内脏器官所在部分，常位于足的背侧。多数种类的内脏团为左右对称，但有的扭曲成螺旋状，失去了对称性，如螺类。

(二)外套膜

在软体动物个体发育早期,体背部肌肉形成褶襞,向两侧延伸,包围内脏团和鳃,有时连足也包围在内形成外套膜(mantle)。外套膜与内脏之间形成的腔称为外套腔(mantle cavity)。腔内常有鳃、足以及肛门、肾孔、生殖孔等开口,所以,软体动物的排泄、生殖、呼吸等生理活动均与外套腔内的水流有关。

外套膜由内外两层上皮构成,外层上皮的分泌物能形成贝壳;内层上皮细胞内面有纤毛,纤毛摆动,造成水流,使水循环于外套腔内,借以完成呼吸、排泄、摄食等。左右两片外套膜在后缘处常有一二处愈合,形成出水孔和入水孔。有的种类出入水孔延长成管状,伸出壳外,称为出水管和入水管。

(三)贝壳

体外具有贝壳为软体动物的重要特征。大多数软体动物都具有一二个或多个贝壳,形态各不相同。螺类为螺旋形,掘足类为管状,瓣鳃类为瓣状。有些种类的贝壳退化成内壳,有的无壳。贝壳有保护柔软身体的功能。

贝壳的成分主要是碳酸钙和少量的壳基质,这些物质是由外套上皮细胞分泌形成的。贝壳的结构一般可分为 3 层,最外一层为角质层,很薄,透明,有光泽,由壳基质构成,不受酸碱的侵蚀,可保护贝壳。中间一层为棱柱层,占贝壳的大部分,由多角柱状的方解石构成。最内一层为珍珠层,富有光泽,由叶状霰石构成。外层和中层为外套膜边缘分泌形成,可随动物的生长逐渐加大,但不增厚;内层为整个外套膜外层细胞分泌而成,可随动物的生长而增厚。珍珠就是由珍珠质形成的。据史料记载,公元前 2200 年,我国就有淡水育珠的记载。角质层和棱柱层的生长速度会随季节的不同而变化。食物和温度等因素会影响外套膜的分泌机能,故贝壳的生长速度是不同的,这便在贝壳的表面形成了生长线。软体动物的贝壳与外套膜横切面见图 9-1。

(四)体腔和循环系统

软体动物的次生体腔极度退化,仅残留于围心腔、生殖腔及排泄管内腔。初生体腔则存在于各组织器官的间隙,内有血液流动,形成血窦。

循环系统由心脏、血管、血窦组成。心脏在围心腔内,有心室一个,壁厚,能搏动。心耳一个或成对,有瓣膜防止血液倒流。血管包括动脉和静脉。血窦是初生体腔存在于各组织器官的间隙。软体动物的血液无色,少数呈红色或青色。多数为开管式循环,与其不甚活动的生活方式相适应;但运动能力较强的头足类为闭管式循环。

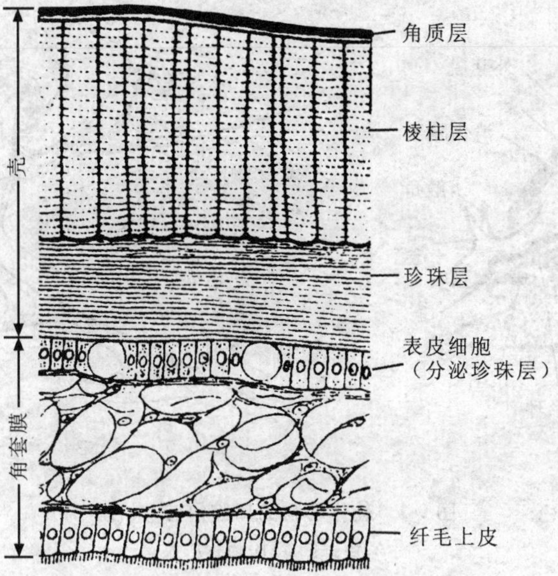

图 9-1　软体动物的贝壳与外套膜横切面(仿许崇任)

(五)呼吸系统

软体动物首次出现专职呼吸器官。水生种类用鳃呼吸。鳃是由外套腔内面的上皮伸展形成的。鳃的形态各异。有的种类原来的鳃消失,又在背侧皮肤表面生出次生鳃。陆地种类无鳃,其外套腔内部一定区域的微血管密集成网,形成“肺”,用以吸收空气中的氧,如蜗牛。

(六)消化系统

消化管发达(少数寄生种类退化)。多数种类口腔内有唾液腺、腭片和齿舌。腭片一个或成对,可辅助捕食。齿舌是软体动物特有的口腔器官,位于口腔底部,是由横列的角质齿组成的,似锉刀状,用以刮取食物。胃内有晶杆囊,囊内有晶杆。晶杆内含有多种消化酶。多数种类胃内还有胃盾。许多种类除肝脏外,还有分散的胰腺细胞。头足类有独立的胰脏(图 9-2)。

(七)神经系统与感觉器官

原始种类无神经节的分化,仅有围咽神经环及向后伸出的一对足神经索和一对侧神经索。高等的种类有 4 对神经节:脑神经节,位于食道两侧,有神经连接头部的感觉器官;足神经节,在足部肌肉中,有神经通向足部;侧神经节,发出神经至

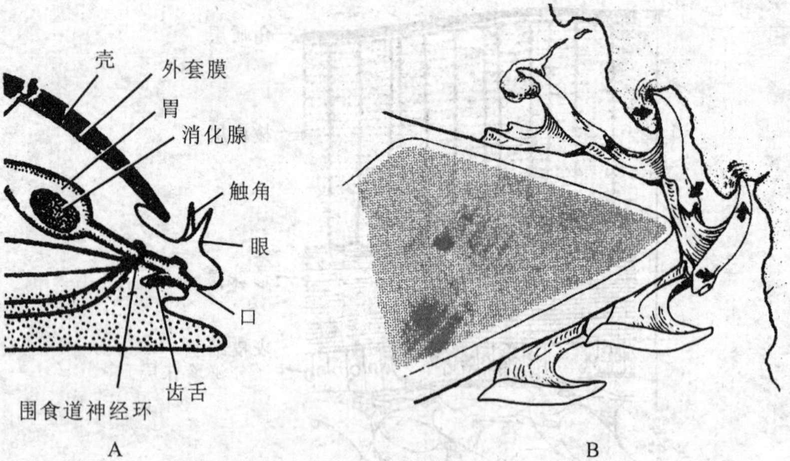

图 9-2 软体动物的口腔(自许崇任)

A. 齿舌位置;B. 齿舌放大

外套膜和鳃;脏神经节,发出神经至各内脏器官。这些神经节有趋向集中的趋势。各神经节之间有神经索相连接,如脑足神经索、脑脏神经索等。头足类的神经系统发达,神经节集中在食道周围形成脑,并有一个中胚层分化的软骨包围。这在无脊椎动物中是惟一的(图 9-3)。

软体动物的感觉器官较发达,具有眼、触角、嗅检器和平衡囊等。头足类的眼非常发达。

(八)排泄系统

软体动物的排泄系统基本上是后肾管,其数目与鳃的数目一致。是由中胚层和外胚层共同分化形成的。后肾管由腺质部和管状部两部分组成。肾口具纤毛,开口于围心腔。管状部分内壁具有纤毛,肾孔开口于外套腔。除此之外,还有由围心腔表皮分化而成的围心腔腺,具有许多毛细血管,

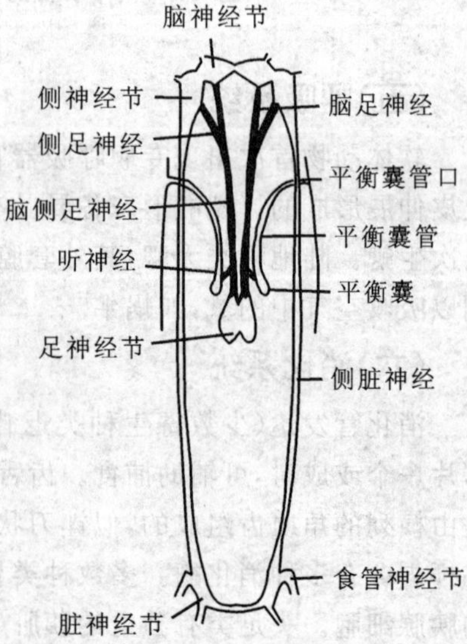

图 9-3 湾锦蛤(*Nucula*)的神经系统

(仿 Pelseneer)

可排出代谢废物到围心腔，再经后肾管排至外套腔。

(九)生殖和发育

软体动物多为雌雄异体，并且雌雄异型，也有雌雄同体的；大多数体外受精，也有体内受精的。生殖腺为葡萄状腺体。卵裂方式多为完全不均等卵裂，并且多为螺旋卵裂。大多数海产种类为间接发育，有担轮幼虫和面盘幼虫时期(图 9-4)。陆生种类、头足类及一部分腹足类为直接发育。淡水蚌类有特殊的钩介幼虫(*Glochidum*)，具有小钩，可暂时性地寄生于鱼鳃上发育，成体时自由生活。

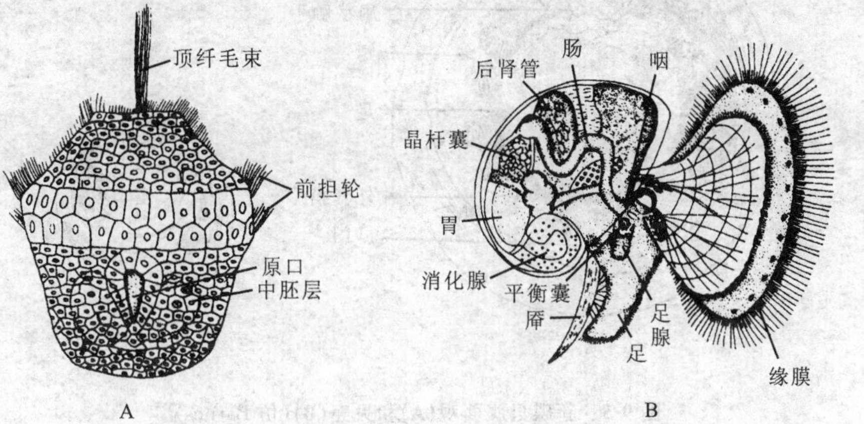

图 9-4　担轮幼虫(A)和面盘幼虫(B)(A 仿 Sherman；B 仿 Barnes)

第二节　软体动物门的分类

软体动物已知约 11.5 万种，其中包括化石种类约 3.5 万种，分布广泛。根据贝壳、足、神经、鳃等特征分为 7 个纲。

一、单板纲(Monoplacophora)

人们本以为单板纲的种类可能在约三亿五千万年前就已经绝迹了，但在 1952 年，丹麦"海神号"船在太平洋哥斯达黎加 3 350 m 的深海中发现了现存的种类，称为新蝶贝(*Neopilina galathea* Lemche)，为原始的贝类，被称为"活化石"。迄今已发现了 8 种。

新蝶贝的外部形态相似于多板纲的石鳖。头部很不发达，身体腹面具有扁平宽大的足，外套膜与足之间有外套沟相隔离。口位于腹面、足的前端，肛门位于身体后端的外套沟内。在口前方的两侧有一对大的具纤毛的须状结构，称为缘膜。口后有一对褶状物，称为口后触手。外套沟中有 5～6 对单栉鳃(鳃轴的一侧具鳃丝)(图 9-5)。

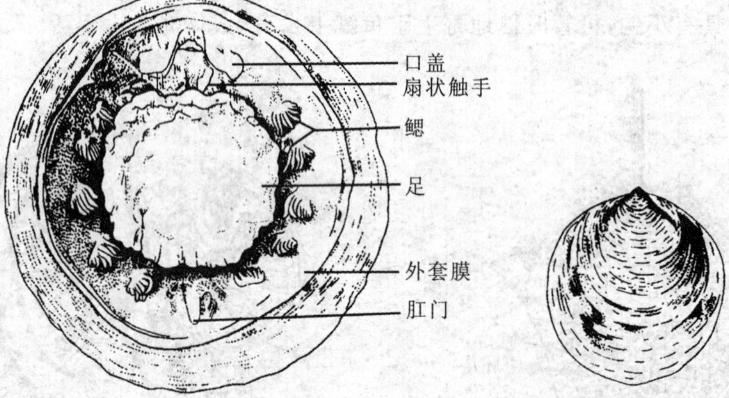

图 9-5　新碟贝腹面观(A)和贝壳(B)(仿 Barnes)

本纲的主要特征是：两侧对称；腹部有足，头部不发达；很多器官有重复排列现象；有一个帽状贝壳；全部海产。多为化石种类。

二、多板纲(Ployplacophora)

多板类的头不明显，身体扁平，椭圆形，左右对称，背部 8 个覆瓦状排列的贝壳，足块状。足与外套之间形成外套沟，位于身体两侧，其中有许多对成线形排列的栉状鳃，一般从十几对到几十对不等，常因种而异。口腔内有齿舌，消化腺发达。有发达的初生体腔，这也是其原始性所在。多板类的神经系统比较原始，没有神经节。全部海产，均为雌雄异体，有担轮幼虫。

现存的多板纲种类已知的有 600 多种，化石种类约 350 种。包括各种石鳖。我国沿海常见的有毛肤石鳖(*Acanthochiton*)、锉石鳖(*Ishnochiton*)、鳞带石鳖(*Lepidopleurus*)等。大多数种类体长在 2～12 cm，个别的种可长达 20～30 cm，身体背面有 8 个覆瓦状排列的横板，构成其外壳，因此称多板类(图 9-6)。

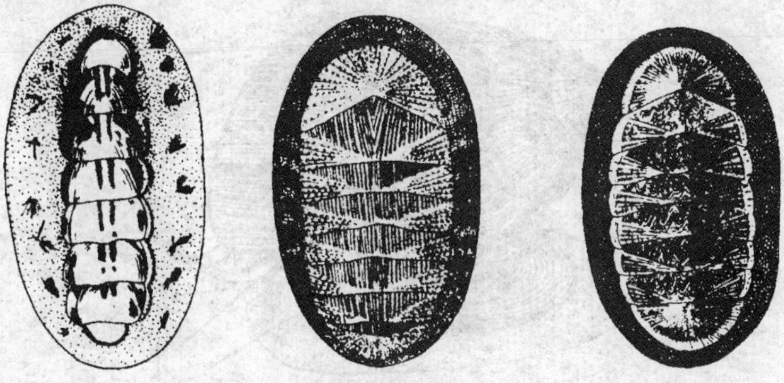

图 9-6　多板纲(自张玺、齐钟彦)

A. 红条毛肤石鳖;B. 朝鲜鳞带石鳖;C. 函馆锉石鳖

三、无板纲(Aplacophora)

无板纲动物体长一般在 5 cm 左右,细长或肥厚,头不发达。身体呈蠕虫状,体表无贝壳,体壁中包含有角质或石灰质骨刺。蠕虫形身体的腹面中央有一纵行中沟,它是由外套膜两侧向腹面卷曲形成。在腹沟中有一脊状物,实为其小形的足,足上亦有纤毛。少数种类如龙女簪(*Proneomenia*)及毛皮贝(*Chaetoderma*)没有足。还有某些柱形穴居种属甚至缺乏腹沟。身体后端具有一个腔,其中包括有肛门及肾孔,因此,这个腔被认为是外套腔。穴居的种类外套腔中有一对鳃。口腔中有齿舌,胃中有晶杆囊,肠道直。底栖种类多为腐食性,穴居种类则多肉食性。多数种类为雌雄同体(毛皮贝例外),已知约 250 种,我国南海海域 79 m 深处曾采得龙女簪(图 9-7)。

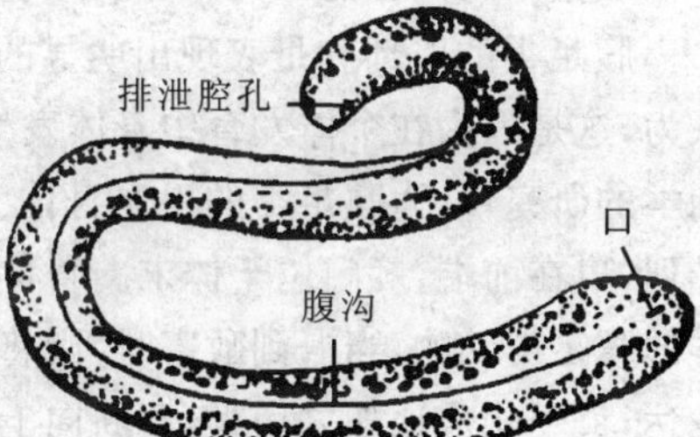

图 9-7　龙女簪(*Proneomenia* sp.)

腹面观(自张玺、齐钟彦)

四、腹足纲(Gastropoda)

腹足类多营活动性生活,头部发达,具眼和触角。足块状,发达,位于身体腹面;通常有一个螺旋形的贝壳,所以又称为螺类。圆田螺的外形见图 9-8。

口腔内常具有颚片和齿舌。颚片位于口腔前部。齿舌带状,位于口腔底部,由许多分离的角质齿片固定在一个基膜上构成,依附在一对似软骨片的组织上,这种组织

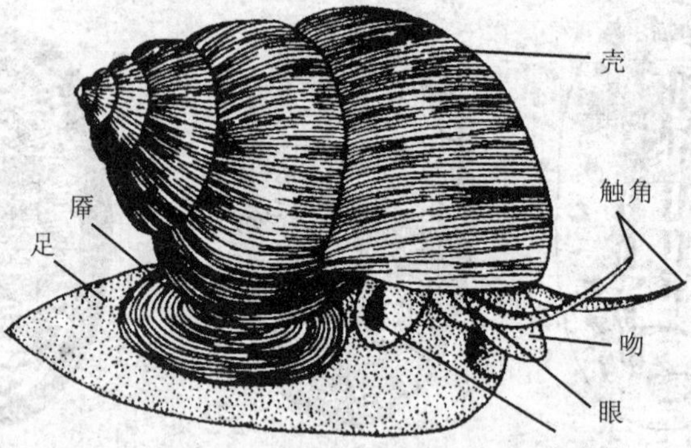

图 9-8 圆田螺的外形(自张明俊)

有伸缩肌,依靠肌肉的伸缩能使齿舌得以锉碎食物。消化腺有唾液腺,是一种黏液腺。肝脏发达,为重要的消化腺,可分泌糖酶和蛋白酶。有的种类肝脏尚具有排泄功能(肺螺类)。鳃一般呈栉状,一个,但原始种类为楯鳃,有些为次生鳃,陆生种类无鳃,以"肺"呼吸。心脏具一心室,一个或二个心耳。肾一个,原始类型为一对。雌雄异体或雌雄同体。完全均等卵裂,属螺旋型,发育经过担轮幼虫和面盘幼虫期。

腹足类的头部和足表现出明显的两侧对称,内脏团呈螺旋形,失去了对称。一般认为,这是因为在个体发育中身体发生扭转的结果。根据古生物学、胚胎学和比较解剖学的研究,认为腹足类的祖先身体为左右对称,心耳、鳃、肾等器官成对,左右对称排列,口在前端,肛门位于体末。背侧有一碗形的贝壳,以腹面的足在水底爬行。这样的腹足类动物,当遇到敌害时,则将身体缩入贝壳中,以保护自己。由于腹足逐渐发达,贝壳相应地随之增大,不断向上发展,成为圆锥形。贝壳的容积增大了,口径相应小了,身体可以完全缩入壳内。发现于下寒武纪地层中的腹足类化石中,有不少种就是这样的。直立的贝壳有碍运动,爬行中阻力较大,也难以保持身体平衡。在演化过程中,高耸的贝壳逐渐向后方倾倒,这样虽能克服运动阻力,但却使外套腔出口受压,肛门及肾孔等压在足和贝壳之间,影响了水的循环,阻碍了各器官正常生理功能的发挥。因此,开始发生适应性的变化,身体的内脏团沿纵轴扭转了180°,使肛门移到体前方,心耳、鳃、肾等器官左右易位。同时也发生了螺旋卷曲,内脏团扭成螺旋形。外套腔的开口转移到了前方,不再受压,水在腔内循环流畅,排泄作用等得以正常进行。如此,在贝壳容积不变的情况下,其表面积变小了,爬行的阻力也变小了。在内脏团的扭转中,致使原来成对的心耳、鳃、肾等器官因为有一侧失去了,最后变成单个的了。侧神经节和脏神经节之间的侧脏神经连接也随之从平行态扭成了"8"字形。观察腹足类动物的个体发育经过，可以看到这种扭转过程。腹足类的后鳃类，其侧脏神经连接并不扭转成"8"字形，身体表现为左右对称，这是它们发生了逆扭转的结果。因已发生过扭转，故身体一侧器官已经消失。(图 9-9、图 9-10)。

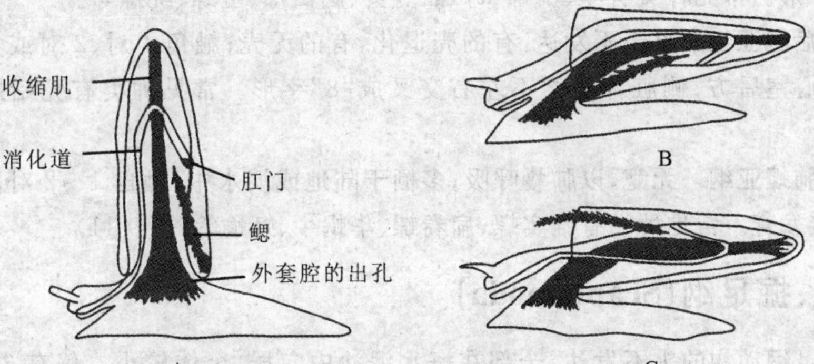

图 9-9　腹足类身体扭转示意图(自张作仁、朱洗等)

A. 具有圆锥形的贝壳；B. 贝壳向后倾倒；C. 内脏团扭转

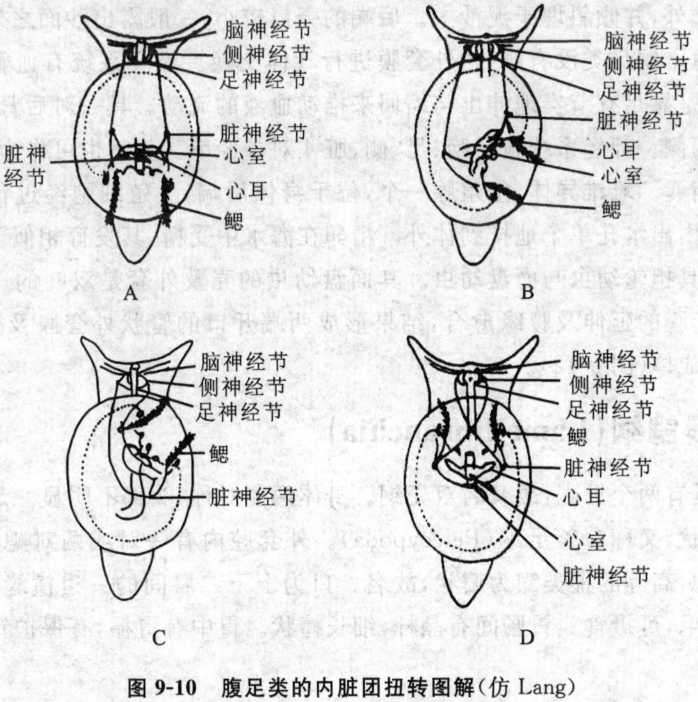

图 9-10　腹足类的内脏团扭转图解(仿 Lang)

A. 扭转前；B. 扭转 45°时；C. 扭转 135°时；D. 扭转 180°时

本纲是软体动物中种类最多的类群，分布广泛，海洋、淡水和陆地均有。已知的现存种类约 75 000 种，化石种类 15 000 种。分为 3 个亚纲：

1. 前鳃亚纲 具有贝壳，头部 1 对触角，鳃位于心室前方，侧脏神经左右交叉成“8”字形。常见种类有鲍、田螺、钉螺、笠贝、圆田螺、玉螺、红螺等。

2. 后鳃亚纲 贝壳不发达，有的壳退化，有的无壳；触角 1 对、2 对或无触角；鳃位于心室后方；侧脏神经索不左右交叉成“8”字形。常见种类有壳蛞蝓、拟海牛等。

3. 肺螺亚纲 无鳃，以肺囊呼吸；多栖于陆地或淡水中；触角 1～2 对；贝壳无厣；直接发育。常见种类有锥实螺、扁卷螺、华蜗牛、蛞蝓等(图 9-11)。

五、掘足纲(Scaphopoda)

掘足纲动物的头不发达，全部在海水泥沙中穴居，个体较小。仅有 350 种左右。身体具一个管状壳，两端开口，壳的直径由后向前逐渐加大，并向腹面弯曲，呈象牙形。壳长 4 mm～15 cm，多数在 3～6 cm 之间。如角贝(*Dentalium*)。角贝的壳呈黄白色，个别种呈明亮的绿色。壳面光滑或具刻纹。前端壳口较大，可使头与足伸出壳外，并倾斜埋于泥沙中。后端的壳口较小，一般露出沙面之外，是出、入水流的通道。掘足类没有鳃，由外套膜进行气体交换。循环系统有血管及血窦而没有心脏，是靠足有节奏地伸出与缩回来推动血液的流动。具一对后肾，外肾孔开口在肛门两侧。神经系统包括脑、足、侧、脏 4 对神经节。头丝也可作为感觉器官，足中有平衡囊。雌雄异体，生殖腺一个，位于身体后端，生殖细胞经过肾脏排到外套腔中，再由出水孔单个地排到体外。精卵在海水中受精，其发育相似于海产的双壳类动物，具担轮幼虫与面盘幼虫。其面盘幼虫的壳及外套是双叶的。生长过程中随着外套膜的延伸及腹缘愈合，结果形成两端开口的管状外套膜及壳，经过变态，发育为成体(图 9-12)。

六、瓣鳃纲(Lamellibranchia)

因为具有两个贝壳，故又名双壳纲。身体两侧对称，头部不明显。足位于身体腹面，似斧状，又称为斧足纲(Pelecypoda)。外套腔内有一对或两对鳃，原始的种类仍为栉鳃，高等的种类鳃为瓣状，故名。口为上下二唇间的一道横缝，唇多为三角形，具纤毛，可摄食。胃肠间有晶杆，细长棒状。胃中有胃楯，有保护胃的作用。

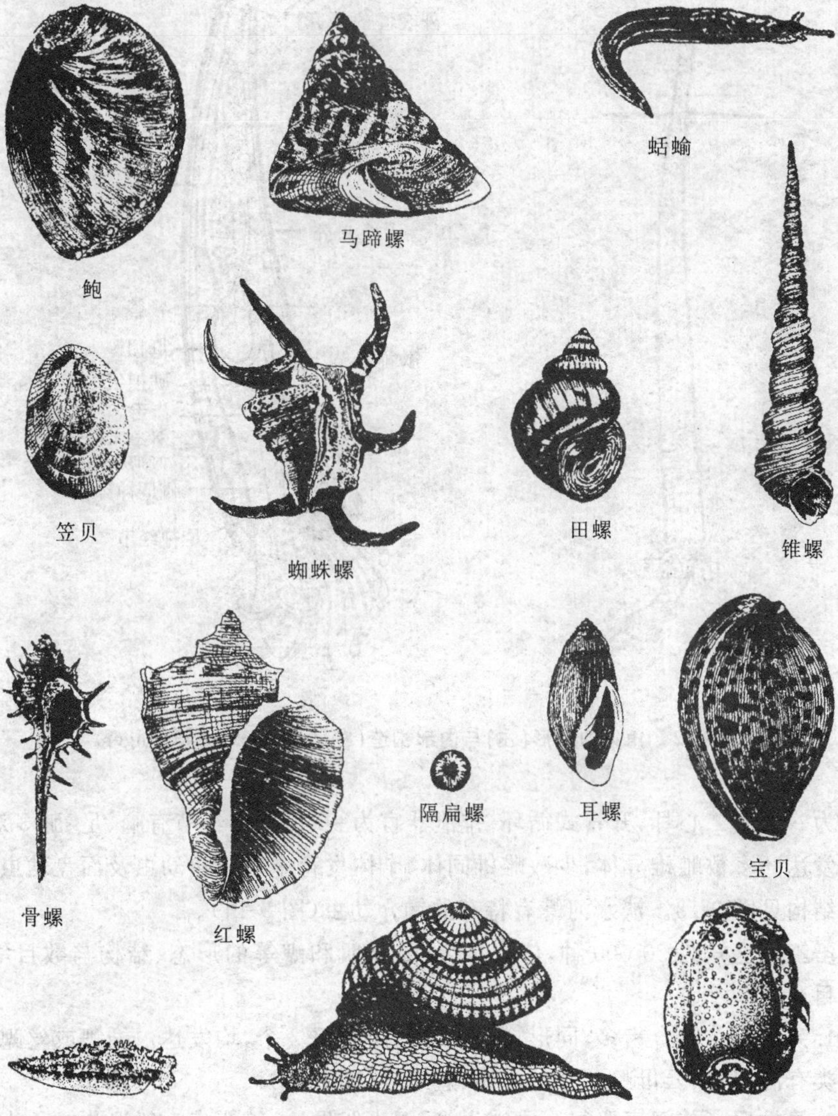

图 9-11　腹足纲代表动物(自许崇任)

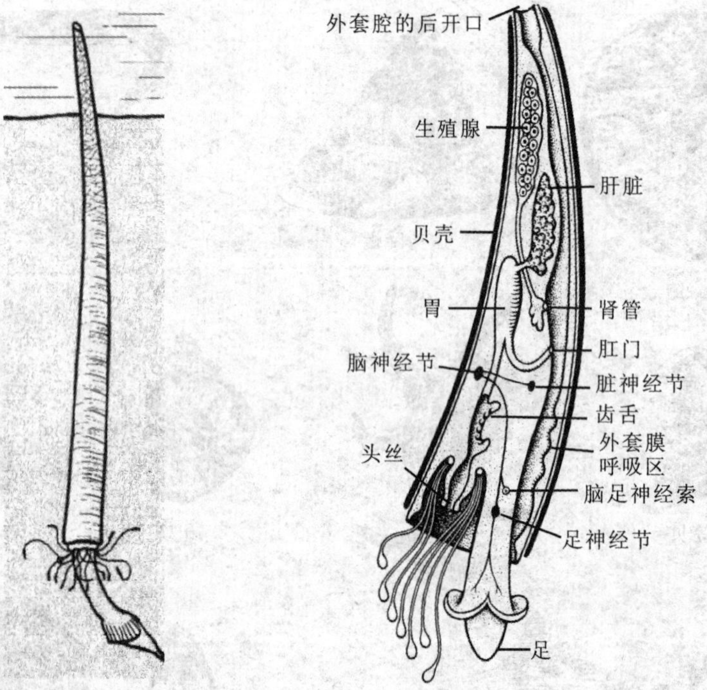

图 9-12 角贝的外形(左)与内部构造(右)(仿 Storer & Usinger)

心脏为一心室二心耳,开管式循环;排泄器官为一对肾;神经节有脑、足、脏 3 对,感官不发达。多数雌雄异体,少数雌雄同体,个体发育中有担轮幼虫及面盘幼虫。无齿蚌结构见图 9-13。淡水河蚌有特有的钩介幼虫(图 9-14)。

瓣鳃纲已知约 20 000 种,依绞合齿、闭壳肌和鳃等的形态、结构与数目等,分为 3 目。

1. 列齿目 绞合齿多,同形,排成一列;闭壳肌 2 个,均发达。楯鳃或丝鳃。常见种类有湾锦蛤、云母蛤、毛蚶、泥蚶、魁蚶等(图 9-15)。

2. 异柱目 前闭壳肌很小或消失,后闭壳肌发达,绞合齿一般退化或称小结节状,或无绞合齿。鳃丝间以纤毛盘或结缔组织相连接。常见种类有贻贝、栉孔扇贝、珍珠贝、江瑶、牡蛎等(图 9-16)。

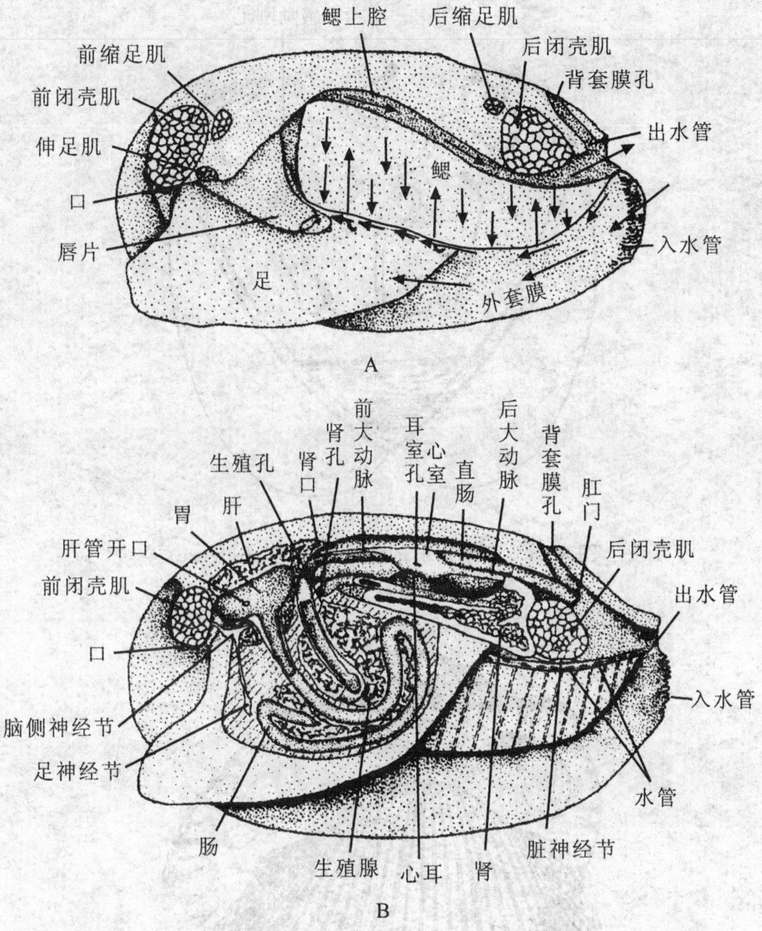

图 9-13　无齿蚌的结构(A. 除去左壳外套膜;B. 内部构造;
仿 Parker 和 Haswell)

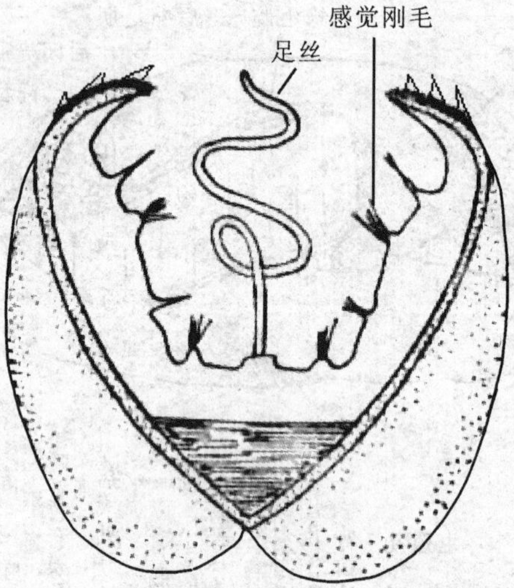

图 9-14 淡水河蚌的钩介幼虫(仿 Lefeure)

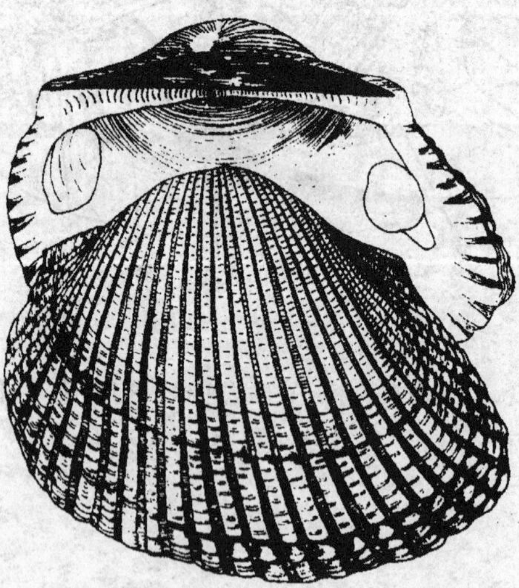

图 9-15 瓣鳃纲列齿目毛蚶类(自张玺等)

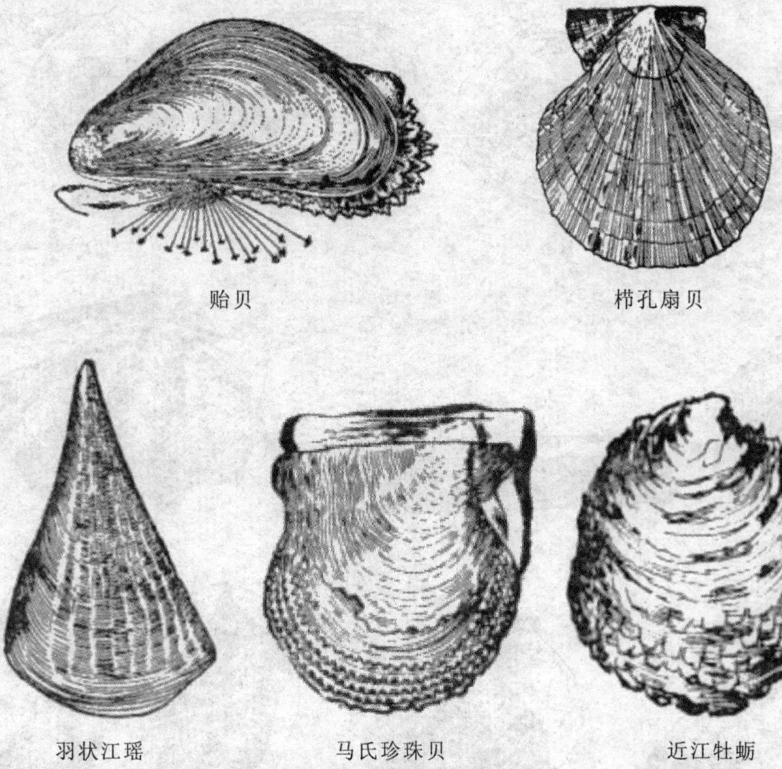

图 9-16　瓣鳃纲异柱目(自张玺等)

3. 真瓣鳃目　绞合齿少或无;前后闭壳肌均发达,大小相等;鳃丝和鳃小瓣间以血管相连;出水孔和入水孔常形成水管。常见种类有无齿蚌、三角帆蚌、缢竹蛏、砗磲、文蛤、青蛤、船蛆等(图 9-17)。

七、头足纲(Cephalopoda)

头足类身体左右对称,分头、足、躯干 3 部分。头部发达,原始种类有贝壳,多数种类贝壳被外套膜包被或退化;外套膜有发达的肌肉;足着生于头部,特化为腕(8、10 或更多条)和漏斗。躯干相当于内脏团,外被肌肉发达的外套膜。躯干外套膜的两侧常具有鳍,在游泳中起平衡作用。羽状鳃 1 对或 2 对;闭管式循环系统,

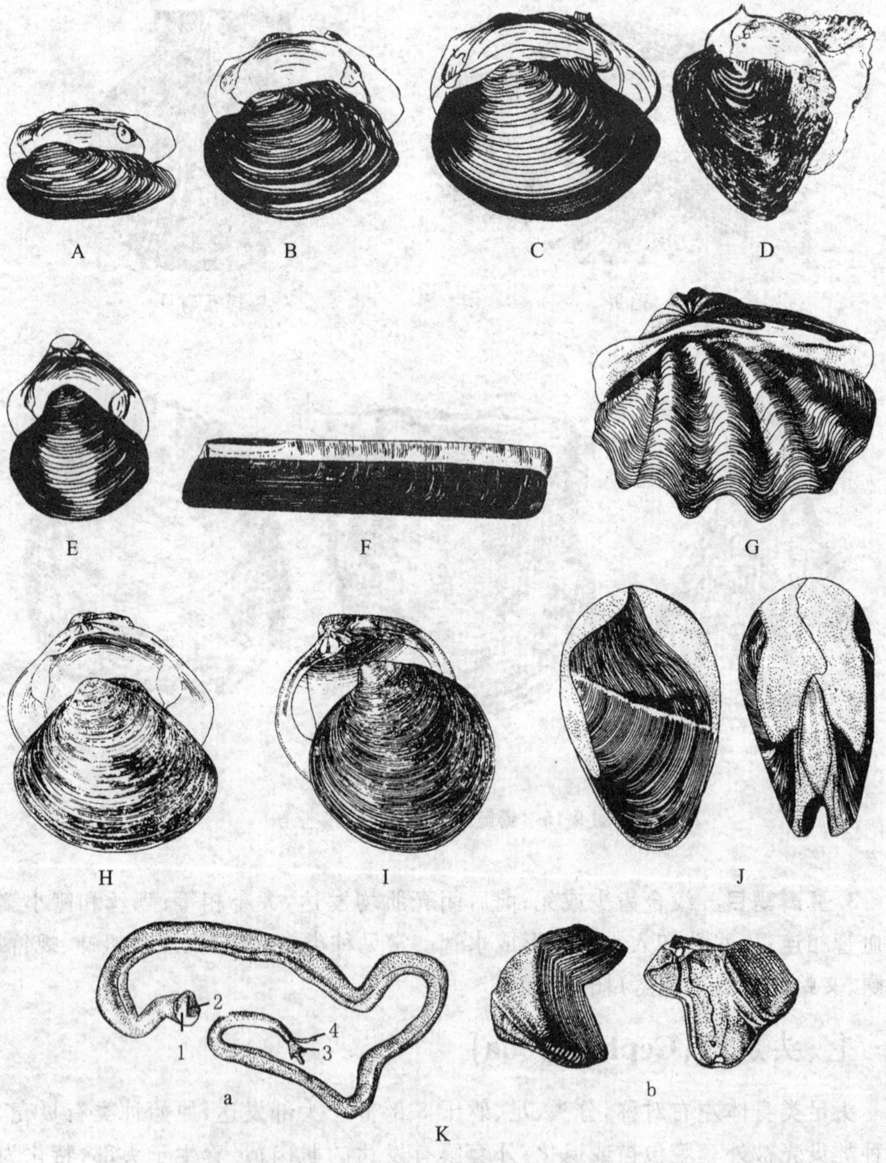

图 9-17 瓣鳃纲真瓣鳃目(自刘凌云;A～E 仿刘月英;F～K 仿张玺等)

A. 圆顶珠蚌;B. 背角无齿蚌;C. 圆背角无齿蚌;D. 三角帆蚌;E. 河蚬;

F. 长竹蛏;G. 库氏车磲;H. 文蛤;I. 青蛤;J. 吉村马特海笱;

K. 裂铠船蛆(a)及其贝壳(b);1. 足;2. 壳;3. 铠;4. 水管

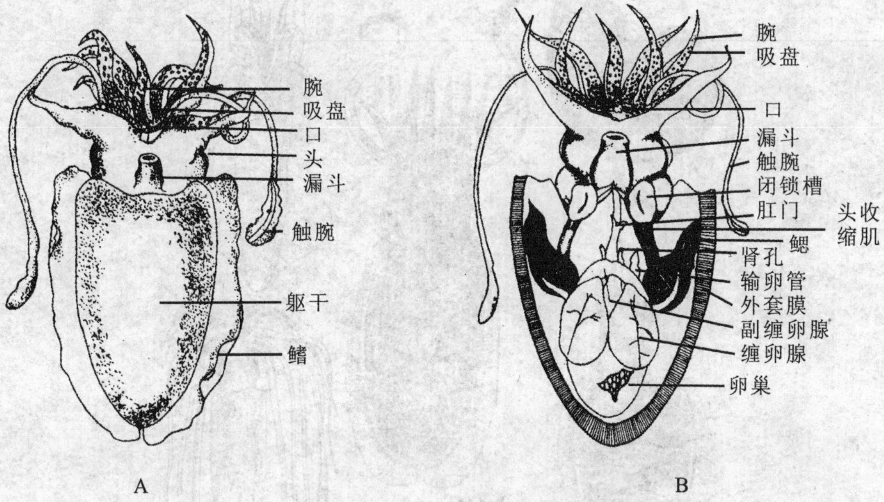

图 9-18　乌贼的腹面观(A)及内部构造(B)(自南京师范学院《无脊椎动物学》)

心耳和肾的数目与鳃一致。口腔内具有颚片和齿舌;神经系统集中,脑有中胚层形成的软骨匣保护;感官发达,两侧各有一发达的眼;运动迅速。生殖时进行交配,体内受精。这些特征表现出头足类是最进化的软体动物。头足类中某些成员成为无脊椎动物中体型最大的种,例如大王乌贼(*Architeuthis*)体长可达 10 m,包括腕可长达 16 m(图 9-18)。

本纲全海产,现存约 700 种,化石种类 10 000 多种。据鳃和腕的数目分为 2 亚纲 4 目。

1. 四鳃亚纲　具外壳。腕数十个,无吸盘;漏斗为左右 2 叶组成;两对鳃;两对心耳;两对肾。包括鹦鹉螺目和菊石目,有鹦鹉螺、菊石、箭石等种类。

2. 二鳃亚纲　具内壳或无壳;腕 8～10 个,具吸盘;漏斗为完整的管子;一对鳃;一对肾,一对心耳。包括十腕目(图 9-19)和八腕目(图 9-20)。常见种类有乌贼、柔鱼、章鱼、长蛸、短蛸、船蛸等。

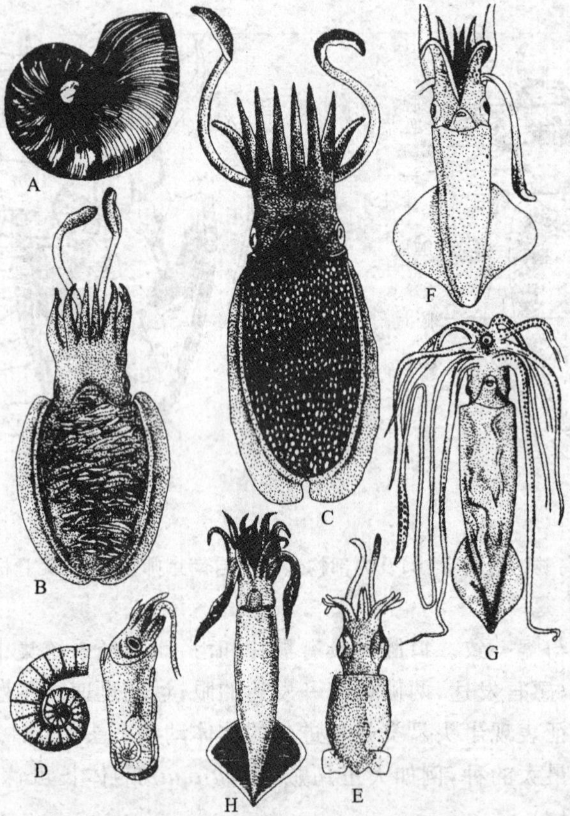

图 9-19　头足纲十腕目(自张玺等)

A. 雌鹦鹉螺的壳;B. 雄金乌贼;C. 曼氏无针乌贼;D. 潘氏旋壳乌贼(右)和壳(左);
E. 雌玄妙微鳍乌贼;F. 雌日本金枪乌贼;G. 日本大王乌贼;H. 太平洋斯氏柔鱼

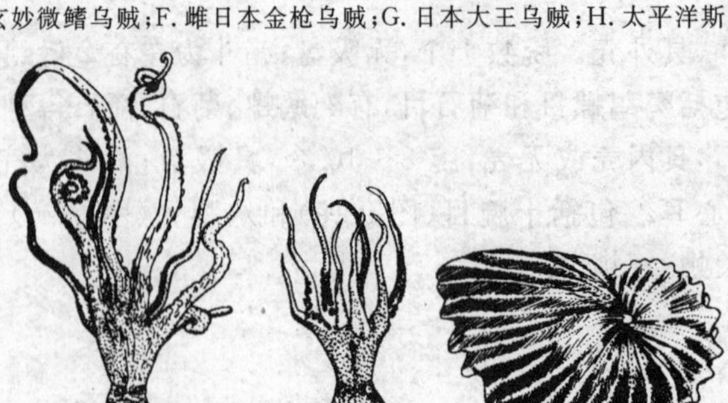

图 9-20　头足纲八腕目(自张玺等)

A. 长蛸;B. 短蛸;C. 锦葵船蛸(雌)的壳

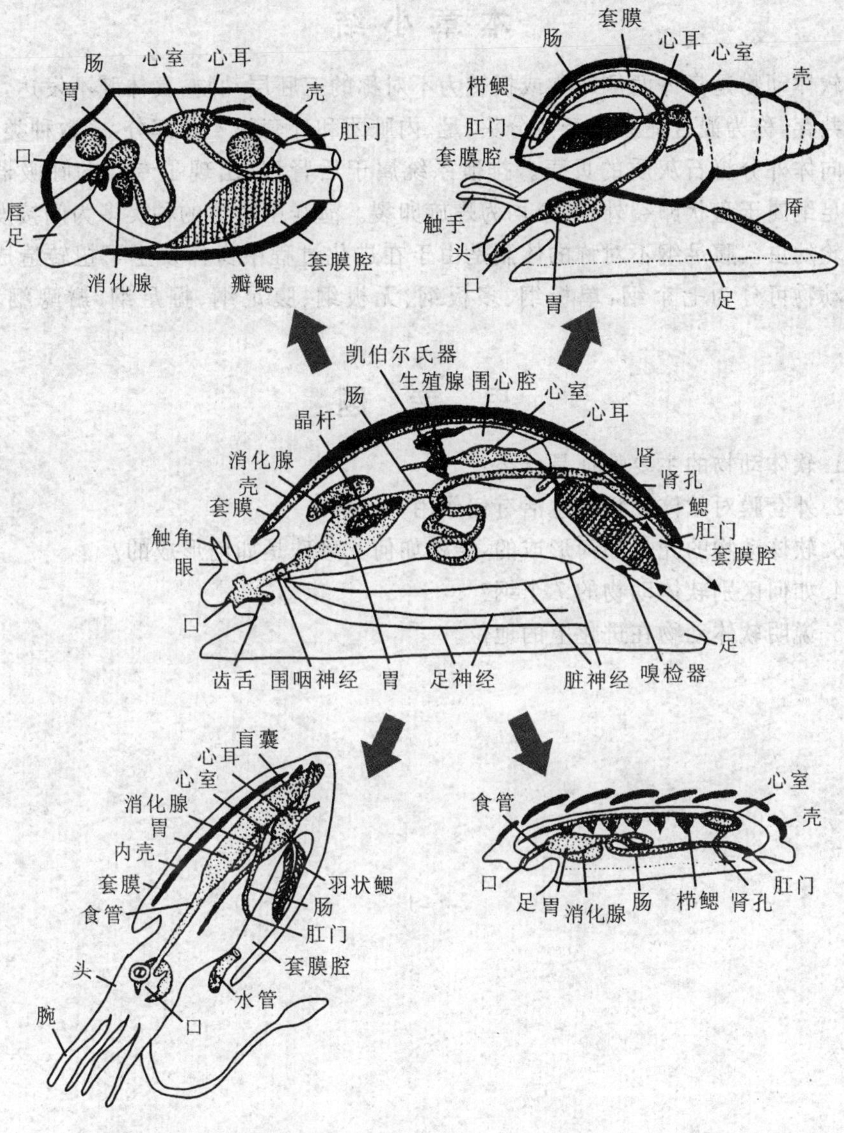

图 9-21　软体动物体制模式图与各主要纲的关系(仿 Sherman)

本章小结

软体动物是身体两侧对称或扭转为不对称的三胚层动物，真体腔不发达，与假体腔共存，称为混合体腔。身体分头、足、内脏团和外套膜 4 个部分，多数种类的外套膜向体外分泌石灰质的贝壳。排泄系统属于后肾型，出现了专职的呼吸器官。除头足纲属于盘状卵裂外，其余均为螺旋卵裂。海洋中生活的种类多为间接发育，有担轮幼虫。腹足纲不对称的体制是由于在进化过程中身体发生了扭转造成的。软体动物可分为七个纲：单板纲、多板纲、无板纲、腹足纲、掘足纲、瓣鳃纲和头足纲。

思考题

1. 软体动物的主要特征是什么？
2. 外套膜对软体动物的生活有何作用？
3. 软体动物的壳是如何形成的，结构如何？珍珠是如何形成的？
4. 如何区别软体动物的 7 个纲？
5. 说明软体动物在进化上的地位。

第十章　节肢动物门 (Arthropoda)

导读　节肢动物门种类多、数量大，是动物界中的第一大门，约占动物界总数的85%；许多节肢动物的种群数量十分惊人，例如，一群蝗虫的数量可达数亿只，一个蜜蜂群体会有3万只以上，有的甚至达10万只。节肢动物适应环境的能力极强，广泛分布于海水、淡水、陆地，甚至寄生于动植物体内外，在极度干旱的荒漠中也有节肢动物的分布。

第一节　节肢动物门的主要特征

1. 异律分节和身体分部　节肢动物在环节动物同律性分节的基础上进一步发展，使各个体节出现了形态上的分化，以利于执行不同的生理机能。这种前后体节在外形和内部构造上差异较大的分节现象，称为异律性分节。异律性分节高度发展，形态和机能相近的几个体节愈合在一起，形成体部(tagmata)。典型的身体分为头部、胸部和腹部3部分，如昆虫。形态上的分化是与机能上的分工密切相关的，头部发展为感觉和摄食中心；胸部主要行运动和支持功能；腹部为代谢和生殖中心。不同的节肢动物，适应不同的生存环境，身体的分部也随之发生了不同程度的变化。如虾蟹类和各种蜘蛛的头部与胸部愈合，形成头胸部；蜈蚣和蚰蜒等的身体只有头部和躯干部两部分；而蜱螨类则头部、胸部和腹部完全愈合为一体。

2. 具有分节的附肢　节肢动物的每一个体节上一般都有一对附肢，因为附肢分节并且具有关节，故称为节肢(arthropodium)。在附肢的节与节之间和与身体的相接处，都是以关节相连的。在节肢的内部附着有发达的肌肉，肌肉的收缩可带动附肢运动，十分灵活。根据结构的不同，可将节肢动物的附肢分为双肢型和单肢型两种类型。双肢型较为原始，是由与体壁相连的原肢和原肢发出的内肢(节)、外肢(节)3部分组成的(图10-1)，如虾类腹部的游泳足；单肢型由双肢型演变而来，外肢已完全退化，只保留了原肢和内肢，如昆虫的3对步足。节肢的出现，大大加强了运动能力，对适应环境十分有利。也有些附肢在长期的进化过程中发生了很大变化，以执行特殊的功能。如头部的附肢特化为触角、口器和触须等，用以感觉、防御和摄食；胸部的附肢因适应于不同的运动方式而发生了多种类型的特化；腹部的附肢也因为要协助生殖、平衡身体和防御等而发生了许多特化；有些附肢因为没有特定的功能，便退化消失了。

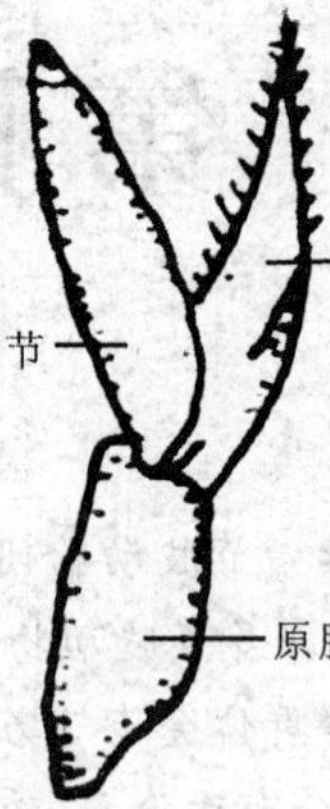

图 10-1　节肢动物的附肢

（自江静波）

3. 发达的外骨骼　节肢动物的体表包被着坚硬而厚实的外骨骼(exoskeleton)(图 10-2)，其实是具有关节的角质膜(cuticle)。角质膜分为 3 层，由外而内分别为：上表皮(上角质膜)、外表皮(外角质膜)和内表皮(内角质膜)。角质膜主要是由几丁质(甲壳质)和节肢蛋白构成的。甲壳动物的外骨骼上还含有大量钙盐，变得更加坚硬。每个体节通常包被有 4 块外骨骼：一块背板(背甲)、一块腹板(腹甲)、两块侧板(侧甲)。但也有些种类的外骨骼并不发达。外骨骼对节肢动物的生活有重要作用：一是保护功能，能有效地防止机械损伤；二是其内侧附着有肌肉，可以借助肌肉的收缩作用起支持和运动的功能；第三是有效地防止水分蒸发，外骨骼的上表皮部分具有色素，质地似蜂蜡，密不透水，可有效地防止体内水分蒸发，因此，不少节肢动物能够生活在干旱的荒漠中。但另一方面，坚硬的外骨骼箍在身体外面，节肢动物必须蜕皮才能生长，同时，蜕皮也可使节肢动物进行变态发育。

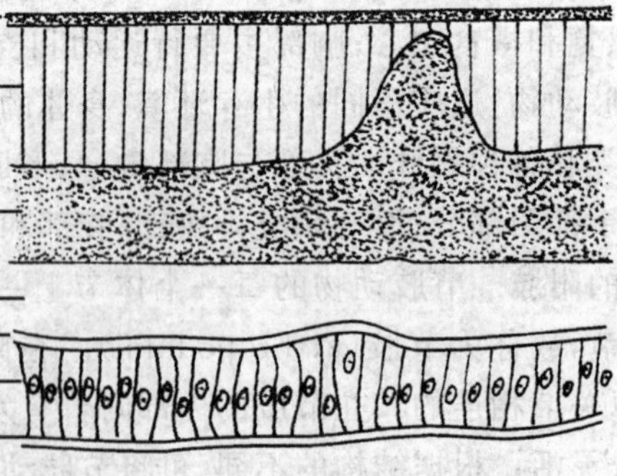

图 10-2　节肢动物的外骨骼——示蜕皮(宋憬愚)

4. 成束的横纹肌　从节肢动物开始，出现了收缩有力的横纹肌，而且，节肢动物的横纹肌已经脱离表皮，形成了肌肉束，其两端附着在外骨骼的内表面，伸缩迅速而有力。这样的肌肉结构与排列方式，比前述的几门蠕虫类的皮肤肌肉囊的结构要进化得多，这也是节肢动物能够快速运动的一个重要原因。肌肉束往往按体节成对排列，每个体节有躯干肌和附肢肌两类，它们相互配合，可使虫体完成各种复杂动作，如爬行、游泳、跳跃、飞行等，有利于完成织网、交配、产卵以及防御和捕食等生命活动。

5. 混合体腔与开管式循环系统　真体腔不发达，且与胚胎发育中保留下来的假体腔共存，构成混合体腔(mixocoel)。由于其内部充满血液，混合体腔也称为血腔(haemocoele)。循环系统由心脏、血管和血窦构成。心脏呈管状，泡在血液中，有多对心孔。血管不发达，仅为一短管，位于心脏前端，伸达头部，末端开口于血腔。血液通过这条血管离开心脏，进入混合体腔，泛流在组织间隙里。这种充满了血液的组织间隙称为血窦。由于血液不是始终在封闭的血管内流动，而是要流入到开放的血窦中去，所以称为开管式循环。回流的血液通过心孔进入心脏。有的节肢动物只有心脏没有血管；也有的心脏和血管均缺如。虽然循环系统是开管式的，但由于肠道等内脏器官直接浸泡在血液中，所以输送养料的能力并不低；另外，开管式循环的血压很低，可以有效地防止因附肢折断或身体损伤而引起的大量失血。多数节肢动物的循环系统只输送养料，不运送氧气和二氧化碳，气体在体内的运送常由气管系统来完成。

6. 多样的呼吸器官　节肢动物的运动能力强、能量消耗大，故而对氧气的需求量也较大。绝大多数节肢动物都出现了专门的呼吸器官，种类多种多样，但均是由体壁演变而来的。一些生活在水中或潮湿土壤中的小型节肢动物，往往以体表进行呼吸，如剑水蚤、恙螨。水生的节肢动物多以鳃(如虾、蟹)或书鳃(如鲎)进行呼吸。书鳃是体壁外突形成的，因为呈书页状而得名，这样可以增加与气体的交换面积。陆生节肢动物蜘蛛的呼吸器官为书肺(图 10-3)。书肺与书鳃相似，都是较集中的一类呼吸器官，所以，这类动物的循环系统也相对复杂。陆生节肢动物多足类和昆虫衍生出另一种高效而独特的呼吸器官——气管(trachea)，气管呼吸将气体交换和气体运输合二为一，这在动物界是非常独特的(因为，一般动物的氧气和二氧化碳的运输都是由循环系统来承担的)。气管在体表内陷的起始端为气门，在气门之后，内陷的气管越分越细，形成遍布全身的气管网络，最细的分枝伸到组织间，直接与细胞接触。书肺和气管都是由体壁内陷形成的，这既可以防止水分的蒸发，又可以扩大气体交换的表面积，这也是它们对陆地环境的一种适应。

7. 消化系统　节肢动物要维持高水平的新陈代谢，需要有发达而高效的消化系统。节肢动物具有多样化的摄食器官和碎食结构。头部口周围的附肢演变成了口器。口器的种类多样，以适应不同的摄食方式。如蝗虫的咀嚼式口器，适于吃块

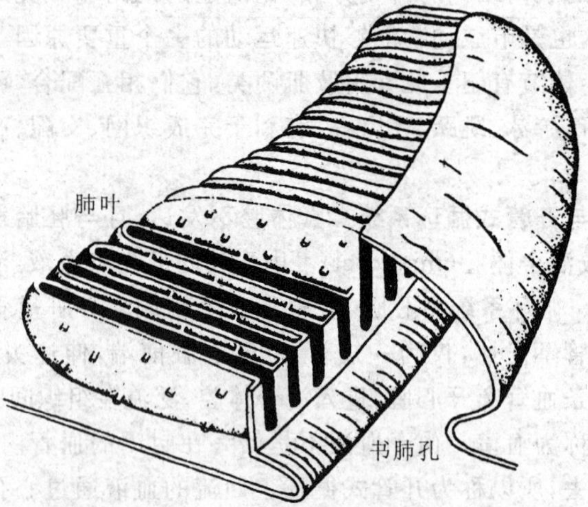

图 10-3 书肺模式图(自堵南山)

状食物;蚊子的刺吸式口器,适于刺入皮肤中吸食血液;蛾、蝶类的虹吸式口器适于刺吸植物的汁液。有些虾类的胃中还有研磨装置。节肢动物的肠消化吸收力强,而且有储存营养的作用。所有这些都为机体提供了充足的营养,以适应快速运动。另外,绝大多数节肢动物的后肠中都有 6 个直肠垫,用来从食物残渣中回收水分,并送到血腔中,这也是对陆地生活的一种适应。

8. 排泄系统 节肢动物的排泄器官有多种类型。较低等的节肢动物没有专门的排泄器官,其代谢产物先暂存于皮下,待蜕皮时随旧皮带出。少部分节肢动物的排泄器官为后肾型的腺体,如甲壳动物的绿腺、颚腺和蜘蛛的基节腺。多数种类以马氏管(Malpighian tube)作为排泄器官,马氏管是从中肠和后肠之间发出的盲管,数目不等,它们直接浸浴在血腔内,并能摆动,吸收代谢产物,送至后肠,随粪便经肛门排出体外。马氏管是动物为适应干燥的陆生环境而特化出的一种特殊的排泄器官,为陆生节肢动物所特有。

9. 神经系统与感觉器官 属于链状神经系统,一般由脑、围咽(食道)神经环、咽下神经节和腹神经索组成(图 10-4)。但随着体节的愈合,许多神经节也有不同程度的愈合现象。位于头部消化道上方的前 3 对神经节愈合为脑,位于消化道下方的后 3 对神经节愈合为咽下神经节,腹神经索上的神经节也随着一些体节的愈合情况而发生了相应的愈合,腹神经索也随腹部体节的变化而发生了相应的特化。节肢动物的神经系统在结构上更趋集中,在功能上更加完善,更加适应于陆地生存和快速运动。

节肢动物出现了多种感觉器官,如:嗅觉、味觉等化学感觉器、温度感受器、触觉器、听觉感受器和平衡囊(图 10-5)等,对环境的感受反应能力都明显强于环节动物。

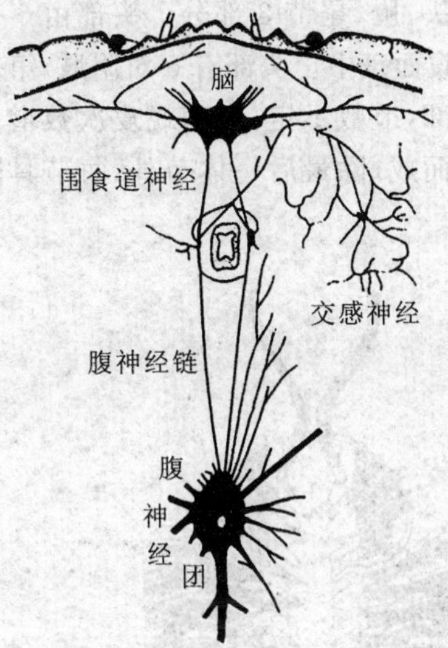

图 10-4 黄道蟹的神经系统(自 Pearson)

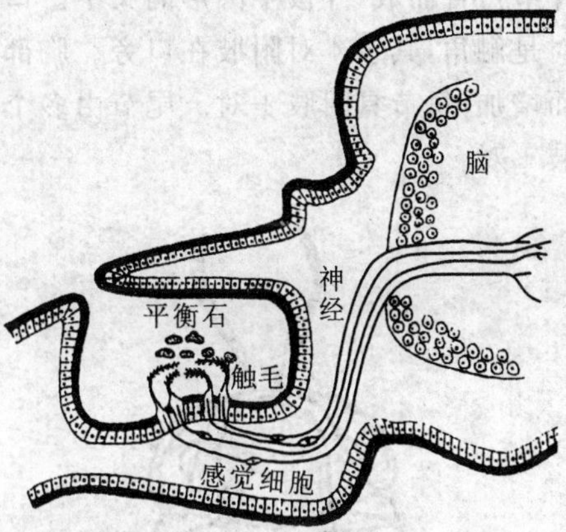

图 10-5 虾类平衡囊横切模式图(自 Boas)

10. 生殖和发育 节肢动物具有多种生殖方式,包括无性生殖和有性生殖。除蔓足类和寄生的等足类等少数甲壳动物外,多数为雌雄异体。陆生类多体内受精,水生类多体外受精。生殖方式多样,一般为卵生,也有卵胎生的;除了两性生殖外,还有孤雌生殖、幼体生殖和多胚生殖等。发育方式多样,大多数间接发育,常具有不同形式的幼虫。

第二节 节肢动物门的分类

节肢动物已知有 110 万～120 万种。包括已灭绝的三叶虫化石在内,通常将节肢动物门分为四亚门七纲;三叶虫亚门(三叶虫纲);有鳃亚门(甲壳纲);螯肢亚门(肢口纲、蛛形纲);气管亚门(有爪纲、多足纲、昆虫纲)。

(一)三叶虫纲(Trilobita)

最原始的海栖节肢动物,早已经全部灭绝了,现存的均为化石种类。世界各地的古生代海相地层中都发现有三叶虫化石,目前已记述的约有 4 000 种。三叶虫(图 10-6)背面中央隆起,两侧倾斜,呈现左、中、右三叶,故名三叶虫。虫体扁平,卵圆形,大小不等,体表包有几丁质的外骨骼,分头、胸、尾节 3 部分。头部由 5 个体节愈合而成,外被半圆形的头甲。口位于头部腹面正中。头部有 5 对附肢,第一对是触角,其余 4 对附肢在口旁。胸部又称躯干部,节数不定,常随蜕皮次数增多而增加,每节具附肢 1 对。尾节由多个体节愈合而成,除最后一体节外,每节具附肢 1 对。

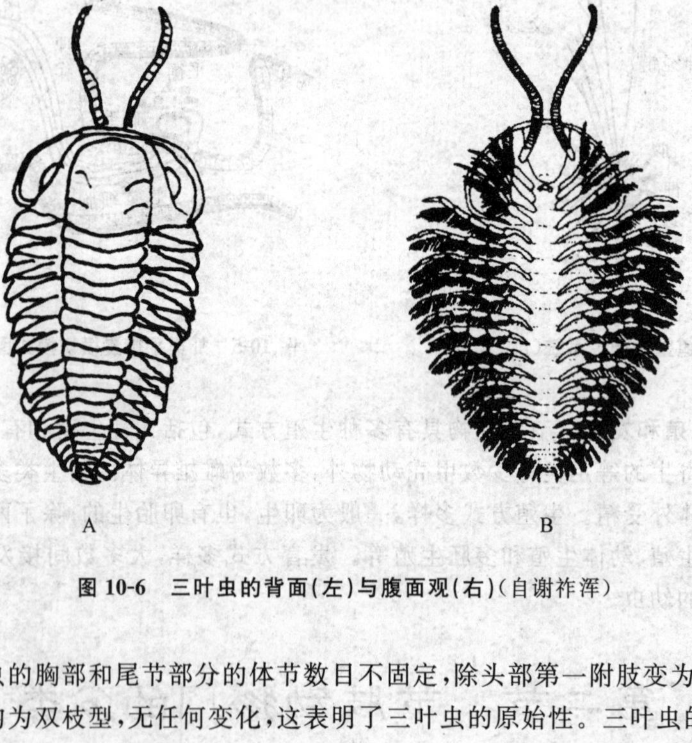

图 10-6 三叶虫的背面(左)与腹面观(右)(自谢祚浑)

三叶虫的胸部和尾节部分的体节数目不固定,除头部第一附肢变为单枝型外,其余附肢均为双枝型,无任何变化,这表明了三叶虫的原始性。三叶虫的外肢节不分节,有鳃丝,进行鳃呼吸。

(二)甲壳纲(Crustacea)

在海洋里的种类繁多,数量庞大,少数淡水生活,只有极少数生活于潮湿的陆地上,如鼠妇(俗称潮虫或西瓜虫)。主要特征为:①具有两对触角和三对摄食用的附肢。②多用发达的鳃呼吸。③外骨骼发达。一些大型种类的外骨骼上还沉淀有石灰质,坚硬而厚实;小型种类的外骨骼薄而透明。④身体分节情况变化较大,原始种类分节明显,较高等的种类体节多发生愈合而减少。虾蟹类的身体分为头胸部和腹部,头胸部常被发达的头胸甲包被。⑤附肢是典型的双肢型,数目较多。原始的种类几乎每个体节都有一对附肢,而且各体节的附肢相似,不分节,具有拨水运动和呼吸的功能。高等种类的附肢趋于减少,并发生特化,以执行多种不同的功能。⑥除了活动能力较差的种类(如藤壶)为雌雄同体外,其余绝大多数为雌雄异体,且雌雄异形。体内受精或体外受精,受精卵常附于雌体的附肢上孵化。⑦间接发育,常有多个幼虫阶段,幼虫经过蜕皮,逐步发育为成虫。与昆虫不同的是,甲壳动物的成体一般仍能蜕皮生长。⑧绝大多数营自由生活,极少数营寄生生活。

甲壳纲约有35 000种,分类复杂,有8个亚纲、30余个目,重要的亚纲有:鳃足亚纲、桡足亚纲、蔓足亚纲和软甲亚纲等。

1. 鳃足亚纲(Branchiopoda) 个体小,胸部附肢扁平叶状,为拨水和呼吸器官,故名鳃足类。主要生活于湖泊、水库以及内陆的间歇性小水域中,适应能力强。环境适宜时,数量极多。鳃足亚纲约有800种。代表动物有水蚤、鲎虫、卤虫、丰年虫等。

水蚤(*Daphnia*),是淡水中最常见的一类鳃足动物,为淡水浮游生物的重要组成部分。身体近圆形,体长多在2~4 mm之间,体外包有前面敞开的大甲壳。第二触角发达,摆动时可使虫体在水中作跳跃式运动,故名水蚤。水蚤种类较多,多以胸肢滤食藻类、细菌和有机碎屑等。在食物丰富的夏秋季节,水蚤个体都是雌性,行孤雌生殖。当环境不良时,产生雄性,行有性生殖,雌雄交配,产出的受精卵有外壳保护,称休眠卵。休眠卵必须休眠一段时间后,才能孵化,通常在第二年或数年甚至数十年后孵出雌性个体(图10-7)。

鲎虫(*Apus*),夏季常出现在雨后的水洼或水田中。个体较大,背腹扁平,似鲎,头胸部背面有一瓢形的大甲壳,长1~2 cm,甲壳的前侧有一对复眼和一个中央单眼,腹部体节多,体末端一对尾叉。外形似小鳖,俗称“王八鱼”、“水鳖子”(图10-8)。

丰年虫(*Chirocephalus*),春夏季有时出现在沟渠和积水中,仰泳,姿态优美,形如小虾,无背甲,体长1~2 cm,体色美丽,体节多而明显,胸部有鳃足11对,腹部9节,除末节有一对尾叉外,其余各节均无附肢。丰年虫可作鱼类饵料,但数量很少。

卤虫(*Artemia*),外形似丰年虫,出现在内陆高盐湖沼以及沿海的泻湖和盐田中。卵的数量极大,可长期保存。随时放入盐水中,即可孵出无节幼体,为鱼、虾、蟹的早期活饵料。

2. 桡足亚纲(Copepoda) 个体小,分体前部和体后部,无头胸甲。体前部由

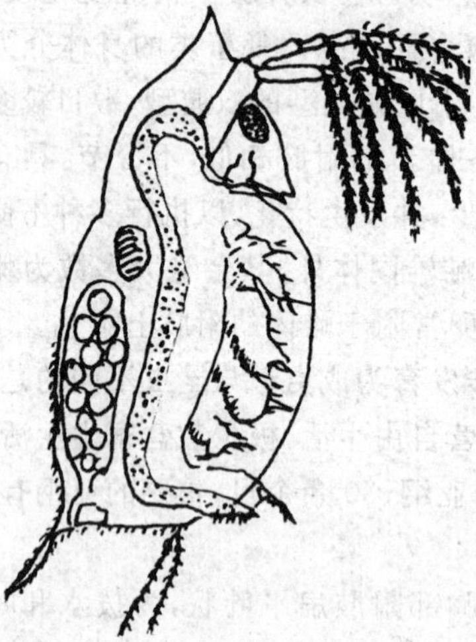

图 10-7 水蚤雌体模式图(宋憬愚)

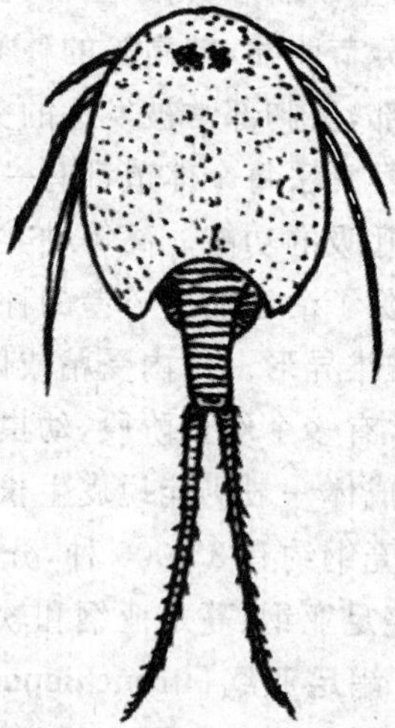

图 10-8 鲎虫(宋憬愚)

头节和胸节组成,有附肢。体后部由腹节构成,无附肢,末端具一对尾叉。雌性腹部两侧或腹面常常挂有一个或一对卵囊。广泛生活在淡水和海水中,多自由生活,少数寄生(如锚头蚤的雌体)。为浮游生物的重要组成部分,对水产养殖业有较大影响。已知约 8 400 种。代表动物:哲水蚤、剑水蚤、锚头蚤等(图 10-9)。

(1)哲水蚤(*Calanus*)。体前部远宽于体后部。第一触角一般很长,大于或等于体长。滑翔式游泳,每次一跳,浮荡于水中。雌体携卵囊一个,位于生殖节腹面。

(2)剑水蚤(*Cyclops*)。体前部较体后部略宽,第一触角的长度约为体长的一半,在水中作连续的跳动性游泳。雌体携卵囊 2 个,位于生殖节的侧面或背面。

(3)锚头蚤(*Lernaea*)。雌雄异形,雌体细长如针,前端张开似锚,营寄生生活,前端钻入鱼体内,后部悬挂于鱼体表,对淡水鱼危害较大。

3. 蔓足亚纲(Cirripedia) 身体分节不明显,体被背甲变成的外套,外套分泌石灰质的壳板,所以,这类动物粗看上去有点像软体动物。第一触角细小,第二触角退化。六对胸肢的内外肢均长而多节,卷曲如蔓,用以从海水中捞取浮游动物。蔓足类全部海栖,成体营固着生活。已知约 1 000 种。代表动物:藤壶、茗荷儿(图 10-10)。

(1)藤壶(*Balanus*)。在我国广有分布,常固着在沿海潮间带海滨的岩石、船底或软体动物的壳上。体外有 6 片大的壳板,壳口有 4 片小的壳板作盖。雌雄同体,幼体自由生活。

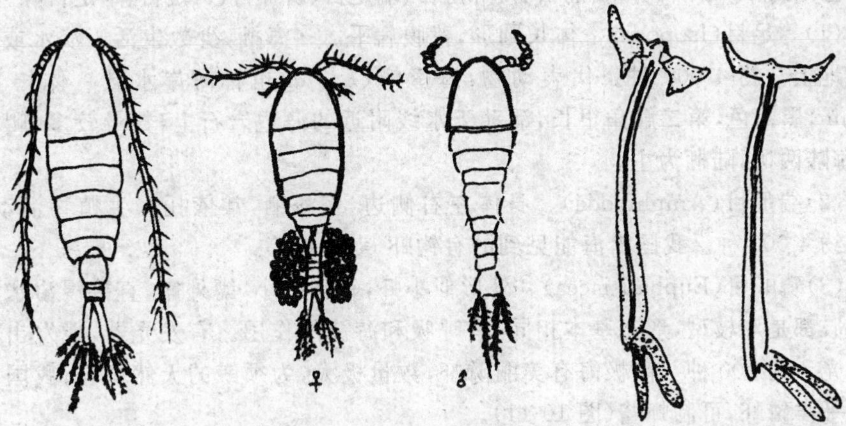

图 10-9　桡足亚纲代表动物(仿谢祚浑)

左一为哲水蚤,左二和左三为剑水蚤,右一和右二为锚头蚤

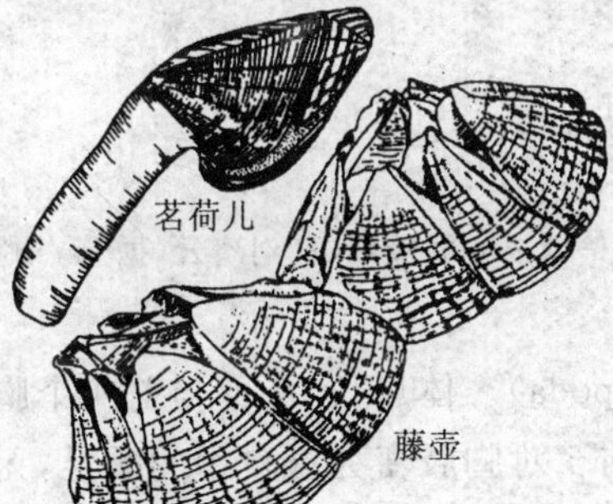

图 10-10　蔓足亚纲代表动物(自谢祚浑)

(2)茗荷儿(*Lepas*)。身体分头状部和柄部,头状部外形与藤壶相似,外有 5 块壳板,柄部能伸缩。以柄部固着于海中悬浮物上,雌雄同体,幼体在海水中自由生活。

4. 软甲亚纲(Malacostraca)　为甲壳动物的高等类群,分节明显,体节固定,一般有 21 节,其中头部 6 节,胸部 8 节,腹部 7 节(包括 1 尾节)。雌性生殖孔在第 6 胸节,雄性生殖孔在第 8 胸节。海水种类多,淡水种类少,极少数种类生活在潮湿的陆地。已知约 18 000 种,重要的目有:等足目、端足目、磷虾目、口足目、十足目等。

(1)等足目(Isopoda)。体长圆形,背腹扁平。多海栖,少数生活于淡水或潮湿的陆地上。约 4 000 种。代表动物:海蟑螂(*Ligia*,也称海岸水虱),体长 25～30 mm,黑褐色,第二触角很长,活动于水线附近的海边岩石上,数量较多,爬动迅速,海陆两栖,陆栖为主。

(2)端足目(Amphipoda)。身体左右侧边,多海栖,常依托水生植物活动,善跳。约 4 000 种。我国沿海能见到的有钩虾、麦秆虫等。

(3)磷虾目(Euphausiacea)。外形似小虾,头胸甲小,鳃外露,直接浸浴水中,8 对胸肢都是双枝型,形态基本相同,有呼吸和游泳的作用。有发光器,能发出蓝绿色闪光。约 100 种。南极海有美丽磷虾,数量极大,为须鲸的天然饵料;我国沿海产太平洋磷虾,可制虾酱(图 10-11)。

图 10-11 华丽磷虾(自刘凌云,据 Sars 修改)

(4)口足目(Stomatopoda)。体扁长,头部与前 4 个胸节愈合成头胸部,头胸甲不覆盖后 4 个头胸节。前 5 对胸肢变为摄食用的颚足,无外肢,其中第二对强大似螳螂的捕捉足,故名。后 3 对胸肢是步足,双枝型。腹部肌肉发达,弹动有力,前 5 对腹肢有鳃,兼游泳和呼吸功能。尾节坚硬。多穴居在浅海泥沙内,约 300 种。代表动物:虾蛄。

(5)十足目(Decapoda)。包括常见的较大型的虾和蟹类,头部与 8 个胸节全部愈合成头胸部,外罩宽大而结实的头胸甲,鳃也包入其中得以保护。8 对胸肢中,前 3 对变为颚足,用作摄食,后 5 对为长大的步足(故名十足目),第一对或第二对步足粗大钳状,称为螯足。本目有不少种类的体形很大,为节肢动物之最。如锦绣龙虾重可达 19 kg;产于日本海的高脚蟹,仅头胸甲就长达 40 cm,两螯足展开时有 3 m 多。本目中的经济种类很多,如长尾类中的对虾、螯虾(图 10-12)、龙虾;短尾类(真正的蟹类)中的河蟹、梭子蟹、溪蟹;异尾类中的寄居蟹、椰子蟹等(图 10-13)。

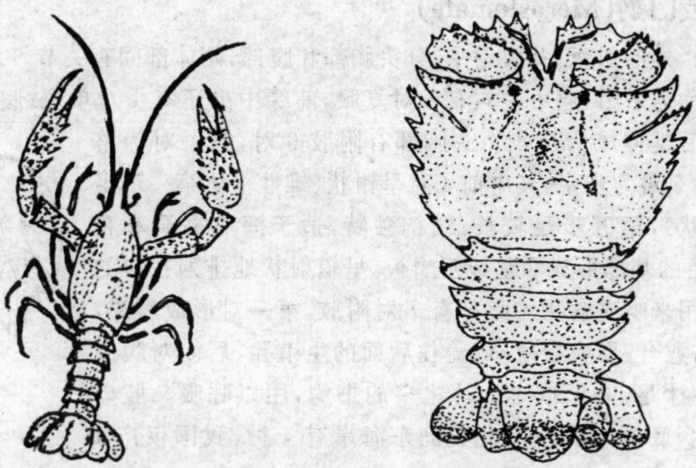

图 10-12 十足目长尾类的代表动物

左:螯虾;右:扇虾(宋憬愚)

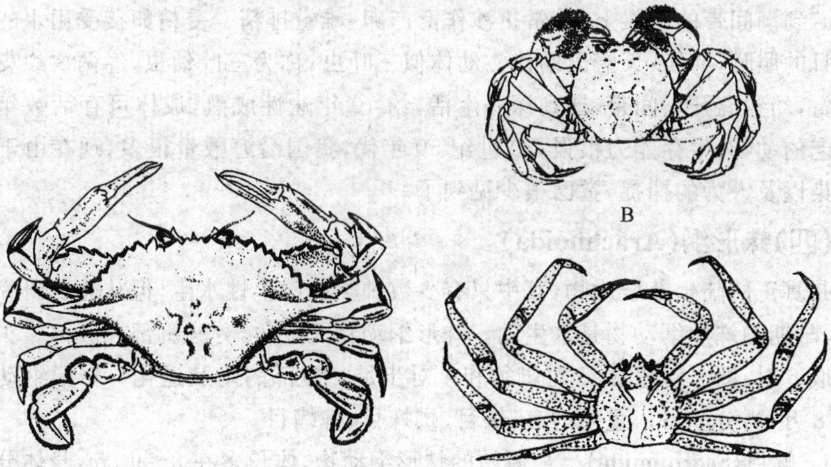

图 10-13 十足目短尾类的代表动物

A. 三疣梭子蟹(自魏崇德);B. 中华绒螯蟹(自堵南山);C. 高脚蟹(宋憬愚)

(三)肢口纲(Merostomata)

无触角,外形似瓢,背腹扁平,分头胸部和腹部,两体部间有关节。头胸部有马蹄形背甲,称为盾甲,盾甲左右有1对复眼,前缘中央还有1对单眼;腹部小,分节多,尾节向后延伸成为尾剑。头胸部有附肢6对,第一对为螯肢,较小,后5对为步足,其中前4对呈钳状(雄性个体第一步足无钳,为钩状),第五步足较长,结构独特,适于海底掘洞和爬行,5对步足的基部形成颚基或咀嚼板,呈辐射状地排列在口的左右两侧,用来咀嚼食物。腹部有7对附肢,第一对形成唇瓣,第二对左右愈合,形成生殖厣,盖住后面的生殖孔,后5对腹肢为扁平的游泳足,并形成150片之多的书鳃,用以呼吸。肢口纲动物海生,底栖,仅5种,北美洲东海岸有4种,我国仅产1种,即中国鲎(图10-14)。

图10-14 中国鲎
(仿堵南山)

中国鲎(*Tachypleus tridentatus*)又名东方鲎、日本鲎,俗名王蟹、马蹄蟹。体棕褐色,头胸甲宽20 cm,雄体较小。常在深海爬行、游泳,以蠕虫和软体动物为食。在春夏之交的繁殖季节,雌鲎常背负着雄鲎游到潮间带的沙滩上,雌鲎扒沙作窝产卵,雄鲎排精。受精卵接受雨水的冲洗和烈日的照晒,约40天孵出幼体。幼体似三叶虫,称为三叶幼虫,经两次蜕皮后变为幼鲎,幼鲎离开潮间带,迁到深海生活,约10年达性成熟,成体可存活数年。鲎是古老的动物,生存能力很强,20世纪50年代,我国沿海数量很多,现在由于海水的污染以及人为的捕捉,鲎已很少见到了。

(四)蛛形纲(Arachnoida)

是真正的陆生节肢动物,其中只有少数种类属次生性水生,但从化石研究结果得知,早期的蛛形纲动物是水生的。蛛形纲动物无触角,分头胸部和腹部。头胸部有附肢6对,即1对螯肢、1对脚须和4对步足。腹部的附肢退化。蛛形纲动物已知约8万种,分9目。重要的有:蝎目、蜘蛛目、蜱螨目。

1. 蝎目(Scorpionida) 最原始的蛛形纲动物,体长多在3～9 cm,身体分头胸部和腹部。头胸部相对短,分节不明显,有附肢6对,第一对为螯肢,较小,无毒腺;第二对为脚须,钳状,强壮有力,用以捕食和防御,后4对附肢是步足。腹部与头胸部紧紧相连,由12节构成,分节明显,前7节短宽,称为前腹部,后6节狭窄,称为后腹部,最后的尾节演变为毒刺,有成对的毒腺,毒杀力很强。腹部附肢多退化,只有第一对左右愈合为生殖厣,第二对特化成栉状器。腹部在第3～5节的腹面各有一对书肺孔。蝎目已知600多种,世界各地都有分布。我国有15种,代表动物是东亚钳蝎，喜干燥，多活动在山区丘陵，老式土屋中也较多。昼伏夜出，捕食爬虫。雌雄异体，在交配前有跳“交际舞”的特性。卵胎生，每胎 15～35 只。仔蝎白色，伏在母蝎背上，不久即独立生活。蝎具有药用价值和食用价值，已进行人工养殖。

2. 蜘蛛目(Araneida) 身体分节不明显，由头胸部和腹部组成，体部之间以腹柄相连。在头胸部的 6 对附肢中，第 1 对为螯肢，其基部有毒腺，可毒杀猎物；第 2 对为脚须，形如步足，分为 6 节，用以触觉和摄食，雄性的脚须短，末端膨大，变为生殖辅助器，用以储精和授精；其余 4 对胸肢为步足。腹部一般由 12 节愈合而成，节间界限消失，附肢几乎完全退化，其中第一节演变为腹柄，与头胸部相连，第十和第十一节的附肢演变成纺绩器(纺绩突)。纺器(纺绩突)为本目特有，也是蜘蛛对陆生的一种适应，对捕食和生存有重要意义。蜘蛛丝的直径只有 0.001 mm，但其强度是钢筋的 2～5 倍。相当一部分蜘蛛(不足总种数的一半)靠结网捕虫生活，如横纹金蛛、棒络新妇(见彩图)；游猎型蜘蛛不结网，而是四处游荡捕食，如蝇虎；还有一部分蜘蛛在地下挖洞穴居，如蝗蟷；而水蛛在池塘水下捕捉豆娘幼虫。不论结网与否，纺丝在蜘蛛的生活中都起到了很大的作用，有些小型蜘蛛或刚刚孵出不久的蜘蛛，还会把蛛丝粘在石块或草木上，使自己成为“风筝”，随风飞起，达到放丝远航的目的。蜘蛛无触角，一般有 8 只复眼。结网型蜘蛛的眼小，视力弱，对震动敏感；游猎型蜘蛛往往在头胸部前方并列着一对大而明亮的复眼，视力发达。多数蜘蛛有两种呼吸器官，即一对书肺和一对气管，少数种类只有其中的一种。排泄器官为基节腺或马氏管，多数种类只具其中的一种，少数种类两种兼有。蜘蛛雌雄异形，雌蛛明显大于雄蛛，有的雌蛛是雄蛛的 1 000 倍以上。体内受精，卵生，直接发育。蜘蛛有 3 万余种，均为肉食性，对农业有重要影响，农谚有“蜘蛛集则百事喜”的说法。

3. 蜱螨目(Acarina) 又称壁虱目。体长多在 0.5～5 mm，小球状，头胸部和腹部愈合，不再分节。体前端有由一对螯肢和一对脚须组成的假头，有口器。靠体表或气管呼吸，雌雄交配生殖或孤雌生殖。间接发育，一生经历卵、幼虫(3 对步足)、若虫(4 对步足)、成虫 4 个阶段。蜱螨类有 5 万多种，包括蜱和螨。分布广、数量多。现已分支为蜱螨学。

(1)螨类。体很小，有的肉眼难以看见。圆形或长圆形，体壁薄，着生刚毛。栖息于枯草堆、粮仓、动物巢穴、人类居室以及人体上。受精卵和非受精卵均可发育，其幼虫(若螨)能爬到吸蜜的蝴蝶或蜂鸟身上传播。代表动物：红叶螨(红蜘蛛)、人疥螨等。

(2)蜱类。体较螨类大，多褐色，表皮厚。营寄生生活，主要吸食兽类、鸟类和爬行类动物的血液，并能传播多种疾病。全沟硬蜱(*Ixodes persulcatus*)主要分布在原始森林，另外，鸡和牛身上寄生有鸡蜱和牛蜱(图 10-15)。

图 10-15 全沟硬蜱
(仿刘凌云)

(五)原气管纲(Prototracheata)

也称为有爪纲(Onychophora)，心脏呈管状，上有心孔。气管呼吸，但气管结构简单。具有触角。没有外骨骼，身体不分节，没有明显的头部，附肢不分节，外形上似环节动物。为了与其他节肢动物区别开来，并表明它的原始性，不少教科书把它列入原节肢动物亚门，认为它是节肢动物的祖先向陆生发展进化的一种早期类型。原气管纲动物种类很少，全世界仅有 78 种，分布在非洲、南美洲、亚洲热带地区潮湿的森林里，我国西藏南部地区曾有发现。代表动物是栉蚕(图 10-16)。

图 10-16 大栉蚕(仿 Remane)

上为外形；中左为头部侧面观；中右为头部腹面观；下为内部解剖

栉蚕(Peripatus),体呈蠕虫状,不分节,仅表面有环纹,长 6～8 cm。头部具 1 对触角,1 对单眼。口位于腹面,口两侧各有 1 个口乳突。躯干部两侧有成对排列的附肢,短扁而不分节,无法做关节活动,前端有 2 爪。体表有许多小气门与微细的气管相连。栉蚕喜生活在潮湿的环境里,多夜间活动,常在枯叶下觅食,能从口乳突中喷出黏液,粘住小虫(图 10-16)。

(六)多足纲(Myriapoda)

身体分头部和躯干部。头部的体节愈合,有附肢 3～4 对,其中 1 对触角,1 对大颚和 1～2 对小颚;躯干部由许多相似的体节组成,每节都有一对同型的步足。气管呼吸,马氏管排泄。陆栖,多栖息土壤中,活动于泥缝和落叶间。已知约有 1 万种,分为 2 亚纲,7 目。

1. 唇足亚纲(Chilopoda)　躯干部的第一对附肢演变成颚足,内有毒腺。生殖孔不成对,位于躯干部末端的生殖节腹面,故也称为后殖亚纲。雌雄异体,体内受精,间接发育。约 2 800 种,代表动物:蜈蚣、蚰蜒。

蜈蚣:体长扁,头部只有单眼或无眼,触角细长。躯干部一般 25 节,21 对步足,其中最后一对步足较长,称为尾足。间接受精,雄虫将精荚放在织网的中央,随后,雌虫捡取,固定在生殖节上。不久,精荚裂开,精子经生殖孔进入雌体。受精卵产出后由雌虫抱孵。幼虫在母体的看护下,蜕皮 3 次后,开始独立生活,约 3 年达性成熟。蜈蚣为药用动物。

蚰蜒:体短头圆,有复眼,触角很长。躯干部一般有 18 节,15 对步足。步足细长,长短不等,爬行速度快。常在土屋内活动,捕食衣鱼等小动物。

2. 倍足亚纲(Diplopoda)　躯干部第一对附肢不为颚足,但较短,常退化。躯干部的不少体节合二为一,看上去似每体节有 2 对步足(图 10-17)。生殖孔成对或不成对,位于躯干部第三或第四节的腹面,故也称为前殖亚纲。雌雄异体,体内受精,间接发育。已知约有 7 680 种,代表动物:马陆。

马陆:体圆柱形,外骨骼较硬,触角短。喜潮湿,常结群。爬行缓慢,食腐殖质。

(七)昆虫纲(Insecta)

昆虫身体结构精巧,适应性强。种类多,数量大,分布广,除海洋外,地球上处处都有它的踪迹。本为陆栖,但少数种类次生为水生,终生(或仅稚虫)生活于淡水,对水环境有较好的适应性。主要特征如下:

1. 外形　昆虫应有 20 个体节,身体明显地分为头部、胸部和腹部。头部有 6 节,但各节愈合得十分完好,外骨骼也相互拼合成头壳。头部有触角、眼等感觉器官,口器多样化,因食性而异。胸部由 3 节组成,各节均有 1 对步足,多数中胸和后

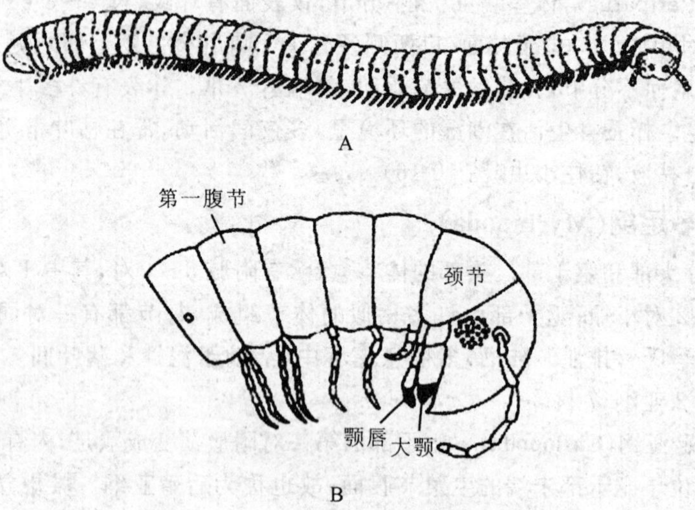

图 10-17 马陆(自堵南山)

A. 整体;B. 头端部放大

胸各有 1 对翅。腹部除原尾目 12 节外,一般由 10 节构成,末 3 节往往愈合(图 10-18)。

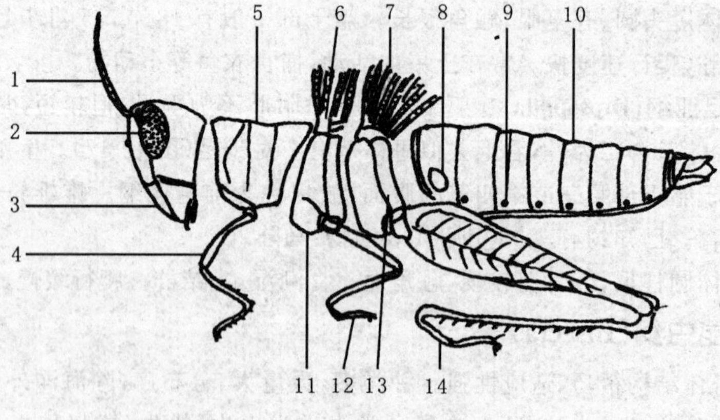

图 10-18 棉蝗的外形(宋憬愚)

1. 触角;2. 复眼;3. 口器;4. 前胸足;5. 前胸;6. 前翅;7. 后翅;8. 听器;9. 空孔;10. 腹部;11. 中胸;12. 中胸足;13. 后胸;14. 后胸足

昆虫头部应有 6 对附肢,其中第一和第三对退化。第二对演变为触角,是灵敏的感觉器官。触角的形状多样(图 10-19),有刚毛状(如蝉和蜻蜓),丝状或称线状

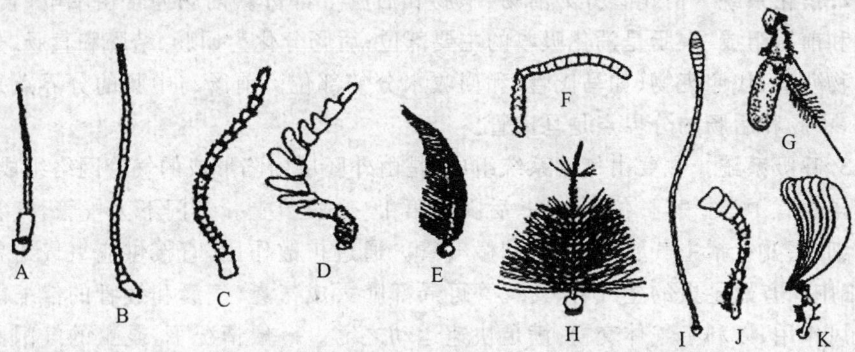

图 10-19 昆虫触角的各种类型(自华中师范学院)

A. 刚毛状;B. 丝状;C. 念珠状;D. 锯齿状;E. 羽状;F. 膝状;G. 具芒状;
H. 环毛状;I. 球杆状;J. 锤状;K. 鳃叶状

(如蝗虫和天牛)、念珠状或称串珠状(如白蚁),锯齿状或称锯状(如芫菁和叩头虫的雄虫),栉齿状或称梳状(如绿豆象的雄虫),羽状或称双栉齿状(如家蚕蛾),膝状或称肘状(如胡蜂),具芒状(如苍蝇),环毛状(如蚊类),球杆状或称棍棒状(如蝴蝶),锤状(如部分瓢虫)和鳃叶状(如金龟)等。不同种类,甚至同一种类的不同性别,其触角的形状结构也不一样,因而,常作为昆虫分类的重要依据。第四、五和第六对附肢分别演变为一对大颚、一对小颚和一片下唇,与上唇和舌共同组成口器,为摄食器官。最原始的口器是咀嚼式口器(如蝗虫),以后随着食性的不同,进一步演变出了各式各样的口器,有嚼吸式(如蜜蜂)、刺吸式(如椿象)、锉吸式(如蓟马)、虹吸式(如蝴蝶)和舐吸式(如家蝇)口器。各胸节的附肢都演变成了步足,分别称为前足、中足和后足。胸足非常发达,由 6 节构成,与胸部相连的是基节,其他依次是转节、腿节、胫节、跗节和前跗节。胸足的原始功能是运动,但各类昆虫由于适应不同的生活环境和运动方式,胸足也特化出了不同的构造,以执行各种各样的运动机能。主要有典型的步行足、跳跃足(如蝗虫的后足)、开掘足(如蝼蛄的前足)、捕捉足(如螳螂的前足)、游泳足(如龙虱的后足)等。多数昆虫的中胸和后胸上着生有两对翅,分别称为前翅和后翅。昆虫的翅被认为是由体壁扩展来的,其上有翅脉(气管部位加厚处)。昆虫是第一批飞入空中的动物,翅是昆虫重要的生物学特征,也是重要的分类依据之一。昆虫的腹部可分为 3 段:第 1~7 腹节为脏节(生殖前节),两侧各有一对气门,附肢已退化;第八、九节常保留有特化为外生殖器的附肢,

为生殖节，其中第8节上有一对气门；生殖节后的腹节为生殖后节，无附肢。但原始的种类第11节有一对尾须(附肢)。

2. 消化系统 消化管分为前肠、中肠和后肠3部分。前肠通常由咽喉、食道、嗉囊和前胃组成；中肠是消化吸收的主要部位；后肠分化为回肠、结肠和直肠，是排除食物残渣、代谢废物(如马氏管)和回收水分的部位。前肠与中肠的分界点是贲门瓣，中肠和后肠的分界点是马氏管。

3. 呼吸系统 主要由气管系统组成，是由外胚层内陷形成的气管网络组成的。一般昆虫有10对气门，位于中胸、后胸和第1～8腹节上。气门下为气管，气管越分越细，主要包括主气管、支气管和微气管。通过扩散作用，直接供应氧气给各组织、细胞。有翅昆虫的主气管、支气管可局部膨大成气囊，气囊和气管的伸缩能产生通风作用，以利于气体交换，满足快速运动之需。一般情况下，昆虫的气门不会同时开放或关闭，以避免水分过多地散失。也有少数昆虫没有气管系统，仅靠体壁完成呼吸作用。

4. 排泄系统 排泄器官主要是马氏管。马氏管的数目变化很大，即使同一物种的不同发育阶段，数目也不一样，一般马氏管的长度与其数目成反比。

5. 雌雄二型及多型现象 雌雄二型是指昆虫的雌性与雄性个体在第二性征上有较大的不同，这在昆虫中是很普遍的。多型现象是指同种昆虫的同一性别的个体出现了分化，在形态结构或生活习性上表现出不同的特点，这在白蚁、蜜蜂、蚂蚁等社会性昆虫中更典型。

6. 生殖与发育 昆虫的个体小，生命周期短，一般用少量的营养物质，在短时间内，即可繁殖出大量的昆虫后代。

(1)生殖。昆虫多为两性卵生，也有卵胎生(如麻蝇)、孤雌生殖(如蜜蜂)、幼体生殖(如某些摇蚊)和多胚生殖(一个卵发育成多个胚胎，如小蜂科昆虫)等。

(2)昆虫的胚后发育。是指从卵中孵出到性成熟为止的整个发育过程，其实就是幼虫的发育过程。昆虫在一生中的蜕皮次数一般是固定的，达到性成熟后便不再蜕皮。刚孵化出的幼虫称为1龄幼虫，完成第一次蜕皮后为2龄幼虫，依次类推。相邻两次蜕皮之间所历经的时间称为龄期。昆虫性成熟前的最后一次蜕皮称为羽化。伴随蜕皮而来的是昆虫的生长和变态；而生长和变态必须要通过蜕皮才能完成。蜕皮是一个由量变到质变的过程。例如，家蚕的1龄幼虫重约0.000 33 g，大约经1个月，完成4次蜕皮，到达5龄时，其体重竟达3.257 g，增重约10 000倍。蜕皮有时也有质的变化，亦即变态。有增节变态、表变态、原变态、复变态、完全变态和不完全变态等形式，其中，最常见的是完全变态和不完全变态。

①不完全变态。只经历卵、幼虫和成虫3个虫期的变态。又可分为渐变态和

半变态。渐变态的幼虫称为若虫。若虫在形态结构与生活习性上与成虫相似,只是性器官未成熟和翅的发育不完全,如蝗虫、蟋蟀、螳螂等;半变态的幼虫称为稚虫,稚虫除性器官未成熟和翅的发育不完全外,在形态结构与生活习性上与成虫有较大差别,一般幼虫水生,而成虫陆生,如蜻蜓等。

②完全变态。经历卵、幼虫、蛹和成虫 4 个虫期的变态。幼虫与成虫在形态和生活习性上都有显著差异,幼虫必须经过蛹期的发育才能变态为成虫。如蝴蝶、蚂蚁、蜜蜂、瓢虫等。

7. 昆虫的生活史　一般可分为 3 个时期(卵、幼虫和成虫)或 4 个时期(卵、幼虫、蛹和成虫),各阶段的形态结构和生命意义都是不同的。一般来说,幼虫期相对较长,蛹期和成虫期较短。例如,美洲有一种十七年蝉,幼虫期约 17 年,而成虫期仅 15 天左右;蜉蝣的成虫期只有 1 天左右。幼虫期是昆虫生命的基础时期,主要是积累营养的阶段,其性器官不发育,摄食与消化器官发达,表现为大吃大长。蛹期是昆虫生命中由幼虫向成虫转换的过渡阶段,在表象上,蛹是不吃不动的静息虫态,但内部却发生着巨大的变化,进行器官的重大改造和重建。成虫是达性成熟和进入繁殖期的重要发育阶段,其摄食与消化器官不发达,有的甚至完全退化,但性器官却高度发育,虫体主要表现出各种生殖行为,如雌雄追逐、交配、产卵等。昆虫的生命周期较短,一般数周或数月。倘若遇上休眠或滞育期(如越冬),生命周期就会明显加长。多数昆虫以卵的形式越冬,但也有不少以蛹的形式越冬,少数以幼虫或成虫越冬,也有以两种或两种以上的虫态越冬的。水生昆虫多半以幼虫(稚虫)越冬。

8. 昆虫的行为和习性　昆虫的种类繁多,生存方式千差万别,所表现的行为和习性也十分复杂和多样。主要有以下几种。

(1)休眠和滞育。当环境条件不良时,昆虫暂时停止活动,呈静止或昏迷状态,这种现象称为休眠或滞育。如果昆虫的这种状态随不良环境的出现而出现,随其消失而消失,即为休眠;如果这种现象使昆虫变成了种的遗传性,则当不良条件到来前,此种昆虫在生理上早已提前做好了准备,已经提前进入到在不良条件下的状态,一旦进入昏迷态,就须给予足够的刺激才能恢复正常的生长,否则,即使环境条件已经恢复得良好,昆虫也不会恢复正常发育,这种现象被称为滞育。昆虫的休眠和滞育可使其安全度过不良环境,是适应环境的一种积极手段。

(2)趋性和假死性。趋性是昆虫对外界刺激的趋向或背向行为,趋向行为称为正趋性,背向行为称为负趋性。昆虫的趋性主要有趋光性、趋化性、趋温性、趋湿性等。假死性是指昆虫受到某种刺激或震动时,身体蜷缩起来,静止不动,或收拢步足从栖息处跌落下来呈假死状态,不久即恢复正常活动的现象。昆虫的趋性和假死性都是对环境的巧妙适应。

(3)体色和拟态。尽管昆虫的身体很小,但其体色和体态却是变幻莫测的。从生态学的角度而言,体色可分为保护色和警戒色。拟态是指昆虫装扮成栖息环境的形态和颜色。昆虫的保护色、警戒色和拟态三者绝非孤立的,常常相互结合在一起,以使昆虫达到自我保护和隐蔽捕食的目的。昆虫在这一点上有着非凡的高超技艺,简直到了炉火纯青的地步。例如,有一种在花朵上捕食的螳螂,其外形酷似花瓣,如果它静止不动,是无论如何也发现不了的。保护色在昆虫身上非常普遍,涵盖各个虫态,如菜粉蝶的蛹,如果是化在菜叶上就呈菜叶般的绿色或黄绿色,如果是化在篱笆墙上就呈褐色。警戒色也是昆虫防御的一种保护性适应,如黄蜂的体色黑黄相间,非常醒目,警告捕食者:“离我远点,我有毒”,但有些以花粉为食的蝇类,外形和体色均极似蜜蜂。有些昆虫既有保护色,又有警戒色,如蓝目天蛾,其前翅颜色似树皮,后翅色艳有眼斑,遇到敌害袭击时,前翅突然展开,露出后翅上的眼斑,将袭击者吓跑。拟态最有名的是竹节虫,几乎完全达到以假乱真的地步。

(4)信息素对昆虫生活的影响。信息素又称体外激素,是昆虫个体间信息传递的媒介,能指引昆虫进行交配、追踪、告警、聚集等,对昆虫的行为和生活有重大影响,特别是社会性的昆虫,能使成百上千的个体在群体内的活动有条不紊,彼此分工明确,各司其职。据最新研究结果证明,这在很大程度上是靠信息素来调控的。

(八)昆虫亚纲

昆虫纲是动物界中最繁茂的一纲,物种总数在 100 万种以上。分 2 亚纲:无翅亚纲和有翅亚纲,约 34 目。

1. 无翅亚纲(Apterygota) 无翅亚纲的昆虫均是原发性无翅,体微小而柔弱,变态不明显,形态结构较原始,甚至有些非昆虫纲的特征。这类昆虫一般生活在相对潮湿的环境中,共有 4 个目。

(1)原尾目(Protura)。通称为原尾虫或蚖。身体浅黄色透明或乳白色,尖细,在 2 mm 以下。无单眼、复眼和触角。前足特别长,有触觉功能。生活于山林枯叶下或土壤中。已发现 500 多种。如华山曙蚖。

(2)弹尾目(Collembola)。通称为跳虫。数量很多,但身体小,在 0.2～10 mm 之间。无复眼,有触角,有弹器,善跳。生活于潮湿处或积水水面上。已知有 2 000 多种。如长角跳虫。

(3)双尾目(Diplura)。通称为双尾虫或铗尾虫。身体细长而柔软,多在 5～10 mm 之间。无复眼和单眼,触角细长,腹末有尾须一对。生活于土壤中或潮湿的石块下。已知有 600 多种。

(4)缨尾目(Thysanura)。通称为衣鱼和石蛃。身体狭长,在 10～20 mm 之间。单眼和复眼发达或缺如,触角细长。有中尾丝,其两侧还有尾须。生活于潮湿的石块下、树皮下或在居室内。已知有500多种。如毛衣鱼(图10-20)。

2. 有翅亚纲(Pterygota) 有翅亚纲为昆虫的高等类群。成虫大多具翅,无翅种类为次生性退化。头、胸、腹分化明显,腹部除外生殖器和尾须(少数种类)外,无其他附器。生活环境多样化。有30个目,物种数较多和与人类关系较密切的有蜻蜓目、螳螂目、等翅目、直翅目、同翅目、半翅目、鞘翅目、鳞翅目、双翅目、膜翅目等。

(1)蜉蝣目(Ephemerida)。通称为蜉蝣或蜉。体中小型,柔软纤弱,触角短,刚毛状,复眼发达,单眼3个。翅膜质,后翅小或退化。足细弱,雄虫前足特别长。腹部末端有中尾丝一条,尾须一对。幼虫(稚虫)水生,以藻类为食,可活3年;成虫陆生,不摄食,一般存活时间很短,早晨孵化出的幼虫,中午即达性成熟,交尾产卵后,傍晚即死亡。已知约1 300种,如二翼蜉蝣(图10-21)。

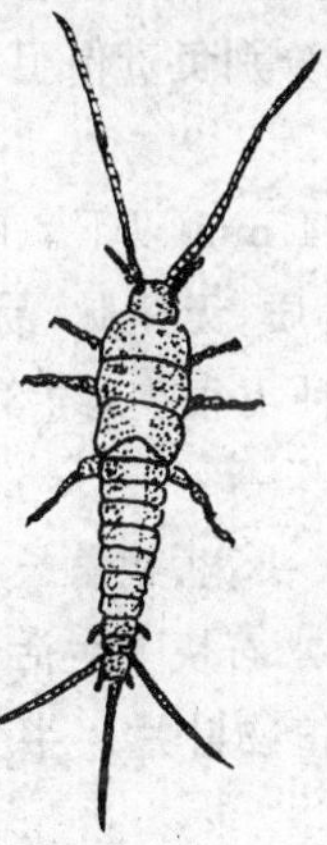

图10-20 衣鱼(自Imms)

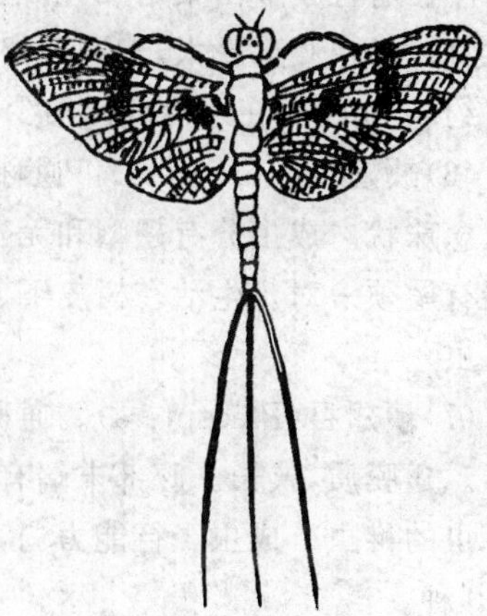

图10-21 蜉蝣(宋憬愚)

(2)蜻蜓目(Odonata)。包括蜻蜓和豆娘。体中大型,体色鲜艳。头大灵活,触角短,刚毛状,复眼非常发达,单眼3个。翅大,不能折叠,各翅均有一翅痣,飞行能力很强。腹部细长,尾须短。半变态,稚虫水生,捕食小虫和小鱼虾,成虫陆生,捕食飞虫。约有5 000种,如黑眼蜻蜓、新豆娘等(见彩图)。

(3)蜚蠊目(Blattaria)。身体扁平,椭圆形。头小,藏在发达的前胸背板下,复眼发达,肾形,单眼一对。触角长,丝状。前翅革质,后翅膜质,有些种类雌虫的翅退化。步足发达,善疾走。腹部宽扁,末节有短小的尾须1对。卵生或卵胎生,渐变态。常夜间活动,生活在林木下或人居室内,以腐烂的动植物为食。约有5 000

种，常见的有蟑螂、地鳖虫（见彩图）等。

（4）螳螂目（Mantodea）。通称为螳螂、刀螂。体狭长。头三角形，触角丝状，复眼大而突出，单眼3个。前胸显著狭长，前足为典型的捕捉足，中足和后足细长，用于行走。前翅革质，后翅膜质。腹部有短小的尾须一对。生活于林地、草丛和田间，捕食各种虫类，生性凶残。雌大于雄，交尾后，雌虫常嚼食雄虫。卵集中产在卵囊内，螳螂的卵囊特称螵蛸，黏附在树枝上，越冬后，集中孵化，渐变态。约有2 000种，如中华螳螂、丽眼螳螂等（见彩图）。

（5）等翅目（Isoptera）。通称为白蚁。体乳白色或暗色，咀嚼式口器，触角念珠状。成虫有有翅型和无翅型，有翅成虫的翅膜质，前后翅的形状、大小等均一样。腹部有尾须一对。白蚁以木材、菌类等为食，是著名的社会性昆虫，巢穴发达，高达数米（有利于通风换气），被称为“白蚁冢”。巢内群体数量极大，多型现象明显。成熟个体在适宜季节出巢婚飞，落地后，翅脱落，雌雄交配，选择栖息地，共同挖穴筑巢，之后，母蚁腹部膨大，专职产卵，后代分兵蚁和工蚁，分别负责保卫和内勤工作。白蚁约2 000种，在寒冷地区很少发现。

（6）缺翅目（Zoraptera）。通称缺翅虫。体小，多在4 mm以下。咀嚼式口器，触角念珠状。成虫分有翅型和无翅型，有翅成虫的翅膜质，无翅脉，易脱落。腹部末端有尾须一对。生活在树皮下、腐殖土内，渐变态。种类很少，约30种，如墨脱缺翅虫。

（7）襀翅目（Plecoptera）。通称石蝇。体软而略扁。头宽，触角长丝状，咀嚼式口器。翅膜质，狭长。腹部末端有尾须一对。稚虫在流水石块下生活，捕食其他水生昆虫的稚虫。成虫飞行能力弱，多在水边活动，取食植物叶片。半变态，已知有1 000种。

（8）竹节虫目（Phasmida）。通称竹节虫（图10-22）。身体细长、竹节形或叶片状，具有明显的拟态和保护色。头小，复眼小。触角丝状，口器咀嚼式。前翅革质，后翅膜质，有的只有一对翅或无翅。腹部末端有尾须一对。植食性。有的种类行孤雌生殖。渐变态，全世界已知种类有2 500种。

（9）蛩蠊目（Crylloblattodea）。通称蛩蠊。身体细长无翅。头小，复眼小或退化，无单眼，触角丝状，口器咀嚼式。三对足相同，适于疾走。腹部末端有尾须一对，细长。雌虫具剑状产卵器。杂食性，多生活在高寒地区，喜夜间活动。渐变态，全世界已知种类有25种。

（10）直翅目（Orthoptera）。身体一般较大。复眼大而突出，单眼2～3个，触角丝状，典型的咀嚼式口器。前胸发达，背板隆起呈马鞍形，前翅革质，后翅膜质，不飞时折叠于前翅下，不少种类的雄性个体前翅可摩擦发音。三对足多不相同。

腹部末端有尾须一对。雌虫产卵器发达。绝大多数种类为植食性,分布广。渐变态。全世界已知约 20 000 种,我国有 1 000 多种,常见的种类有:蝗虫、蟋蟀、螽斯、蝼蛄、蝈蝈等(见彩图)。

(11)纺足目(Embioptera)。通称足丝蚁。身体细长无翅。头大,有复眼,无单眼,触角丝状或念珠状,口器咀嚼式。胸部几乎与腹部等长,雌虫无翅,雄虫前后翅相似,多毛。前足膨大,具丝腺,能纺丝织网。腹部末端有尾须一对。植食性,多生活在树皮缝、白蚁巢、蚁穴的丝巢中,昼伏夜出。渐变态。全世界已知种类有 300 种,我国有 5 种。

(12)重舌目(Diploglossata)。通称鼠蝗。体小扁平。眼退化,触角丝状,口器咀嚼式,下唇唇舌分裂状。无翅,足短,尾须细长。寄生在鼠身上,取食其表皮物质。渐变态,卵胎生。全世界已知种类有 10 种。

(13)革翅目(Dermaptera)。通称蠼螋或蝠螋。身体狭长,略扁而坚硬。复眼大,无单眼,触角丝状,咀嚼式口器。前胸背板大而扁平,前翅革质,后翅膜质,不飞时折叠于前翅下,仅翅端部分外露,少数种类无翅。三对足发达。腹部末端有尾须一对,特化成坚硬的钳状尾铗,有防卫和捕猎作用。杂食性,多栖息于野外石块下或败叶等潮湿处。渐变态。全世界已知种类有 1 200 种,我国有 220 多种,常见的种类有:日本蠼螋(图 10-23)、红褐蠼螋。

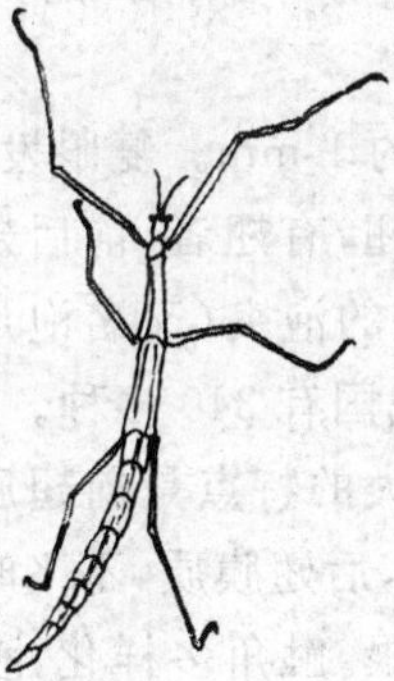

图 10-22　竹节虫(宋憬愚)

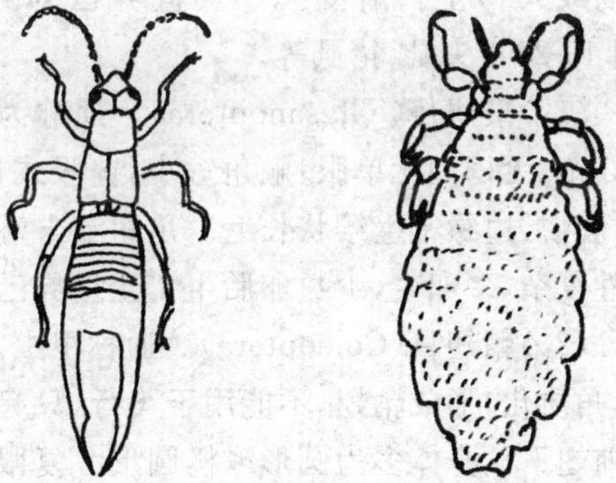

图 10-23　日本蠼螋(左)和人体虱(右)(仿牟吉元)

(14)同翅目(Homoptera)。身体大小差别很大。复眼发达或退化,单眼 2～3 个,无翅种类缺单眼,触角刚毛状或丝状,刺吸式口器。前翅革质或膜质,后翅膜质,有的种类雌虫无翅。三对足一般发达。植食性,吸食植物汁液。渐变态。全世界已知种类有 32 800 种,我国有 1 200 多种,常见的种类有:蝉、叶蝉、沫蝉、蜡蝉、蚜虫等(见彩图)。

(15)半翅目(Hemiptera)。通称椿或椿象。最大的特点是前翅基部加厚成革质,端部膜质(半鞘翅),后翅膜质。身体一般为椭圆形。复眼发达,突出于头部两侧,单眼2个或无,触角丝状,刺吸式口器。前胸背板发达,中胸小盾片发达。三对足常因摄食方式不同而有变化。无尾须,水生种类在腹部末端常有呼吸管。多数植食性,吸食植物汁液,少数猎食。一般有发达的臭腺。渐变态,若虫一般5龄。全世界已知种类有35 000种,我国有2 000多种(见彩图)。

(16)啮虫目(Corrodentia)。通称书虱。身体小而弱。头部发达,复眼发达,有翅型单眼3个,无翅型无单眼,触角长丝状,咀嚼式口器。腹部无尾须。多数生活在树干或枯木上,少数生活在室内,杂食。渐变态。全世界已知约2 000种,我国有10多种。

(17)食毛目(Mallophaga)。体小。头部大而扁,复眼小或退化,无单眼,触角短小,咀嚼式口器。无翅。腹部无尾须。多数寄生在鸟类体表,少数寄生在哺乳动物体表,取食羽毛及体表分泌物。渐变态。全世界已知约4 500种,我国有120多种。如鸡虱、牛毛虱等。

(18)虱目(Anoplura)。通称虱子。体小。复眼退化或消失,无单眼,触角短小,刺吸式口器,吸食血液(与食毛目不同)。无翅。腹部无尾须。终生寄生在哺乳动物或人体上。渐变态。全世界已知约500种,我国有50多种。如人体虱(图10-23)、头虱、猪虱等。

(19)缨翅目(Thysanoptera)。通称为蓟马。身体小,约1 mm。复眼发达,单眼3个,无翅型无单眼,触角短小,锉吸式口器。无翅或有翅,有翅者,前后翅均狭长,膜质,边缘密生缨状长毛。足跗节末端有一个显著突出的泡突(又名泡足目)。食性复杂,多卵生,少数卵胎生。全世界已知约6 000种,我国有340多种。

(20)鞘翅目(Coleoptera)。通称甲虫。鞘翅目昆虫最大的特点是前翅质地坚硬,角质化,形成鞘翅,不能用于飞行,只起保护后翅的作用,后翅膜质,不飞时折叠于前翅下。身体多为圆形或椭圆形。复眼发达,一般无单眼,触角多样化,多为咀嚼式口器。三对足常因摄食和活动方式不同而有变化。食性复杂。完全变态。鞘翅目是动物界最大的一目,全世界已知约33万种,我国有7 000多种。常见的有:步甲、虎甲、龙虱、萤火虫、叩头虫、吉丁虫、金龟、天牛、瓢虫、芫菁、象鼻虫等(见彩图)。

(21)捻翅目(Strepsiptera)。通称捻翅虫。体小,雌雄异型。雄虫体长1.5~4.0 mm,头宽,复眼大而突出,无单眼,触角分叉,口器退化咀嚼式,前翅退化成棒状,称伪平衡棒,后翅宽大,扇状。雌虫无翅,蛆形,头小,触角、复眼、单眼均退化。

营寄生生活,寄生在其他昆虫体内。完全变态,雄虫羽化后,不摄食,寻找雌虫交配。渐变态。全世界已知 370 种,我国有 13 种。

(22)广翅目(Egaloptera)。身体大小不一。头部较大,复眼发达,单眼 3 个或无,触角多样化,口器为发达的咀嚼式。前后翅均膜质,宽大而相似。幼虫水生,完全变态。全世界已知约 300 余种,我国种类较少。常见的有泥蛉和鱼蛉等。

(23)脉翅目(Neuroptera)。最大的特点是双翅膜质,前后翅的大小、形状相似,停歇时置于背上呈屋脊状。身体大小不一。复眼大,单眼 3 个或无,触角细长,丝状、念珠状或棒状,咀嚼式口器。完全变态,幼虫和成虫均为肉食性。全世界已知约 5 000 种,我国近 200 种。如草蛉(见彩图)、蚁蛉、粉蛉、螳蛉等。

(24)蛇蛉目(Raphidiodea)。通称蛇蛉。体细长,小至中形,多为褐色或黑色。头部长,倒三角形。复眼发达,单眼 3 个或无,触角丝状,口器咀嚼式。前胸延长而呈颈状,中、后胸宽短。翅狭长,膜质,翅脉网状,前、后翅相似。腹部 10 节,无尾须,雄虫尾端具肛上板和抱握器,雌虫具长针状产卵器。完全变态,幼虫和成虫均为肉食性。全世界已知种类有 60 种,我国记载 2 种,即西岳蛇蛉和盲蛇蛉。

(25)长翅目(Mecoptera)。通称蝎蛉。体细长,小至中形。头部长,复眼发达,单眼 3 个或无,触角丝状,咀嚼式口器常延长成喙状。前胸短小。翅狭长,膜质,前、后翅相似,少数种类翅退化。腹部 10 节,尾须短小,雄虫外生殖器常膨大成球状并似蝎尾上举。完全变态,幼虫和成虫均为肉食性或腐食性。全世界已知种类近 400 种,我国记载的有 80 余种,如螯蝎蛉。

(26)毛翅目(Trichoptera)。通称石蛾、水蛾(成虫)或石蚕(幼虫)。外形似蛾,小至中形。复眼发达,单眼 3 个或无,细长的触角丝状,咀嚼式口器常退化。翅膜质,翅面上密生细毛。腹部 10 节,纺锤状,无尾须。完全变态,幼虫多生活在水中,吐丝粘连沙粒、碎叶等成管巢,穴居其中,杂食。全世界已知种类近 5 000 种,我国记载的有 400 余种,如长角石蛾、紫石蛾等。

(27)鳞翅目(Lipidoptera)。通称蛾、蝶类(成虫)或毛虫(幼虫)。显著特点是具有两对宽大的翅(少数蛾类雌虫翅退化),膜质,上有鳞片和鳞毛覆盖,色彩鲜艳;虹吸式口器(少数蛾类雌虫口器退化)。复眼发达,单眼 2 个,少数无单眼。蝶类触角棒状,蛾类触角多样化:丝状、羽状等,但绝不会是棒状。完全变态,幼虫多靠咀嚼植物叶片为食,成虫一般吸食花蜜。鳞翅目为昆虫纲的第二大目,全世界已知约 20 万种,我国记载的有 8 000 余种,如各种蝴蝶和蛾子(见彩图)。

(28)双翅目(Diptera)。包括蚊、蝇、虻、蠓类。仅有一对发达的前翅,后翅特化为平衡棒;口器有刺吸式和舐吸式 2 种。头部灵活,复眼发达,单眼 3 个或无,触角丝状(蚊类)或具芒状(蝇类等)。完全变态,成虫善飞,幼虫(蚊类的称孑孓)水栖、陆栖或寄生。全世界已知种类有 85 000 种，我国记载的有 4 000 余种（见彩图）。

(29)蚤目(Siphonaptera)。通称蚤或跳蚤。体小，侧扁，体壁骨化。无复眼，单眼 2 个或退化，触角短小，锤状，刺吸式口器。无翅，后足粗壮，善跳。完全变态。幼虫蛆状，隐藏于地下，食有机质。成虫寄生于鸟兽体表，吸血。全世界已知约 2 350种，我国记载的有 450 余种。

(30)膜翅目(Hymenoptera)。包括蜂和蚁类。有 2 对膜质的翅，前翅显著大于后翅；腹部第一节并入胸部(称并胸腹节)；雌虫具有发达的产卵器。头部灵活，复眼发达，单眼 3 个或无，触角多样化，口器有咀嚼式或嚼吸式，食性复杂。完全变态，高等种类营社会化生活。膜翅目为昆虫纲的第三大目，全世界已知种类近 12 万种，我国记载的有 2 300 余种(见彩图)。

第三节　节肢动物的系统发展

节肢动物是由环节动物进化而来的，其原始祖先近似目前的环节动物：体节多且近似。在进化中，体节数目趋向逐渐减少而恒定，附肢功能趋向特化。

一般认为，节肢动物有两条进化路线，一条是：三叶虫纲→甲壳纲→肢口纲→蛛形纲。三叶虫为海洋动物，体节多，节数不定，附肢很少特化。甲壳纲中低等的鳃足亚纲动物，与三叶虫有很多相似之处，估计很可能是由三叶虫发展而来的。肢口纲是一类孑遗动物，一方面，它具有甲壳纲动物的一些特征，可能由甲壳动物演化而来；但另一方面，其幼虫和三叶虫非常相似，更可能由三叶虫纲直接发展而来。至于蛛形纲，显然起源于肢口纲。另一条进化路线是：有爪纲→多足纲→昆虫纲。有爪纲动物是非常原始的类型，显然与环节动物有密切的亲缘关系，其祖先应是水生的，后来向陆生发展，但适应能力较差，所以，其种类较少，只能生活在潮湿的热带雨林中。多足纲动物和有爪纲动物有一定的联系，但较高等，已经能很好地适应陆地生活。昆虫纲动物与多足纲动物应有共同的祖先，但昆虫纲动物的适应性发展得最好，因而种类极为繁盛。

本章小结

节肢动物为动物界种类最多的一门动物，在无脊椎动物进化中，登陆取得了巨大成功，其绝大多数种类演变成为真正的陆栖动物，占据了陆上所有生境。节肢动物全身包被坚实的外骨骼，具有保护、运动和防止水分蒸发等多种功能。具有灵活的节肢,并可特化成触角、足、口器、纺绩器和交配器等,以执行多种功能。混合体腔内充满血液,内脏器官浸泡在血腔中,行开管式血液循环。消化管分化为前肠、中肠和后肠,分别执行摄食、贮藏、消化、吸收和重吸收水分形成粪便等功能。具有书鳃、书肺和气管等多种呼吸器官。具有绿腺、基节腺、颚腺等后肾型的排泄器官以及马氏管等,既能完成排泄又不损失水分,可适应于干燥的陆地环境。具有集中的链索状神经系统,头部、胸部和腹部末端的神经节较发达,增大的脑、发达的感觉器官(触觉、味觉、嗅觉、听觉、平衡和视觉)和外激素使节肢动物具有复杂的行为。除蔓足目和寄生的等足类等少数甲壳动物外,多数节肢动物雌雄异体,陆生类多体内受精,水生类多体外受精,生殖方式多样,一般为卵生,也有的卵胎生,除了两性生殖外,还有孤雌生殖、幼体生殖和多胚生殖等。节肢动物已知100多万种,可分为四亚门七纲;三叶虫亚门(三叶虫纲);有鳃亚门(甲壳纲);螯肢亚门(肢口纲、蛛形纲);气管亚门(有爪纲、多足纲、昆虫纲)。

思 考 题

1. 节肢动物门的进步性特征体现在哪些方面?

2. 节肢动物门分哪几个纲?各纲的主要特征是什么?

3. 观察周围的昆虫,试分析昆虫种类多、分布广的原因。

4. 名词解释:异律分节、外骨骼、蜕皮、口器、血腔、书肺、书鳃、气管、马氏管、雌雄二型及多型现象、完全变态、不完全变态、半变态和渐变态、链状神经系统、卵胎生、外激素、滞育、羽化。

第十一章 棘皮动物门 (Echinodermata)

导读 棘皮动物因具有中胚层起源的内骨骼，且突出体表形成棘而得名。在动物界系统演化中，棘皮动物为一支古老而特殊的类群，始于古生代寒武纪，到志留纪、石炭纪、泥盆纪最繁盛。由于适应水中的特殊生活，其成体又形成了辐射对称的体制。大量古化石和现存种类的胚胎学研究表明，它们最初的成体和现存的幼虫都是两侧对称的。成体的口不是由胚胎发育中的原口形成的，而是另行产生的，故称为后口，这与脊索动物相似。棘皮动物的幼虫与半索动物的幼虫非常相似，说明两者亲缘关系密切，都是无脊椎动物和脊索动物之间的过渡类群。近代学者将棘皮动物与毛颚动物、须腕动物、半索动物和脊索动物同列为高等的后口动物(deuterostomes)。棘皮动物全部营海洋底栖生活，从浅海到数千米的深海都有分布，沿海常见的种类有：海星、海胆、海参、海蛇尾等。

第一节 棘皮动物门的主要特征

1. 次生性五辐射对称 棘皮动物的成体全部呈五辐射对称(pentamerous radial symmetry)，即沿着身体的中轴可以切成5个对称面。棘皮动物的幼虫是两侧对称的，成体的五辐射对称是因为其原始祖先适应于海洋固着生活而特化的，故为次生性的。

2. 具有中胚层起源的内骨骼 所有的棘皮动物都具有中胚层起源的内骨骼，是由钙化的小骨片(ossciles)组成的，骨片或彼此成关节，结合成椎骨状、网状或复瓦状，如海星、海蛇尾、海百合等；或愈合成一整个的胆壳，如海胆类；或散布在体壁中，形成微小、精致而美丽的骨片(spicules，ossicles)，如海参类。这些小骨片可以形成棘刺，突出体表之外。根据形状、功能和分布，将体表的棘刺分为短棘(spine)和钳棘(pedicellaria)，棘间分布有皮鳃(papula)。短棘为许多短而钝的突起；钳棘也称叉棘，围绕短棘分布，形似钳子，能自由开闭，其功能是清洁体表污物和保护皮鳃；皮鳃是分布在棘间的一些细小中空的薄膜状圆锥形凸起，与体腔相通，为呼吸

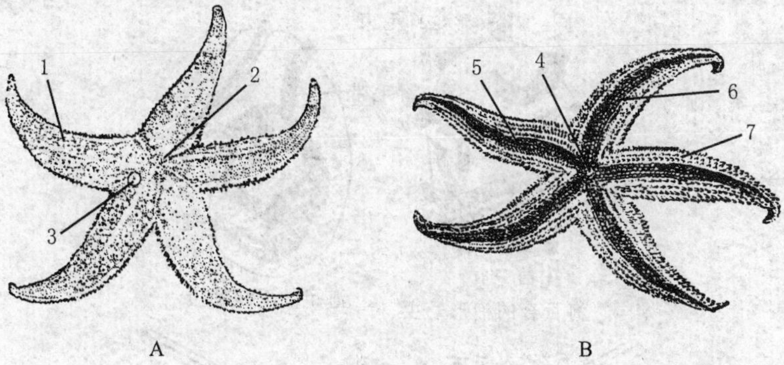

图 11-1 海盘车的外形(自顾宏达)

A. 反口面;B. 口面

1. 腕;2. 中央体盘;3. 筛板;4. 口;5. 步带沟;6. 管足;7. 间步带

器官(图 11-2,图 11-3)。

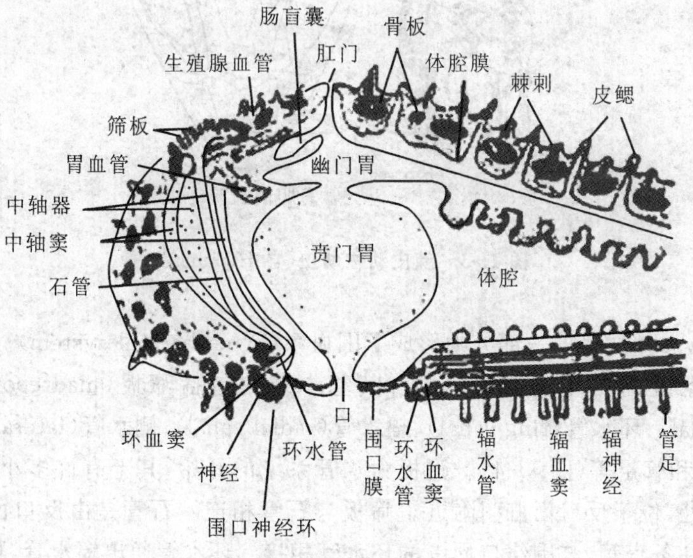

图 11-2 过海星体盘及腕的纵切(自 Hickman)

3. 具有特殊的水管系统 棘皮动物的次生体腔发达,除围绕内脏器官的围脏腔(perivisceral coelom)外,体腔的一部分形成了棘皮动物独有的水管系统(water-

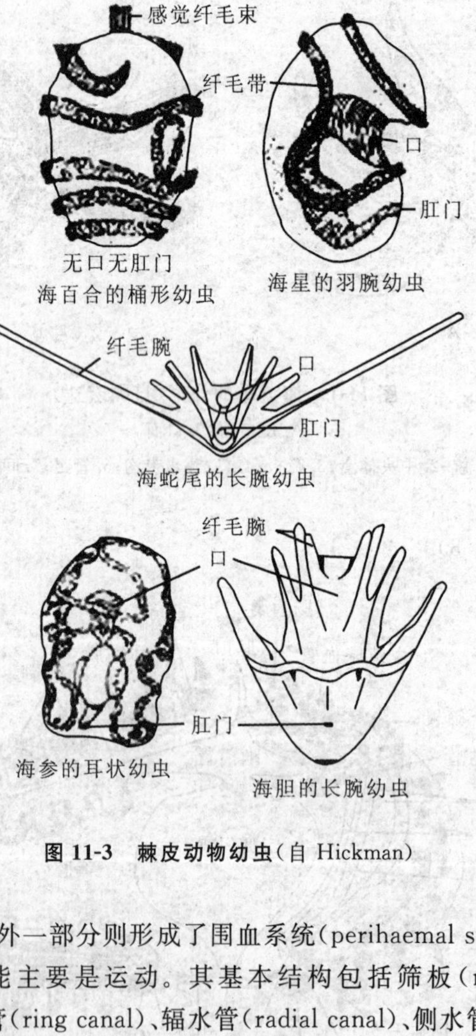

图 11-3 棘皮动物幼虫(自 Hickman)

vascular system),另外一部分则形成了围血系统(perihaemal system)。

水管系统的功能主要是运动。其基本结构包括筛板(madreporite)、石管(stone canal)、环水管(ring canal)、辐水管(radial canal)、侧水管(lateral canal)、坛(ampulla)和管足等(图 11-4)。筛板为水管系统的开始,其上有许多小孔,是外界海水通入处,位于反口面肛门附近。筛板与石管相连。石管是由反口面连向口面环水管的一条直管,与围绕口周围的环水管相接。环水管通出辐水管,再沿各腕的步带沟伸向腕的末端,并在其两侧分出侧水管,侧水管向反口面分支成罍(ampulla),向口面分支成盲管状的管足,管足末端具吸盘。

4. 后口动物与变态发育 棘皮动物从发生上属后口动物。棘皮动物的卵是均黄卵,受精卵为典型的均等卵裂,经桑椹期而达囊胚期,继而囊胚内陷形成原肠胚,

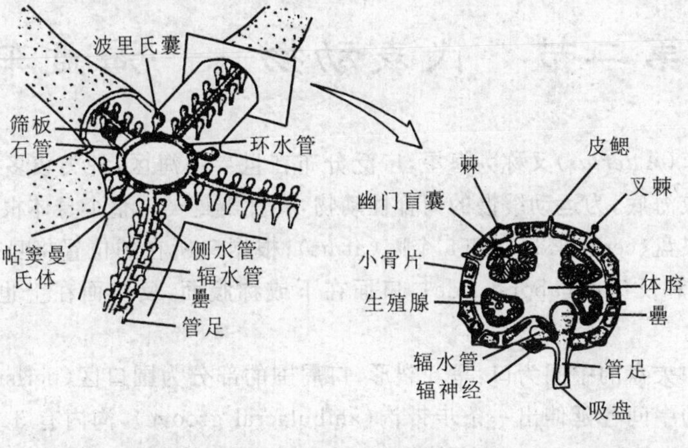

图 11-4　海星的水管系统及解剖图(仿 Sherman)

再由肠体腔法形成中胚层和体腔囊。原胚孔形成了成体的肛门,在原肠孔相对的一端形成口,因此称为后口。随着发育的进行,由原肠形成的两个体腔囊各自分成 3 个体腔囊,由前向后依次为轴体腔(axocoel)、水系腔(hydrocoel)和躯体腔(somatocoel)。原肠以后发育成自由游泳的幼虫。各种棘皮动物的幼虫,形态各不相同,但均为两侧对称(图 11-3)。幼虫体表具有不同数目的纤毛带或腕,体内有完整的具纤毛的消化道。例如,海星类形成羽腕幼虫(*Bipinnaria*),海蛇尾类和海胆类形成长腕幼虫(*Pluteus*),海参类形成耳状幼虫(*Auricularia*),而海百合类则形成桶形幼虫(*Doliolaria*)。只有海百合类的幼虫早期用前端附着,以后在附着处长出长柄,成为永久固着生活的种类,而其他的均为暂时性的固着生活。在以后的变态过程中,最后一对体腔即躯体腔发育为成体的体腔,左侧的水腔则发展成水管系统的环管,并长出辐管及管足,奠定了辐射对称的基础。左轴体腔及部分左躯体腔形成了围血系统,其他体腔逐渐退化。同时,左侧环管中央形成口,右侧形成肛门,而幼虫的口及肛门都封闭消失。结果幼虫以左侧发展为成体的口面,以右侧发展成反口面,以口面和反口面为中轴向外辐射出 5 支,最初是水管系统,随后其他内部器官系统也相应地呈五辐射排列,形成了成体的辐射对称。这样,棘皮动物就由两侧对称转变成了次生性的辐射对称。这种转变可能完全是由于适应固着生活的结果。

第二节 代表动物——海盘车

海盘车(*Asterias*)又称为海星,广泛分布在世界各海区,种类较多。一般生活在潮间带或海底,为运动缓慢的肉食性动物,喜食瓣鳃类。整个身体根据周围的宽度分为中央盘(central disc)和5个腕(arms);根据口所在的位置将身体分为口面(oral side)和反口面(aboral side),口面在下或称腹面,反口面在上也称背面(图11-1)。

口面中央盘的中间为口,呈5裂形,口周围的部分为围口区(peristome),由此向5个腕的中间各延伸出一条步带沟(ambulacral groove),沟内有3、4列具吸盘(sucker)的管足(podia)。在各步带沟两侧没有管足的部分称为间步带区(interambulacral area),其上有数排坚硬的骨质刺称步带骨(ambulacral ossicles),可使步带沟闭合为保护管足的结构。此外,在步带沟末端部位的管足,其顶端不具吸盘,而变成尖形有感觉作用的触手(tentacle)。

肛门位于反口面稍偏中央盘的部位。肛门附近中央盘的外缘靠两腕基部之间有一大而圆形的白色结构称筛板。筛板上有辐射状的凹纹,其内有许多小孔,是水管系统的开始。棘皮动物由于五辐射对称体形,使内部的许多器官在排列上往往也作相应的五数或五的倍数的分化。

棘皮动物的运动是借助于水管系统来完成的。水经筛板而入水管系统,管足及坛内贮满水。侧水管的瓣膜可关闭,阻止水回流,使罍和管足成一闭合系统。当罍收缩时,就将水压入管足,管足便伸长;当罍舒张时,水流回罍内,管足就缩短。当管足伸长时,其末端上的吸盘与底物接触,并粘吸住底物;当管足收缩时,就将身体拉向前了。每个管足走一小步,结合所有管足的活动,就能使身体牢固的吸住它物,并能在周围爬行。管足的活动不是同步的,即不是一齐伸长和缩短,但却能在一定程度上协调起来,这样就能在相同的方向上行走了。

1. 消化系统 海盘车的整个消化系统是从口面的口到反口面的肛门,仅为一条极短的管子,食物主要是靠周围5个腕伸展出去的胃来容纳和消化。消化系统包括口、食道、胃、直肠和肛门(图11-2)。食道和直肠都很短,胃为食道后广阔的薄壁构造,分贲门部(cardiac portion)和幽门部(pyloric portion)。幽门胃向5条腕内分出成对的幽门盲囊(pyloric caeca),充满整个腕,能分泌消化液到胃,起消化作用。由幽门胃通往肛门的一段短管为直肠,在其周围靠近间步带沟处各有一分叉的肠盲囊(intestinal caecum)。食物由翻出的贲门胃裹入胃内,经幽门胃消化,未消化的物质由口排遗而出，消化后的食物则由直肠吸收，故虽有肛门，但无作用。

2. 围血系统(perihaemal system)与循环系统　海盘车的循环系统没有明显的血管构造，全由原体腔的残留部分形成的许多不规则的腔隙构成的微小管道或血窦组成，其外有相应的管状膜包围，称为围血窦(perihaemal sinus)或腔隙组织(lacunar tissue)。围血系统位于水管系统的下方，呈五辐射排列，完全和水管系统相对应。在口面环水管的下方，有1个围口的环血窦(ring haemal sinus)，5个辐水管的下方各有1条辐血窦(radial haemal sinus)，在环血窦的内外及辐血窦的左右，也有一系列的环围血窦和辐围血窦等。在反口面，同样也有1个围口的环血窦和5条辐血窦，以及相应的围血窦系统。5条反口面辐血窦则与5对生殖腺相通。这种按水管系统排列的围血系统，其口面与反口面是通过一条平行于石管的中轴器(axial organ)相连接的(图11-4)。

3. 神经系统　棘皮动物的神经系统具有3个神经中枢，与水管系统平行，按五数辐射排列。其中一个是由外胚层发生的神经中枢，称外神经系统(epineural system)，它由一个围口的神经环(nerve ring)和由此发出的5条通到各腕的辐神经(radial nerve)构成，位于围血系统的下方。另外两个神经中枢由中胚层发生，一个分布在围血系统管壁之上，称下神经系统(hyponeural system)，是由1个神经环和5条辐神经构成；另一个分布在反口面体壁内的体腔上皮处，称内神经系统(entoneural system)，无神经环，而只有辐神经。按照神经系统的发生规律，都是由外胚层起源的，但棘皮动物除了外神经系统起源于外胚层外，下神经系统和内神经系统则是由中胚层发生的，这在动物界是惟一的特例。

4. 生殖系统　海盘车为雌雄异体。雌性或雄性生殖腺均按五辐射状排列，有5对，分别位于反口面的各间步带区(图11-2)。

第三节　棘皮动物门的分类

棘皮动物门化石种类多达20 000多种，其中有5个纲已完全灭绝。现存种类约6 000种，可分为2个亚门5个纲：

有柄亚门(Pelmatozoa) 附着或固着生活。包括1个纲。

海百合纲(Crinoidea)

游在亚门(Eleutherozoa) 自由生活。包括4个纲。

海星纲(Asteroidea)

蛇尾纲(Ophiuroidea)

海胆纲(Echinoidea)

海参纲(Holothuroidea)

1. 海百合纲 现有棘皮动物中最古老、最原始的一纲,大多数种类已灭绝,约有 5 000 多种化石,是古生代地层中很繁盛的一类。共有 2 类:一类是终生有柄,营固着生活的海百合类(stalked crinoids)。另一类是成体无柄,营自由生活的海羊齿类(comatulids)。

海百合(*Metacrinus*),体分为根、茎、冠 3 部分。茎一般称为柄,由一系列构成关节的骨板组成,其上常有按一定间隔呈环状排列的卷枝(radiculus),有附着作用。冠由萼(即体盘)和腕构成。萼呈杯状或盘状,由结实而排列规则的石灰质骨板组成,上面具有口、肛门和步带沟。步带沟内生触手,无运动功能,可捕食。腕由多数腕板构成,原始腕数为 5 个,但由于一再分支而成多个。腕两侧具许多羽枝(pinnules)。口与反口面在同一面,均向上。冠部以反口面附着在柄或卷枝上。口位于口面中央或近中央,由口向外伸出 5 个步带沟到达腕(图 11-5)。

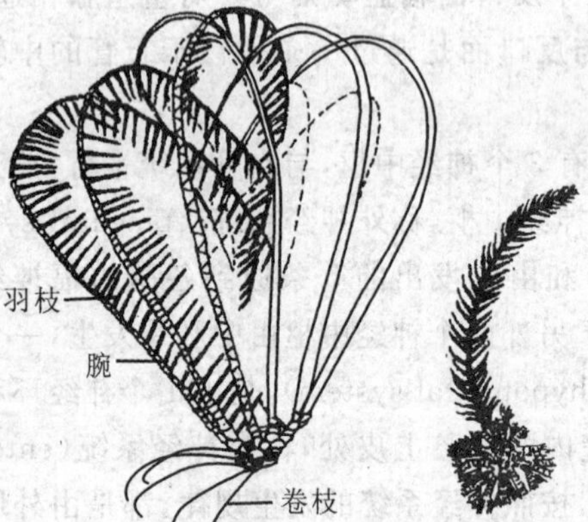

图 11-5 海羊齿(左)与小卷海齿花(右)(自谢祚浑)

现存种类仅 630 多种,其中,海百合类有 80 多种,固着生活在深海软泥或沙质海底;海羊齿类约有 550 种,多自由生活在潮间带及浅海底或珊瑚礁中。

2. 海星纲 体呈星形或五角形,腕数皆为 5 或 5 的倍数。各腕能伸缩弯曲,与体盘无明显的分界。骨板稍能活动,在腕的腹面排列整齐。体表有皮鳃、棘刺和棘钳。各腕腹面中央有步带沟,内有 2～4 列具吸盘的管足。肛门在反口面的正中,其旁有筛板。

现存种类约 1 600 种,在砂质海底、软泥海底、珊瑚海底及各种深度的海中都有分布。如海盘车(*Asterias*)、海燕(*Asterina*)、砂海星(*Luidia*)及太阳海星(*Solaster*)。海星类的某些种类常取食颗粒,但多数是肉食性的,特别喜食静止的捕获物,如双壳类。海星和海燕等在医药和早期胚胎发育的研究上具有一定的价值。

3. 蛇尾纲 体呈扁平星形,分为中央盘和 5 个腕,两者分界十分明显。腕细长,无步带沟;管足 2 列,不具吸盘和壨;腕内具发达的骨板,各腕均由 4 列骨板包围,背面为腕上板,两侧为腕侧板,中央有 1 列互相紧接的脊骨(vertebral ossicle)。

筛板位于口面。消化道具口而无肛门,食物残渣由口吐出。胃囊简单,为盲囊。蛇尾纲是现存棘皮动物中最大的一个纲,约有 2 000 种,在浅海和深海均有分布,如羊遂足(*Amphiura*)、真蛇尾(*Ophiura*)等。蛇尾为一些冷水性底层鱼的天然饵料(图 11-6)。

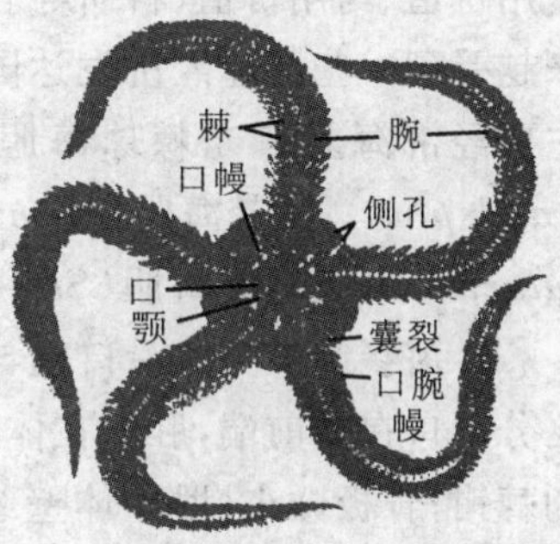

图 11-6　刺蛇尾(自 Hickman)

4. 海胆纲　身体口面向下、平坦,反口面向上隆起。5 条腕翻向反口面,且相互愈合,形成球形(如规则形海胆 Endocyclica)或盘形(如不规则形海胆 Exocyclica)的"壳"(test),整个身体被包在胆壳中。胆壳由 20 列子午线排列的骨板构成,每两列为 1 区,共有 10 个区,5 个较狭者为步带区,5 个较宽者为间步带区(图 11-7)。在每个步带区靠边缘处有二列管足,在骨板上留有管足孔,管足从孔伸出,具吸盘和鳃;间步带区没有管足孔。壳表具长的可动的刺和叉棘。口位于口面,周围有围口膜,口腔内有构造复杂的可咀嚼食物的亚里士多德提灯(Aristotle's lantern),其上有齿,可以切碎食物。肛门位于反口面,围肛膜的中央,周围有 5 个生殖板(genital plate)和 5 个眼板,每个生殖板上有 1 生殖孔。

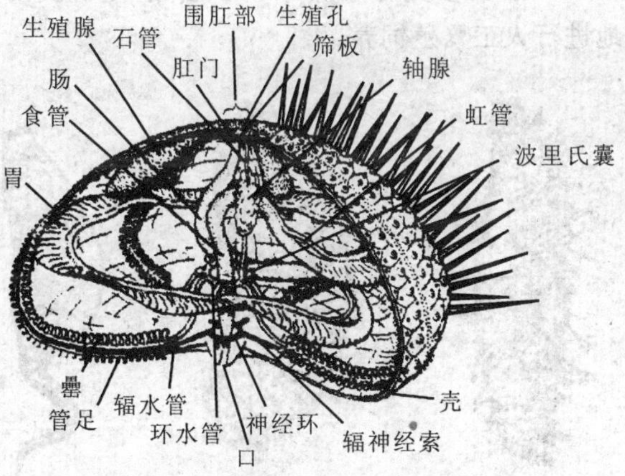

图 11-7　海胆内部构造(自 Hickman)

海胆纲现存种类约 900 种,我国迄今已发现的种类约有 100 种。分布在从潮间带到几千米深的海底,多集中在滨海带的岩质海底或沙质海底。海胆是一种集食用价值、药用价值、科研与教学价值于一体的经济海洋生物，其研究与发展已越来越受到一些渔业经济发达国的重视，现今世界海胆渔获量已达数万至数十万吨。主要经济海胆有光棘球海胆（*Strongylocentrotus nudus*）、紫海胆（*Anthocidaris crassispina*）、马粪海胆（*Hemicentrotus pulcherrimus*）、海刺猬（*Glyptocidaris crenularis*）、虾夷马粪海胆（*Strongylocentrotus intermedius*）等 10 余种。

5. 海参纲 身体沿口极与反口极拉长，成为圆柱形。身体有前后端和背腹面之分。口在体前端，肛门在体后端，又次生性地出现两侧对称状。体表无腕、棘刺和棘钳；骨板微小，埋于体壁组织中。步带区及间步带区沿身体长轴呈子午线排列，不以口面附着，而以部分步带区及间步带区附着，因此称腹面。步带区 5 个，背面 2 个，腹面 3 个，背面步带区管足退化，变为圆锥状肉质突起；腹面 3 步带区管足发达，但排列不规则；口管足变为触手。海参肌肉发达；消化管甚长，后端膨大，腔壁向体腔突出形成 2 枝呼吸树（respiratory tree），兼有气体交换和排泄的作用；水管系统发达，但筛板退化，位于体腔内。

海参纲现存 1 100 多种，是潮间带常见的棘皮动物，它们分布在不同深度的海底，多隐藏在石块下，常成堆聚集，如赛瓜参（*Thyone*）、细锚参（*Leptsynapta*）、刺参（*Stichopus japonicus*）、梅花参（*Thelenota ananas*）、海棒槌（*Paracaudina chilensis var. ransonnettii*）、瓜参（*Cucumaria*）、沙鸡子（*Phyllophorus*）、海地瓜（*Acaudina*）等（图 11-8）。海参类有 40 多种可供食用，是优良的滋补品，部分种类的海参现已成功地进行人工繁殖饲养。

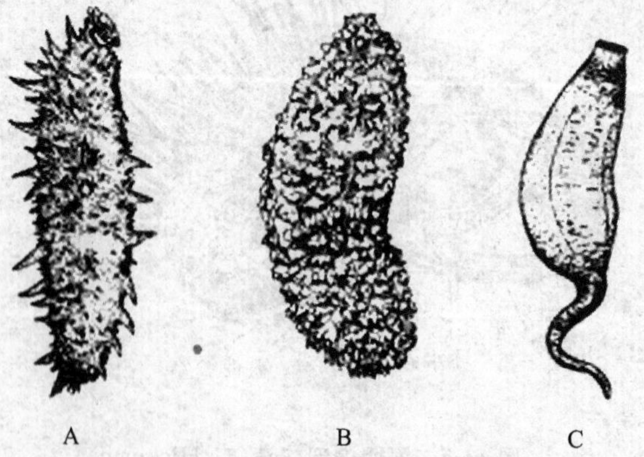

图 11-8 刺参（左）、梅花参（中）与海地瓜（右）

（自华中师范学院等编《动物学》）

本章小结

棘皮动物属后口动物，在胚胎发育中以肠体腔法形成中胚层和体腔囊，具有中胚层形成的内骨骼，发达的次生体腔和特殊的水管系统，体呈次生性的五辐射对称。间接发育，幼虫与半索动物的幼虫极为相似。这些特征充分说明，棘皮动物是高等的无脊椎动物。本门动物分为海百合纲、海星纲、海蛇尾纲、海胆纲和海参纲，其中海百合纲为古老类群。

思考题

1. 棘皮动物门主要特征有哪些？为什么说棘皮动物是一个古老而特殊的类群？

2. 比较海百合纲、海星纲、海蛇尾纲、海胆纲和海参纲的异同。

第十二章　半索动物门
(Hemichordata)

导读　半索动物(Hemichorda)又称隐索动物(Adelochorda),是后口动物的一个小分支,身体多呈蠕虫形,全部海产,大多数在潮间带营底栖生活,个体掘土穴居或群体固着生活。1825年黄殖翼柱头虫(*Ptychodera flava*)最早被发现和命名,至今,全世界已知约100种。其分类地位仅次于脊索动物门,是非脊索动物和脊索动物之间的一种过渡类群。

第一节　半索动物门的代表动物及主要特征

一、代表动物——柱头虫(*Balanoglossus*)

柱头虫身体呈蠕虫状,体长多为30 cm左右,栖息于太平洋的沿岸浅海泥沙中,生活方式类似蚯蚓(图12-1)。

虫体由前向后分为吻(proboscis)、领(collar)和躯干(trunk)3部分,躯干部又可分为鳃裂区、生殖区、肝囊区和肠区,肛门位于身体末端。吻和领部都有发达的肌肉,吻能缩入领中。吻、领和躯干中都有空腔,分别称为吻腔、领腔和躯干腔(图12-2)。吻腔是单个的,领腔和躯干腔各被背、腹隔膜分为成对的腔,这5个腔都是由体腔分化而来的。吻腔后背部以吻孔与外界相通,领腔经1对侧孔与外界相通,可容水流进入和废液排出。躯干腔与外界不相通。柱头虫依靠肌肉的舒张与收缩而使吻腔和领腔充水和排水,导致吻部和领部发生伸缩,在浅海沙滩中运动和挖掘成U字形洞道,并藏身其中,营少活动的穴居生活。当吻腔充水时,吻部变得坚直,形似柱头,故名柱头虫。

体壁由表皮、肌肉层和体腔膜构成。表皮的外层是单层较厚的上皮,外被纤毛。除肝囊区外,上皮内含有形状各异的多种腺细胞,均可分泌黏液至体表。外层下为神经细胞体及神经纤维交织而成的神经层,底部则为薄而无结构的基膜。基

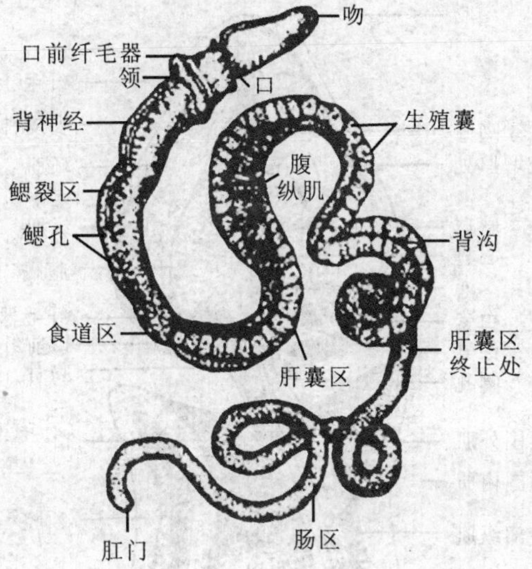

图 12-1　柱头虫的外形

(自 Newman Davi 等)

膜的深处是环肌、纵肌和结缔组织合成的平滑肌层,紧贴其内的为体腔膜。

虫体的口位于吻基腹面的领内,其后为口腔,在口腔的前端背侧壁上有一盲管状的突出物——口盲囊(buccal diverticulum)前伸至吻内,曾被认为是脊索的雏形,称为口索(stomochord)。由于口索短小,因此把这类动物称为半索动物。口腔之后是咽部,在外形上相当于鳃裂区,消化管进入躯干的部分称为咽,在躯干部前方背部两侧各有一列外鳃裂,与消化管咽部的 U 形内鳃裂相通,称咽鳃裂,其数目及大小随种而异。由于鳃裂开口于消化道,故又名肠鳃动物。咽鳃裂是呼吸器官,彼此相邻的鳃裂间布有丰富的微血管,当虫体向前掘进时,水和富含有机质的泥沙便被摄入消化道,水从鳃裂排出,借水流从鳃裂排出时进行呼吸作用。

食物的消化和吸收情形与蚯蚓大致相同。由口管向后进入咽,咽占据着躯干部前端的鳃裂区,咽的背侧有鳃裂及鳃孔与外界相通,咽的腹面一半则作为消化道部分。咽后为食道,胃的分化不显著,食道后方为细长的肠管。在肠管靠前段的背侧有若干成对的突起,称为肝盲囊(hepatic caecum),是分泌消化酶的主要地方。肝盲囊是柱头虫的主要消化腺。肝盲囊后的肠即为直肠,最后以肛门开口在身体末端。

循环系统主要有 2 条血管,即背血管和腹血管。血液循环方式与蚯蚓类似,背

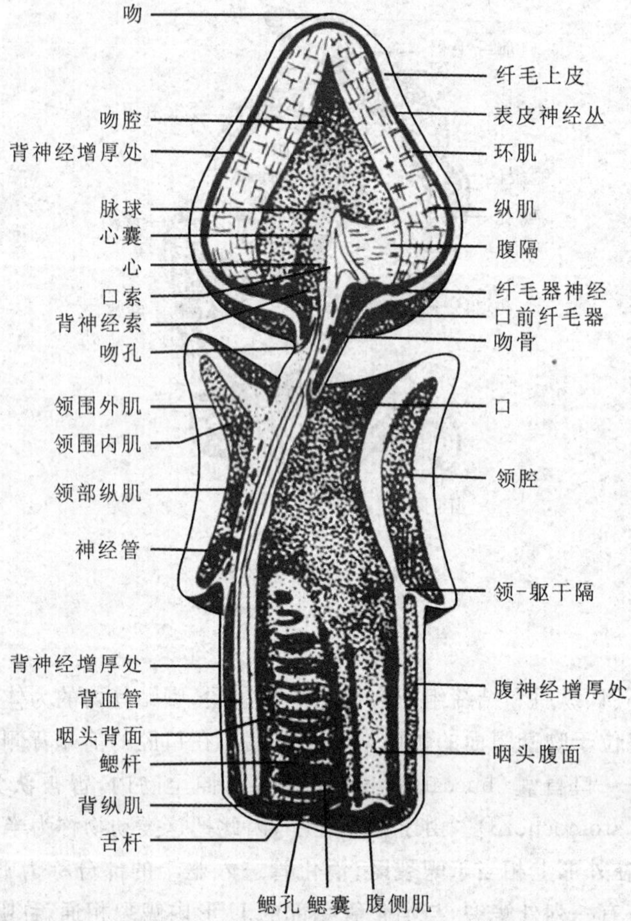

图 12-2 柱头虫身体前段纵切(自 Parker and Haswell)

血管里的血液由后向前流,腹血管里的血液由前向后流。背血管进入吻腔的部分膨大成静脉窦,再往前则进入中央窦,再注入血管球。其血液循环属于开管式。

排泄功能的完成靠口索前端的一个称为血管球或脉球(glomerulus)的构造,突出于吻腔中,可过滤代谢废物到吻腔,再从吻孔排出体外。

神经系统包括 2 条纵行的,连接表皮的神经索,即沿着背中线的 1 条背神经索和沿着腹中线的 1 条腹神经索,背、腹神经索在躯干的前端被一神经环相连。背神经索伸入领中的部分出现空腔,形成雏形的背神经管。

半索动物的有性生殖为雌雄异体,躯干前半部鳃区至肝囊区之间的背部两侧向外延伸形成翼状板,内有生殖腺,称为生殖翼(genital wing)。生殖腺多对,呈小囊状,每个生殖腺开口到外界,因此生殖孔也排成列。性成熟时卵巢呈现灰褐色,精巢呈黄色。体外受精,间接发育,经柱头幼虫(tornaria)期,变态发育为柱头虫。柱头虫幼虫与棘皮动物幼虫的比较如图 12-3 所示。

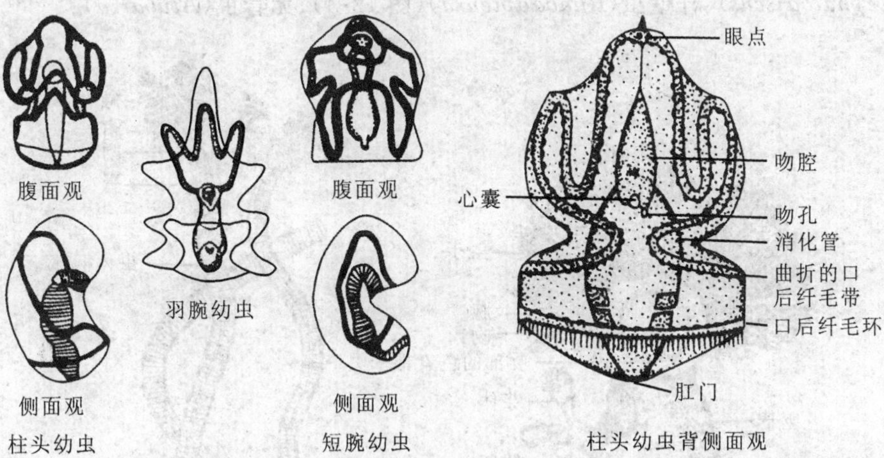

图 12-3　柱头虫幼虫与棘皮动物幼虫的比较(自 Parker and Haswell)

二、半索动物的主要特征

(1)具有背神经索。其最前端部有空腔,一般认为这是背神经管的雏形。

(2)咽部有鳃裂。鳃裂为呼吸器官,简称咽鳃裂(pharyngeal gill slits)。

(3)口腔背面向前伸出 1 条短盲管,称为口索。这是半索动物特有的结构。过去认为口索是原始的脊索,但近年来组织学与胚胎学的研究证明它与脊索动物的脊索既不同功,又不同源,可能是一种内分泌器官。

第二节　半索动物门的分纲

半索动物通常分为 2 个纲:肠鳃纲(Enteropneusta)和羽鳃纲(pterobranchia)。

1. 肠鳃纲　吻呈柱头状,肛门在体的后端,营个体生活,雌雄异体。多在泥沙中穴栖或在石块下生活。以藻类、原生动物等为食。以潮间带或潮下带种类较多,有 70 余种,中国已报道 6 种。例如柱头虫(*Balanoglossus*)。

2. 羽鳃纲 吻呈扁平盘状,领的背线向前方延长成一对或数对腕状突起,各腕上列生许多触手,鳃裂一对或缺。肛门在体背方前端。雌雄异体或无性生殖。仅有3个属,是一群小形的半索动物。大多数生活在较深的海水中,以柄附着在海底,营聚生或群体生活。这类动物较为罕见,在中国尚未发现。例如头盘虫(*Cephalodiscus*)、杆壁虫(*Rhabdopleura*)(图12-4)、无管虫(*Atubaria*)。

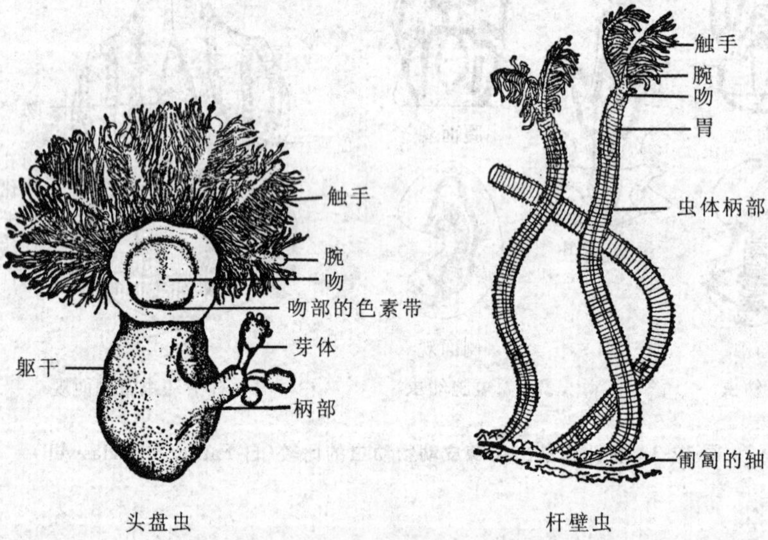

图12-4 头盘虫和杆壁虫(自惠利惠)

第三节 半索动物的分类地位

由于半索动物具有口索、神经管的雏形和咽鳃裂,与脊索动物的三大特征基本相符。所以,曾有人主张把半索动物列入脊索动物门。现在一般动物学者多把它归属为非脊索动物。主要根据是:半索动物没有真正的脊索。据研究发现,口索很可能是一种内分泌器,相当于未来的脑垂体前叶。而且,半索动物还具有一些无脊椎动物的典型特征,如:腹神经索,开管式循环,肛门位于身体的末端等。

现在认为把半索动物归入非脊索动物的一个门是比较恰当的。因为半索动物与棘皮动物的亲缘关系最近,它们可能是由一类共同的原始祖先分支进化而来的。其依据来自于胚胎发育和生化方面的研究:①它们都是后口动物;②两者的中胚层都是由体腔囊法形成的;③柱头虫的幼虫(柱头幼虫)与棘皮动物的幼虫(短腕幼虫)形态结构非常相似(图 12-3);④海胆和柱头虫的肌肉中都含有肌酸和精氨酸。

因此,半索动物应该是非脊索动物的一个门,与棘皮动物及脊索动物均有某种亲缘关系。是非脊索动物和脊索动物之间的一种过渡类群。

本章小结

半索动物也是后口动物的一支,种类较少,已知约有 100 种,全海产。身体多呈蠕虫状,具有口索、神经管的雏形和咽鳃裂。半索动物具有一些无脊椎动物的典型特征,例如:腹神经索、开管式循环、肛门位于身体的末端等。半索动物与棘皮动物在演化上有较近的亲缘关系,它们同是无脊椎动物与脊索动物之间的过渡类群。

思考题

1. 半索动物门的主要特征是什么?
2. 柱头虫是如何适应穴居生活的?
3. 半索动物在动物系统演化中的地位如何确定?根据是什么?

第十三章　脊索动物门 (Chordata)

导读　脊索动物门是动物界中最高等的一个门，现存 7 万多种。尽管由于进化程度和生活方式的不同，现存种类在外部形态和内部结构上都存在着显著的差异，但它们都出现了脊索、背神经管和咽鳃裂，这三大特征明显地区别于无脊椎动物。同时，脊索动物又继承了无脊椎动物的许多高等特征，表明脊索动物是由无脊椎动物进化而来的。但是，由于最低等的脊索动物(如海鞘、文昌鱼等)体内没有硬骨的形成，至今还未发现它们的化石祖先，尚不能确定脊索动物与哪一门类无脊椎动物之间有亲缘关系，只能根据比较解剖学和胚胎学的证据进行推测。近百年来，动物学家提出了种种假说，其中重要的两个假说是环节动物论和棘皮动物论。前者认为脊索动物起源于环节动物，主要证据是：都是两侧对称，都有分节的排泄器官、发达的真体腔和闭管式的血液循环等。后者认为脊索动物起源于棘皮动物，主要证据来自胚胎学研究：都具有相同的卵裂方式、中胚层和体腔形成模式，都是由胚孔衍生来的肛门，同属后口动物等。多数人赞同后一种假说。

第一节　脊索动物门的主要特征

1. 脊索(notochord)　脊索是位于脊索动物消化道背面的具有支持身体作用的 1 条棒状结构(图 13-1C)。它来源于胚胎期原肠背部的部分细胞，这些细胞经过分裂加厚、分化、外突，最后脱离原肠形成脊索。脊索由内部富含液泡的脊索细胞团和包围在脊索细胞外的两层结缔组织性质的脊索鞘(notochordal sheath)构成。由于脊索细胞内液泡产生的膨压，使脊索既具有弹性，又有一定的硬度，从而起到体轴骨骼的基本作用。

在脊索动物门中，低等类群的脊索终生存在或仅存在于幼体时期。高等类群的脊索只在胚胎期出现，当胚胎发育结束时，即被分节的骨质脊柱所代替。组成脊索或脊柱的内骨骼细胞，都能随动物的发育而不断生长。

2. 背神经管(dorsal tubular nerve cord)　背神经管是脊索动物的中枢神经系

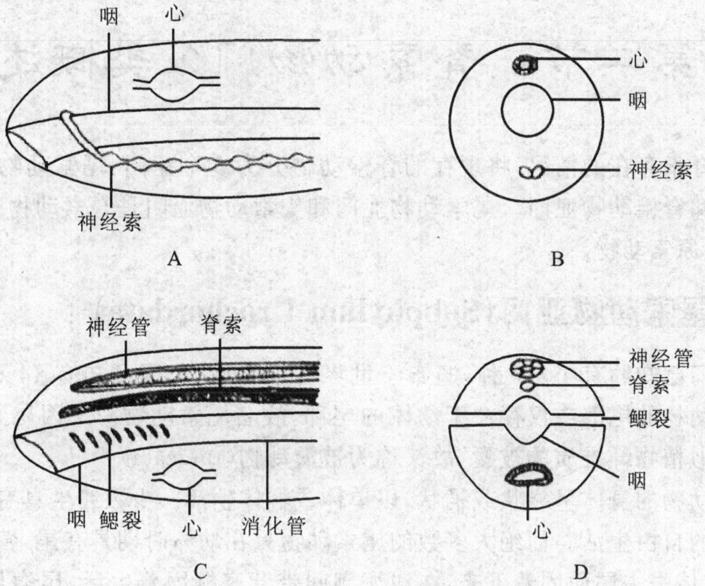

图 13-1　脊索动物与无脊椎动物结构模式比较(自惠利惠)

A. 无脊椎动物的纵断面;B. 无脊椎动物的横断面;

C. 脊索动物的纵断面;D. 脊索动物的横断面

统,位于脊索背方(图 13-1C),是一条由胚体背中部的外胚层下陷卷褶而形成的管状神经。在高等脊索动物中,背神经管分化为脑和脊髓,神经管的管腔分别形成脑室和脊髓的中央管。

3. 咽鳃裂(pharyngeal gill slits)　咽鳃裂是位于消化道的前端(咽部)两侧,左右成对排列的一些裂缝,直接或间接地与外界相通(图 13-1C)。水栖种类的鳃裂终生存在,在鳃裂之间的咽壁上着生充满血管的鳃,作为呼吸器官;陆栖的种类仅在胚胎期和某些种类的幼体期(如蝌蚪)有鳃裂,成体时消失或特化为其他结构。

以上的三大特征是脊索动物区别于无脊椎动物的主要特征,除此之外,还有一些次要的特征:如心脏位于消化道的腹面(图 13-1);尾部位于肛门的后方,称为肛后尾等。这些是脊索动物区别于无脊椎动物的进步性特征。但是,脊索动物依然保留着一些与高等无脊椎动物共同的特征,如两侧对称、三胚层、真体腔、分节现象、闭管式血液循环和后口动物等,这表明了脊索动物是由无脊椎动物进化而来的。

第二节 脊索动物门分类概述

根据脊索存在的情况，将现存的脊索动物分为 3 个亚门：尾索动物亚门、头索动物亚门和脊椎动物亚门。尾索动物亚门和头索动物亚门是脊索动物中的低等类群，总称为原索动物。

一、尾索动物亚门（Subphylum Urochordata）

本亚门已知约有 1 370 种，遍布于世界各个海域，我国已知有 14 种。因为脊索仅位于动物的尾部或仅存在于幼体的尾部，故名尾索动物。又因尾索动物体外均被有近似植物纤维质的被囊，故又称为被囊动物（tunicata）。

尾索动物的身体呈袋状或桶状，以单体或群体生活。少数终生具有尾的种类，营漂浮式的自由生活。而绝大多数的尾索动物只在幼体时期具有尾，营自由生活，变态后，成体失去尾而固着下来，在浅海潮间带营底栖固着生活，尾索便随着尾的消失而失去了，使得成体的结构变得比幼体低等了，这种现象称为逆行变态。

尾索动物一般为雌雄同体，异体受精，卵和精子不同时成熟。除了营有性生殖之外，也营无性的出芽生殖，有些种类在生活史中还有世代交替现象。

早在 2 000 多年前，亚里士多德（Aristotle）就曾描述过海鞘动物，其后很长时期一直把它归属于无脊椎动物，直至 1866 年，俄国胚胎学家柯瓦列夫斯基研究了海鞘的胚胎发育，才正确地阐明了它的分类地位。

（一）代表动物——海鞘（*Ascidia*）

海鞘是尾索动物亚门中最常见的类群，成体营固着生活，常固着在码头、船体、船坞、贝壳及海底岩石上。

1. 幼体及逆行变态 海鞘的幼体形似蝌蚪，长 1～5 mm，仅尾部具有典型的脊索。脊索背方有背神经管，神经管前端膨大成脑泡，并具有眼点和平衡器。消化道完全，具有口、膨大的咽、肠和肛门，咽壁上具鳃裂。心脏位于消化管的腹侧。幼体只经过几小时至 1 天的自由生活后，即以身体前端的附着突起吸附在水中的物体上，开始变态（图 13-2）：尾部连同其内的脊索逐渐被吸收而消失；神经管逐渐缩小，仅残留成为 1 个神经节；咽部扩大，鳃裂数目大量增多，并形成了围绕咽部的围鳃腔；口孔与泄殖孔的位置则由背侧转向顶端，与吸附端相对。随后，向体外分泌出具有保护作用的被囊，开始营固着生活。海鞘这种失去脊索和背神经管等一些重要结构，成体变得比幼体简单的现象，称为逆行变态（retrogressive metamorphosis）。

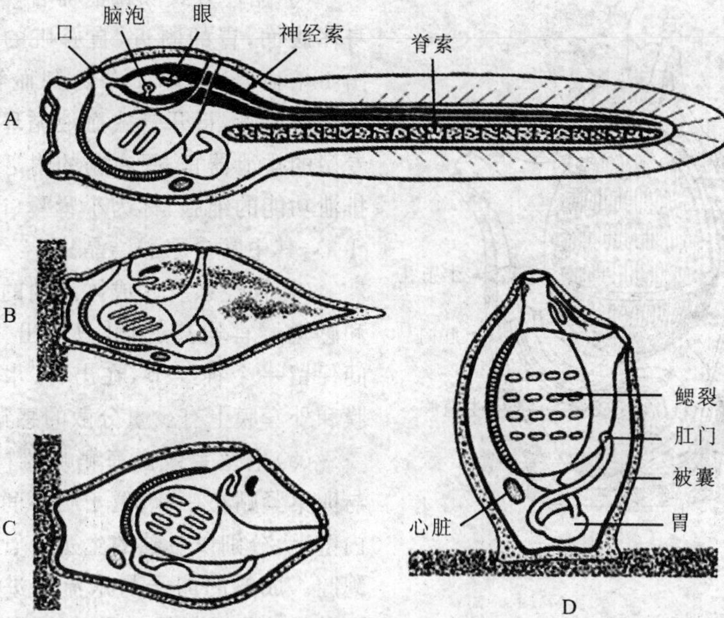

图 13-2　海鞘的变态过程(仿 Storer)

A. 自由生活的幼体;B. 固着下来,逐渐失去尾;C. 正在变态;
D. 完成变态,成为固着生活的成体

2. 成体的形态结构　海鞘的成体外形呈长椭圆形,顶端有一孔,是入水管孔,侧面稍低处另有一孔,为出水管孔。从发生上看,出、入管孔之间是其背部,相对的另一侧为腹部。基部固着在水中的物体上(图 13-3)。

(1)体壁。体壁由内外两层构成。外层是粗糙而厚的被囊,其内是柔软的外套膜。被囊是由半透明的基质和其中零星分布的外胚层及中胚层细胞组成,外套膜则由一层上皮细胞与源于中胚层的肌肉纤维和结缔组织组成,因此,体壁可支配身体及出、入水孔的伸缩和开关。

(2)消化和呼吸系统。入水管孔的底部有口,从口向内是宽大的咽,咽壁上有许多鳃裂,鳃裂的间隔里分布着大量的毛细血管。水从口进入咽,经咽鳃裂流到围鳃腔时,即可进行气体交换,完成呼吸作用。在咽的内壁具纤毛,且背、腹面各有一沟状结构,称为背板和内柱,能分泌黏液,将水流带进来的食物颗粒黏合成食物团,在纤毛的摆动下被送入食道、胃、肠。肠道开口于围鳃腔,食物残渣随水流一起由出水管孔排出。

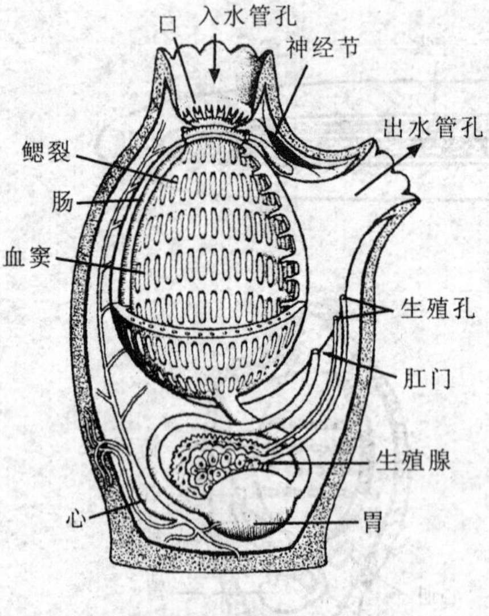

图 13-3 海鞘内部构造模式图(仿 Newman)

(3)循环方式和排泄器官。心脏位于身体腹面,胃的附近,自心脏的两端各发出 1 条血管,前端 1 条为鳃血管,后端 1 条为肠血管,行开管式血液循环。海鞘无专门的排泄器官,只在肠的附近有一团具排泄功能的细胞,称为小肾囊(renal vesicles),其中常含尿酸结晶。

(4)神经系统。成体海鞘的神经系统和感觉器官均甚退化,只在出、入水管之间保留一个神经节,在出、入水管孔的缘膜和外套膜上有少量分散的感觉细胞。

(5)生殖系统。海鞘雌雄同体,精巢与卵巢紧贴在一起,位于肠环间和外套膜内壁上,分别以单独的生殖导管开口于围鳃腔。成熟的卵子与水流带进来的其他海鞘的精子进行异体受精,受精卵再由出水管孔排出,在海水中发育。

(二)尾索动物亚门分类

本亚门分为 3 个纲:

1. 尾海鞘纲(Appendiculariae) 是本亚门中最原始的一纲。体小,体长不超过 5 mm,形如蝌蚪,其结构与海鞘的幼体大致相似,但终生保留着细长的尾和脊索,漂浮在海面上营自由游泳生活,无变态,故本纲又称幼态纲(Larvacea)。如住囊虫(图 13-4A)。

2. 海鞘纲(Ascidiacea) 大多数尾索动物均属本纲。单体或群体。成体多营固着生活,幼体具尾,营自由生活,有变态。如柄海鞘(*Styela clava*)、菊海鞘(*Botryllus*)(图 13-4B,D)。

3. 樽海鞘纲(Thaliacea) 自由漂浮生活。身体多呈桶形,被囊透明,肌肉呈环带状,似水桶上的铁箍,入水孔和出水孔分别位于身体的前、后端。肌肉带从前往后,依次收缩,迫使水从出水孔冲出,推动身体前移。单体或群体。生活史复杂,有世代交替现象。如樽海鞘(*Doliolum*)(图 13-4C)。

二、头索动物亚门(Subphylum Cephalochordata)

因脊索纵贯身体的全长,并且延伸到神经管的前面,故称为头索动物,或称为

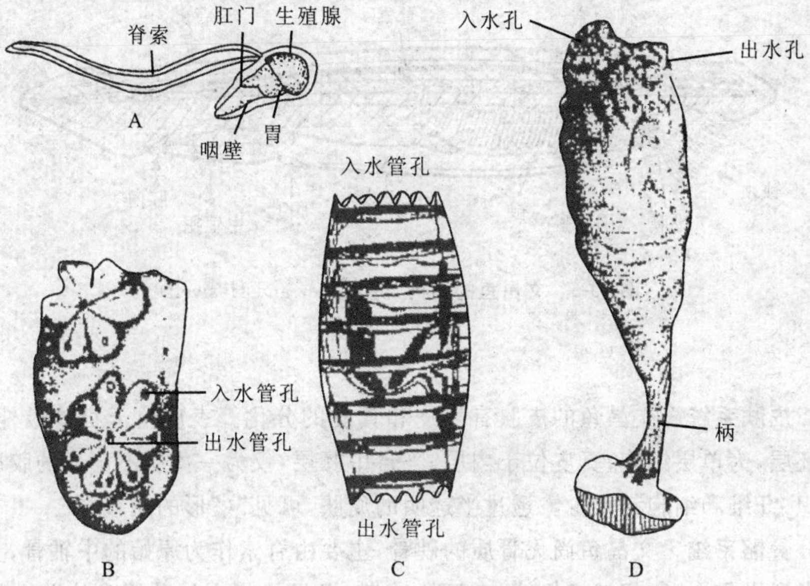

图 13-4 几种尾索动物(自谢祚浑)

A. 住囊虫;B. 菊海鞘;C. 樽海鞘;D. 柄海鞘

全索动物。又因为它们没有真正的头和脑,因此又称为无头类(acrania)。已知仅有 30 种左右,为海栖小动物。此亚门虽然种类不多,但是,脊索动物的三大特征在它们身上都以简单的形式终生保留着,因此,它们在动物学研究上占有重要地位。

本亚门仅有 1 个纲,即头索纲(Cephalochorda)。我国所产的文昌鱼就是头索动物的典型代表。

(一)代表动物——文昌鱼

1. 外形和生活方式 文昌鱼(*Branchiostoma belcheri*)的身体呈半透明状,体形似鱼,体长仅 42~47 mm。无明显的头部。身体左右侧扁,两端较尖,故有双尖鱼之称。没有成对的鳍,只有彼此相连的背鳍、尾鳍和臀前鳍。臀前鳍之前的身体较扁平,腹面左右两侧皮肤下垂形成腹褶。腹褶与臀前鳍的交界处有一孔,称腹孔,或称围鳃腔孔。在腹孔后面,即尾鳍与臀前鳍交界偏左侧处有肛门(图 13-5)。

文昌鱼很少游动,大部分时间是将身体埋在浅海泥沙中,只露出体前端,借水流带食物进入口中。这种钻泥沙,少活动的生活方式,是和它们体制结构的原始性分不开的。

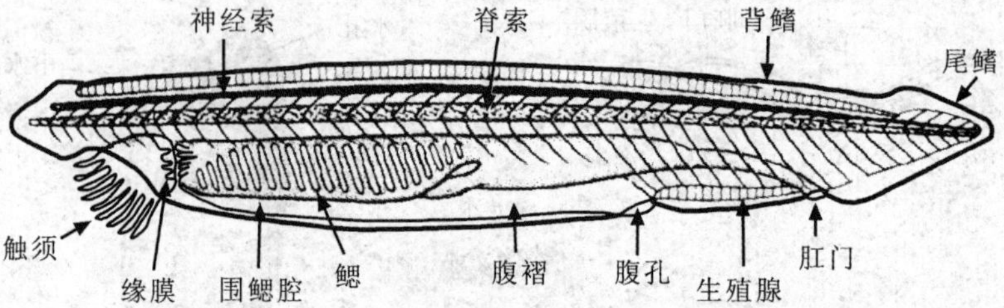

图 13-5 文昌鱼的结构(仿 Parker and Haswell)

2. 皮肤系统 文昌鱼的皮肤有表皮和真皮的分化。表皮位于身体最外层,来自外胚层,为单层细胞;真皮位于内层,来自中胚层,仅为一薄层不定形的胶冻状结缔组织,纤维和细胞都很少。透过半透明的皮肤,可见"〈"形的肌节。

3. 骨骼系统 文昌鱼尚无骨质的硬骨,主要由脊索作为原始的中轴骨,支持身体。脊索纵贯全身,超越神经管,直至体前端,这显然与文昌鱼用身体前端掘泥沙的生活习性相关。

近年来的研究表明:文昌鱼的脊索不是由液泡细胞组成的,而是由成层的扁盘状肌细胞组成,肌细胞的收缩增加了脊索的坚硬程度。

4. 肌肉系统 文昌鱼的肌肉大部分集中在背部。全身肌肉保持着原始的分节状态,从前到后整齐排列,没有任何分化。肌节呈"〈"形,角顶朝前,肌节间以结缔组织的间隔——肌隔分开。

5. 消化系统 文昌鱼的消化系统包括口、咽、肠、肛门等。文昌鱼不是靠身体的运动主动摄食,而是依靠一系列的特殊结构从水流中滤食,口前端的口笠、触须及口周围的缘膜触手,都具有过滤作用。食物颗粒随水流经口入咽,咽部约占消化管的 1/2,咽部两侧具鳃裂,咽的内壁具纤毛、背板、内柱等结构,其作用与海鞘相似,形成食物团,将其送入肠管进行消化。肠是一直管,在肠前端腹面有 1 个向前右方伸出的盲囊,称肝盲囊,能分泌消化液,相当于高等动物的肝脏。

6. 呼吸系统 文昌鱼无专门的呼吸器官。当水由口入咽,流经鳃裂时,即与咽壁血管中的血液进行气体交换,后由围鳃腔,经腹孔排出体外。

7. 循环系统 文昌鱼的循环系统虽然原始,但属于闭管式。文昌鱼还没有心脏的分化,血液的流动是靠腹大动脉和每一入鳃动脉基部稍膨大的"鳃心",以及肠下静脉的收缩完成的。文昌鱼的血液无色,无血细胞,无任何呼吸色素。

8. 排泄器官　文昌鱼的排泄器官由 90～100 对肾管组成(nephridium),位于咽壁背方两侧。每对肾管是一短而弯曲的小管,其一端是多簇的有管细胞,突入体腔,收集代谢废物,通过另一端的肾孔排入围鳃腔。此外,在咽部后端背面两侧有 1 对褐色漏斗体(brown funnel),也有排泄功能(图 13-6)。

9. 神经系统　文昌鱼的中枢神经是位于脊索背面的背神经管,神经管前端内腔略微膨大,称为脑泡(cerebral vesicle),腔壁的神经元比较大,说明文昌鱼虽无脑的分化,但有了脑的萌芽。周围神经包括由脑泡发出的 2 对"脑"神经和自神经管两侧发出按体节排列的成对的"脊"神经(图 13-7)。

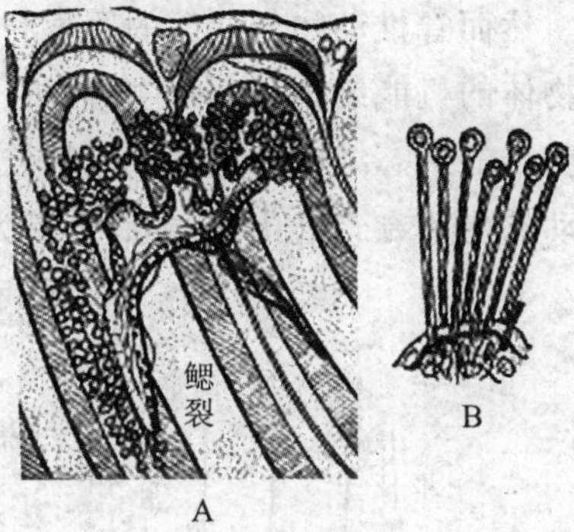

图 13-6　文昌鱼的排泄器官(仿 Boveri)

A. 在文昌鱼咽部的一个肾管和肾管细胞;

B. 肾管细胞与鞭毛

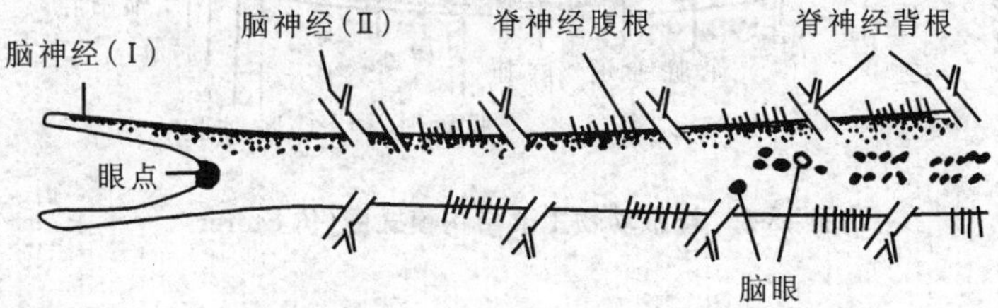

图 13-7　文昌鱼的神经管和周围神经

10. 生殖系统　文昌鱼为雌雄异体,生殖腺约 26 对,按体节排列在围鳃腔壁的两侧并向围鳃腔内突入。不具生殖导管,成熟的生殖细胞穿过生殖腺壁进入围鳃腔,随水流由腹孔排出,水中受精和发育。

(二)头索动物亚门分类

头索动物亚门仅有一个纲,即头索纲(Cephalochorda),又名狭心纲(Leptocardii),如文昌鱼和偏文昌鱼(*Asymmetron*)。偏文昌鱼身体右侧有生殖腺。

三、脊椎动物亚门(Subphylum Vertebrata)

(一)主要特征

脊椎动物是脊索动物门中数量最多、结构最复杂(图 13-8)、进化地位最高等的一个亚门,由于它们在生活史的某一阶段都具有脊索、背神经管和咽鳃裂等特征,所以仍属脊索动物门。然而脊椎动物与低等的原索动物(尾索动物、头索动物)相比较,在生活方式和动物体的机能结构上都有显著的不同。原索动物营固着或少活动的被动生活方式,整个的形态结构和生活机能都处于较低级的水平;脊椎动物却相反,是沿着积极主动的生活方式进化的,发展出更为高级的机能结构。其主要特征可归纳如下:

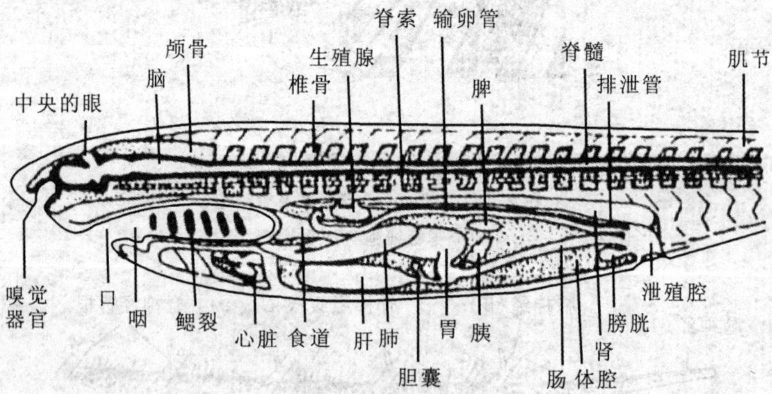

图 13-8 脊椎动物主要结构模式图(仿 Storer)

(1)出现了明显的头部。神经管的前端分化成大脑、间脑、中脑、小脑、延脑等五部脑,后端分化成脊髓,并且在前端形成了眼、耳、鼻等重要的感觉器官,从而出现了结构分明的头部。所以脊椎动物亚门又称有头亚门(Craniata)。

(2)脊柱代替了脊索。除少数低等类群脊索终生保留外,绝大多数的类群脊索仅见于胚胎发育的早期,以后即为脊柱所代替。脊柱是由单个的脊椎骨连接组成的,脊椎动物由此得名。脊柱保护着脊髓,其前端发展出头骨保护着脑。脊柱与头骨以及其他骨骼所组成的骨骼系统具有支持和保护作用。

(3)原始的水生种类(即在系统发展中最多只达到鱼类阶段的动物)鳃裂终生保留,以鳃呼吸;次生水生种类(即在系统发展中已超过鱼类阶段,因适应环境的关系又重新回到水中生活的动物)及陆生种类只在胚胎时期出现鳃裂,成体则用肺呼吸。

(4)除圆口纲之外,都具有能活动的上、下颌,颌的作用在于支持口,加强了动物主动摄食和消化的能力。

(5)循环系统出现了位于消化道腹侧的心脏,心肌发达,能进行强有力的收缩,有效地推动血液循环。绝大多数脊椎动物血液中有红细胞,其中的血红蛋白能高效地运载氧和二氧化碳。无脊椎动物多数无心脏,如有类似心脏的结构则位于消化道的背面。

(6)排泄系统出现了结构复杂而集中的肾脏,代替了分节排列的肾管,能更有效地排出新陈代谢的废物。

(7)除圆口纲之外,都具成对的附肢作为运动器官。如偶鳍和五趾型附肢。

(二)脊椎动物亚门的分类

现存的脊椎动物已知约 50 000 种,按自然分类系统可分为 6 个纲。又根据其结构、生理、胚胎发育等方面的特征,将 6 个纲分类如下:

<table>
<tr><th>脊椎动物亚门的分纲</th><th colspan="4">其他分类类群</th></tr>
<tr><td>圆口纲 (Cyclostomata)</td><td>无颌类</td><td rowspan="2">鱼形类</td><td rowspan="3">无羊膜类</td><td rowspan="4">变温动物</td></tr>
<tr><td>鱼纲 (Pisces)</td><td rowspan="5">有颌类</td></tr>
<tr><td>两栖纲 (Amphibia)</td><td rowspan="4">四足类</td></tr>
<tr><td>爬行纲 (Reptilia)</td><td rowspan="3">羊膜类</td></tr>
<tr><td>鸟纲 (Aves)</td><td rowspan="2">恒温动物</td></tr>
<tr><td>哺乳纲 (Mammalia)</td></tr>
</table>

本章小结

脊索动物门是动物界系统发育中最高等的一个门类。与无脊椎动物相比较,其主要进化特征是:具有脊索、背神经管和咽鳃裂。此外,还具有区别于无脊椎动物的一些次要特征:如心脏位于消化管的腹面;肛后尾;具发达的内骨骼等。脊索动物包括 3 个亚门:尾索动物亚门、头索动物亚门和脊椎动物亚门。

思 考 题

1.脊索动物门的三大主要特征是什么?

2.脊索动物的次要特征表现在哪些方面?

3.脊索动物门分为哪几个亚门?试述各亚门的主要特征。

4.何谓逆行变态?

5.为什么说脊索动物起源于无脊椎动物?

6.试述脊索动物与无脊椎动物的区别与联系。

第十四章　圆口纲
(Cyclostomata)

导读　圆口纲又称为无颌类(agnatha)、单鼻类(monorhina)和鳃囊类，是现存脊椎动物中最原始、最低等的类群，是由原始有头类发展出来的一支无颌类脊椎动物。这类动物不仅在结构上保留了许多原始的特征，如：没有上下颌，没有成对的附肢(只有奇鳍，没有偶鳍)，脊索终生保留，没有真正的脊椎，内耳只有1个或2个半规管等；而且，由于长期适应半寄生或寄生生活，出现了一些较特殊的特征，如：口呈漏斗状，只有1个鼻孔，鳃位于特殊的鳃囊内，生殖腺单个且无输出管等。圆口纲动物水栖，营寄生或半寄生生活，分布于海水或淡水中。

第一节　圆口纲的主要特征

1. 外形　圆口纲动物的身体呈细长的圆筒状，尾部侧扁。体长一般在0.15～1 m，体分头、躯干和尾3部分。似鳗鱼，但没有偶鳍，只有奇鳍，包括2个背鳍(或没有背鳍)和1个尾鳍，后背鳍常与尾鳍相连。在头部两侧有1对眼，没有眼睑，有的种类眼退化，埋于皮下，无晶体。每一体侧的眼后各有鳃裂1～16个，左右对称。在头部背中线上有1个短管状的鼻孔。鼻孔后方的皮下有松果眼(松果体延长，末端形成泡状物，内有水晶体和网膜层)。在身体前端的腹侧有1个漏斗状或裂孔状的口，是一个不能启闭的口吸盘，内壁有角质齿，无上下颌。在躯干部与尾部交接处的腹面有一肛门，其后为泄殖突(urogenital papilla)，泄殖孔开口于泄殖突上。

盲鳗(*Myzine*)和七鳃鳗(*Petromyzon*)为圆口纲的代表动物(图14-1)。

2. 皮肤系统　皮肤裸露无鳞，表皮由多层上皮细胞组成，其内单细胞的黏液腺十分发达，能分泌大量黏液，特别是盲鳗类，具有独特的腺细胞，在几分钟内分泌出的黏液可使一桶清水变成胶水状。真皮为有规则排列的结缔组织，有韧性。圆口纲体侧和头部的腹面有许多感觉小孔，排列成行，称为侧线(lateral line)，这也是水生脊椎动物特有的感觉器官。

3. 骨骼系统　无硬骨，主要为软骨和结缔组织；脊索终生存在，具有脊索鞘，是

A

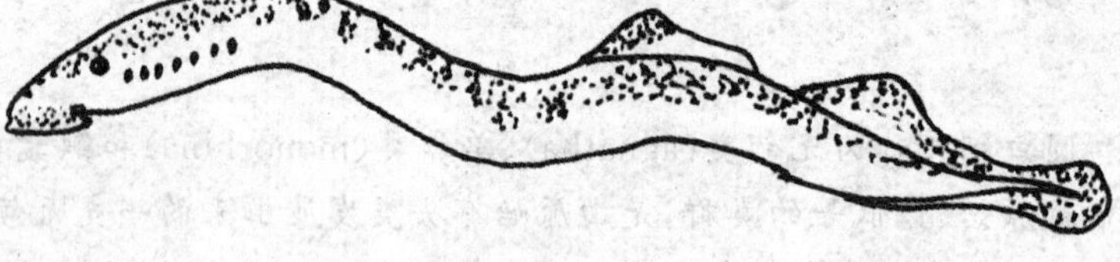

B

图 14-1 盲鳗(A)和七鳃鳗(B)(仿 storer)

主要的支持结构;脊索背面的每 1 个体节出现 2 对极小的软骨弧片,无任何支持作用,但却代表了雏形脊椎骨。支持鳃囊的鳃笼是鳃弓和软骨条连接在一起形成的,如编织的筐笼,包在鳃囊外侧。

4. 肌肉系统 肌肉较原始,体节肌(躯干部和尾部的肌肉)分化少,分节明显,为一系列按节排列的呈"W"形的肌节构成的,肌节的角顶朝前。各肌节均无水平隔膜,故不能分为轴上肌和轴下肌。内脏肌主要是鳃囊部位的环肌和口漏斗及舌部的复杂肌肉,以支持鳃、口漏斗和舌的活动。

5. 消化系统 由于适应于寄生的生活方式,消化系统原始而且特殊。口位于口漏斗的底部,无上下颌,因而,口不能启闭,只能用活塞式的舌司口部的开关,并引导食物入口。口通入短的口腔,口腔内有特殊的口腺,分泌物可使寄主的血液不凝固。口腔后面为咽,咽分为背腹 2 条管道(幼体只有 1 条),背侧的为食道,腹侧的较宽,为呼吸管。没有真正的胃,食道通入直管式的肠。肠内具有纵行的螺旋状垂膜,称为螺旋瓣,以增强消化吸收面积。肠管末端有肛门。

肠的末端有向外凸起的肝脏,肝脏分左右两叶。成体没有胆囊,也无胆管,但在幼体时两者均有。胰脏不发达,仅有一些胰细胞群。

6. 呼吸系统 呼吸器官为鳃囊(gill pouch),是鳃裂的一部分膨大形成的,囊壁上有若干褶皱状鳃丝(gill filament),可进行气体交换。此外,鳃囊两端有两小管,近呼吸道的叫内鳃管(入),近外鳃孔的叫外鳃管(出),两管内不具鳃丝。由于呼吸器官特殊,故圆口类又称囊鳃类,但囊鳃的类型并不相同,有 3 种类型:①七鳃鳗类型(图 14-2)。有呼吸管,为消化道在口腔的后部向腹面分出的 1 条盲管。呼吸管的左右两侧各有 7 个内鳃孔,每个内鳃孔各自连通一个球状的鳃囊,鳃囊经过外鳃孔与外界相通。当七鳃鳗自由生活时,水由口进入呼吸管,再经由内鳃孔进入鳃囊,最后从外鳃孔排出体外。当七鳃鳗吸附于鱼体上寄生时,口部无法进水,就依靠鳃囊壁肌肉的收缩,将水从外鳃孔吸入鳃囊。进行气体交换后,再由外鳃孔排出体外。②盲鳗类型。无呼吸管,有鳃囊多对,其内鳃孔直接开口于咽部,鳃囊不直接经外鳃孔与外界相通,而是每个囊鳃都有一条出鳃管向后延伸,通到一条公共的总鳃管内,总鳃管再在皮下向后延伸一段,在远离头部的后方开口于体外。因而,这类动物在体外仅能见到 1 对鳃孔。由于鼻孔与口腔相通,盲鳗可以通过鼻孔的进水进行呼吸。③黏盲鳗型。无呼吸管。鳃囊结构与盲鳗类相似,只是囊鳃的出鳃管各自分别开口于体外,因而,在体外有 5~16 对鳃孔。其呼吸机制似盲鳗型。

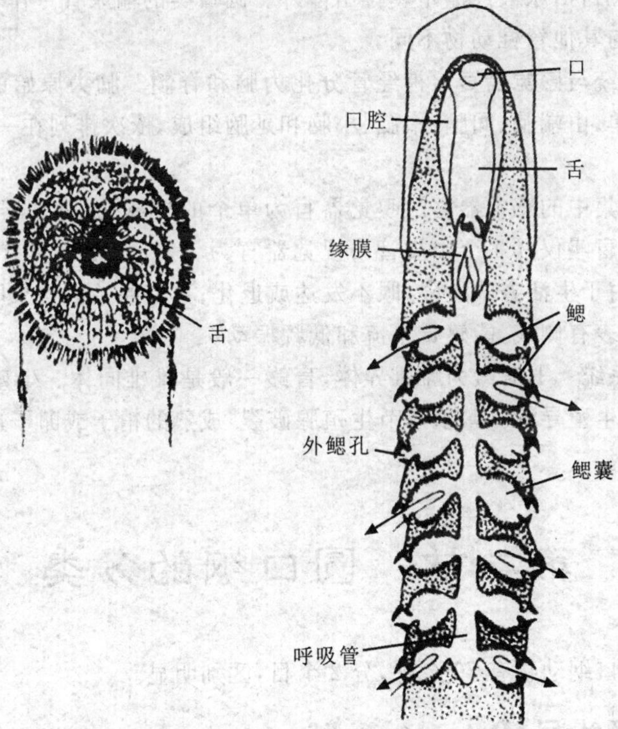

图 14-2　七鳃鳗的头部腹面及鳃囊(自 Moyle)
箭头示水流方向

7. 循环系统　为闭管式血液循环,基本上与文昌鱼的相似,但具有肌肉质的心脏。心脏位于鳃囊后面的围心囊内,具有一心房、一心室、一静脉窦,无动脉圆锥。圆口类是变温动物,血液循环和代谢水平较低。

心室发出一短的腹主动脉,旋即分出 8 对入鳃动脉到鳃丝,缺氧血通过鳃丝后变为富氧血,由出鳃动脉将各鳃丝的毛细血管内的富氧血收集汇总到 1 对背主动脉。背主动脉向前流至 1 对颈动脉;向后经 1 条背主动脉分支到内脏各器官。尾静脉收集尾部的血液,注入 1 对后主静脉,送至静脉窦;1 对前主静脉和 1 对颈下静脉收集头部的血液,也汇至静脉窦。

血液中有白血细胞和圆形有核的红血细胞。血液循环只有体循环,称为单循环。淋巴系统只有淋巴窦与静脉相通,没有淋巴管,也无脾脏。

8. 排泄系统 成体有 1 对扁的中肾,很狭长,由腹膜固着在体腔背壁上,两条输尿管沿体腔后行,尿液经泄殖窦排出体外。圆口类的输尿管专作输尿之用,是一种原始特征,与其他脊椎动物不同。

9. 神经系统与感觉器官 神经管分化为脑和脊髓。脑为原始的五部脑,体积很小,结构简单,由端脑、间脑、中脑、小脑和延脑组成,依次排列在一个平面上。脑神经 10 对。

圆口纲有集中的感觉器官。嗅觉器官为单个的外鼻孔;听觉器官仅有内耳的前、后半规管(盲鳗仅具 1 个半规管);视觉器官为 1 对眼,眼已具有脊椎动物眼的基本模式,但由于生活方式所限,眼不发达或退化;具有原始的松果眼和顶眼,仅有感光作用。体表有侧线,能感觉水流和低频振动。

10. 生殖系统 七鳃鳗为雌雄异体,盲鳗一般是雌雄同体。生殖腺单个(发育初期两个),无生殖导管。繁殖季节生殖腺破裂,成熟的精子或卵子进入腹腔,经尿殖孔排出体外。

第二节 圆口纲的分类

现存的圆口纲动物有 70 余种,分 2 个目,区别明显。

一、七鳃鳗目(Petromyzoniformes)

七鳃鳗目动物的单个鼻孔开口于头部背面,鼻孔与口腔不通。吻部无须,吸盘型的口呈漏斗状,内有许多角质齿。有眼,背鳍 2 个。有呼吸管,鳃孔 7 对。肛门位于体长 3/4 处,具泌尿生殖乳突,雄性的乳突较长,呈管状。雌雄异体,体外受精,卵小,但产卵数量大。间接发育,历经胚胎期、变态期、寄生营养期和繁殖期 4

个阶段,其中变态期持续时间很长(数年),自由生活,体小,外形结构和生活习性与文昌鱼相近,称沙隐虫(*Ammocoete*);寄生营养期营半寄生生活,吸附于寄主鱼体上(图 14-3),以角质齿锉破鱼皮,吸食鱼的血肉。终生营淡水生活的南半球的种类,一般不存在寄生营养期,变态期后即进入繁殖期。北半球的种类,一般在海洋中经历了寄生营养期后,溯河进入淡水,行产卵繁殖,即为繁殖期。繁殖后的亲鳗因疲惫衰竭而死亡。也有的种类不入海,终生生活在淡水中,个体较小,繁殖后的亲鳗不一定会死亡。

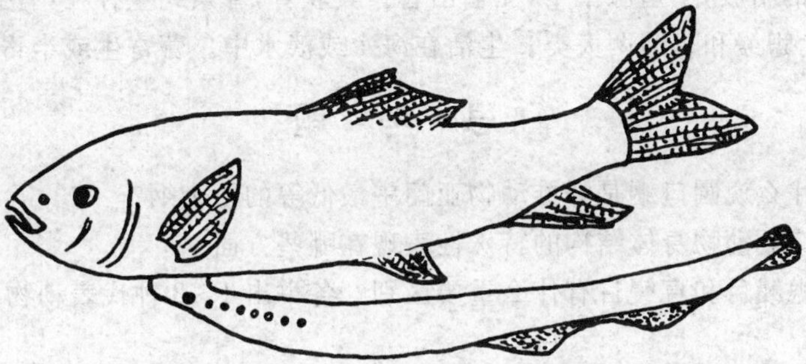

图 14-3 七鳃鳗寄生在鱼身上(宋憬愚绘)

七鳃鳗目动物全世界约有 41 种,中国有 3 种:日本七鳃鳗(*Lampetra japonica*)、东北七鳃鳗(*Lampetra morii*)和雷氏七鳃鳗(*Lampetra reissneri*)。七鳃鳗有一定捕捞价值。

二、盲鳗目(Myxiniformes)

盲鳗目动物的单个鼻孔开口于吻端,鼻孔与口腔相通。吻部有 1~2 对口须,口裂孔状,肉质舌发达,其上具有强大的栉状齿,能灵活移动,用以刮取鱼肉及协助吸血。眼退化,无背鳍。无呼吸管,鳃孔 1~15 对。肛门几乎位于身体最后端。皮肤黏液腺极为发达,沿体侧有一系列的黏液孔,受刺激后分泌黏液能力增强。盲鳗个体既有卵巢又有精巢,但只有一种生殖腺起作用。深海产卵,卵大,数量少(10~30 枚),圆筒形,外有角质囊相互勾连,直接发育。盲鳗营寄生生活,一般在晚上袭击鱼类,多从鳃部钻入体腔,先食内脏,再吃肌肉,最后寄主只剩下皮肤和骨骼。盲鳗的数量较多,对鱼类危害较大,但它们也食腐肉,对清除海底动物尸体有一定作用。

盲鳗目动物全部海生,栖息于温带和亚热带水域。全世界约有 32 种,中国有

5种：蒲氏黏盲鳗（*Eptatretus burgeri*）、深海黏盲鳗（*Eptatretus okinoseanus*）、陈氏副盲鳗（*Paramyxine cheni*）、杨氏副盲鳗（*Paramyxine yangi*）和台湾副盲鳗（*Paramyxine taiwane*）。

本章小结

圆口纲是现存脊椎动物中最低等、最原始的一纲，又称为无颌类、单鼻类和鳃囊类，因有1个圆形的口吸盘、单个鼻孔和囊状的鳃而得名，属于无颌类。身体鳗形，无成对的附肢，生殖腺单个，无输出管。具软骨，脊索终生存在，有雏形脊椎骨。主要包括七鳃鳗和盲鳗两大类。生活在海水或淡水中。营寄生或半寄生生活。

思 考 题

1. 为什么说圆口纲是脊椎动物亚门中最低等的一个纲？
2. 圆口类动物身体结构的特殊性表现在哪些方面？
3. 七鳃鳗目和盲鳗目有什么重要区别？各举出1～2种代表动物。

第十五章　鱼纲(Pisces)

导读　鱼类是脊椎动物最繁茂的一个类群。脊椎动物出现后，向两个方向发展，一是无颌类，其远古的代表动物是甲胄鱼，存活到今天的是圆口纲动物；二是有颌类(颌口类)，其远古的代表动物是盾皮鱼。在淡水中生活的盾皮鱼，一部分进化为软骨鱼，一部分进化为硬骨鱼。距今4亿年前到泥盆纪是鱼类的繁盛时期，但这段时间，地球环境发生巨大变化，淡水水域急剧减少，通过自然选择，鱼类采取了两种适应方式，一是移居海洋，二是长出能呼吸空气的“肺”，必要时替代鳃进行呼吸。由盾皮鱼演化出的软骨鱼这一分支，采取了第一种适应方式，发展成为现在的软骨鱼类；由盾皮鱼演化出的硬骨鱼这一分支，采取了第二种适应方式，并分化出三大类群：古鳕类、肺鱼类和总鳍鱼类。古鳕类中的部分种类后来移居到淡水的深水区域生活，也有许多种类迁居到海洋中，其呼吸空气的“肺”演变成了鳔，专门用于调节身体沉浮，这便是现今种类繁多的辐鳍亚纲鱼类；肺鱼类一直定居淡水，演化成现在的肺鱼；总鳍鱼类借助身体特别的构造，能爬越陆地，呼吸空气，逐步发展成为两栖动物，但也有一些种类迁居至海洋，由于竞争能力，所剩无几，这便是现存的矛尾鱼。

第一节　鱼纲的主要特征

一、外形

鱼类种类繁多，生活习性多样，不同种类的鱼体形差别很大，这是对环境长期适应的结果。如：带鱼为带形，翻车鲀为翻车形，海马为海马形，比目鱼为不对称形，海龙为海龙形，刺鲀为球形，箱鲀为箱形(图15-1)。

除了不规则的特殊体形之外，多数鱼类的体形一般可归入4种基本体形：①纺锤形(梭形)：身体呈两头略尖的流线形，这种体形能减少运动时水的阻力，是一种适应于快速游泳的体形，典型的纺锤形鱼多为追击捕食性鱼类，如金枪鱼、蓝点马鲛、鲨鱼等；②平扁形：身体背腹扁平，适应于底栖生活，如孔鳐、日本燕魟等；③侧

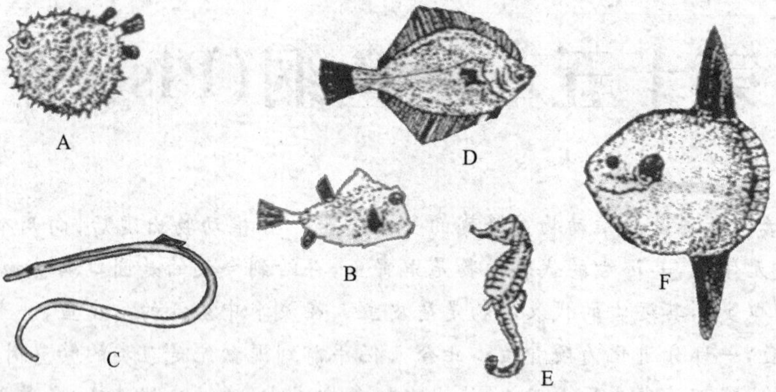

图 15-1　鱼类的特殊体形(自谢祚浑)

A. 刺鲀;B. 箱鲀;C. 海龙;D. 比目鱼;E. 海马;F. 翻车鲀

扁形:身体左右扁平,薄而高,游泳能力较差,多活动于缓流或静水处,如鳊鱼、银鲳、神仙鱼等,这种体形能有效地防止被其他鱼类吞食;④棍棒形:躯体延长成棍棒状,适应洞穴生活,游泳能力一般较差,如黄鳝、鳗鲡等。

无论属于哪种体形,鱼类的身体通常都可分为头、躯干和尾 3 部分。

头部是指身体最前端至最后 1 对鳃裂(软骨鱼)或鳃盖后缘(硬骨鱼)的部分,具有口和许多重要的感觉器官。有些鱼类的口部有触须,用于辅助觅食,有须的鱼类一般眼较小,多在夜间或水底活动。鱼的鼻孔成对存在,一般 1 对。通常不与口腔相通,与呼吸无关,仅是嗅觉器官。眼 1 对,多位于身体的头部两侧,也有无眼的盲鱼。鱼类的眼无泪腺、无眼睑,调节能力较差,视力弱,多数鱼类看不到 15 m 以外的东西。鱼类无外耳和中耳,只有内耳,由于水传导声波的能力远强于空气,所以,鱼类的听觉还是很敏锐的。

躯干部是鳃盖后缘至肛门或臀鳍前端的部分,具有鳍和侧线等。鳍是鱼类适应水生生活的重要外部器官,软骨鱼类的鳍为角质物,硬骨鱼类的鳍主要由鳞质鳍条构成。鳍具有协助平衡和控制运动的作用,通常分两类:不成对的奇鳍(背鳍、尾鳍、臀鳍)和成对的偶鳍(胸鳍、腹鳍)。胸鳍(P)位于头部后下方,有些鱼的胸鳍很大,如燕鳐;有些洞穴鱼类的胸鳍消失,如黄鳝。腹鳍(V)的位置变化较大,有的前移至喉部;有的左右相连形成吸盘,如鰕虎鱼、弹涂鱼等;有些鱼的腹鳍演化成丝状,有触觉作用,如丝足鱼、毛足鱼等;还有些鱼类的腹鳍消失。背鳍(D)位于背部,但其大小和形状变化较大,多数鱼类只有 1 个背鳍,也有不少鱼有双背鳍如鲨鱼,鳕鱼有 3 个背鳍,还有的鱼背鳍退化或消失。鲐鱼和金枪鱼在它们的背鳍后方常有一系列彼此分离的小鳍；大麻哈鱼等的背鳍后方常有一个脂鳍。臀鳍(A)位于肛门后方；尾鳍(C)位于尾后，具有推进和转向的作用，形状多样，有新月形、叉形、扇形、平直形、尖圆形等。鱼类的躯干部通常具有侧线，由一系列侧线鳞上的小孔组成，是一种感觉器官，可使鱼类感知水流和低频振动。鱼类的侧线一般左右各一条，但也有多条的。有些鱼类的侧线较短或间断甚至分支等。

尾部是指肛门以后的部分，其后是尾鳍。根据尾椎和尾鳍的形状，一般将鱼类的尾分 3 种类型：①原尾型：尾椎末端平直，将尾鳍分成对称的上、下两叶，刚孵化的幼鱼为原尾型；②歪尾型：尾椎末端上翘，伸入尾鳍上叶，将尾鳍分成不对称的 2 部分，上叶明显大于下叶，软骨鱼和低等硬骨鱼属歪尾型；③正尾型：尾椎末端仅达尾鳍基部，末端稍上翘，但尾鳍外形仍是对称的，大多数硬骨鱼类属正尾型(图 15-2)。

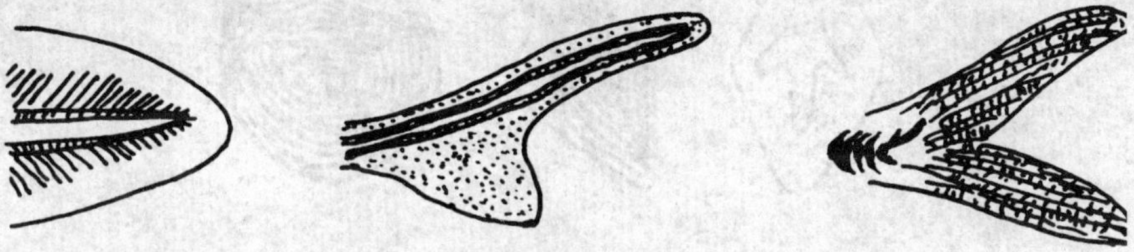

图 15-2　鱼类的 3 种尾型(仿武汉大学等合编《普通动物学》)

二、皮肤及其衍生物

皮肤系统是由表皮、真皮及其衍生物构成的。

表皮可分为基部的生发层和上部的腺层。生发层细胞具有旺盛的分生能力，是产生新细胞的增殖层。腺层内具有单细胞的黏液腺和多细胞的毒腺，都是从表皮细胞演变而来的，其中单细胞腺丰富，能分泌大量黏液，形成黏液层，主要起保护和润滑作用，黏液层受到破坏的鱼很容易死去，鳞片不发达的鱼类黏液腺一般发达；与单细胞腺不同，不是所有鱼类都拥毒腺，毒腺是许多表皮细胞集合在一起沉入真皮层中形成的一种多细胞腺，常与刺棘连在一起，如毒鲉、黄颡鱼、魟鱼和某些鲨鱼等都有毒腺。

色素细胞存在于真皮层，主要有黑色素细胞、黄色素细胞和红色素细胞 3 种，还有一种能起反光作用的虹彩细胞(鸟粪素细胞)，这使鱼类拥有多样的体色，并且，有些鱼能很快地改变体色。鱼类的体色主要起保护和警戒的作用。

鳞片是鱼类最重要的皮肤衍生物,具有保护作用。多数鱼类都有鳞片,有些鱼类的鳞片发生了变异,如海龙、海马、玻甲鱼等,也有少数鱼的鳞片退化或埋于皮下。一般将鳞片分为如下 3 种类型:①盾(楯)鳞:由真皮和表皮联合形成,也称为皮齿,为软骨鱼类所特有,遍布全身,斜向排列,向前延伸至上下颌,并演变为牙齿;②硬鳞:由真皮演化形成,为低等硬骨鱼类所拥有的一种原始鳞片,如雀鳝,硬鳞坚实,呈镶嵌式排列,犹如铠甲,对行动的灵活性妨碍很大;③骨鳞:由真皮演化形成,为绝大多数硬骨鱼类所拥有的一种鳞片,略呈圆形,薄片状,骨鳞的前端插入真皮内,后端游离,在鱼体上呈覆瓦状排列,这样,既有很好的保护作用,又有较大的灵活性。骨鳞包括圆鳞和栉鳞两种,前者后缘光滑,如鲫鱼的鳞片;后者则呈锯齿状,如鲈鱼的鳞片(图 15-3)。

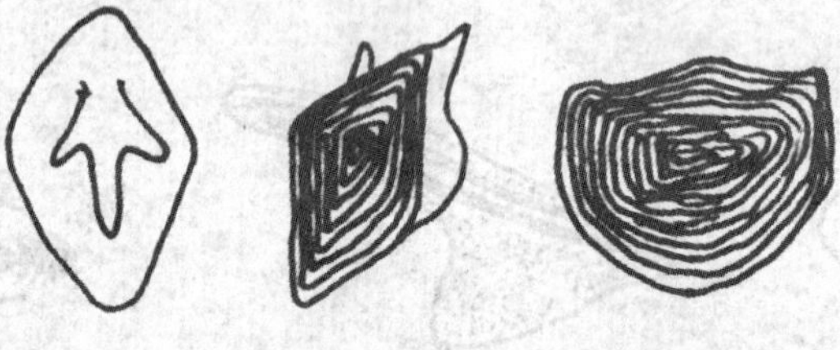

图 15-3 鱼类的 3 种鳞片(自集美水专等校合编《鱼类学》)

三、骨骼系统

软骨鱼类的骨骼为软骨,硬骨鱼类的骨骼多为硬骨。鱼类的骨骼分为中轴骨和附肢骨两大部分(图 15-4)。

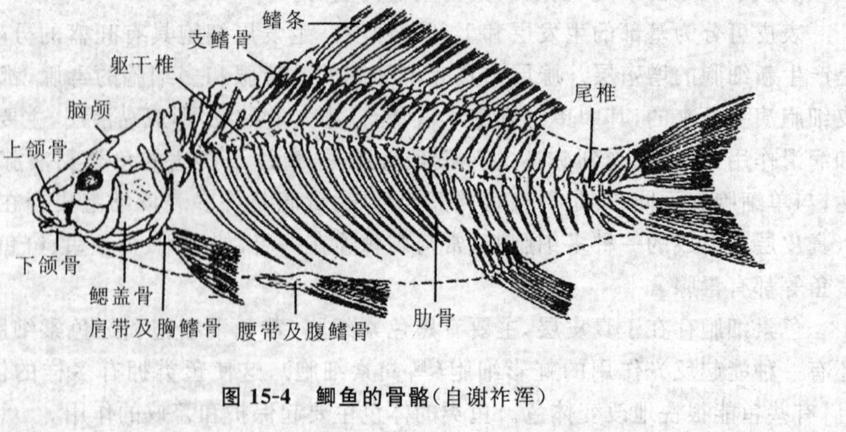

图 15-4 鲫鱼的骨骼(自谢祚浑)

(一)中轴骨

中轴骨包括头骨和脊柱2部分。

1. 头骨 鱼类的头骨包括脑颅和咽颅2部分。脑颅位于头部背面,主要保护脑和各种头部感觉器官;咽颅位于头部腹面,呈弧状,成对地排列于消化道前端,主要支持和保护摄食、呼吸等器官。

脑颅一般分为几个区,后部背面为枕区,前端背面和侧面则有鼻区、蝶区和耳区。硬骨鱼类的脑颅由许多骨片组成,这些骨片中,一部分是软骨性硬骨,即经历了软骨阶段发展而来的硬骨,如枕区的几块枕骨、鼻区的几块筛骨、蝶(眼)区的几块蝶骨、耳区的几块耳骨等;另一部分是膜性硬骨,即不经过软骨阶段,直接在膜质(结缔组织)的基础上发育而来的硬骨,如鼻骨、额骨、顶骨、犁骨等。软骨鱼类的脑颅构造简单,只有1个软骨脑箱。

咽颅主要是7对咽弓(弧):第一对为颌弓,支持上下颌;第二对为舌弓,支持舌;其余5对为鳃弓,支持鳃。

2. 脊柱 鱼类的脊索为一系列脊椎骨构成的脊柱所代替,从而加强了支持身体、保护脊髓的机能等。脊椎分化程度低,只有躯干椎和尾椎之分,脊椎的结构也较原始,全为双凹型,即椎体的前后两面均凹入,在相邻两椎体间的空隙和椎体中央小管内尚留有残余的脊索。

躯干椎的结构包括:椎体、髓弓、髓棘、椎体横突和肋骨等,因为没有胸骨,所以,鱼类没有胸廓。尾椎的结构包括:椎体、髓弓、髓棘、脉弓和脉棘,椎体横突左右相连,形成脉弓,并向下延伸形成脉棘。

(二)附肢骨

鱼类的附肢骨包括偶鳍骨和奇鳍骨。

1. 偶鳍骨 支持偶鳍的骨骼,主要由带骨和支鳍骨构成。连接胸鳍的带骨为肩带,硬骨鱼的肩带由伸向背面的肩胛骨、腹面的乌喙骨和锁骨(匙骨)等组成,并通过上匙骨牢固地连在头骨上。软骨鱼的肩带不与头骨和脊柱相连,且只包括肩胛部和乌喙部2部分。肩带与胸鳍相联结的关节窝称为肩臼。支鳍骨又名担鳍骨或鳍担,其外与鳍条相连,内与带骨相接。软骨鱼胸鳍内的支鳍骨有基鳍软骨和辐鳍软骨,外侧为角质鳍条。硬骨鱼的支鳍骨趋于退化,常出现肩带直接关联鳞质鳍条的现象。连接腹鳍的带骨为腰带,腰带结构简单,仅由1对无名骨构成。腰带两端通过关节面与腹鳍的支鳍骨关联,雄性软骨鱼类的腹鳍内侧具有1对交配器,叫做鳍脚,是由基鳍软骨特化形成的。硬骨鱼类腹鳍的支鳍骨与腰带愈合,或成粒状,介于无名骨和鳍条之间。

鱼类成对的附肢骨(偶鳍骨)没有和脊柱发生联系,这与陆生四足类动物不同。

2. 奇鳍骨 奇鳍骨结构简单,仅由支鳍骨构成,其向内插入体内,外与鳍条相连,支持鳍条。尾鳍支鳍骨的结构比较复杂,这显然与尾鳍是鱼类重要的运动推进器有关。

四、肌肉系统

鱼类的肌肉系统分化程度不高,躯干部和尾部的肌肉基本上与圆口类相似,也是由肌节组成,肌节之间有肌隔,分节现象明显。体侧肌肉(大侧肌)被一水平肌隔分为上下两部分,上部的称为轴上肌,下部的称为轴下肌。轴上肌分化出背部的肌肉,轴下肌分化出偶鳍及臀部的肌肉。尾部的一部分肌节分化出尾鳍的肌肉。头部及咽的一部分肌节分化出头部腹面及鳃裂间的肌肉。

少数鱼类有发电器官,发电器官是由肌肉演变而来的。有些鱼类能发出很强的电压,用于攻击、捕食和防卫等,如南美洲的电鳗、非洲的电鲶、海洋中的电鳐等,其中电鳗产生的电压可达 600～800 V;另有些鱼类发出的低压电主要用于感觉定位、觅食等,如指吻鱼、裸臀鱼等。

五、消化系统

鱼类的消化系统由消化管和消化腺组成。

消化管由口腔、咽(鳃耙)、食道、胃、肠、肛门等组成。鱼类的口是由能活动的上、下颌支持的。口的大小与食物大小和摄食方式有很大关系,一般凶猛鱼类和滤食性鱼类的口大,如乌鳢、鳙鱼;口的位置与栖息水层和摄食方式有关,主要分为端位口、上位口和下位口 3 种。不少鱼类在上下颌以及腭骨、犁骨等口腔骨骼上着生齿,称为口腔齿,其作用并非咀嚼,而是为了防止食物滑脱之用,一般口腔齿尖锐的鱼类大都是吃鱼或其他脊椎动物的。鲤科鱼类的上下颌上无齿,但在第五对鳃弓上有齿,称为咽齿,其作用是压碎食物。舌的结构简单,一般无肌肉,不能活动,海龙的舌退化。在鳃弓的内侧,长有鳃耙,每一鳃弓上有内外两列鳃耙。鳃耙的作用是将随水入口的食物过滤下来,送入食道,所以,鳃耙的长短疏密与鱼类食物颗粒的大小密切相关,如白鲢、姥鲨等滤食性鱼类的鳃耙非常密;也有些鱼类无鳃耙,如鳗鲡、颌针鱼等。

消化道的长短因食性不同而有很大差异。食道一般为短而宽的管道,壁较厚,多有纵行的黏膜褶,吞入大块食物时可扩大容积。胃位于食道后方,是消化管最膨大的部分,胃的形状和大小各不相同,鲤科、海龙科、飞鱼科的鱼没有胃。肠是消化吸收的重要场所。肉食性的鱼类,胃、肠分化明显,肠管较短;而草食性鱼类的胃、肠分化不明显,肠管较长。板鳃类的肠明显地分为小肠和大肠,小肠内有螺旋瓣,大肠末端为肛门,肛门开口于泄殖腔。硬骨鱼类的肠内一般无螺旋瓣,肛门直接开口于体外。

鱼类的消化腺主要有胃腺、肝脏和胰脏。鱼无唾液腺(图 15-5)。

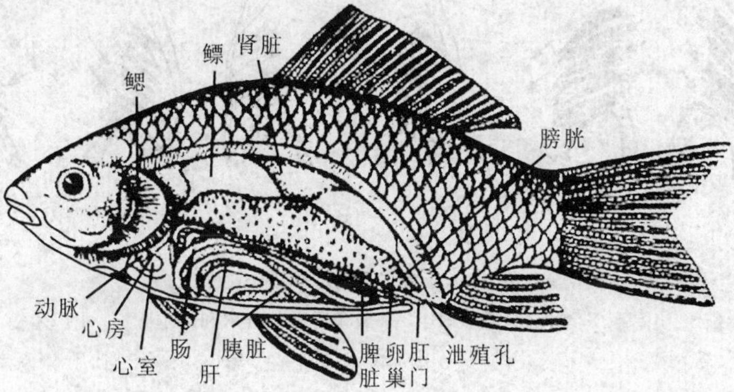

图 15-5　鲫鱼的内脏(自谢祚浑)

六、呼吸系统

鱼类主要以鳃进行呼吸,其咽部一般有 5 个鳃裂,其内有鳃,鳃是由鳃弓、鳃耙和鳃丝组成的。鳃丝为呼吸器官,生长在第 1～4 对鳃弓的外缘(内缘为鳃耙),每个鳃弓上长有 2 列鳃丝,每一列鳃丝称为一个鳃片,上面有丰富的毛细血管,为气体交换的场所。软骨鱼类的鳃片之间具有发达的鳃间隔相连,鳃裂直接开口于体壁上,没有鳃盖。硬骨鱼类的鳃间隔退化,但具有由骨质鳃盖保护的鳃腔。大多数鱼类靠口腔的开闭来引动水流,使水从口中进入,从鳃孔流出;而游泳速度很快的鲨鱼、金枪鱼等,只需将口张开,水流就可直接冲刷到鳃上,完成呼吸(图 15-6)。

鱼类的鳃除了具有呼吸和进行气体交换的作用之外,还具有排泄和调节渗透压的功能。

鳃是鱼类主要的呼吸器官,但也有些鱼类,特别是热带地区的鱼类,发展出了鳃以外的呼吸器官,称为辅助呼吸器官,这些器官可以从空气中获得氧气。如鳗鲡能用皮肤进行呼吸,黄鳝能用口咽腔黏膜进行呼吸,泥鳅可用肠管呼吸,而胡子鲶、乌鳢、斗鱼、攀鲈等的部分鳃弓特化为鳃上器官,作为专用的辅助呼吸器官,称为副呼吸器官。

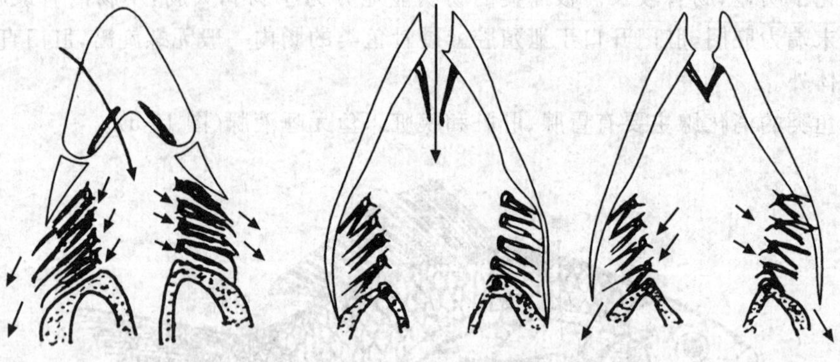

图 15-6 鱼的呼吸(仿 Storet)

A. 鲨鱼呼吸;B,C. 一般鱼呼吸的进水和排水

大多数硬骨鱼的食道背面,都有一个薄囊形的结构,叫做鳔,其功能是调节身体比重,控制鱼体沉浮,但原始鱼类(总鳍鱼、肺鱼)的鳔具有呼吸的功能。一般鳔内的气体有 O_2、N_2 和 CO_2 等,由红腺(鳔内层的一个富微血管的区域)分泌而来。鳔有 2 种类型:一种是没有鳔管的,称为闭鳔类,其鳔内气体的排除是通过卵圆窗进行的,卵圆窗位于鳔的后背面,可以将鳔内的气体排入邻近的血管里;另一种具有鳔管的称为喉鳔(开鳔)类,可以通过鳔管直接将鳔内的气体由口吸入和排出。

七、循环系统

鱼类的循环系统主要由心脏、血管和血液组成。鱼类的心脏较小,重量不足体重的 1%,位于腹腔前方的围心腔内,受鳃盖骨的保护。心脏由 1 个心室、1 个心耳和 1 个静脉窦构成。静脉窦壁薄,负责接受流回心脏的静脉血;静脉窦的前方是心耳,壁稍厚;心耳的前方是心室,负责将血液压入动脉。有些低等鱼类的心室前还有动脉圆锥,能搏动,亦为心脏的一部分;有些鱼类的动脉圆锥退化,而腹大动脉膨大,形成动脉球,动脉球不能搏动,不属于心脏。

鱼类的血液循环是单循环,血量少,血液循环速度慢,心脏内的血是缺氧血。只有经腹大动脉将血液送达鳃部,进行了气体交换之后,由出鳃动脉流出来时,才变为富氧血。

八、排泄系统

鱼类有肾脏 1 对，狭长，紫红色，位于腹腔的背部，紧贴脊柱。输尿管 1 对，在后端汇合后，形成膀胱，末端通入泄殖腔或肛门后方的泌尿孔。

肾脏除泌尿功能外，还能调节体内的渗透压。淡水鱼类体液的盐分浓度大于外界环境，为高渗溶液，水分会不断地由外界环境进入体内，肾脏便不断地排出大量尿液，使体内的水盐保持平衡；海产硬骨鱼类，体液的盐分浓度小于外界环境，属于低渗溶液，体内的水分会不断地渗透到体外，因而，这些鱼必须大量吞饮海水，以维持体内的水盐平衡，而海水中多余的盐分则靠鳃上的泌盐细胞排出；海产软骨鱼类的血液中尿素含量较高，通过排尿量控制尿素的方法，使体液与海水保持渗透压的平衡。

除肾脏外，鳃也能排出部分代谢废物，是排泄的辅助器官。

九、神经系统和感觉器官

鱼类的神经系统是由中枢神经、外周神经和植物性神经系统组成的。鱼类的感觉有视觉、嗅觉、味觉、听觉和侧线，另外，有些鱼类还有电感受器。

鱼类的中枢神经分为脑和脊髓 2 部分。脑被包藏在脑颅中，脊髓位于脊椎骨的髓弓内。鱼类的脑也分端脑、间脑、中脑、小脑和延脑 5 部分，但结构较圆口类复杂。鱼类的脊髓一般为扁椭圆形长柱状的管子，紧接延脑后方，由前向后逐渐变细，但在肩带胸鳍和腰带腹鳍处略膨大。

外周神经是指由中枢神经发出的神经，包括脑神经和脊神经。中枢神经借外周神经与皮肤、肌肉以及内脏器官相连接，负责传导神经冲动，保持内外联系。

植物神经不发达，主要是调节内脏器官的活动。

十、生殖系统

鱼类的生殖系统由性腺(精巢和卵巢)和生殖导管组成。多数鱼类的性腺左右成对存在。

(一)雌雄异形

绝大多数的鱼类属雌雄异体，雌雄个体在外形上有的基本无法区分，但也有些较容易区别，这些区别特征可能是第一性征，也可能是第二性征，还可能是只有生殖季节才表现出来的特征，当然，也有的种类身上有多种特征综合表现。雌雄个体在外形上的不同称为雌雄异形。

进行体内受精的鱼类的雄鱼都有交配器，如软骨鱼类的鳍脚、食蚊鱼的臀鳍特化棒等。进行体外受精的鱼在第一性征方面，雌雄个体一般没有多大区别，但鳑鲏鱼雌鱼却拥有细长的产卵管。

第二性征的表现是多方面的：有些鱼类雌雄大小不同，如一种康吉鳗，雌鱼可达 45 kg，而雄鱼体重却小于 1.5 kg；一种深海角鮟鱇鱼的雄鱼很小，只能寄生在雌鱼身上生活。有些鱼类雌雄鱼鳍的形状也不一样，如马口鱼、泥鳅、草鱼、孔雀鱼等。有些鱼在繁殖季节才表现出明显的雌雄异形，如驼背大麻哈鱼，雄鱼的头部背面向上耸起，上下颌变得长而弯曲；再如斗鱼、罗非鱼等，雄鱼的体色会变的很特别，往往是很鲜艳，称婚姻色；而鲤鱼、麦穗鱼等，在繁殖季节，雄鱼的身体特别是头部会出现角质白色小粒状突起，称珠星或追星。

(二)生殖器官结构及生殖方式

软骨鱼类和硬骨鱼类在生殖器官结构及生殖方式上差别较大。

1. 软骨鱼类 雄性软骨鱼类有 1 对精巢，乳白色，后通输精管（中肾管），管的后端扩大为贮精囊，之后通入泄殖腔，经鳍脚将精液排出。雌性软骨鱼类的卵巢属游离卵巢，多成对存在，成熟的卵落入腹腔后，在体壁肌肉的收缩作用下，进入输卵管，输卵管前端较细，是受精场所，之后膨大为卵壳腺，受精卵在此被包上几层膜而形成卵囊，卵壳腺后是子宫，子宫是卵胎生鱼类孵化发育的场所，两条输卵管后端一般分别开口于泄殖腔中，少数鱼类的两条输卵管在合并后以一总孔开口于泄殖腔。

从生殖器官的结构可看出，软骨鱼类的生殖方式应是：雌雄异体，体内受精，卵生或卵胎生；其繁殖策略是产卵大，数量少，卵成活率高。

2. 硬骨鱼类 雄性硬骨鱼类有精巢 1 对，乳白色，狭长形，后通输精管，输精管直接对外开口或与输尿管合并成一短的尿殖窦后，以尿殖孔的形式开口体外。多数硬骨鱼类无交配器。雌性硬骨鱼类的卵巢一般也成对存在，其后直接接输卵管，输卵管单独开口体外。

从生殖器官的结构可看出，硬骨鱼类的生殖方式一般是：雌雄异体，体外受精，卵生。也有少数硬骨鱼类进行体内受精，卵生或卵胎生。硬骨鱼类的繁殖策略是产卵小，数量大，卵成活率低。如鲤鱼一般可产卵数万至十余万粒，而翻车鲀一次能产卵 3 亿粒。

鲤鱼的尿殖系统如图 15-7 所示。

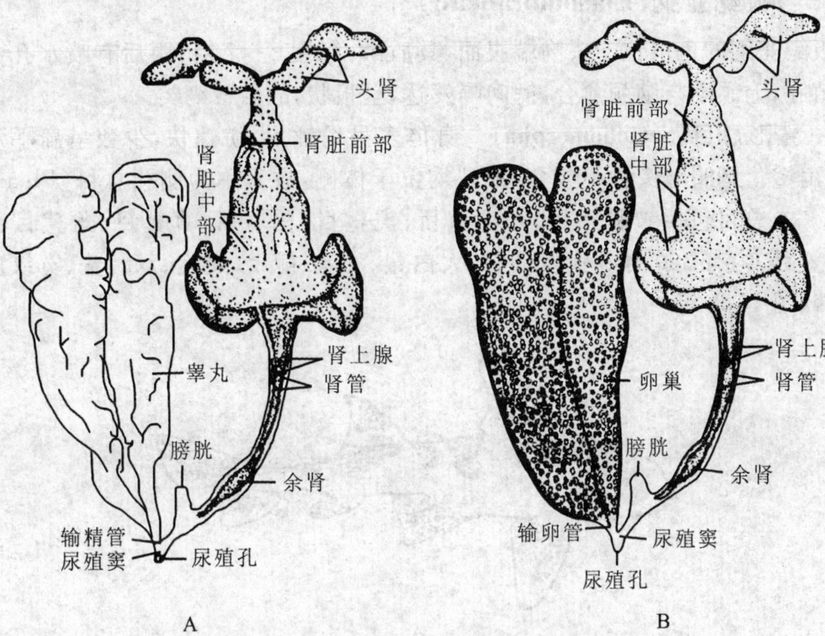

图 15-7　鲤鱼的尿殖系统(自谢祚浑)

A. 雄性；B. 雌性

第二节　鱼纲分类

鱼纲是脊椎动物中种类最多的类群，现存种类约 24 000 种，分布遍及全球各水域。通常将其分为两大类，即软骨鱼类和硬骨鱼类，也有很多教科书将其提升为 2 个纲。

一、软骨鱼类(Chondrichthyes)

软骨鱼类有 800 余种，绝大多数生活于热带和亚热带的海洋中，其主要特征是：①骨骼全部为软骨；②体被盾鳞或无鳞；③鳃裂一般 5 对，各开口于体外，鳃间隔发达，无鳔；④口在腹面，肠内有螺旋瓣；⑤体内受精，雄体有鳍脚，卵生或卵胎生；⑥鳍条为角质鳍条；⑦尾结构属歪尾型。软骨鱼类有 2 个亚纲。

(一)板鳃亚纲(Elasmobranchii)

板鳃亚纲的鱼口位于头吻端腹面,具盾鳞,鳃裂 5～7 对,眼后有喷水孔 1 个,具泄殖腔,上颌不与脑颅愈合,鳃间隔发达,呈板状,故名板鳃类。

1. 鲨形总目(Selachomorpha) 身体多呈纺锤形,游速快,少数呈扁平形,底栖,如扁鲨。胸鳍与头侧不愈合,鳃裂均位于体侧,故又称为侧孔总目(Pleurotremata)。本总目包括皱唇鲨目、六鳃鲨目、虎鲨目、鼠鲨目、真鲨目、角鲨目、锯鲨目、扁鲨目,约有 369 种。代表动物:大白鲨、扁鲨、鲸鲨、姥鲨、双髻鲨、宽纹虎鲨、大青鲨(图 15-8)等。

A

B

图 15-8 鲨形总目的鱼类

A. 宽纹虎鲨;B. 大青鲨(宋憬愚绘)

2. 鳐形总目(Batomorpha) 体扁平呈盘状,胸鳍前部与头侧相连,无臀鳍,多营底栖生活,多卵胎生。鳃裂 5 对,位于腹面,故又称下孔总目(Hypotremata)。本总目包括锯鳐目、鳐目、电鳐目和鲼目,约有 438 种。代表动物有:犁头鳐、孔鳐、日本燕魟(图 15-9)、赤魟、蝠鲼等,其中,蝠鲼的体盘宽可达 6 m,能用翅膀状的胸鳍煽动,自由翱翔于海水中。

(二)全头亚纲(Holocephali)

全头亚纲的鱼头大尾细,体侧扁,无鳞,鳃裂 4 对,外有一皮膜状假鳃盖。无泄殖

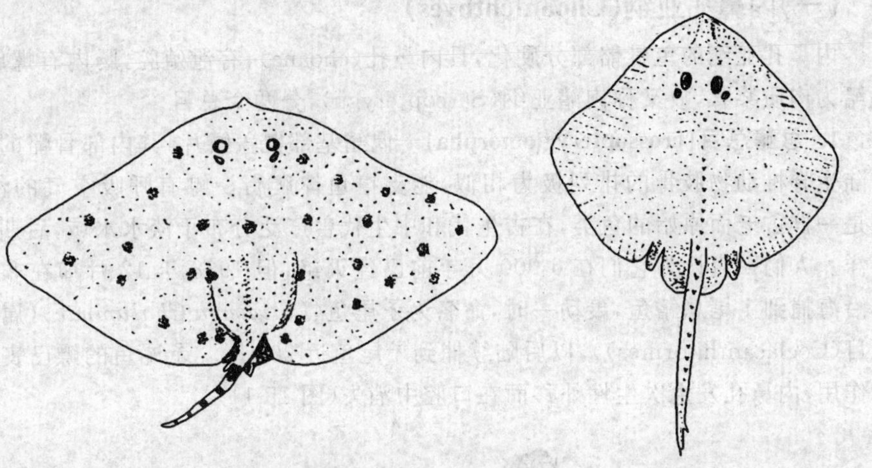

A　　　　B

图 15-9　鳐形总目的鱼类

A. 日本燕魟(仿孟庆闻)；B. 孔鳐(宋憬愚绘)

腔，雄鱼除鳍脚外，还有腹前鳍脚和额鳍脚。上颌与脑颅愈合，故名全头类。本亚纲只有银鲛目，约 30 种，我国产黑线银鲛(chimaera phantasma)(图 15-10)等 5 种。

图15-10　全头亚纲的鱼类——黑线银鲛(仿孟庆闻)

二、硬骨鱼类(Osteichthyes)

硬骨鱼类有 2 万多种，在世界各地的海洋和淡水等水域均有分布。其主要特征是：①骨骼全部或部分为硬骨；②体被硬鳞、骨鳞或无鳞；③鳃裂 4 对，不直接开口于体外，有骨质鳃盖保护，鳃隔退化，一般有鳔；④口位于头前端，多数种类肠内无螺旋瓣；⑤多体外受精，多卵生，少数种类变态发育；⑥尾一般属正尾型，低等种类属歪尾型。硬骨鱼类分 2 个亚纲。

(一)内鼻孔亚纲(Choanichthyes)

内鼻孔亚纲的鱼骨骼部分硬化，具内鼻孔(choana)，有泄殖腔，肠内有螺旋瓣。偶鳍为肉质桨状，故又称肉鳍亚纲(Sarcopterygii)，分两个总目。

1. 总鳍总目(crossopterygiomorpha) 偶鳍基部覆盖鳞片，其内部骨骼的排列与陆生脊椎动物肢骨的排列极为相似，能支撑鱼体爬行。鳔有呼吸空气的作用。这是一群古老而原始的鱼类，在古生代和中生代曾广泛分布于淡水水域，后期移居海洋。人们一直认为它们在 6 000 万年前已经灭绝，但 1938 年 12 月却在非洲东南沿海捕到 1 尾总鳍鱼，轰动一时，命名为矛尾鱼(*Latimeria Chalumnae*)(属腔棘鱼目(Coelacanthiformes))，以后陆续捕到矛尾鱼近 200 尾。矛尾鱼的鳔已丧失呼吸作用，内鼻孔发生次生性外移而在口腔中消失(图 15-11)。

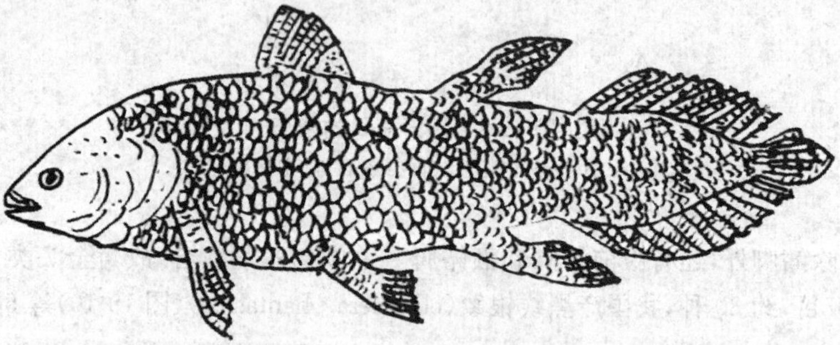

图 15-11 总鳍总目的鱼类——矛尾鱼(仿武汉大学等合编《普通动物学》)

2. 肺鱼总目(Dipneustomorpha) 硬骨不发达，终生具有残存的脊索。鳔能很好地呼吸空气，从生态习性上被认为是最接近两栖类的鱼类。肺鱼总目包括单鳔肺鱼目和双鳔肺鱼目，现存种类有 5 种，分别是澳洲肺鱼 1 种、美洲肺鱼 1 种、非洲肺鱼 3 种，其中，仅澳洲肺鱼是单鳔肺鱼(图 15-12)。

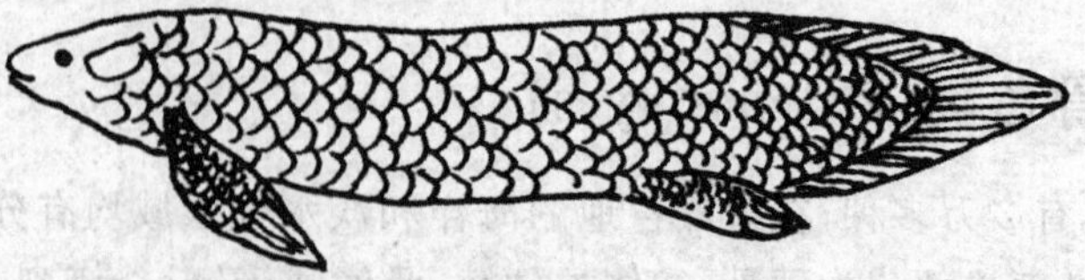

图 15-12 肺鱼总目的鱼类——澳洲肺鱼(仿赵肯堂)

(二)辐鳍亚纲(Actinopterygii)

辐鳍亚纲的鱼主要特征是无内鼻孔，无泄殖腔，肛门和泄殖孔分开。本亚纲鱼类分布广泛，种类繁多(占现存鱼类的90%以上)，分类方法各教科书上很不一致，这里按孟庆闻之《鱼类分类学》上的分类方法，将其分为9个总目。

1. 硬鳞总目(Ganoidomorpha)　硬鳞总目是鱼类古老类群的残余种，保留许多原始的特征：肠内有螺旋瓣，尾为歪尾型，多数种类体被硬鳞。这类鱼多生活在淡水中，少数海淡水洄游。包括鲟形目(25种)、多鳍鱼目(11种)、弓鳍鱼目(1种)和雀鳝目(7种)，代表动物有：多鳍鱼(非洲淡水)、鲟鱼(北美洲、亚洲)、雀鳝(美洲淡水)、弓鳍鱼(北美洲淡水)等(图15-13)。

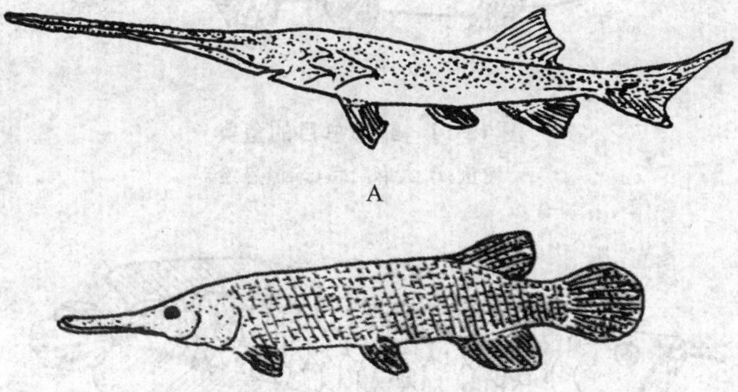

A

B

图15-13　硬鳞总目的鱼类

A. 白鲟(仿叶富良)；B. 雀鳝(宋憬愚绘)

2. 鲱形总目(Clupeomorpha)　鲱形总目的鱼鳍无棘，胸鳍位低，腹鳍腹位，体被圆鳞，前后椎骨大致相似。海淡水均产。本总目包括海鲢目、鼠鱚目、鲱形目、鲑形目、灯笼鱼目、拟鲸鱼目，约有1 000种，代表动物：鲱鱼、银鱼、狗鱼、哲罗鱼、香鱼、大麻哈鱼、鲥鱼等(图15-14)。

3. 骨舌鱼总目(Osteoglossomorpha)　骨舌鱼总目是古老而体形独特的鱼类。副蝶骨和基舌骨上具有发达的牙齿，胸鳍位低，背鳍后位，鳔蜂窝状。均产于淡水中。本总目包括骨舌鱼目和长吻鱼目，约有206种，代表动物有：骨舌鱼(俗称龙鱼，南美洲、非洲、澳洲和亚洲均有出产，但种类不同)、蝶齿鱼(非洲)、弓背鱼(亚洲、非洲)、指吻鱼(非洲)、裸臀鱼(非洲)等(图15-15)。

4. 鳗鲡总目(Anguillomorpha)　鳗鲡总目体形细长呈蛇形，腹鳍腹位或无腹

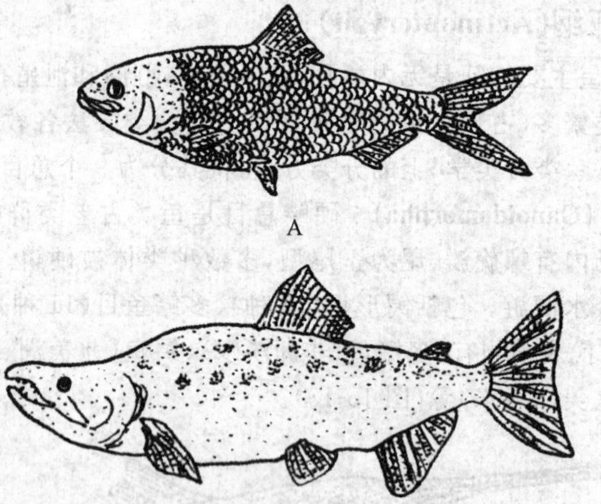

图 15-14　鲱形总目的鱼类

A. 鲥鱼；B. 大麻哈鱼（宋憬愚绘）

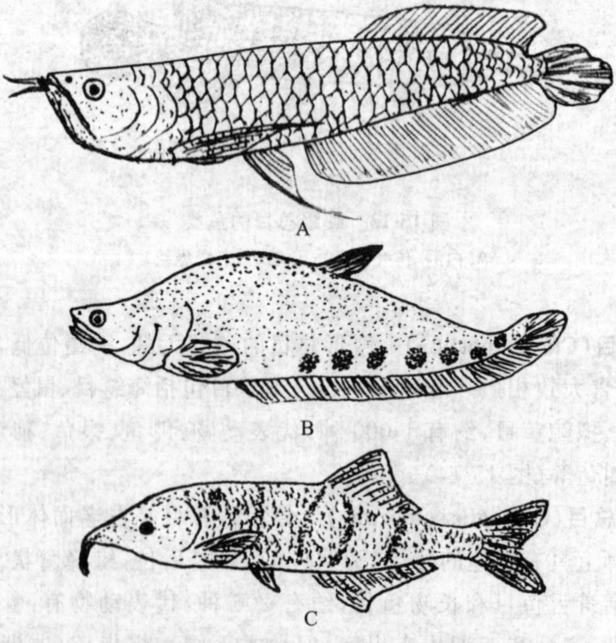

图 15-15　骨舌鱼总目的鱼类（宋憬愚绘）

A. 银龙鱼；B. 弓背鱼；C. 指吻鱼

鳍,有些种类无胸鳍,腹鳍和臀鳍一般很长,且与尾鳍相连。通常个体发育过程中有明显的变态现象,多生活于热带和亚热带的海洋中,少数可洄游入淡水。鳗鲡总目包括鳗鲡目(700余种)、囊咽鱼目和背棘鱼目,近800种,代表动物有:海鳗、星鳗、鳗鲡、花蛇鳗等(图15-16)。

图15-16　鳗鲡总目的鱼类

A.日本鳗鲡(仿张春霖);B.花蛇鳗(宋憬愚绘)

5. 鲤形总目(Cyprinomorpha)　鲤形总目是比较原始的硬骨鱼类。腹鳍腹位,背鳍1个,有些种类具脂鳍,体被圆鳞或无鳞,具韦伯器,鳔有鳔管通消化道。多淡水生活,广布于各大洲,我国的淡水鱼大部分种类列属该总目。鲤形总目包括鲤形目和鲇形目,约6 000种。代表动物有:胭脂鱼、鲤鱼、鲢鱼、泥鳅、鲶鱼等(图15-17)。

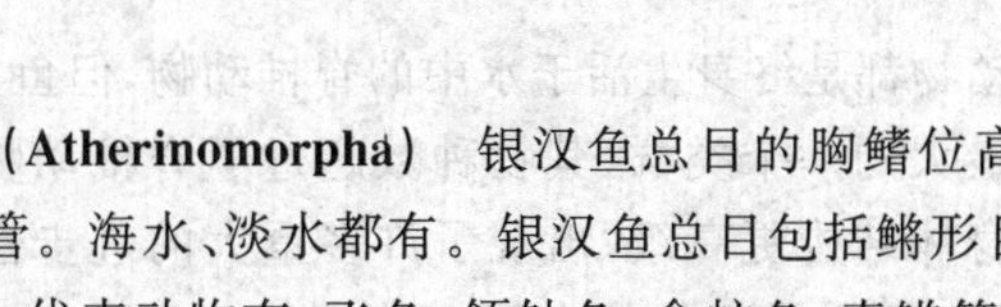

图15-17　鲤形总目的鱼类——鲶鱼(仿张春霖)

6. 银汉鱼总目(Atherinomorpha)　银汉鱼总目的胸鳍位高,腹鳍腹位或亚胸位,体被圆鳞,鳔无管。海水、淡水都有。银汉鱼总目包括鳉形目、银汉鱼目和颌针鱼目,有1 000余种,代表动物有:飞鱼、颌针鱼、食蚊鱼、青鳉等(图15-18)。

7. 鲑鲈总目(Parapercomorpha)　鲑鲈总目的腹鳍喉位、胸位或亚胸位,体被圆鳞或栉鳞,鳔无管。海水、淡水都有。鲑鲈总目包括鲑鲈目和鳕形目,约有500种,代表动物:江鳕、鳕鱼等(图15-19)。

图 15-18　银汉鱼总目的鱼类——青鳉（宋憬愚绘）

图 15-19　鲑鲈总目的鱼类——鳕鱼（宋憬愚绘）

8. 鲈形总目(Percomorpha)　鲈形总目的鱼是比较高等的硬骨鱼类，也是种类最多的一个总目。特点是：背鳍和臀鳍常有棘，腹鳍喉位或胸位，多为栉鳞，鳔无管或无鳔，海水、淡水都有。鲈形总目包括金眼鲷目、海鲂目、月鱼目、刺鱼目、鲻形目、合鳃鱼目、鲈形目、鲉形目、鲽形目和鲀形目，近万种。代表动物：海马、刺鱼、黄鳝、带鱼、鳜鱼、斗鱼、乌鳢、牙鲆、石鲽、河鲀等(图 15-20)。

9. 蟾鱼总目(Batrachoidomorpha)　蟾鱼总目的腹鳍喉位，胸位或亚胸位或无腹鳍，鳔无管或无鳔。蟾鱼总目包括海蛾鱼目、蟾鱼目、喉盘鱼目和鮟鱇目，约 500 种，代表动物：海蛾、黄鮟鱇等(图 15-21)。

本 章 小 结

鱼纲和圆口纲动物都是终身生活于水中的脊椎动物，但鱼类的适应性更强，发展成为脊椎动物中最大的一个类群，其物种数超过了脊椎动物其他各纲的总和。鱼类与圆口类相比身体结构更高级，出现了许多重大的进步性特征，如具有上下颌，具有偶鳍(成对的附肢)，脊柱完全代替了脊索等。通常将其分为两大类，即软骨鱼类和硬骨鱼类。

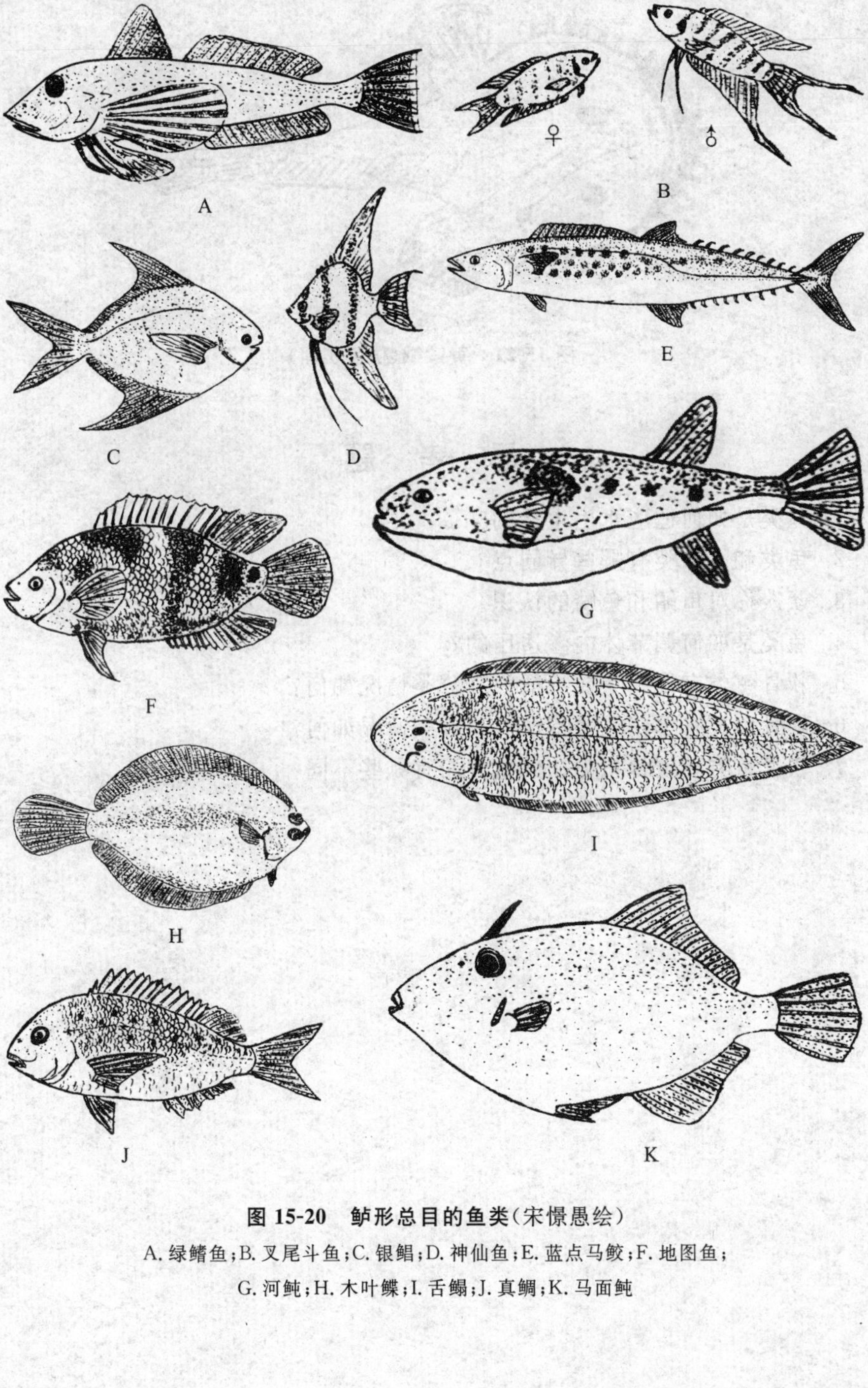

图 15-20 鲈形总目的鱼类(宋憬愚绘)

A. 绿鳍鱼;B. 叉尾斗鱼;C. 银鲳;D. 神仙鱼;E. 蓝点马鲛;F. 地图鱼;

G. 河鲀;H. 木叶鲽;I. 舌鳎;J. 真鲷;K. 马面鲀

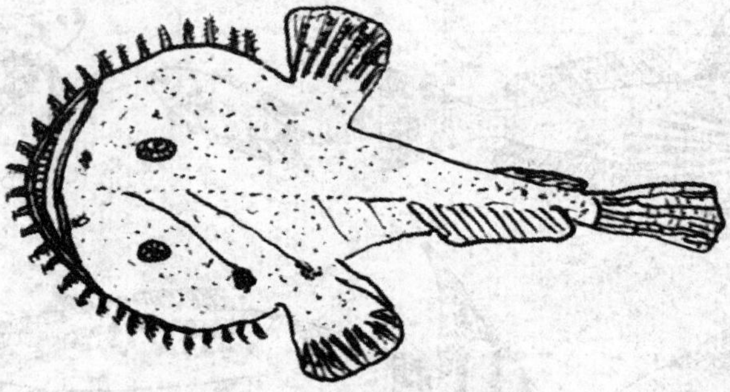

图 15-21 黄鮟鱇(仿孟庆闻)

思 考 题

1. 鱼类是如何适应水生生活的?
2. 鱼类和圆口类有哪些异同点?
3. 谈谈你对鱼鳍和鱼鳞的认识。
4. 鱼类是如何调节体内渗透压的?
5. 软骨鱼类有哪些重要特征?其分类情况如何?
6. 硬骨鱼类有哪些重要特征?其分类情况如何?
7. 软骨鱼类和硬骨鱼类在繁殖方面有哪些不同?

第十六章 两栖纲(Amphibia)

导读 两栖动物在脊椎动物进化史上占有重要地位,是脊椎动物由水生向陆生过渡的一个类群。由水栖转变为陆栖,是脊椎动物发展史上的一次巨大飞跃。陆地上的环境远比水中复杂得多,如水中的温湿度变动范围小,而陆地上的温湿度有昼夜和季节的剧烈变化;空气中的含氧量远比水中充足,而密度却远低于水。因此,两栖类由水生转变为陆生,其身体结构要随着生存环境的巨大变化而进行相应的改造。两栖类初步获得了一系列适应陆栖的特点,成功地登上了陆地生存,但依然保留着一些水栖的特征。幼体水生,以鳃呼吸,单循环,发育中有变态现象;成体陆生,以肺呼吸(辅以皮肤呼吸),具有五趾型附肢,骨骼坚固而骨化较完全,二心房、一心室、不完全的双循环,开始出现中耳,以接受声波。两栖类从幼体到成体的结构特点,反映了其适应陆生而又不完善的特征。

两栖动物出现于泥盆纪晚期,最早的两栖类化石叫鱼头螈(*Ichthyostega*),它具有鱼类和两栖类的双重特性,与古总鳍类在头骨和肢骨等方面有惊人的相似,因此推测两栖类起源于古总鳍鱼类。从鱼头螈分化出来的古两栖类称为坚头类(*Stegocephalia*),在石炭纪和二叠纪,坚头类大发展,形成了迷齿类(*Labyrinthodontia*)和壳椎类(*Lepospondyli*)两大类群。迷齿类自晚泥盆纪出现,石炭纪趋于繁荣,二叠纪和三叠纪仍有相当数量,到三叠纪末绝灭,被无甲两栖类所替代。现存两栖动物基本上起源于迷齿类。壳椎类仅见于古生代晚期,主要分布于石炭纪后期,化石不多。

第一节 两栖纲的主要特征

一、体形

适应于不同的栖息环境和生活方式,现存两栖类的体形大致可分为 3 种类型。①蝾螈型:水栖种类有较长的躯干和发达的尾部,前后肢的发育大致相同,如大鲵

(*Megalobatrachus davidianus*)；②蠕虫型：穴居种类的身体细长似蚯蚓，四肢退化，几乎没有尾部，如蚓螈(*Caecilia pachynema*)等；③蛙型：典型的水陆两栖种类的身体粗短，分为头、躯干和四肢。头部扁平、宽大，长有1对突出的眼，并具眼睑和半透明的瞬膜；吻端有1对外鼻孔，与内鼻孔相通，连接口腔。在眼的后方有一圆形的鼓膜。躯干较为宽短。前肢短小，具有四指，无蹼；后肢长大而有力，为五趾型附肢，趾间有蹼，指、趾端皆无爪。颈部不明显，成体无尾部，如黑斑蛙(青蛙)(*Rana nigromaculata*)(图16-1)。

图16-1 黑斑蛙的外形图(自杨安峰)

二、皮肤及其衍生物

现存两栖类的皮肤裸露而富于腺体。不具鳞片和外骨骼(仅少数无足目动物的皮下尚残存鳞片)(图16-2)。

(一)表皮和真皮

两栖类的皮肤由表皮和真皮组成。表皮的角质层不发达，水栖种类仅有角质薄膜；陆栖种类表皮有多层细胞，包括角质层和生发层，但表皮角质化程度不深，细胞核还存在，细胞的界限还很明显，仍是活细胞，与真正陆生脊椎动物高度角质化的死细胞不同。这种轻微的角质化，在一定程度上能防止体内水分的蒸发。但总的来说，两栖类上陆后所面临的体内水分蒸发的问题，还未完全解决。真皮层由纤维结缔组织构成，外层为疏松层，由大量多细胞腺体、神经末梢、色素细胞和丰富的血管组成；内层为致密层。

(二)皮肤衍生物

皮肤衍生物包括色素细胞(chromatophores)和腺体(glands)。表皮和真皮相

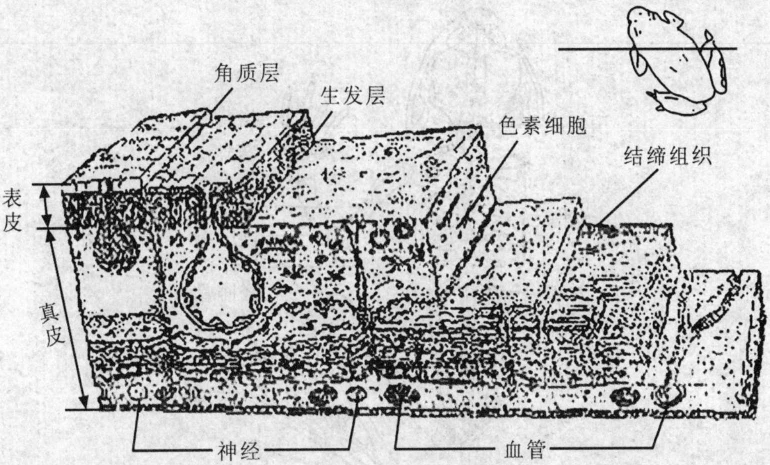

图 16-2　两栖动物的皮肤构造图(自杨安峰)

接部分有呈层分布的色素细胞,能防止光线过量的射入,并起保护色的作用。真皮内有大量多细胞腺体,常见的为黏液腺(mucous gland)和毒腺(poison gland)。黏液腺遍布全身,分泌的黏液可以湿润体表,防止皮肤干燥并保持空气及水的可透过性;此外,湿润的体表还能通过水分蒸发而调节体温,使两栖类的体温总是低于环境的温度。有些两栖动物为防止被食肉动物所吞食,在身体和四肢背部分布有毒腺,如蟾蜍的耳后腺等。在真皮中还分布有丰富的血管与淋巴管。由于真皮中有丰富的血管和大量的黏液腺,因此,使皮肤适于气体交换而成为辅助呼吸器官,这对于两栖纲的某些水生种类和冬眠期的两栖动物尤为重要,因为它们差不多全靠皮肤呼吸。

三、骨骼系统

两栖类的骨骼主要由硬骨构成,也有部分软骨。比鱼类具有更大的坚韧性和灵活性。包括头骨、脊柱、带骨和附肢骨(图 16-3)。

(一)头骨(cranium)

两栖类的头骨扁而宽,脑腔狭小,无眶间隔,脑颅属于平颅型(platybasic type)。骨化程度不高,还有很多骨骼处于软骨阶段。头骨顶部覆盖的膜骨从前向后包括成对的鼻骨、额骨、顶骨和鳞骨。除上下颌外,咽颅部分骨骼发生了很大变化,脑颅腹面的膜骨有额顶骨(无尾两栖类的额骨和顶骨常愈合成 1 对额顶骨)、鼻

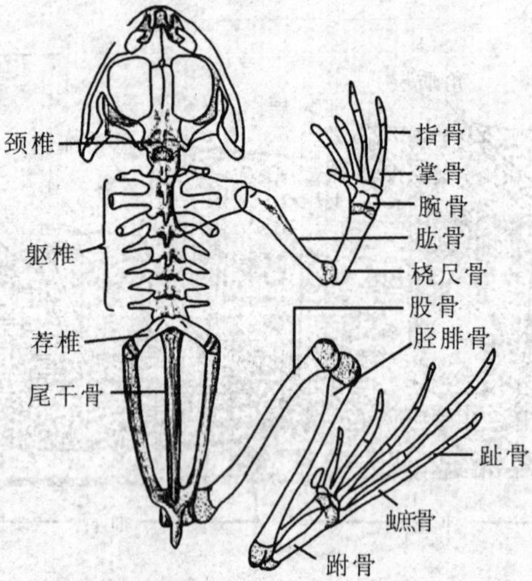

图 16-3 青蛙的骨骼(仿丁汉波)

骨、副蝶骨、犁骨等。鳃弓骨骼退化。舌弓骨骼转变为听小骨(耳柱骨)(columella)。头骨的后面有 2 块外枕骨,具有 2 个枕骨髁。头骨与枕骨髁、颈椎相连形成活动关节,这是陆生脊椎动物的共同特征(图 16-4)。总之,现代两栖类头骨骨化程度较鱼类增高,并趋于愈合,头骨的重量有所减轻。

(二)脊柱

两栖纲的脊柱分化比鱼类明显,可分为颈椎、躯干椎、荐椎和尾椎 4 部分。脊椎骨的数目随种类不同而不同。在蛙类,有颈椎 1 枚,呈环状叫寰椎(atlas);躯干椎 7 枚,椎体为前凹后凸型,这种椎体椎弓的前后方具有前、后关节突,能使椎体间的接触面增大,并提高了支持体重的能力,加强了脊椎的牢固性和灵活性;荐椎也仅 1 枚,具有长的横突,与腰带的髂骨联结,这是动物上陆后,后肢承受体重的结果;尾椎愈合成 1 个长形的骨,称尾杆骨。具有颈椎(cervical vertebra)和荐椎(sacral vertebra)是陆生脊椎动物的特征,但两柄类的颈椎和荐椎均只有 1 枚,其活动范围和支持的机能与其他陆生动物相比还处于低级状态。

(三)带骨及肢骨

两栖类的肩带脱离了和头骨的联系,而腰带借荐椎与脊柱联结,这是陆生四足动物与硬骨鱼类的重要区别。现代两栖类的肩带包括上肩胛骨、肩胛骨、前乌喙骨和乌喙骨。无尾类的前乌喙骨常被锁骨取代,肩带的腹侧的上乌喙骨、肩胛骨和乌

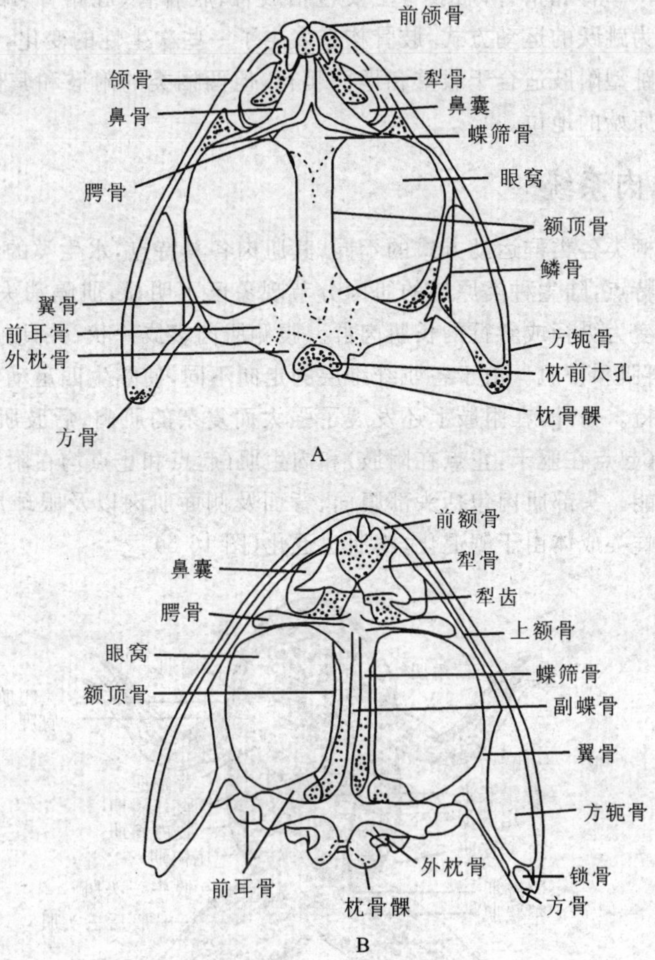

图 16-4 青蛙的头骨背面观(A)和腹面观(B)(仿王志清)

喙骨之间形成肩臼(glenoid fossa),与前肢相关节。大多数两栖类有胸骨(sternum),这也是陆生脊椎动物特有的结构,但两栖类无明显的肋骨,所有还没有形成胸廓。肩带和胸骨用于支持前肢以及保护躯干前方的内脏器官。腰带由髂骨、坐骨及耻骨构成,这 3 块骨头的联结处叫髋臼(acetabulum),与后肢相关节。腰带以髂骨与脊柱连接,这样腰带就成为脊柱和后肢连接的桥梁,把身体的重量移到了后肢。

从两栖类开始,出现了陆生动物所具有的五趾型附肢,前肢骨主要包括肱骨、桡尺骨、腕骨、掌骨和指骨;后肢骨主要包括股骨、胫腓骨、胫跗骨、跖骨和趾骨等。由于无尾类为跳跃的运动方式,肢骨构造发生了一些次生性的变化,指(趾)骨有合并现象。五趾型附肢适合于载重和地面爬行,但两栖类的附肢和其他陆生动物相比还处于较原始的地位。

四、肌肉系统

由于两栖类各类群运动方式的不同,其肌肉各具特点,水生类的躯干肌肉还保留着分节的特点,陆生种类原始的肌肉分节现象已不明显,肌隔消失,大部分躯干部肌节愈合变为纵行或斜行的长肌肉群。腹侧肌肉多成片状,并具分层现象,分有外斜肌、内斜肌和横肌。由于各肌纤维层的走向不同,使陆生四足动物的内脏得到了有力的支持。另外,在附肢上还发展了强大而复杂的肌肉,后肢肌肉尤其发达,分为外生肌(起点在躯干,止点在附肢)和内生肌(起点和止点均在附肢),以增强肌肉的运动功能。头部肌肉包括头部腹面、背面及侧面肌肉以及眼球周围的肌肉和面部肌肉。蛙类成体由于鳃退化,鳃肌也退化(图 16-5)。

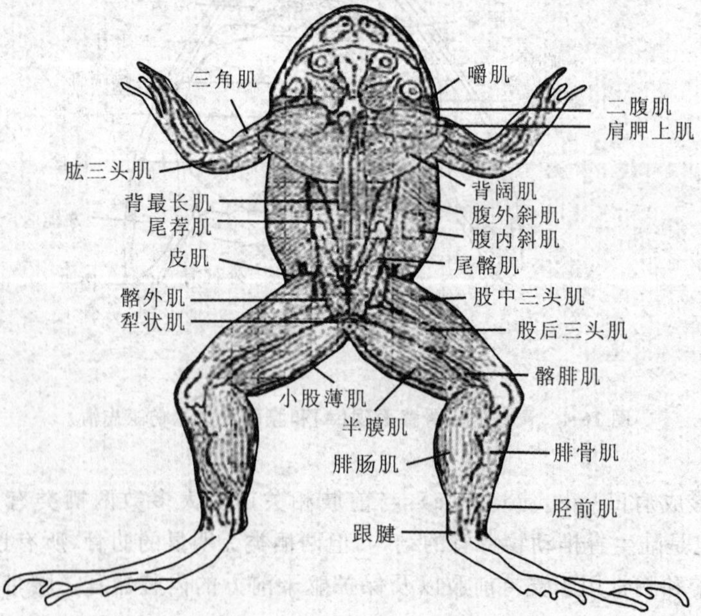

图 16-5　青蛙的肌肉系统(自杨安峰)

五、消化系统

两栖类的消化道包括：口、口咽腔、食道、胃、小肠、大肠、泄殖腔；消化腺包括肝脏和胰脏(图 16-6)。口咽腔宽阔，结构比较复杂(图 16-7)，内有内鼻孔、食道、耳咽管、声门、声囊(蛙类)和颌间腺导管等开口；无尾类的蟾蜍无齿，蛙上颌边缘具有上颌齿，口腔顶部的梨骨上也具有梨骨齿，这些齿为同型齿，有防止食物滑脱的作用；口咽腔底部具有肌肉质的舌，舌尖向后，分叉，可以用舌进行捕食。口咽腔连接很短的食道，食道通至胃。胃的贲门较粗大，幽门部较细小，与小肠相连。小肠分十二指肠及回肠两段。直肠较粗，前端接小肠，后端直通泄殖腔。

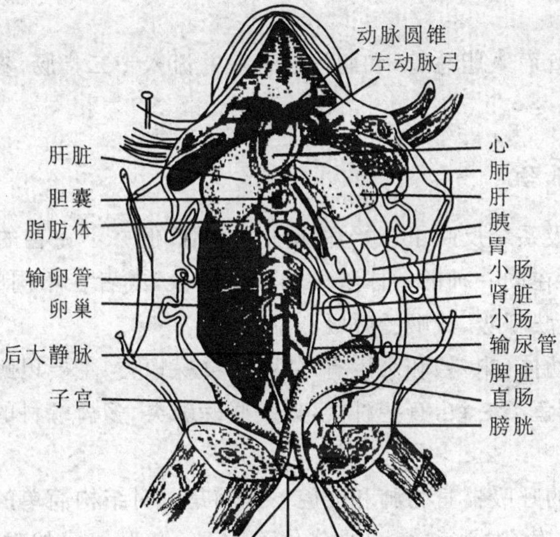

图 16-6　蛙的内脏解剖图(自郝天和)

两栖类开始有分泌黏液的唾液腺，在颚的前端有 1 对大的颌间腺(intermaxillary gland)，其他部位也可有黏液腺，分泌的黏液起湿润食物作用。肝脏位于体腔前端，分为 3 叶，左右两大叶和一块较小的中叶；胆囊介于左、右叶之间，胆管注入十二指肠。胰脏狭长，常位于十二指肠和胃之间，胰管与胆管相连。胰脏位于十二指肠和胃之间的系膜上，为一呈不规则分支状的淡黄色腺体。胰脏没有直接入肠的独立导管，而是由短的胰管和胆总管(在胰脏中穿过)相连接。这样，胰腺细胞分

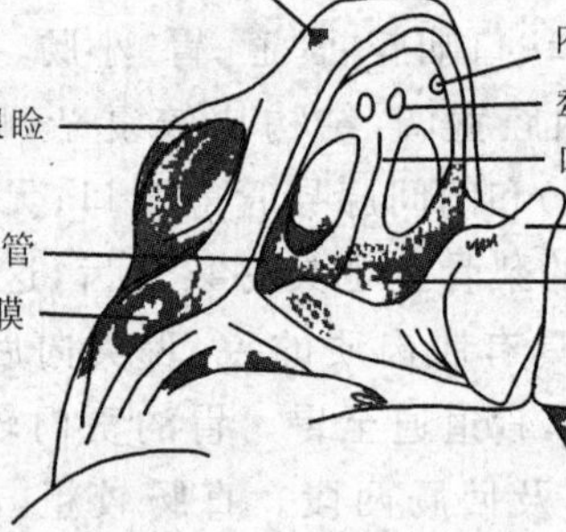

图 16-7 两栖类的口咽腔结构(自刘凌云)

泌的胰液经过胰管而入胆总管,和胆汁混合一并流入十二指肠,参与小肠内物质的消化。

六、呼吸系统

两栖类的呼吸系统反映了开始适应陆生生活,但并不完善的过渡情况。不同种的两栖类,或者在同一种的幼体阶段和成体阶段,或者在不同的生活状态下,分别进行鳃呼吸、皮肤呼吸、口咽腔呼吸和肺呼吸。

无尾两栖类幼体(蝌蚪)和水生有尾两栖类(蝾螈类)主要以鳃和皮肤为呼吸器官,鳃呼吸过程和鱼类一致,有些种类,如一些蝾螈类、多齿螈科的伪尾蟾等主要用皮肤呼吸。

陆生两栖类的呼吸器官为肺和喉腔。蛙肺是一对结构简单的薄壁盲囊。呼吸道极短,两栖类有喉,喉头和气管的分化不明显,仅为一短的喉头气管室。喉门(glottis)为一裂缝状的开口,有 1 对勺状软骨和 1 个环状软骨围成喉腔,在勺状软骨内侧,有两片富有弹性的纤维带,即声带(vocal cord);这是两栖类的发声器官。雄蛙在口角两边各有一对声囊(vocal sac),声囊有孔和口腔相通,是发声的共鸣放大器官。肺囊内壁分为多数间隔,呈蜂窝状,用以增加和空气接触的面积,囊壁具有丰富的毛细血管。由于两栖类没有胸廓,因此肺呼吸是采取咽式呼吸法(bucco-pharyngeal respiration),呼吸动作主要借助于口咽腔底部的上下动作来完成(图 16-8)。呼吸时,鼻孔张开,喉门紧闭,口底下降而将空气由外鼻孔吸入,经内鼻孔入口腔。继而口底上升,将空气沿原路由鼻孔呼出,此时由于喉门紧闭,气体在口咽腔黏膜进行交换;口底这样上下颤动多次后,鼻孔关闭,口底上升,喉门打开,空气由口咽腔进入肺中，在肺内进行气体交换。空气由肺呼出是靠口底下降，腹壁肌肉的收缩和富有弹性的肺囊壁的回缩来完成的。

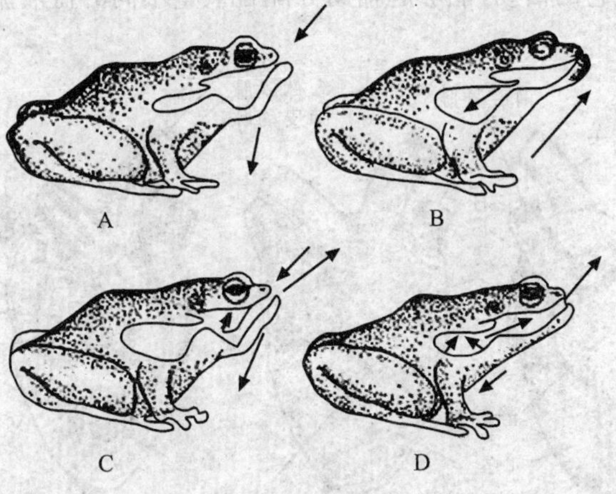

图 16-8 蛙的呼吸动作

A. 口腔底往下，鼻孔开，空气从鼻孔入口腔；B. 口腔底上举，鼻孔关，空气压入肺；C. 口腔低的轻微运动使口腔内空气流通；D. 通过体壁和肺收缩，呼出肺内空气(自 Hickman)

两栖类肺的表面面积还不大，其与皮肤表面积的比例是 2 ∶ 3，远小于高等陆生脊椎动物，因此，其肺呼吸不完善，需要皮肤辅助呼吸。蛙的皮肤薄，经常保持湿润状态，并且分布有丰富的毛细血管，这都利于呼吸。蛙在湿泥中冬眠时，肺呼吸停止，皮肤便成了惟一的呼吸器官。

七、循环系统

由于出现了肺呼吸，循环系统也发生了变化，由单循环变为双循环。但两栖类的血液循环途径为不完全双循环，含氧血和缺氧血还没有完全分开，在陆生脊椎动物中处于低等地位。

(一)心脏

心脏位于围心腔内，由静脉窦、心房、心室和动脉圆锥 4 部分组成(图 16-9)，和鱼类相比，两栖类的心脏位置已向后移。在心脏背面为三角形的静脉窦，前面两角分别连接左、右前腔静脉，后面一角连接后腔静脉，汇集由身体前后部回来的缺氧血。心房由房间隔分为左心房和右心房，左心房接受由肺静脉返回的多氧血；右心房接受由体静脉返回的缺氧血，两个心房以一共同的房室孔通心室。心室单一，不分隔，壁厚，富于肌肉，心室壁上有肌肉柱，在一定程度上能减少由左、右心房来的多氧血与缺氧血的混合。由心室基部右侧伸出动脉圆锥，动脉圆锥腹侧有一个游离的螺旋瓣，通过它的活动，能够起辅助分配含氧量不同的血液流向的作用。

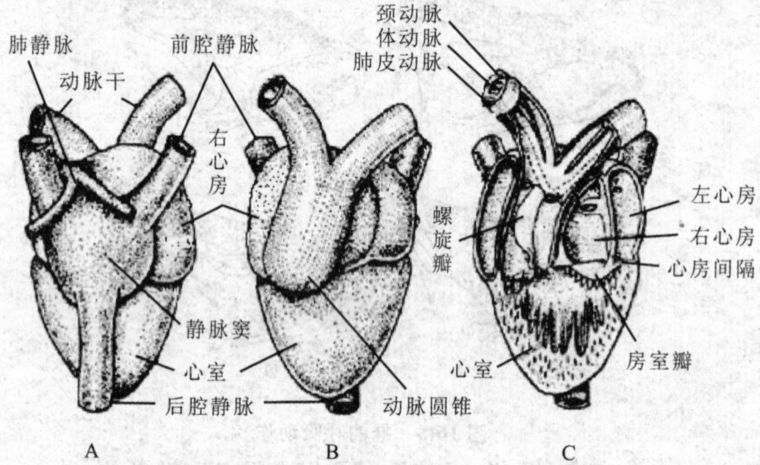

图 16-9 蛙的心脏（仿 Storer）

A. 背面观；B. 腹面观；C. 剖面观

（二）血管和循环途径

1. 动脉 由动脉圆锥向前延长分成左右 2 个动脉干，每一个动脉干分成 3 支动脉弓，分别为颈总动脉弓（carotid arch）、体动脉弓（systemic arch）和肺皮动脉弓（pulmo-cutaneous arch）。颈总动脉弓分为颈外动脉（通口腔壁、舌）和颈内动脉（通脑部）。体动脉弓分为左、右 2 条，其中分出的锁骨下动脉至肩部、前肢及食道等处。在心脏后方背部左右 2 条动脉弓汇合成背大动脉，向后延伸并发出分支到达内脏各器官，背大动脉主干分为 2 条髂总动脉通入后肢。肺皮动脉弓分为 2 支，一支为肺动脉，通入肺脏，在肺壁上分散成毛细血管网，另一支称皮肤动脉，通入皮肤，也分散成毛细血管网。

2. 静脉 静脉分为前腔静脉（precava）和后腔静脉（postcava）。前腔静脉 1 对，代替了鱼类的前主静脉，主要收集颈外静脉（来自舌、下颌等处血液）、无名静脉（由自头部的颈内静脉和自肩、臂等处的肩胛下静脉汇合）、锁骨下静脉（汇集前肢和皮肤静脉）的血液汇入静脉窦。后腔静脉 1 条，代替了鱼类的后主静脉，主要收集肾静脉、生殖静脉和肝静脉来的血液进入静脉窦。肺静脉（pulmonary vein）1 对，汇集由肺返回心脏的血液,左右肺静脉在进入心脏之前,合而为一,通入左心房。

3. 血液循环途径　两栖类开始出现肺循环和体循环,形成了四足脊椎动物血液循环系统的基本模式。心室收缩,血液进入动脉圆锥,通过颈总动脉弓、体动脉弓流到身体各器官,气体交换以后,来自头部、前肢、皮肤等处静脉血液进入前腔静脉,后腔静脉汇集肾脏、躯干和后肢的静脉血液,肝静脉汇集消化道静脉血液,前腔静脉、后腔静脉和肝静脉的静脉血液汇集一起注入静脉窦,流回右心房,再至心室,这一循环为体循环;从肺皮动脉弓通入肺部的血液,气体交换之后由肺静脉进入左心房再入心室,这一循环为肺循环。由于两栖类只有一个心室,心室中的多氧血和缺氧血没有完全分开,所以血液循环称为不完全双循环。

(三)淋巴

两栖类的淋巴系统很发达,包括淋巴管、淋巴窦和淋巴心(lymph heart)等结构。蛙类在皮下和舌下有许多大的淋巴窦;肩带下,有1对前淋巴心;在尾杆骨尖端的两侧,有1对后淋巴心。此外,在直肠前端腹侧肠系膜上,有1个圆形球状的深红色小脾脏,也属于淋巴器官。淋巴系统的作用是以无色的淋巴液将养料运到组织细胞间,供其利用,也可以将组织中产生的废物等运回静脉,所以淋巴系统是血液循环系统的一个辅助系统。

八、泄殖系统

(一)排泄系统

两栖类的排泄系统由肾脏、输尿管、膀胱(urinary bladder)和泄殖腔(cloaca)组成(图16-10)。1对肾脏为中肾,位于体腔后部,脊柱的两侧,为暗红色的长形分叶体,在其外缘靠近后端处各连有1条输尿管(中肾管)。尿液经输尿管先送入泄殖腔。在泄殖腔腹壁突出形成大而薄壁的膀胱,泄殖腔孔靠括约肌的收缩平时为关闭状态,尿液由泄殖腔倒流入膀胱,当膀胱内充满尿液时,由于膀胱肌的突然收缩,同时伴随着泄殖腔孔的张开,将尿液排出体外。巨大的膀胱一方面作为贮存尿液之用,一方面执行重吸收水分的功能。

肾脏除了有泌尿的功能之外,还有调节体内水分、维持渗透压平衡的作用。蛙的皮肤是裸露的,当蛙在水中时,由于渗透作用,水不断地渗入体内,因此,蛙的肾小球滤过效率很高,而肾小球重吸收水分的功能极差,每天排出的尿液约等于蛙体重的1/3,这样使体内的水分得以维持恒定。但是,当蛙在陆地上时,失水的问题并没有很好地解决,在这种情况下,膀胱重吸收水分的功能,对于动物体内水分的保持具有十分重要的意义。

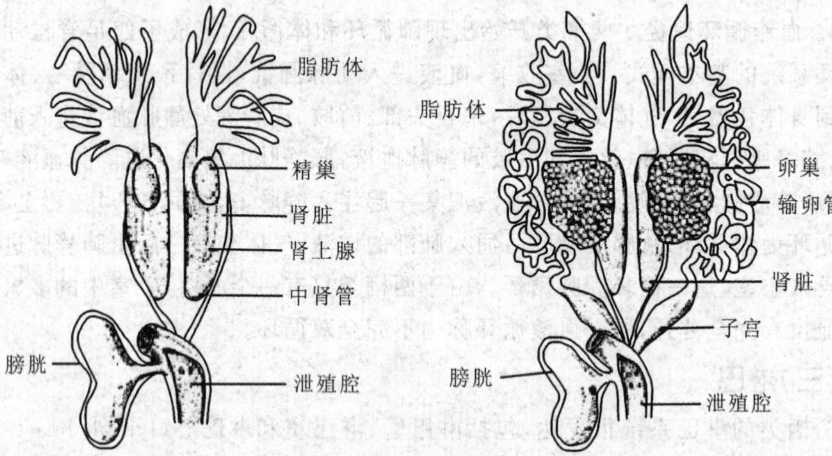

图 16-10 雄蛙和雌蛙的泄殖系统(自丁汉波)

(二)生殖系统

雄性生殖系统(图 16-10,左)包括 1 对卵圆形的精巢,颜色呈淡黄色位于肾脏之内侧。由精巢发出许多细小的输精小管通入肾脏的前端,再通入中肾管。蛙不具有单独的输精管,中肾管除输送尿液之外,还兼输精管之用。中肾管在进入泄殖腔之前膨大成贮精囊,为贮存精液之用。雌性生殖器官(图 16-10,右)包括 1 对卵巢,其形状和大小随季节而不同,在生殖时期,卵巢内因含大量黑色卵子而胀大,卵排出后即缩小成多褶皱的形状。在雌性,中肾管仅用作输尿之用;另有 1 对输卵管,位于体腔之两侧,输卵管前端有喇叭口收集卵子,输卵管后端开口于泄殖腔。卵子通过输卵管时即被腺体所分泌的胶状物质所包裹,再下行入子宫内暂时贮存,交配时排出体外。在雌雄生殖腺前方,各有 1 对黄色呈指状物,内含有大量脂肪,称为脂肪体(fat bodies),主要供给生殖细胞营养。

(三)生殖与发育

两栖类大部分体外受精,雄性不具交配器。青蛙在每年的 4～5 月间进行生殖。两栖类受精时比鱼类进步之处是具有“抱对”现象,抱对的生物学意义在于保证了卵子和精子的同时排出,增加了卵的受精机会。卵子外常包被着胶质膜,胶质膜既能起保护卵子的作用,又能使卵子有较好的发育条件;柔韧的胶质膜是对机械性刺激的最好的缓冲物,特别当卵粘附成大团时,还可以避免被动物所吞食;胶质膜也能阻碍卵与卵之间的接近,因而使卵有更充分的氧气条件;透明的胶质膜可以聚集阳光的热量，提高了卵子孵化时的温度。因此，胶质膜是一种适应于水中繁殖的进步性结构。

受精后受精卵经过一系列变化发育成为幼体——蝌蚪(图 16-11)，蝌蚪有一

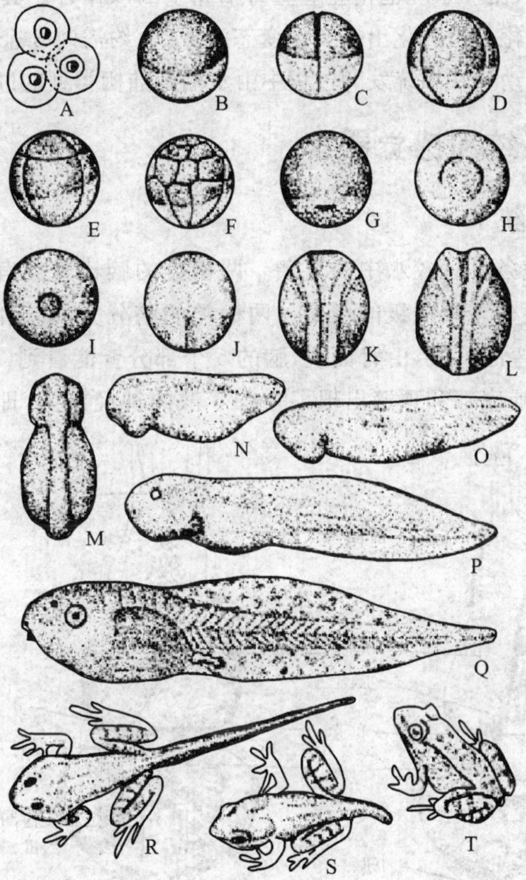

图 16-11　蛙的发育各阶段(自丁汉波)

A. 有胶膜卵；B. 受精卵；C. 二细胞期；D. 四细胞期；E. 八细胞期；F. 囊胚早期；G. 原肠胚开始；. H. 原肠期；I. 卵黄栓期；J. 神经板期；K. 神经褶期；L. 神经沟期；M. 尾芽期；N. 肌肉反应期；O. 鳃循环期；P. 尾鳍循环期；Q. 有后肢的蝌蚪；R. 开始变态；S. 即将完成变态；T. 幼蛙

长尾作为运动器官，有侧线，用鳃呼吸，心脏只有 1 个心房和 1 个心室，血液循环为

单循环。蝌蚪从外形到内部结构都和鱼近似。蝌蚪长到一定程度，即开始变态(metamorphosis)。变态是内、外部各器官由适应水栖转变为适应陆栖的深刻改造过程。从外形上，尾部逐渐萎缩，最后消失，出现了成对的附肢，在咽部靠近食道处形成肺，随着肺呼吸的出现，循环系统也相应地变为不完全的双循环。其他的器官系统也随之发生了一系列变化。由孵化出蝌蚪到变态完成，大约需时3个月。青蛙的个体发育过程反映了脊椎动物在系统发育过程中由水栖到陆栖类型的过渡情况。

九、神经系统和感觉器官

(一)神经系统

陆地上的环境条件远较水中的复杂。两栖类的脑比鱼类有了明显的进步，但在陆生四足类中还处于较低级的水平。两栖类的脑分为大脑、间脑、中脑、小脑和延脑5部分，脑的弯曲不大，由背面观，脑的5个部分皆能看到(图16-12)。大脑较鱼类分化明显，大脑底部和顶壁出现了一些零散的神经细胞，即大脑皮层，作用主

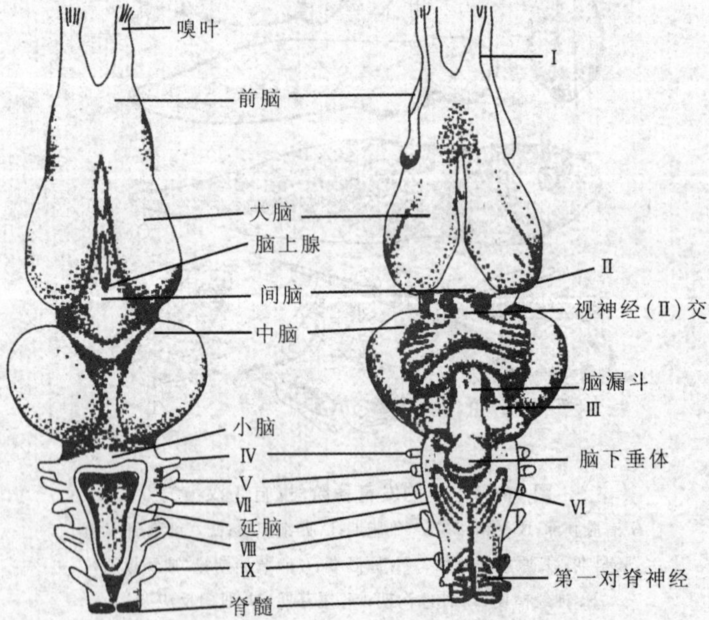

图16-12 蛙蟾类的脑(自 Ecker)

A. 背面；B. 腹面

要是管理嗅觉，称为原脑皮(archicerebrum)；间脑小，顶部有 1 个不发达的松果体；中脑较发达，顶部为 1 对圆形的视叶，每个视叶内皆有 1 个宽大的内腔，称中脑室；小脑不发达，仅为一横褶，这和两栖动物活动范围狭窄，运动方式简单相关；延脑为 1 个三角形的脑室，是生命活动和听觉的重要中枢，延脑后接脊髓。

由脑发出 10 对脑神经，和鱼类一样。由脊髓发出成对的脊神经，脊神经的对数随种类不同而异。两栖类随着四肢的出现，脊髓在肱部和腰部有 2 个膨大部分，分别称为肱膨大(或称颈膨大)和腰膨大(或称荐膨大)。交感神经(植物性神经)由位于脊柱两旁的特殊神经节构成 2 条交感神经链。

(二)感觉器官

1. 视觉 两栖类为适应水陆两栖生活，视觉器官较鱼类有了更复杂的调节机能，表现在：眼球角膜凸出，晶状体与角膜之间的距离比鱼类稍远，有助于把较远的物体聚焦；水晶体牵引肌能将水晶体前拉聚光，也利于看到近物。两栖类具有可活动的下眼睑(eyelid)，并开始出现了泪腺(lachrymal gland)和半透明的瞬膜(nictitating membrane)，可以湿润眼球，避免眼球干燥。

2. 听觉 两栖类为适应陆地生活，听觉器官发生了很大的变化。除具内耳外，还首次出现了中耳(middle ear)和中耳腔(鼓室)(tympanic cavity)。中耳被鼓膜掩盖，鼓膜露于体表，直接接受声波的刺激。中耳腔即鼓室，一端以耳咽管(欧氏管)(Eustachian tube)与口咽腔相通，另一端通鼓膜。在中耳腔内有棒状的听小骨，称耳柱骨，耳柱骨外连鼓膜，内通内耳的卵圆窗(图 16-13)。鼓膜接受外来声波而振动，将振动由耳柱骨传入内耳，经听神经传到脑中枢，产生听觉，耳咽管还可起到平衡鼓膜内外压力的作用。

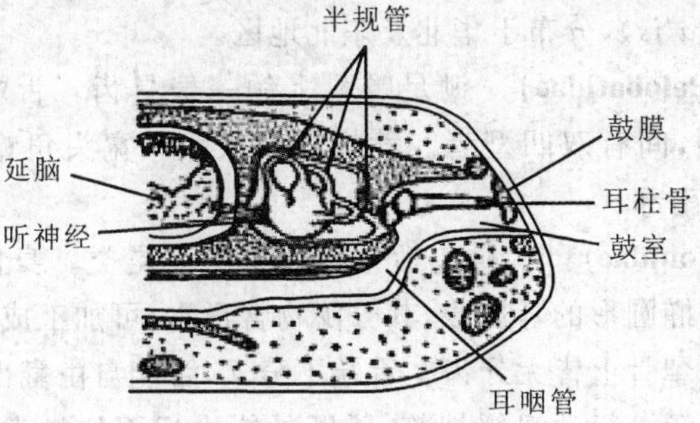

图 16-13 两栖类耳的结构(自杨安峰)

3. 嗅觉器官 鼻囊1对,借外鼻孔与外界相通,以内鼻孔与口咽腔相通,鼻腔不仅是嗅觉器官,而且还是空气进出的通道。在鼻腔腹内侧壁伸出1对盲囊,称为犁鼻器(vomeronasal organ),或称贾氏器(Jacobson'organ),是一种味觉感受器。

第二节 两栖纲的分类

世界上现存的两栖纲动物有4 200余种,我国有280余种,分为无尾目、有尾目和无足目3个目。两栖动物主要生活在热带和温带,尤以南方为多。越往北,分布愈少。两栖类在适应陆生的斗争中,基本上解决了在陆地运动,呼吸空气,适宜陆生生活的感觉器官和神经系统等方面的问题,但是却不能完全适应陆地生活,只能局限在近水的潮湿地区分布或再次入水水栖。因而它是脊椎动物中种类和数量较少,分布狭窄的一个类群。

一、无尾目(Anura or salientia)

无尾目是现存两栖类中结构最高级、种类最多且分布最广的一类。体形宽短,四肢发达,特别是后肢强大,适于跳跃,成体无尾,皮肤裸露,富于黏液腺,具可活动的下眼睑及瞬膜,鼓膜明显,鼓室发达。成体一般营水陆两栖生活,体外受精,水中产卵,幼体为蝌蚪,蝌蚪经变态后转变为水陆两栖的成体。本目在全世界有18科2 000余种,我国有7科200余种。常见的代表种类有(图16-14):

1. 盘舌蟾科(Discoglossidae) 盘舌蟾科舌呈盘状,尖端不分叉,舌周围与口腔的黏膜相连,不能自由伸出,上颌有齿。本科在我国仅有铃蟾一个属,例如:东方铃蟾(*Bombina orientalis*),分布于华北及东北地区。

2. 锄足蟾科(Pelobatidae) 锄足蟾科上颌一般具齿。舌端游离,微有缺刻。椎体大多是前凹型,间有双凹型者。荐椎横突极大。宽头角蟾(*Megophrys cariensis*)产于我国西南部。

3. 蟾蜍科(Bufonidae) 本科包括一些大型的无尾类。身体宽短粗壮。皮肤粗糙。头顶两侧有椭圆形的耳后腺,其分泌物含毒素,可加工成药材——蟾酥。鼓膜明显。上下颌及犁骨上皆无牙齿。舌端不分叉,舌能自由翻出口外。分布广,能在较干燥的地方生活。行动迟缓拙笨,跳跃的能力远不如蛙类。如大蟾蜍(*Bufo bufo*)、花背蟾蜍(*Bufo raddei*)、黑眶蟾蜍(*Bufo melanostictus*)等,分布几乎遍及全国各地。

4. 雨蛙科(Hylidae) 雨蛙科体型较小,四肢细长,指(趾)末端膨大成为吸盘,

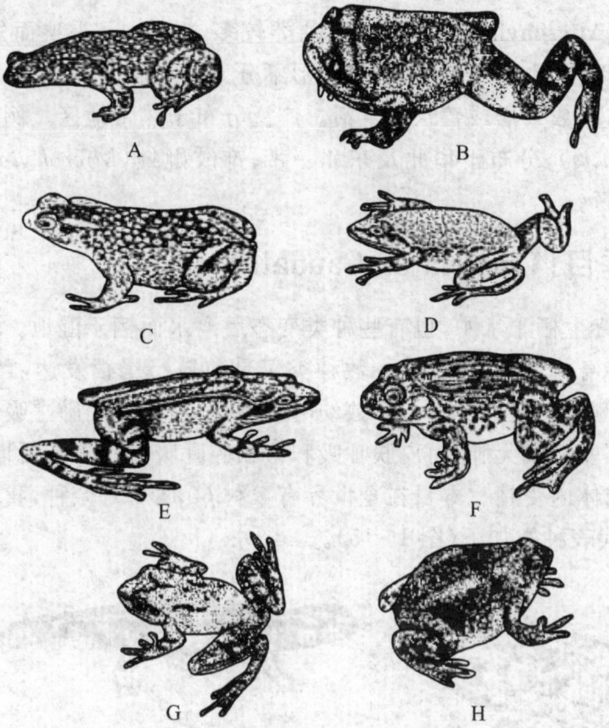

图 16-14　无尾目代表动物(自刘凌云、张训蒲等)

A. 东方铃蟾；B. 宽头角蟾；C. 大蟾蜍；D. 无斑雨蛙；

E. 中国林蛙；F. 虎纹蛙；G. 斑腿树蛙；H. 北方狭口蛙

可以借此吸附在附着物上，背部多为青绿色。上颌有牙齿，也有犁骨齿。雄性喉部有单个内声囊，鸣声响亮。主要分布在温热带地区，常在雨后高声鸣叫，故名雨蛙。如我国的无斑雨蛙(*Hyla immaculata*)，分布于东北、华北和华中地区；中国雨蛙(*Hyla chinensis*)，分布于我国东南各省。

5. 蛙科(Ranidae)　蛙科是两栖类中最大的一科，分布于除澳洲和南极以外的地球各大陆。上颌具牙齿、且有犁齿。舌端分叉，能自由活动。鼓膜明显，一般无毒腺。后肢发达，适于跳跃。例如：黑斑蛙(*Rana nigromaculata*)、金线蛙(*Rana plancyi*)、中国林蛙(*Rana temporaria chensinensis*)、虎纹蛙(*Rana tigrina*)(我国二级保护动物)和牛蛙(*Rana catesbeiana*)等。

6. 树蛙科(Rhacophoridae)　树蛙类指(趾)末端膨大成大的吸盘；前后肢均具半蹼。一般多树栖。在我国产于西南各省，尤以云南南部种类较多。如斑腿树蛙

(*Rhacophorus leucomystax*)。

7. 姬蛙科(Microhylidae) 姬蛙科种类较多,口狭小,头狭而短,身体也比较小。上颌一般无齿,也无犁骨齿,舌卵圆形不分叉。前后肢的指(趾)间皆无蹼。多数营陆地生活,少数穴居或营水栖生活。广泛分布于热带地区。例如:北方狭口蛙(*Kaloula borealis*),分布于华北及东北一带;饰纹姬蛙(*Microhyla ornata*),分布于长江以南地区。

二、有尾目(Urodela or Caudata)

多数种类终生栖于水中,也有些种类变态后离水而栖于湿地。体长形,多数具四肢,后肢支持身体的能力较弱,少数种类仅具前肢。尾很发达,且终生存在。有些种类身体两侧具明显的侧线。多数幼时用鳃呼吸,成体用肺呼吸;也有些种类终生具鳃,肺很不发达或无肺,而皮肤呼吸和口咽腔呼吸却占有重要地位。一般为卵生,体外受精或体内受精。本目在全世界有 8 科 60 属 300 余种,我国有 3 科 11 属 24 种,常见的代表种类如下(图 16-15)。

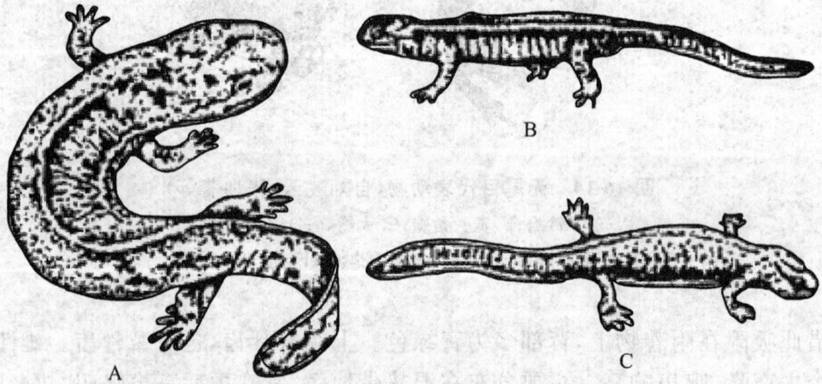

图 16-15 有尾目代表动物(自张训蒲)

A. 大鲵;B. 极北小鲵;C. 肥螈

1. 隐鳃鲵科(Cryptobranchidae) 本科包括现代两栖类中体型最大的种类,最长者可达 180 cm。身体一般为扁筒形,前后肢皆存在,上下颌皆具齿,犁骨上也具横列的牙齿。眼小、无活动的眼睑。如大鲵(*Megalobatrachus davidianus*)(俗称娃娃鱼),是我国珍贵的保护动物之一(国家二级保护动物),产于湖南、湖北、贵州、广西壮族自治区、四川、陕西和山西等地。

2. 小鲵科(Hynobiidae)　小鲵科体型较小，具眼睑，具颌齿及犁齿，体外受精。如极北小鲵(*Hynobius keyserlingii*)，我国东北地区均有分布。

3. 蝾螈科(Salamandridae)　蝾螈科为有尾目中种类最多的一科。体躯粗壮，尾长且多侧扁，具能动的眼睑，上下颌和犁骨均具牙齿，体内受精。如中国瘰螈(*Trituroides chinensis*)、东方蝾螈(*Cynops orientalis*)和肥螈(*Pachytriton brevipes*)，我国主要产自华南。此外，本科的细痣疣螈(*Tylototriton asperrimus*)、镇海疣螈(*Tylototriton chinhaiensis*)、贵州疣螈(*Tylototriton kweichowensis*)和细瘰疣螈(*Tylototriton verrucosus*)也是我国二级保护动物。

三、无足目(Apoda)

无足目又称蚓螈目，是两栖动物中最原始而又特化的一类。外形似蚯蚓或蛇，尾短或无尾，无四肢及带骨，营地下穴居的生活，眼睛退化，隐于皮下，没有鼓膜，听神经退化，嗅觉发达。一些蚓螈背面的环褶间有小的骨质真皮鳞，这是比较原始的特征，也是现代两栖动物中惟一有鳞的代表。体内受精，卵胎生或卵生。本目只有一科，即蚓螈科(Caecilidae)，世界上约有 150 种；我国仅有一种，即鱼螈(*Ichthyophys glulinosus*)(图 16-16)。分布于我国云南西双版纳，又称版纳鱼螈(*Ichthyophis bannanica*)。

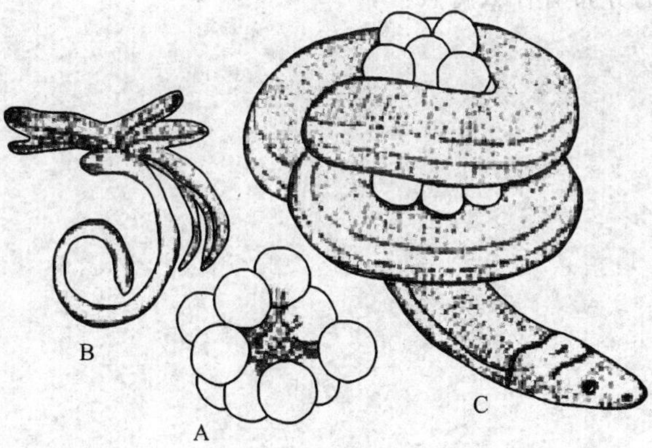

图 16-16　无足目代表动物——鱼螈(自丁汉波)

A. 卵；B. 幼体；C. 成体在孵卵

本章小结

两栖类是脊椎动物中从水生向陆生过渡的中间类型。皮肤裸露，没有防止体内水分蒸发的结构；出现了五趾型附肢。脊柱分化为颈椎、躯干椎、荐椎和尾椎，颈部不明显。肺呼吸，但不完善，需要辅助皮肤呼吸。血液循环为不完全双循环；多数体外受精，繁殖和幼体发育离不开水，有变态过程。本科分无尾目、有尾目和无足目三大类。

思考题

1. 两栖类有哪些主要特征？
2. 结合水陆环境的主要差异总结动物机体从水生过渡到陆生所面临的主要矛盾。
3. 试述两栖类对陆生生活的适应表现在哪些方面？其不完善性特征有哪些？
4. 两栖类皮肤的功能有哪些？
5. 总结两栖类的呼吸系统和循环系统的特点。
6. 简述两栖纲动物各目的主要特征。
7. 试述两栖类的发育过程。
8. 两栖类的分布有什么特点？

第十七章　爬行纲(Reptilia)

导读　爬行类是体被角质鳞或硬甲，在陆地繁殖的变温羊膜动物，是由古生代石炭纪末期的古两栖类进化而来的。它们进一步向着适应陆栖的方向进化，尤其是在防止体内水分蒸发、适应陆地生活和繁殖等方面均获得了较大的发展，真正适应了陆地生活。最重要的进步是在陆地繁殖和产羊膜卵，从而完全摆脱了对水的依赖，为爬行类通过适应辐射向干旱地区分布及开拓新的生活环境创造了条件。由此，爬行类在中生代占领了地球上多种生态环境，统治地球达1亿多年。

在中生代，古爬行动物种类和数量极其繁盛，被称为爬行动物时代。古爬行类分为无颞窝类、合颞窝类、双颞窝类和上颞窝类。无颞窝类属于古爬行动物的原始颅骨类型，并由其演变出后3种颅型。无颞窝类衍生出现存的龟鳖类；双颞窝类进化出现存的喙头类、鳄类、蜥蜴类和蛇类以及鸟类；合颞窝类演化出现存的哺乳类；上颞窝类演化出已灭绝的楯齿龙类。目前，新西兰喙头蜥已面临绝灭，蜥蜴类和蛇类占现存爬行类的95%，鳄类是最高等的爬行类。各类爬行动物在形态结构上存在着较大的差异。

世界上现存爬行类有6 300余种，均为白垩纪末期大部分种类灭绝后遗留下来的物种，广泛分布于除南极以外的各种地区的生态环境之中，尤以南半球的种类更为繁多。爬行类中的许多种类以害虫、害鼠为食，是多种有害动物的天敌，在维护生态平衡，保护农林方面起着重要的作用。爬行类可为人类提供许多种珍贵的药品、皮革制品和食物，并在仿生学领域里给人类以启迪。许多种类还是特种经济动物养殖业中的重要养殖对象。但爬行类中的蛇类等也给人类和畜牧业带来一定的危害。

第一节 爬行纲的主要特征

一、羊膜卵及其在动物演化史上的意义

爬行动物产羊膜卵，这是脊椎动物从水生到陆生的漫长进化历程中的一个极其重要的飞跃性进步。羊膜卵的结构和发育特点使羊膜动物彻底摆脱了在个体发育初期对水的依赖，确保了脊椎动物在陆地上繁殖的成功。

羊膜卵为端黄卵，具有卵黄膜，包裹在卵外的还有蛋白、内外壳膜和卵壳。卵内有很大的卵黄囊，贮有丰富的卵黄，为发育的胚胎提供营养；卵壳坚硬，为石灰质或纤维质，可减少卵内水分蒸发，避免机械或病原体的伤害。

胚胎在发育期间，产生羊膜、绒毛膜和尿囊等一系列胚膜。至原肠期后，胚胎周围产生向上突起的环状褶皱，环绕胚胎生长，最终将胚胎包在一个具有两层膜的囊中，外层为绒毛膜，内层为羊膜。羊膜将胚胎包围在封闭的羊膜腔内，羊膜腔内充满羊水，使胚胎悬浮于自身创造的一个水域环境中进行发育，从而能有效防止干燥的外界损伤。在羊膜、绒毛膜形成的同时，于二者之间（胚外体腔）自胚胎消化道后部突出形成尿囊，可收集胚胎代谢产生的废物尿酸，同时尿囊外壁紧贴绒毛膜，尿囊与绒毛膜内壁富含毛细血管，可通过壳膜和卵壳同外界进行气体交换（图 17-1）。羊膜卵是早期爬行类适应陆地干燥环境的一个必要条件，羊膜卵的出现使脊椎动物完全适应了陆地生活，成为真正的陆生动物。

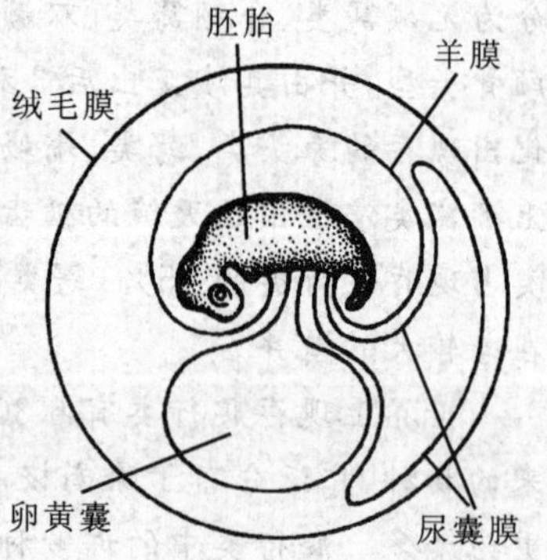

图 17-1 羊膜卵的结构（自许崇任）

二、体形

爬行动物身体的基本形态有 3 种：蜥蜴型（如蜥蜴、鳄、楔齿蜥等）、蛇型（如蛇和蛇蜥）和龟鳖型（如龟和鳖等）（图 17-2），分别适应于地栖、树栖、水栖和穴居等不同的生活方式。龟鳖型和蜥蜴型身体可明显分为头、颈、躯干、四肢和尾部，蛇型种类因适应穴居生活而四肢退化。爬行动物颈部增长，使头部转动更加灵活，增强了感觉、捕食、攻击和防卫等的功能。四肢强健有力，趾端具爪，有利于爬行。

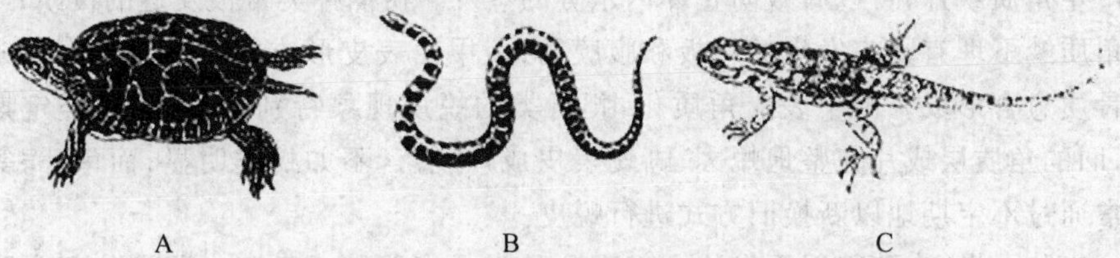

图 17-2　爬行类的体形(自许崇任)

A. 龟;B. 蛇;C. 蜥蜴

三、皮肤系统

爬行动物的皮肤由多层的表皮和真皮组成(图 17-3)。表皮高度角质化,在表

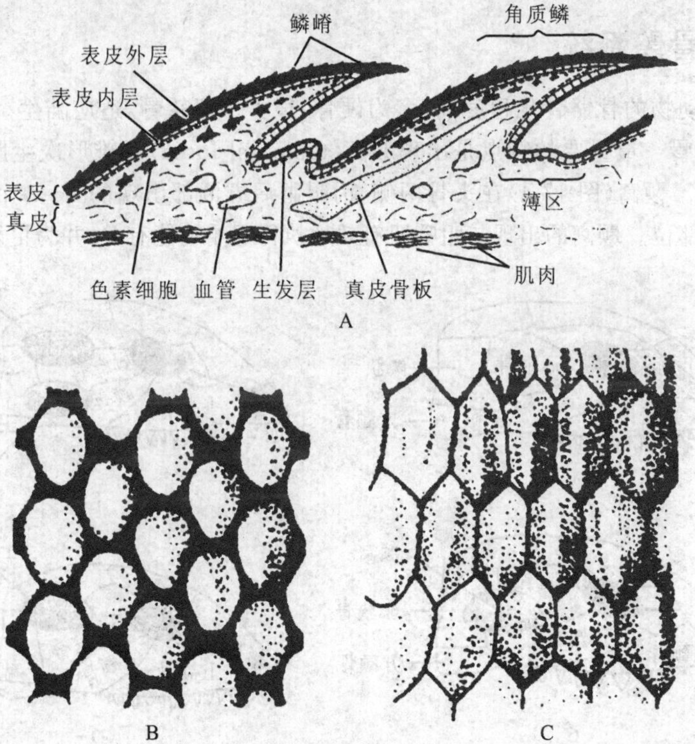

图 17-3　爬行类皮肤与鳞片(自许崇任,Halliday 等)

A. 皮肤切面;B. 平滑鳞;C. 棱鳞

面产生角质鳞片,可以有效防止体内水分的蒸发。树栖种类常被发达的棱鳞;鳄类在角质鳞下埋有真皮发生的骨板和腹膜肋;龟甲由表皮形成的角质盾与真皮来源的骨质愈合形成。由于表皮角质化,爬行类的蜕皮现象特别明显,如蛇类定期蜕皮,旧的角质层成片完整地蜕去;蜥蜴表皮成片脱落,不如蛇类明显;而龟、鳄等动物常通过不定期地以新换旧方式进行蜕皮。

皮肤干燥,皮肤腺很不发达。仅部分种类具有股腺或臭腺。股腺位于大腿内侧,其分泌物在繁殖期硬化成短刺,交配时有把握住雌性的作用;臭腺位于泄殖腔孔附近,分泌物可吸引异性。

真皮内含有丰富的色素细胞,由此组成鲜艳的斑纹图案。一些动物的色素细胞在植物性神经或内分泌腺调节控制下,可在不同环境下改变体色,如避役(*Chameleon*)因善于迅速改变体色而被称为变色龙。蜥蜴的变色具有保护色的作用,还具有吸收地表辐射热及调温的功能。

四、骨骼系统

爬行动物的骨骼骨化程度高,多为硬骨,很少保留软骨,适应陆生。

1. 头骨 最重要的特点是出现颞窝(temporal fossa)和雏形次生腭(secondary palate)。颞窝(图 17-4)在头骨两侧,为眼眶后方颞部出现的 1~2 个孔洞,是颞肌附着的部位。颞窝的出现与咀嚼肌有效地执行咀嚼功能有关,并为更发达的咀嚼

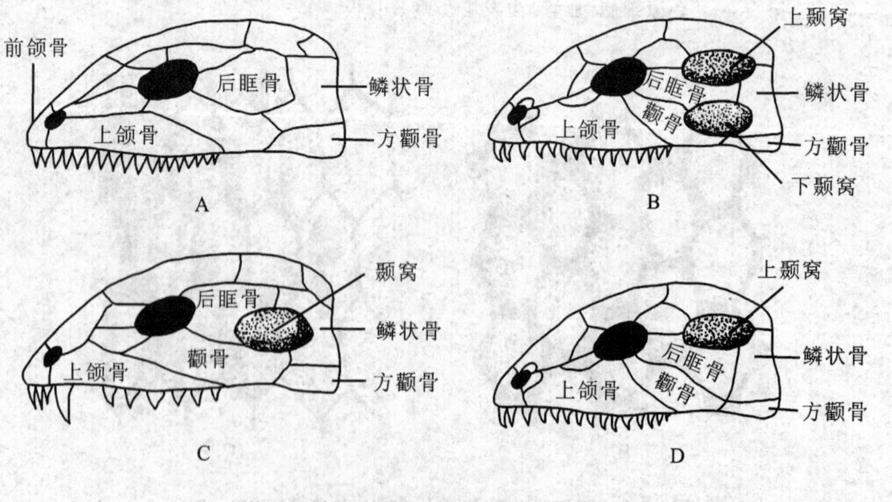

图 17-4 颞窝的类型(仿许崇任)

A. 无颞窝型;B. 双颞窝型;C. 合颞窝型;D. 上颞窝型

肌的收缩提供足够的空间，当咬肌收缩时，膨大的肌腹可纳入其内。根据颞孔的有无和位置，可将爬行类分为 4 种类型。①无颞窝类(Anapsida)：古杯龙类(Cotylosauria)属此。传统分类观点认为现代龟鳖类头骨属无颞窝类，但有些种类出现次生性孔洞。②双颞窝类(Diapsida)：颅骨每侧具上、下 2 个颞窝，大多数古爬行类和现代爬行类(蜥蜴类、蛇类、鳄类)以及鸟类属此。③合颞窝类(Synapsida)：颅骨每侧有 1 个颞窝，古代兽齿类(Theriodont)和由此演化出的哺乳类属此。④上颞窝类(Parapsida)：颅骨每侧只有单个上颞窝，古代鱼龙类(Ichthyosauria)属于此类。

雏形次生腭(图 17-5)由前颌骨、上颌骨的腭突、腭骨等的突起共同组成。次生腭的出现使内鼻孔后移，口腔和鼻腔得以分隔，使吞食时呼吸通道保持畅通，呼吸效率提高。鳄类有完整的次生腭，鼻腔和口腔完全分隔，适于水中捕食。

此外，颅骨隆起为高颅型，脑腔增大，后部有单一枕骨髁与第一枚颈椎(寰椎)关联。具眶间隔(两眼窝之间的薄骨片)，下颌有多枚骨块组成。

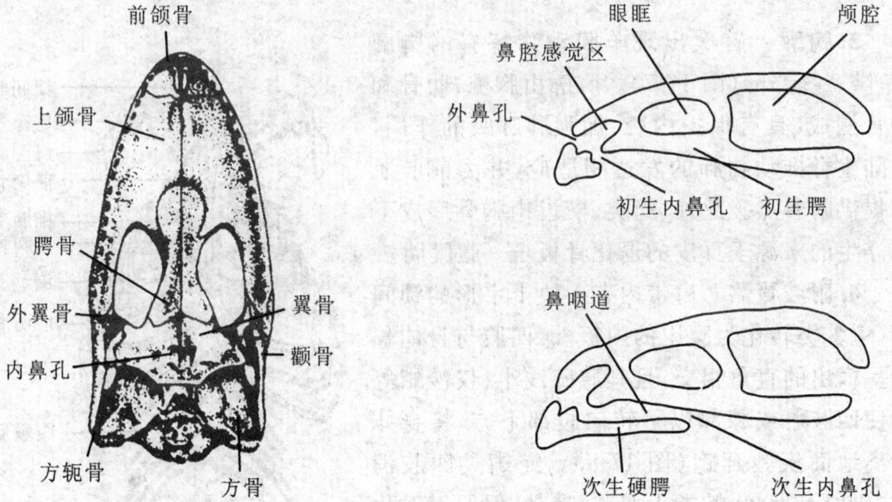

图 17-5　鳄的次生腭(左)和次生腭的形成过程(右)(自 Romer，许崇任)

2. 脊柱　已分化出陆生脊椎动物共有的 5 个区域：颈椎、胸椎、腰椎、荐椎和尾椎，其中颈椎和荐椎数目增多。前 2 枚颈椎分化为寰椎、枢椎，寰椎前部与颅骨的枕髁关联，枢椎的齿突深入寰椎，构成活动联结；加上颈椎数目增加，可使头部上下、左右运动，灵活性大大增强。荐椎 2 枚，数目增加，横突发达，与腰带牢固连接，增加了后肢的承重能力，使机体在陆地运动的能力加强(图 17-6)。

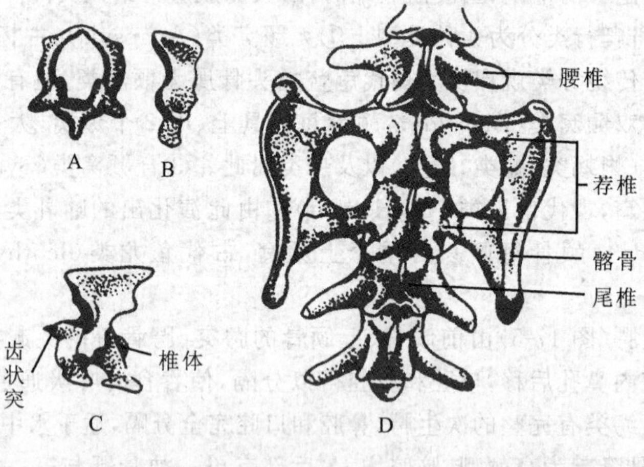

图 17-6 爬行动物的颈椎(蜥蜴)和荐椎(鳄)(自丁汉波;陈壁辉)
A. 寰椎前面观;B. 寰椎侧面观;C. 枢椎侧面观;D. 腰带和荐椎

3. 胸廓 首次出现羊膜动物特有的胸廓(龟鳖、蛇除外)(图 17-7)。胸廓由胸椎、肋骨和胸骨围成,具有保护内脏、加强肺呼吸的作用,与陆生脊椎动物肺的发达相适应,并为前肢肌肉提供附着点。此外,鳄类、楔齿蜥胸骨后皮下有浮生的来源于真皮的退化骨板——腹膜肋。

4. 附肢骨骼 肩带内有 1 块十字形的锁间骨(龟鳖类转化为腹甲的内板)。四肢与身体长轴呈横出的直角相交,且其肩臼浅小;仅沙蜥等能使四肢肘或膝部以下转向腹部下方,将身体抬离地面疾驰奔跑(图 17-8)。蛇蜥类四肢消失,仍留有带骨;蛇类无四肢、带骨,但留有退化的髂骨、股骨;蟒科等在泄殖孔两侧有 1 对角质爪状突,为部分后肢的残迹。

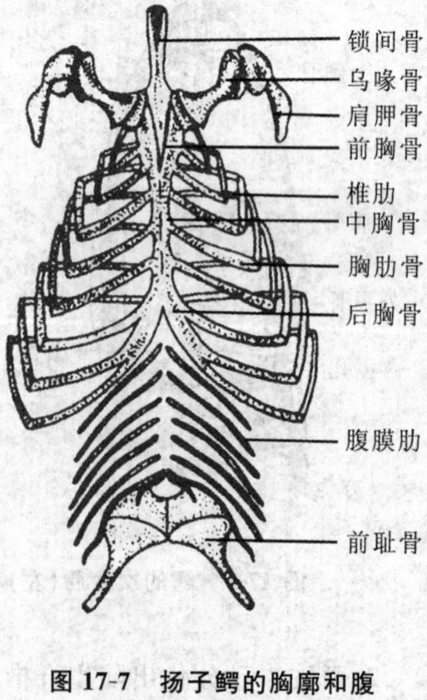

图 17-7 扬子鳄的胸廓和腹膜肋(自陈壁辉等)

五、肌肉系统

爬行动物的肌肉适应陆上运动,躯干肌和四肢肌均较两栖类复杂化,出现了陆栖脊椎动物所特有的肋间肌和皮肤肌。肋间肌包括肋间外肌和肋间内肌,肋间肌的运动可牵引肋骨升降、改变胸廓容积以完成

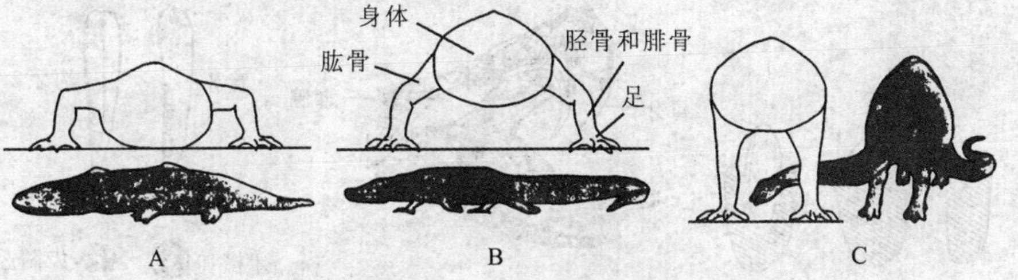

图 17-8　爬行动物的四肢姿态与活动方式的关系(自 Halliday)

A. 原始爬行类和蜥蜴；B. 鳄类和兽齿类；C. 恐龙及沙蜥

呼吸动作。皮肤肌一般起自躯干肌、附肢肌或咽部肌肉而止于皮肤，皮肤肌通过皮肤连接角质鳞片，其收缩可牵引鳞片辅助爬行，在蛇类尤其发达。咬肌(始于颞部及上颌后部而止于下颌的闭口肌)较发达，增强了捕食和咬啮的能力。躯干肌萎缩而四肢上部肌肉发达，增强了在陆地上举肢爬行的能力。

六、消化系统

爬行动物的口腔与咽有明显的分界，出现次生腭，因此，消化道和呼吸道在口腔中分开，使动物在取食时不妨碍呼吸。

口腔内具有发达的口腔腺，其分泌物有助于湿润食物和吞咽动作的完成。口腔腺包括腭腺、唇腺、舌腺和舌下腺。毒蛇和毒蜥的毒腺就是某些口腔腺(上唇腺)的变形物。舌发达，具有示警器(蓝尾石龙子)、感觉器(蛇、蜥蜴)和捕食器(避役)的作用。出现了牙齿，但无咀嚼功能。牙齿着生不牢固，多为同型齿，分为侧生齿(飞蜥、沙蜥)、端生齿(蛇和大多数蜥蜴)和槽生齿(鳄类)。毒蛇类前颌骨和上颌骨上有几枚特化的大牙，称为毒牙，毒牙通过基部的排毒导管与毒腺相连。毒牙分为沟牙(表面有沟)和管牙(中央有管)(图 17-9)。毒腺与毒牙相通，借肌肉运动压迫毒腺，可将毒液注入猎物体内。龟鳖类无齿而颌缘具角质壳。

食道延长，在大、小肠交界处出现盲肠，盲肠是羊膜动物才具有的，有助于消化植物纤维。大肠开口于泄殖腔(图 17-10)。

七、呼吸系统

爬行动物的内鼻孔开口在腭顶的中部或咽喉附近，呈裂缝状。呼吸道出现了有软骨环支持的气管，并在其后端分成 1 对支气管，分别进入左右肺脏内。

肺囊状，内有无数蜂窝状小室，并分布有丰富的微血管，比两栖类能更有效地

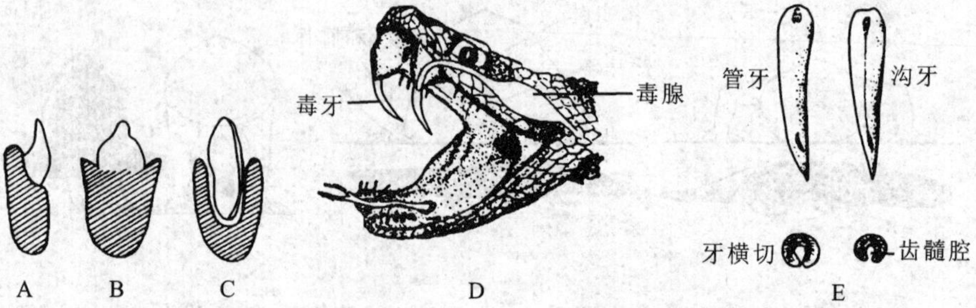

图 17-9 爬行动物的齿型和蛇类的毒牙(自赵肯堂,许崇任)

A. 侧生齿;B. 端生齿;C. 槽生齿;D. 毒蛇的毒腺与毒牙;E. 毒牙类型

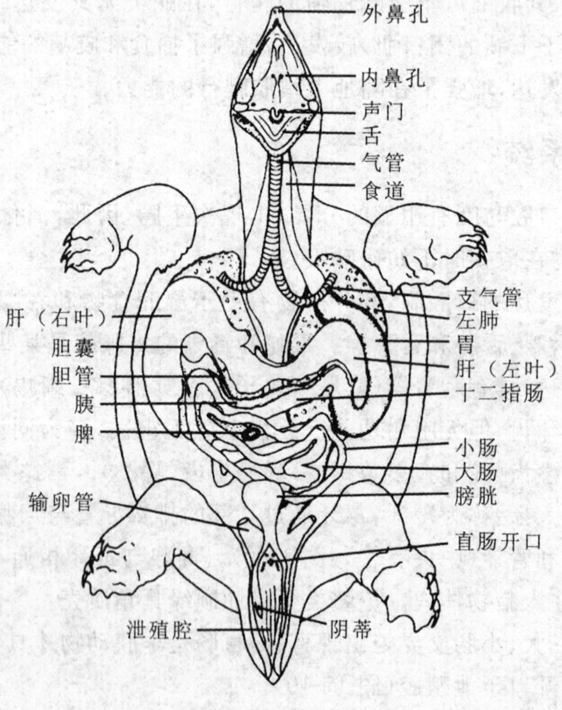

图 17-10 鳖的消化系统与呼吸系统(仿王志清)

扩大与空气接触及交换气体的表面积。无肢爬行动物(蛇类、蛇蜥类)左肺大多萎缩或退化。蝮蛇和避役肺脏后部伸出若干膨大的气囊,为贮气部(无气体交换作用)。

呼吸方式 2 种:①口咽式呼吸,借口底运动完成的呼吸。②胸腹式呼吸,依靠肋间肌活动,牵引肋骨升降、改变胸廓容积来完成的呼吸,即外肋间肌收缩,提起肋骨,胸腔扩大,空气吸入肺中;内肋间肌收缩,肋骨下降,胸腔缩小,空气由肺呼出。两个过程交替进行,完成呼吸。胸腹式呼吸是羊膜动物共有的。

水栖龟鳖类有辅助呼吸器官,即咽壁和突出在泄殖腔两侧的副膀胱(肛囊),适于潜水生活。壁虎科和避役科的蜥蜴的喉门有声带,能发出喉音(如蛤蚧)。

八、循环系统

爬行动物的血液循环为不十分完全双循环(图 17-11),但心脏分隔进一步复杂,多氧血和缺氧血的混合程度较两栖类降低。

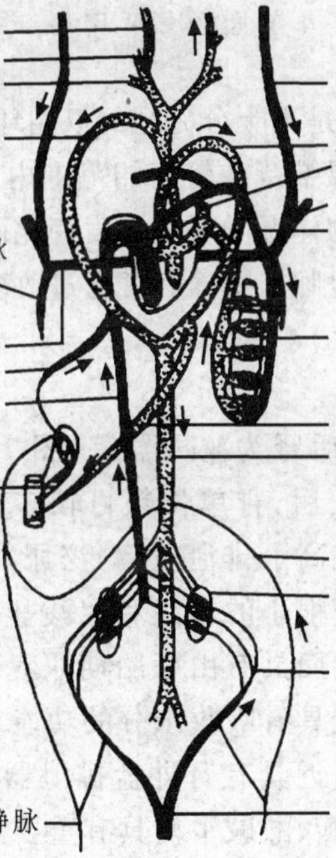

图 17-11　爬行动物循环系统模式图(自杨安峰)

心脏包括 2 个心房和 1 个心室,但心室出现不完全分隔(鳄类为完整分隔,仅左、右体动脉的基部有 1 个潘氏孔相通)(图 17-12),因此血液彼此混合的程度较少。静脉窦不发达,动脉圆锥退化消失,肾门静脉开始退化,血液回心脏的流动速度和血压增大。

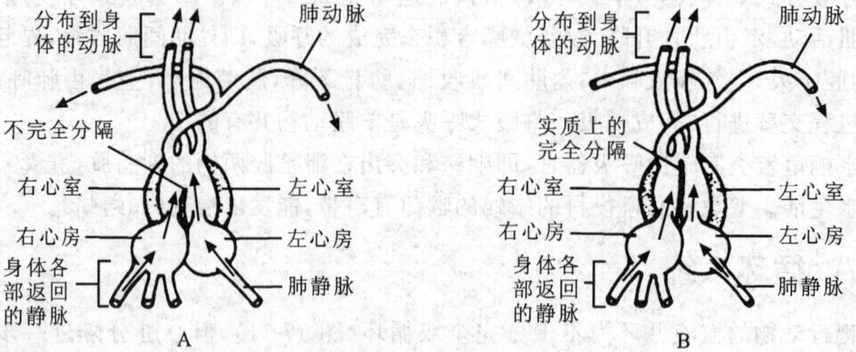

图 17-12 爬行动物的 2 种心脏类型(自 Halliday)

A. 龟鳖、蜥蜴;B. 鳄

爬行动物的血液循环由于是不十分完全的双循环,氧气供应不充分,其新陈代谢的水平仍然较低,尚不能使体温维持在较高的范围内,加上体温调节功能不完善,因此,仍是变温动物。爬行动物的体温随环境温度变化而变化,并依赖外界热源来维持体温,在严冬或酷夏需要进行蛰眠。饲养时常通过改变环境温度的办法促进其生长。

九、排泄系统

从爬行动物开始,成体以后肾为泌尿器官(图 17-13)。与胚胎期的前肾和中肾相比,后肾出现较晚,位置较后,肾单位数目较多,肾脏完全失去了与体腔的联系,而以血管联系收集废物,提高了排泄效率,泌尿能力增强。出现专用的输尿管(后肾管)。排泄废物为溶解度很小的尿酸和尿酸盐,排泄时可以减少体内水分的丧失。蜥蜴和龟鳖类泄殖腔腹面具有由胚胎期尿囊基部扩大而形成的膀胱(称尿囊膀胱),干旱地区种类的膀胱具有吸收水分的功能。

许多种类在鼻部或眼部附近具有肾外盐排泄器官——盐腺,能排出浓度很高的盐溶液,对维持体内盐水平衡、酸碱平衡具有重要意义。

十、神经系统

爬行类的脑较两栖类发达。大脑体积增大,超过脑其他各部,大脑表层开始出现由锥体细胞构成的神经细胞层——新脑皮(尚处于系统发生的早期阶段),纹状体增大。中脑视叶仍为高级中枢。小脑比两栖类大,但不及鱼类发达,这与爬行类活动缓慢有关。脑各部已不完全排列在同一水平面上,延脑发展出颈曲。脑神经为 12 对(图 17-14)。

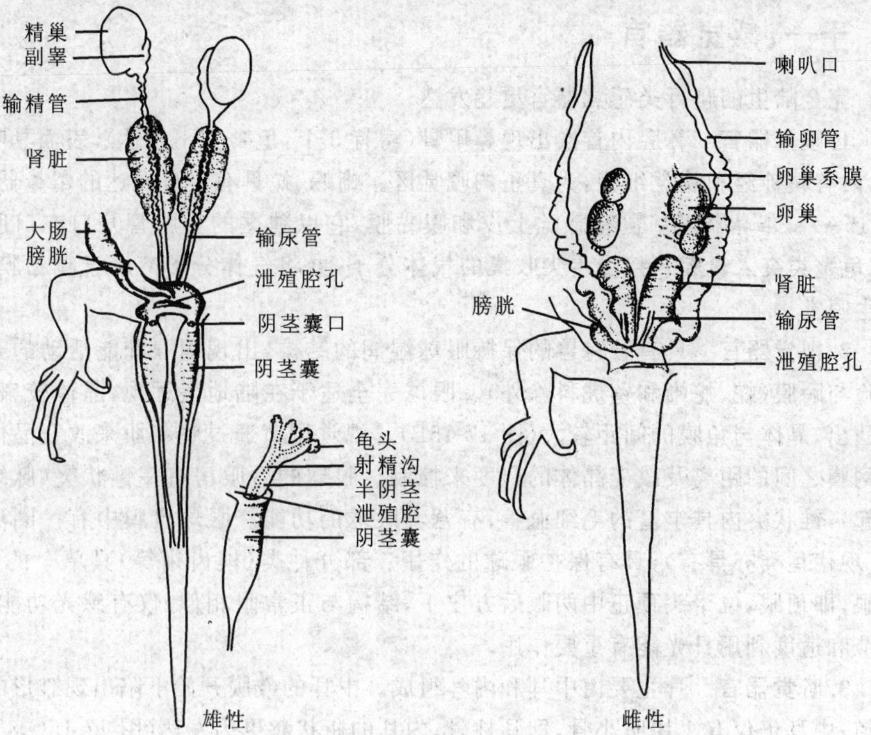

图 17-13　爬行动物的(蜥蜴)的泄殖系统(自赵肯堂)

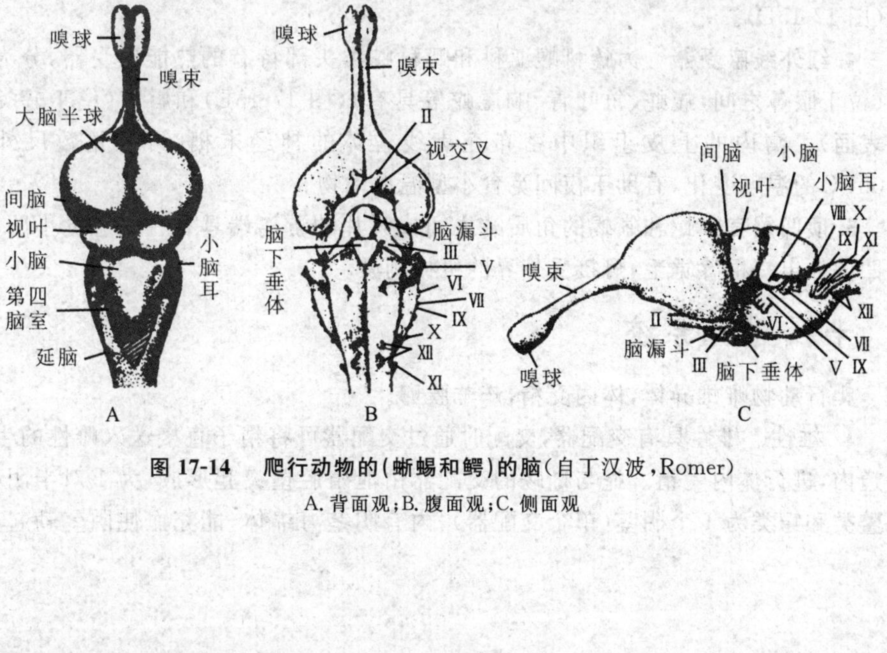

图 17-14　爬行动物的(蜥蜴和鳄)的脑(自丁汉波，Romer)

A. 背面观；B. 腹面观；C. 侧面观

十一、感觉器官

完全陆生的爬行类感觉器官更趋发达。

1. 嗅觉器官 鼻腔内首次出现鼻甲骨(鳄有 3 个,龟鳖类不发达),表面具嗅上皮,内有嗅神经和嗅觉细胞,为真正的嗅觉区。蜥蜴、蛇具有十分发达的犁鼻器(图 17-15A)。犁鼻器内壁覆有感觉上皮和嗅黏膜,它以独立的鼻腭管开口在口腔顶部(龟鳖类突入鼻腔),接受舌尖收集的气体分子,并将气体分子溶解于嗅黏膜上,产生嗅觉。

2. 视觉器官 具有较完善的保持眼球湿润的结构,出现泪腺和能活动的上下眼睑与瞬膜(蛇、蛇蜥和壁虎科除外)。眼球完全适于在陆地上远视,晶体较扁,角膜凸出,晶体与角膜的间距较大(图 17-15B)。视觉调节通过睫状肌来改变晶体与视网膜之间的距离及改变晶体的凸度来控制。眼球的后眼房有一锥状突(脉络膜突起),锥状突内具丰富的毛细血管,有营养眼球的功能。眼球巩膜中有一圈巩膜骨(现代鸟类亦具有),具有保护眼球的作用。部分种类(楔齿蜥等)具单个的第 3 只眼,即顶眼,位于头顶正中两眼后方皮下,结构与正常眼相似,仅有感光功能,对调节和适度利用日光能有重要作用。

3. 听觉器官 耳主要由中耳和内耳组成。中耳的鼓膜开始下陷出现雏形的外耳道;中耳仍仅有 1 块听小骨,即耳柱骨;内耳的瓶状囊更为发达(图 17-15C)。

蛇类的鼓膜、中耳腔和耳咽管均退化,仅保留耳柱骨。其听觉的产生依靠下颌骨接受地面震动传来的声波,并通过颅骨上的方骨、耳柱骨传入内耳,从而产生听觉(图 17-15D)。

4. 红外线感受器 为蝰科蝮亚科和蟒科蛇类头部特有的热能感受器,分为颊窝(位于眼鼻之间,蝮蛇、竹叶青、响尾蛇等具有)(图 17-15E)和唇窝(位于蟒类唇鳞表面)。窝内的上皮组织中密布充满线粒体的神经末梢,可感觉数尺外的 0.001℃的温度变化,有助于夜间觅食小型温血动物。

5. 顶凹器官 蛇和蜥蜴的角质鳞之间或鳞片的游离端具有一些感觉小凹,每个凹内伸出一根感觉毛,可接受外界的机械刺激。

十二、生殖系统

爬行动物雌雄异体,体内受精,产羊膜卵。

1. 雄性 雄性具有交配器,交配时通过交配器可将精子直接送入雌性的生殖管道内,进行体内受精。蛇与蜥蜴的交配器由泄殖腔壁突起形成,为 1 对半阴茎;龟鳖类和鳄类为 1 个阴茎(单个交配器),内有阴茎海绵体,能充血使阴茎勃起,为

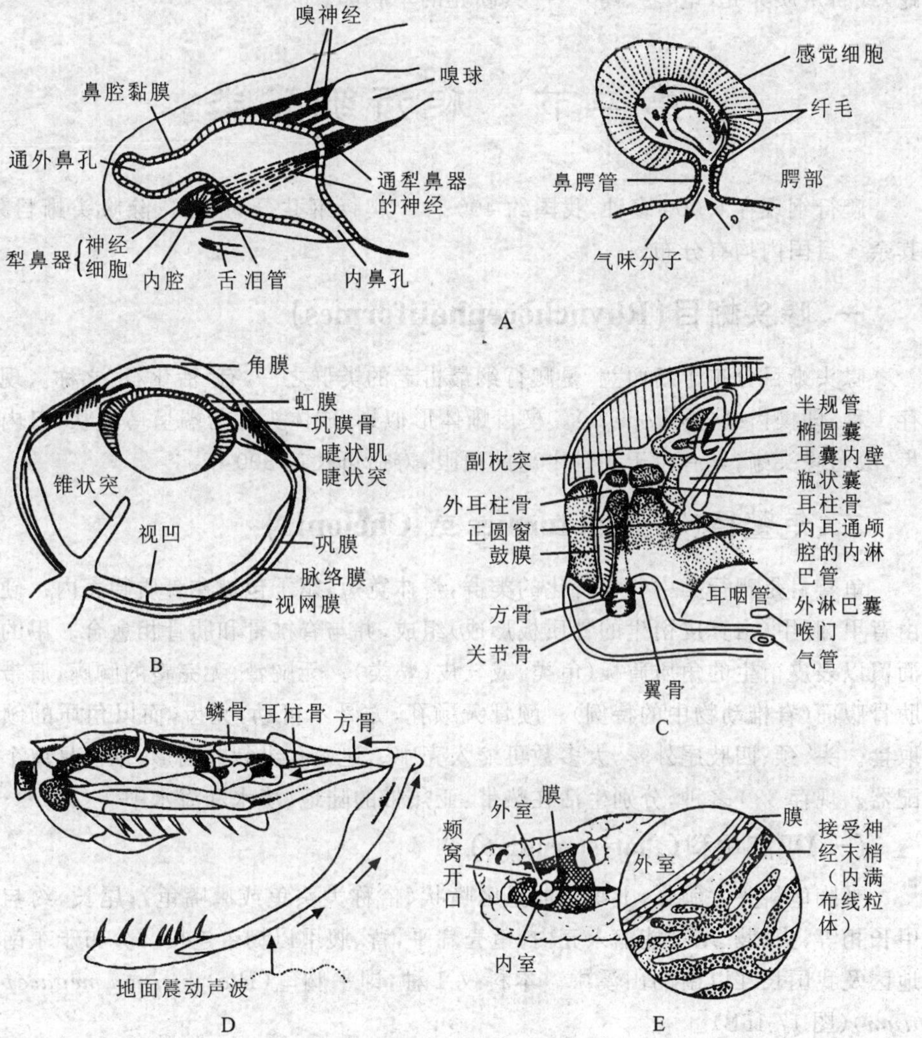

图 17-15 爬行动物的感觉器官

A. 犁鼻器的位置(左,蜥蜴嗅囊的纵切)和结构(右);B. 眼球剖面;C. 耳的结构;

D. 蝮蛇传导声波至脑的途径;E. 蝰科蛇类的红外线感受器

(自杨安峰,Halliday;Pearson,Ball;Versluys,de Burlet;赵肯堂;丁汉波等)

真正的交配器;楔齿蜥(*Sphenodon punctatum*)不具交配器。

2. 雌性 雌性有卵巢和输卵管各 1 对。输卵管上段为喇叭口,中段有蛋白腺,为蛋白分泌部(蜥蜴、蛇无蛋白腺),下段为壳腺部,能分泌形成革质卵壳(蜥蜴、蛇)或石灰质卵壳(龟、鳖、鳄)。产具硬壳的羊膜卵。

第二节 爬行纲分类

爬行纲现存 6 000 多种,我国约 400 种。爬行纲共分为 5 目,除喙头蜥目外,其余 4 目国内均有分布。

一、喙头蜥目(Rhynchocephaliformes)

喙头蜥目分布于新西兰,是爬行纲最古老的类群之一,有“活化石”之称。现仅存 1 种,即楔齿蜥(图 17-16A)。楔齿蜥体形似蜥,成体头部前端呈鸟喙状,口内无齿,故名喙头蜥,具有位于头骨中部的顶眼,寿命可长达 300 年。

二、龟鳖目(Testudoformes 或 Chelonia)

龟鳖目是爬行类中非常特化的类群,身体宽短,躯干包被在骨质硬壳内。硬壳由背甲、腹甲(由真皮衍生的骨质板形成)组成,并与脊椎骨和肋骨相愈合。甲的表面覆以表皮衍生的角质盾板(龟类)或软皮(鳖类)。无胸骨、无完整的胸廓,肩带在肋骨腹面(脊椎动物中的特例)。颅骨无颞孔,方骨不可动,无齿,而以角质的颌鞘取食。头、颈、四肢尾外露,大多数可缩入壳中。泄殖孔纵裂或圆形,雄性具单个交配器。现存 330 多种,分别生活在热带、亚热带的陆地、淡水和海水中。

(一)平胸龟科(Platysternidae)

平胸龟科头大颌强,上喙钩曲呈鹰嘴状(俗称大头龟或鹰嘴龟);尾长,约与腹甲长相等;头、肢、尾不能缩入壳内;龟壳扁平,背、腹甲以韧带连接。分布于东南亚地区及我国长江以南的山溪中。本科仅 1 种,即平胸龟(*Platysternon megacephalum*)(图 17-16B)。

(二)龟科(Testudinidae)

龟科动物的龟壳坚硬,背、腹甲多以骨缝连接,龟壳骨板外覆表皮性角质盾,头顶或至少头背前部被鳞,颅骨颞区有凹陷。头、四肢、尾可缩入壳内,附肢粗壮,爪钝强。广泛分布于大洋洲以外的世界各地,代表种类:乌龟(*Chinemys reevesii*),又名金龟和草龟,分布于除西北和青藏高原以外的地区;黄喉水龟(*Mauremys mutica*),常有龟背基枝藻等附着与之共生,成为“绿毛龟”,常捕捉或培养作观赏;四爪陆龟(*Testudo horsfieldi*);象龟(*Geochelone elephantopus*)(图 17-16C)等。

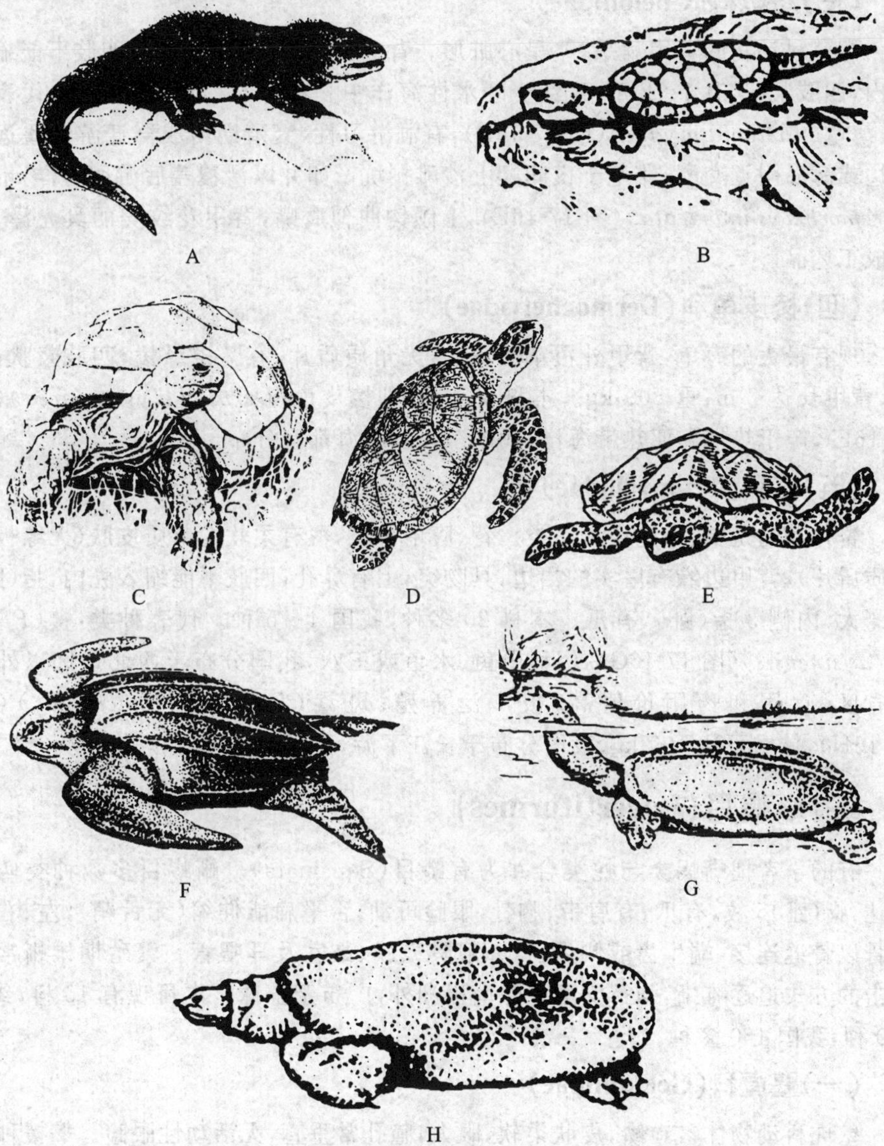

图 17-16 爬行类的代表(一)(自许崇任,刘凌云)

A. 楔齿蜥;B. 平胸龟;C. 象龟;D. 海龟;E. 玳瑁;F. 棱皮龟;G. 鳖;H. 斑鼋

(三)海龟科(Chelonidae)

海龟科动物的背甲扁平,略呈心脏形。背、腹甲以韧带相连,头、四肢不能缩入壳内,四肢桨状,有1～2爪,生活于暖水性海洋中。本科6种,我国4种。代表种类:海龟(*Chelonia mydas*)(图17-16D),有洄游习性,繁殖期内成群迁游到遥远的海边或海岛附近交配,雌龟于夜间爬上沙滩掘坑产卵并以沙覆盖后游回海洋;玳瑁(*Eremochelys imbricata*)(图17-16E),上颌钩曲似鹰嘴,背甲花纹美丽具光泽,可制成工艺品。

(四)棱皮龟科(Dermochelyidae)

现有最大的海龟,背甲外覆革质皮肤,无角质盾片,有7条纵棱,四肢桨状,无爪,背甲长达2 m,重800 kg。本科仅1种,即棱皮龟(*Dermochelys coriacea*)(图17-16F),产于热带和亚热带海洋,我国东海及南海都有分布。

(五)鳖科(Trionychidae)

鳖科动物是中、小型淡水龟类。背、腹甲骨质,覆有柔软的革质皮肤(无缘板和角质盾片),背甲边缘有厚实的裙边,具吻突,上有鼻孔,四肢不能缩入壳内,指(趾)间蹼大,内侧3指(趾),有爪。本科20多种,我国4～5种。代表种类:鳖(*Pelodiscus sinensis*)(图17-16G),俗称甲鱼、水鱼或王八,我国分布于西北地区以外的各省区,食用和药用价值高,被广泛养殖;斑鼋(*Pelochelys maculatus*)(图17-16H),体重可达109 kg,我国分布于长江下游,为濒临绝灭的珍稀动物。

三、蜥蜴目(Lacertiformes)

有的学者把蜥蜴类与蛇类合并为有鳞目(Squamata)。蜥蜴目多数种类四肢发达,指(趾)5枚,有爪,有肩带、胸骨,眼睑可动,舌平扁能伸缩(无舌鞘),左、右下颌骨以骨缝连接,端生齿或侧生齿,一般具鼓膜、鼓室及耳咽管。繁殖期雄蜥常以袭击的方式追逐雌蜥,强行交配。除南极洲外,广布于全球。本目现有16科,约3 750种,我国160多种。

(一)壁虎科(Gekkonidae)

壁虎科动物体被粒鳞,皮肤柔软,眼大,瞳孔常垂直,无活动性眼睑。攀援种类指(趾)末端具膨大吸盘状指(趾)垫(有1～2列横形排列的趾瓣,其上有垂直形细丝,细丝顶端有分泌物——增加附着力)。双凹型椎体,尾有自截现象,再生力强。本科600余种,我国30种。代表种类:多疣壁虎(*Gekko japonicus*)(图17-17A),长江以南地区的常见种,体背的疣鳞小而密集,常在房屋捕食小虫。大壁虎(*Gekko gekko*)(图17-17B),体长达35 cm以上,指(趾)端的足垫上有大量微小刚毛,可吸附在任何平面上,因能发出"蛤—蚧"的叫声而得名"蛤蚧",分布在广西、广东、福建、台湾和云南等地,为著名的中药材。

(二)鬣蜥科(Agamidae)

鬣蜥科动物头、背无对称大鳞,体鳞覆瓦状排列,常带棱或有鬣鳞,端生齿,有异形分化趋势,前凹型椎体,尾长、无自残能力,卵生或卵胎生,主要分布于亚洲。本科300余种,我国40多种。代表种类:斑飞蜥(*Draco maculatus*)(图17-17C),背鳞具棘,体侧具皮膜可在树间滑翔,又称飞龙,分布于广西、广东、云南和海南;草原沙蜥(*Rhrynocephalus frontalis*)(图17-17D),指(趾)两侧具发达的栉状缘,适于沙地运动,有卷尾习性,分布于内蒙古、河北、陕西、甘肃、宁夏等地区。

(三)石龙子科(Scincidae)

石龙子科动物头顶有对称排列的大鳞片,全身被覆瓦状圆鳞,鳞下具真皮性骨板,侧生齿,尾粗圆,有自残能力,卵生或卵胎生,广泛分布于各大洲。本科600余种,我国31种。代表种类:蓝尾石龙子(*Eumeces elegans*)(图17-17E),体鳞圆而光滑,背面深黑色,有5条黄色纵纹,直达尾部,尾的后半部蓝色,体形纤细,四肢较短,卵胎生,分布于我国长江以南。

(四)蜥蜴科(Lacertidae)

蜥蜴科动物头顶具对称的大鳞片,腹鳞方形或矩形,纵横排列成行,四肢发达,有股窝或鼠蹊窝,尾长易断,易再生,卵生或卵胎生,广泛分布于欧、亚、非三洲。本科140余种,我国20种。代表种类:丽斑麻蜥(*Eremias argus*)(图17-17F),背部及腰侧有纵列的白色眼斑或链形长条,分布于我国东北、华北和部分西北地区。北草蜥(*Takydromus septentrionalis*)(图17-17G),身体棕绿色或鲜绿色,分布于我国东部和西南各省。

(五)蛇蜥科(Anguidae)

蛇晰科动物体蛇形,有后肢骨的残余,全身被覆瓦状圆鳞,眼小,具能活动眼睑,体侧有凹入的纵沟,尾长易断,可再生。我国3种。代表种类:脆蛇蜥(*Ophisaurus harti*)(图17-17H),分布于长江以南。

(六)鳄蜥科(Shinisuridae)

鳄蜥科动物体粗壮似鳄,四肢发达,具利爪,尾长而侧扁,头顶鳞片形状不一,大致对称,背部粒鳞间杂大形棱鳞,并形成2行棱嵴至尾部。本科1种,即鳄蜥(*Shinisaurus crocodilurus*)(图17-17I),产于我国广西的瑶山,国家一级重点保护动物。

图 17-17 爬行类的代表(二)(自刘凌云)

A. 多疣壁虎;B. 大壁虎;C. 斑飞蜥;D. 草原沙蜥;E. 蓝尾石龙子;F. 丽斑麻蜥;G. 北草蜥;H. 脆蛇蜥;I. 鳄蜥;J. 巨蜥;K. 避役;L. 短尾毒蜥

(七)巨蜥科(Varanidae)

巨蜥科动物体型巨大,体肢粗壮,尾长而侧扁,头顶无对称的大鳞片,背面被粒状棱鳞,腹鳞方形,鳞下有真皮性骨板,舌细长分叉,可缩入舌基的鞘内,侧生齿,尾无自截能力,分布于非洲、大洋洲、亚洲南部等地。本科 30 种左右。代表种类:圆鼻巨蜥(*Varanus salvator*)(图 17-17J),陆栖,但能在水中游泳,也可攀缘上树觅食,分布于云南、广东、广西和海南。

(八)避役科(Chamaeleontidae)

避役科动物形似蜥蜴,身体结构极度退化。本科 85 种,非洲种类最多。代表种类:避役(*Chamaleon* sp.)(图 17-17K),体侧扁,背部有背棱,5 指(趾)分成相对的两组,尾长具缠绕性,眼大能各自独立转动,舌长能迅速射出捕食,真皮层色素细胞在神经支配下,能迅速改变体色,又称"变色龙"。

(九)毒蜥科(Helodermatidae)

毒蜥科动物是惟一有毒的蜥蜴。牙齿弯曲,基部膨大,下颌齿前后两面均具深沟,下唇腺特变成毒腺,背部灰白或黑色,杂以粉红色、黑色及黄色斑点,尾具宽阔的深色环纹。本科 2 种,即短尾毒蜥(*Heloderma suspectum*)(图 17-17L)和蛛背毒蜥(*Heloderma horridum*)。

四、蛇目(Serpentiformes)

蛇目动物身体细长,四肢、带骨、胸骨退化,无活动眼睑、瞬膜和泪腺,缺乏鼓膜,鼓室萎缩,内耳卵圆窗通过耳柱骨与方骨相接,围颞窝的骨片全部退化或消失,已无双颞窝孔的痕迹,脊椎骨数目多,椎体前凹型,除寰椎、尾椎外,其余椎骨上都有可动的肋骨(为向前爬动的主要支持器官),成对的内脏由左右对称变成前后交错排列或一侧退化、消失,无膀胱,具成对交配器,交配前具婚舞行为,卵生或卵胎生,广布于各大洲。本目 13 科,3 200 种,我国 210 多种,50 种有毒。

(一)盲蛇科(Typhlopidae)

盲蛇科动物形似蚯蚓,体具圆鳞,光滑无棱,眼甚退化,隐于鳞片之下。我国产 3 种。代表种类:钩盲蛇(*Ramphotyphlops braminus*)(图 17-18A),体长 15 cm,为我国最小的蛇种,分布于长江以南。

(二)蟒蛇科(Boidae)

蟒蛇科动物背鳞小而光滑,腹鳞大而宽阔,腰带骨退化,有股骨残余,泄殖孔两侧有 1 对角质爪状物,具成对的肺,卵生或卵胎生(沙蟒),具红外线感受器,分布于热带、温带。代表种类:蟒蛇(*Python molurus*)(图 17-18B)分布于我国南方。沙蟒(*Eryx miliaris*)分布于我国西北。

(三)游蛇科(Colubridae)

游蛇科动物头顶有对称的大鳞片,腹鳞宽大,两颌都有牙齿,卵生或卵胎生。

图 17-18 爬行类的代表(三)(自刘凌云等)

A. 盲蛇;B. 蟒蛇;C. 黄背游蛇;D. 赤链蛇;E. 黑眉锦蛇;F. 眼镜蛇;G. 银环蛇;H. 长吻海蛇;I. 蝮蛇;J. 尖吻蝮;K. 草原蝰;L. 扬子鳄

现存蛇类种数的 2/3 属于本科,我国有 140 多种。代表种类:黄背游蛇(*Coluber spinalis*)(图 17-18C),背褐绿色,脊梁自额至尾端有一条明显的浅黄色纵带,是黄河以北的优势种蛇类之一。赤链蛇(*Dinodom rufozonatum*)(图 17-18D),背黑色,有红色横纹,头部黑色鳞片具绯红色鳞缘,颅顶至项背有 1 个人字形红纹,分布于华北、东北和长江以南各地。黑眉锦蛇(*Elaphe taeniurus*)(图 17-18E)眼后有一黑眉纹,性较凶猛,分布于东北、华北和长江以南各地。

(四)眼镜蛇科(Elapidae)

眼镜蛇科动物上颌骨的前部有 1 对较大的前沟牙，其后有几枚预备毒牙。蛇毒主要为神经毒，作用于动物的神经系统。分布于大洋洲。亚洲、非洲和美洲。本科 180 多种，我国 9 种，均分布于长江以南地区。代表种类：眼镜蛇(*Naja naja*)(图 17-18F)，全长 1 m 多，惊怒时，前部直立，颈部膨大，颈部白纹呈眼镜状，栖于平原及山地森林中，夜间活动，捕食鱼、两栖动物和雏鸟等，分布在华南各省，是凶猛的毒蛇之一。眼镜王蛇(*Ophiophagus hannah*)全长 2～6 m，具 1 对大枕鳞。银环蛇(*Bungarus multicinctus*)(图 17-18G)全长 1 m，体表具黑白相间的环纹，是浸泡“三蛇酒”、“五蛇酒”的重要原料，干幼蛇称金钱白花蛇，为著名的中药材，分布于我国长江以南各省。

(五)海蛇科(Hydrophiidae)

海蛇科动物终生生活在海洋中，前沟牙，有毒，体后部及尾侧扁，鼻孔位于吻背部并具鼻瓣，分布于印度洋及太平洋温水区域。本科 49 种，我国 16 种。代表种类：长吻海蛇(黄腹海蛇)(*Pelamis platurus*)(图 17-18H)，背黑腹黄，分界清晰，尾部有 5～10 块黑斑，尾端黑色；分布在我国的黄海、东海和南海。

(六)蝰科(Viperidae)

蝰科动物均为毒蛇，上颌骨具长而弯曲的管牙及若干副牙，闭口时上颌骨连同管牙卧于口腔顶部，张口时上颌骨连同管牙一起竖立起来。蛇毒主要为血液毒，作用于动物的心血管系统及血液。代表种类：蝮蛇(*Agkistrodon halys*)(图 17-18I)，头呈三角形，颈部明显，有颊窝，背鳞具棱，背部有黑褐色圆斑或波状横斑，分布遍及全国。尖吻蝮(五步蛇、蕲蛇)(*Deinagkistrodon acutus*)(图 17-18J)，吻端尖并向上方翘起，主要分布在长江以南。烙铁头(*Trimeresurus jerdonii*)颊窝明显，背面草绿色，杂有黄、红、黑色斑点，红斑在脊背正中形成一行较大的斑块，分布在黄河以南。草原蝰(*Vipera ursini*)(图 17-18K)，无颊窝，头部鳞片光滑，背脊正中有一行黑褐色锯齿状纵纹，分布于新疆。

五、鳄目(Crocodiliformes)

鳄目动物是最高等的爬行类，心室完全分隔，头骨有发达的次生腭，槽生齿，双颞孔，具横隔，腹壁具游离的腹膜肋，体被角质鳞片，背部鳞片下有骨质板。现存 22 种，分布于非洲、大洋洲、亚洲南部及热带美洲等温暖地区。我国仅 1 种，即扬子鳄(*Alligator sinensis*)。代表种类：扬子鳄(图 17-18L)，为我国的特产，小型鳄类，约 2 m，产于长江中下游，国家一级保护动物；密西西比河短吻鳄(*A. mississip-*

piensis)；湾鳄(*Crocodilus porosus*)，为大型食人鳄，产于印度和马来半岛。

本章小结

爬行类是真正适应陆生的变温羊膜动物，皮肤干燥、腺体减少并被覆角质鳞片，可有效防止体内水分的蒸发，骨骼坚固，骨化程度高，脊椎骨的分区明显，颈椎有寰椎和枢椎的分化，提高了颈部和躯干的运动性能，出现胸廓，出现了陆栖脊椎动物所特有的肋间肌和皮肤肌，血液循环为不十分完善的双循环，心脏分隔加强，出现了胸腹式呼吸，成体以后肾为泌尿器官，神经系统和感觉器官进一步向适应陆栖的方向发展，体内受精和产羊膜卵使爬行类真正适应了陆地生活。为适应多样的陆地环境，爬行类具有多种体型。为适应陆地温度的变化，大多数种类可以通过行为调节而在一定程度上来控制体温。

思 考 题

1. 爬行动物适应陆地生活的主要特征有哪些？
2. 简述羊膜卵的主要特征及其在动物进化中的意义。
3. 什么是颞窝？如何分辨无颞窝型、双颞窝型、合颞窝型和上颞窝型头骨？
4. 简述现代爬行类的分类、分类特征及代表动物。

第十八章　鸟纲(Aves)

导读　鸟类是体表被覆羽毛、有翼、恒温的羊膜动物。目前,世界上大约有9 700种鸟类,是继鱼类之后的第二大类脊椎动物,遍布全球。

鸟类起源于爬行类,与恐龙具有共同的祖先,是由双颞窝爬行类中的初龙类演化而来的,在系统发生上与恐龙中的兽脚类非常接近,是向空中飞翔方向发展的一支高等羊膜动物。

鸟类具有恒定的体温和一系列适应于飞翔生活的特征,进而成功地适应了地球上各地区不同的气候条件,从赤道到极地,从陆地到海洋,从山区、平原、森林、草原至乡镇、城市等均有它们的分布。鸟类种类繁多,体形、羽色、鸣声多样,是构成绚丽自然界的重要组成部分。鸟类的活动(如季节性迁徙等)是自然界的重要景观之一。

鸟类与人类的关系十分密切。绝大多数的鸟类对人类是有益的,它们在自然界中可以控制中、小型有害动物的过渡繁殖,在维护生态平衡、控制农林害虫和害鼠等方面做出了巨大贡献。许多鸟类因羽色艳丽、鸣叫悦耳、姿态优美等而被人类作为观赏动物,多种鸟类的肉和蛋成为人类的主要食品。鸟类的羽毛是被人类广泛使用的保暖填充材料和装饰材料,鸟粪还是优质的农业肥料。对鸟类的科学研究则已经使生物学、生态学和行为学等诸多领域中的许多现代原理得到了系统阐述。鸟类的有害作用主要表现在少数植食性鸟类在一定时期会对农业生产造成一定的危害,一些鸟可以传播疾病,鸟群对飞机的起降和安全飞行构成威胁等方面。

第一节　鸟纲的主要特征

鸟类起源于爬行类,与爬行类相比,鸟类具有显著的进步性特征:

(1)具有高而恒定的体温(37.0～44.6℃),减少了对环境的依赖性。

(2)具有迅速的飞翔能力,能借主动的迁徙来适应多变的环境条件。

(3)具有发达的神经系统和感官,能更好地协调各种复杂行为。

(4)具有更复杂完善的繁殖行为(占区、筑巢、孵卵、育雏)等,保证后代的高成活率。

一、恒温及其在动物演化史上的意义

恒温指动物具有较高而稳定的新陈代谢水平和调节产热、散热的能力，从而使体温保持在相对稳定的、稍高于环境温度的水平。鸟类和哺乳类均为恒温动物，恒温的出现在动物演化史上具有重要意义。

1. 高而恒定的体温大大提高了恒温动物的新陈代谢水平 高而恒定的体温，促进了体内各种酶的活动和发酵，使各种酶催化反应获得最好的化学协调，从而大大提高了新陈代谢水平。

2. 高而恒定的体温，显著提高了恒温动物快速运动的能力 在高而恒定的体温下，机体细胞(特别是神经细胞和肌肉细胞)对刺激的反应迅速而持久，肌肉的黏滞性下降，肌肉收缩快而有力，从而显著提高了动物体快速运动的能力，有利于捕食及避敌。

3. 高而恒定的体温减少了恒温动物对外界环境的依赖性 恒温减少了对外界环境的依赖性，扩大了生活分布区和在夜间积极活动的能力，并得以在寒冷地区生活。

恒温被认为是中生代哺乳动物战胜当时陆地上占统治地位的爬行类的重要原因。恒温是产热和散热的动态平衡，体温的恒定和调节与动物高度发达的中枢神经系统密切相关。

二、体形

鸟类身体多呈纺锤形，体外被羽，具有流线型的外廓，从而减少了飞行时的阻力。头前端具角质喙，为摄食器官，喙的形状与食性密切相关(图 18-1)。眼大，具眼睑和瞬膜，飞行时，透明的瞬膜能覆盖眼球，可保护眼球免受干燥空气和灰尘的伤害。颈长而灵活，可弥补前肢特化为翼带来的不便。躯干坚实，尾骨退化，有利于飞行的稳定。前肢特化为翼，为飞翔器官，翼的形状与飞行能力密切相关(图 18-2)。后肢具 4 趾，拇指向后，适于树栖抓握，足趾的形态与生活方式密切相关(图 18-3)。尾端具扇形尾羽，在飞翔中起舵的作用。

三、皮肤

鸟类皮肤的特点是薄、松、柔软且缺乏腺体。皮肤薄而松软便于飞翔时肌肉的剧烈运动。皮肤腺仅具惟一的尾脂腺，尾脂腺可以分泌油脂保护羽毛不变形，并可防水，水禽的尾脂腺特别发达。皮肤的衍生物有羽毛、角质喙、爪和鳞片等。

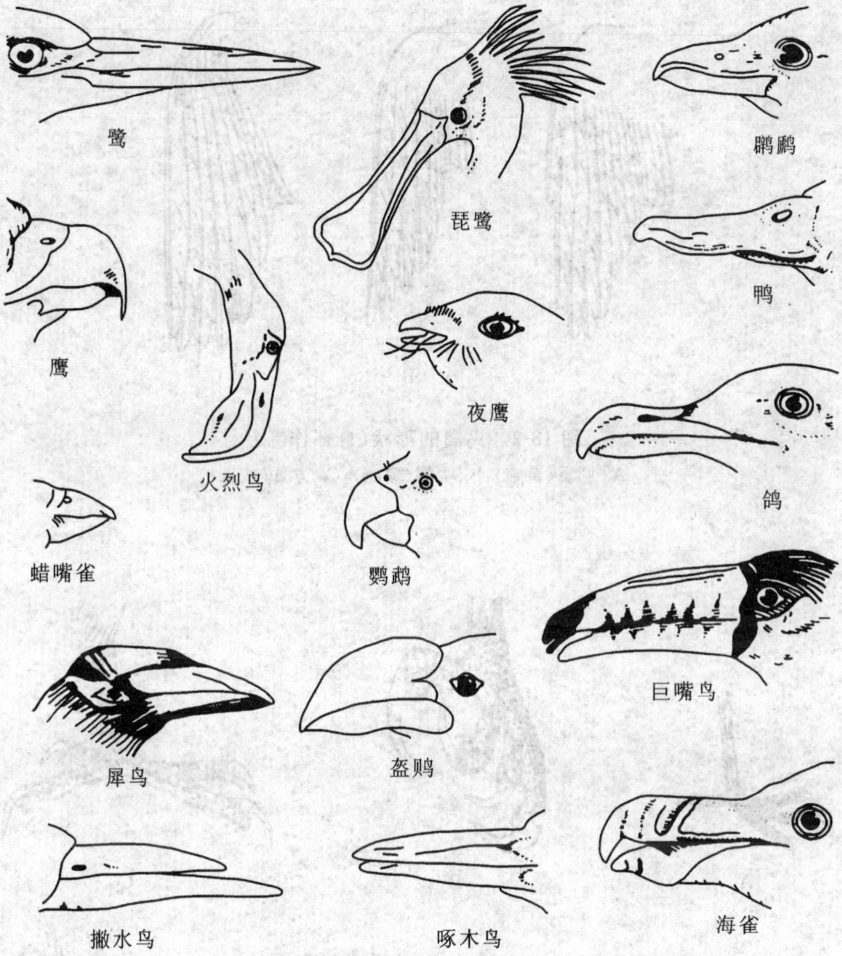

图 18-1　鸟喙的形状(自许崇任)

大多数鸟类的羽毛在身体上并不是均匀分布的,有羽区(着生羽毛的区域)和裸区(不生羽毛的区域)之分(图 18-4)。羽毛的主要功能是:①构成飞翔器官;②使外廓呈流线型,减少飞行阻力;③形成隔热层,保持体温;④缓冲外力,保护皮肤;⑤保护色;⑥求偶炫耀、性识别等。

根据羽毛的结构与功能,可分为正羽、绒羽和纤羽 3 种类型(图 18-5)。正羽包括飞羽和尾羽,分布在翅上、尾上,由羽轴和羽片构成;羽片由细长的羽枝构成,羽枝两侧密生羽小枝,相邻羽小枝借钩突相互勾结在一起,构成坚实而有弹性的羽

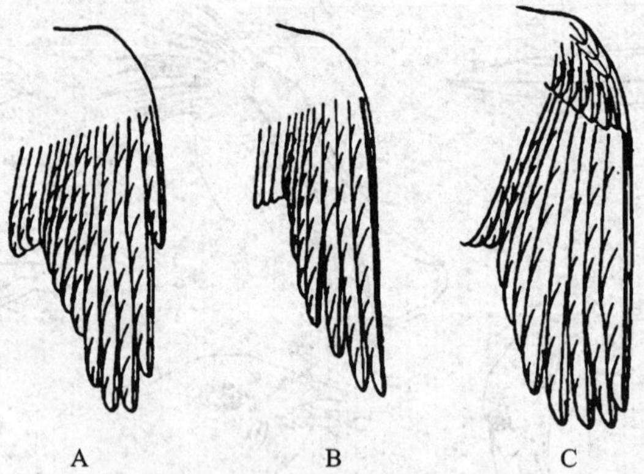

图 18-2 鸟翼的形状(自郑作新)

A. 圆翼(黄鹂);B. 尖翼(家燕);C. 方翼(八哥)

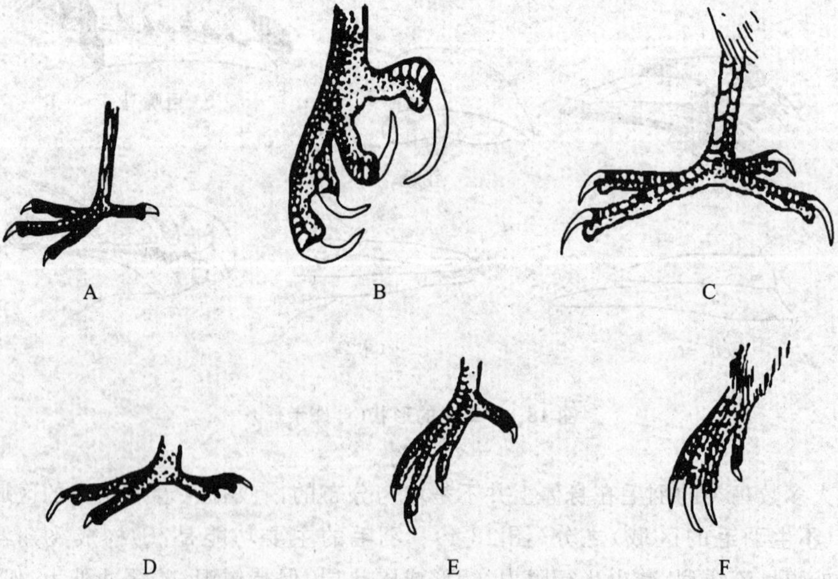

图 18-3 鸟类足趾的形态(自郑作新)

A. 不等趾型(麻雀);B. 不等趾型(大鵟);C. 对趾型(啄木鸟)

D. 异趾型(咬鹃);E. 并趾型(翠鸟);F. 前趾型(雨燕)

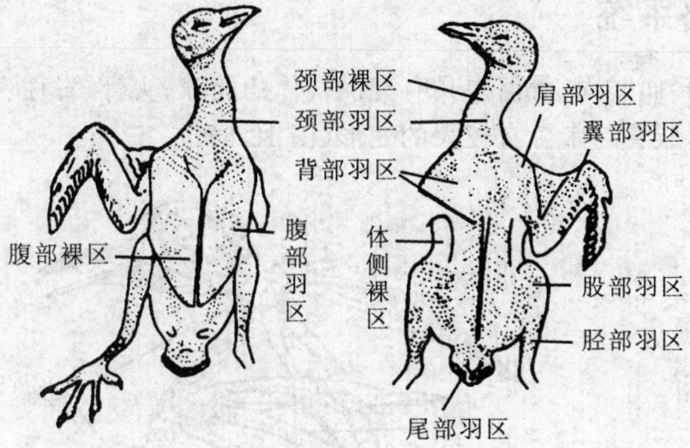

图 18-4 羽区和裸区(自刘凌云)

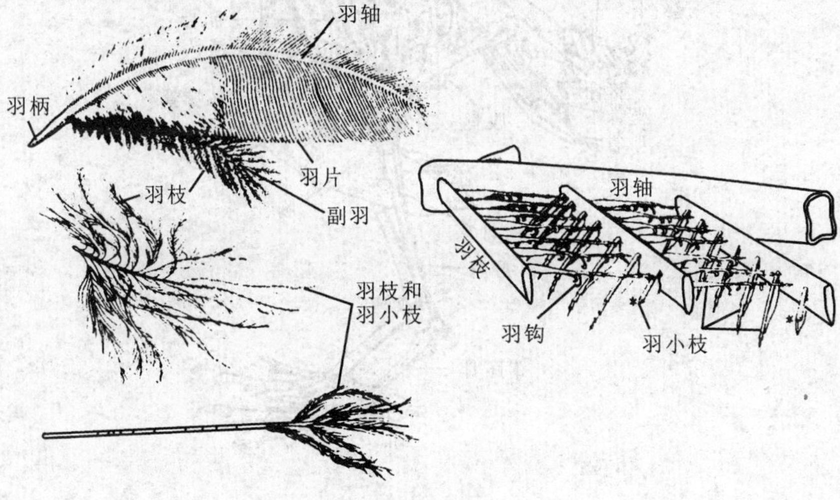

图 18-5 羽毛类型(自许崇任)

左上为正羽;左中为绒羽;左下为纤羽

片。绒羽分布在正羽下方,羽轴纤细,羽小枝钩状突不发达,不能构成羽片,呈棉花状,构成隔热层。纤羽呈毛发状,杂生在正羽、绒羽中,具有触觉功能。

鸟类羽毛的定期更换称换羽,一般1年有2次换羽:繁殖期结束后换的羽毛称冬羽;早春所换的新羽称夏羽。

四、骨骼系统

鸟类骨骼轻而坚固，骨骼内具有充满气体的腔隙，头骨、脊柱、骨盘和肢骨的骨块有愈合现象，肢骨与带骨有较大的变形（图 18-6）。

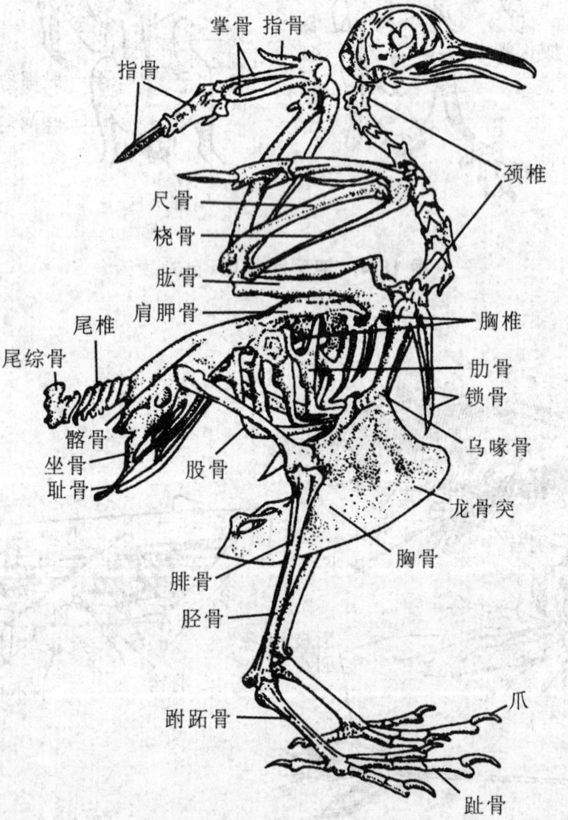

图 18-6 鸟类的骨骼（自郑作新）

1. 脊柱及胸骨 脊柱分化为颈椎、胸椎、腰椎、荐椎和尾椎 5 部分。

颈椎有 8～25 枚，椎骨关节面呈马鞍型（称异凹型椎骨），这种关节面使椎骨间运动十分灵活。第 1，2 枚颈椎为寰椎和枢椎，寰椎呈环状，可连同头骨一起在枢椎上转动，大大提高了头部的灵活性，如猫头鹰的头部甚至可以转动 270°。鸟类头部转动十分灵活与其前肢特化为翼和脊柱的其余部分大多愈合密切相关。

胸椎 5～6 枚，多数通过硬骨质的肋骨与胸骨联结构成胸廓，且肋骨间还有钩状突相连,这样就大大增加了胸廓的牢固性。胸骨中线具有高耸的龙骨突,增加了飞翔肌肉(胸肌)的附着面。胸骨是飞翔肌肉的起点,坚固的胸廓对保证飞行时胸肌的剧烈运动和完成呼吸十分重要。

少数胸椎、腰椎、荐椎及一部分尾椎一起愈合成为鸟类所特有的愈合荐骨(综荐骨),愈合荐骨又与宽大的骨盆(髂骨、坐骨、耻骨)相愈合,构成了鸟类步行时支持体重的坚实支架。

最后几枚尾椎愈合成尾综骨,支持扇形尾羽。

鸟类脊椎骨的愈合及尾骨的退化,使躯体重心集中在中央,有助于在飞行中保持平衡。

2. 头骨　头骨薄而轻。各骨块已愈合成一个整体,骨内有蜂窝状的充气小腔,轻便而坚实。上下颌骨极度前伸,构成鸟喙(区别于所有脊椎动物),现代鸟类无牙齿,以减轻头部重量。脑颅、视觉器官高度发达而使颅形发生变化:颅腔膨大,头顶部呈圆拱形,枕骨大孔移至腹面,眼眶膨大,具有眶间隔。

3. 带骨和肢骨　为适应飞翔生活,鸟类带骨和肢骨有愈合及变形现象。

(1)肩带与前肢。肩带由肩胛骨、乌喙骨和锁骨构成。三者联结处构成肩臼,与翼的肱骨相关节。左右锁骨及退化的间锁骨在腹中线处愈合成鸟类特有的“V”形叉骨,叉骨具有弹性,可以防止飞行剧烈扇翅时左右肩带(主要是乌喙骨)的相互碰撞。

前肢特化为翼,主要表现在手部骨骼(腕骨、掌骨、指骨)有愈合和消失的现象,从而使翼的骨骼愈合成一个整体,扇翅有力。手部骨骼着生的一列飞羽称初级飞羽,下臂骨(尺骨)着生的一列飞羽称次级飞羽,它们是分类的重要依据。

(2)腰带和后肢。腰带由髂骨、坐骨和耻骨愈合而成,并和愈合荐骨愈合成一体,使后肢得到强有力的支持。左、右耻骨在腹中线不联结,而一起向侧后方伸展,构成鸟类特有的“开放式骨盘”,这与产大型有硬壳的卵有密切关系。

后肢强健,由股骨、胫跗骨、腓骨、跗跖骨和趾骨组成。股骨与腰带的髋臼相关节,腓骨退化为刺状,胫跗骨、跗跖骨延长并相关节能增加起飞和降落时的弹性。足趾多为4趾,拇指向后,与树栖抓握相适应。

五、肌肉系统

鸟类背部肌肉退化,颈部肌肉发达。

胸大肌(收缩时使翼下煽)和胸小肌(收缩时使翼上扬)十分发达(图18-7)。肌肉肌体部分均集中于躯干的中心部分,借伸长的肌腱“远距离”控制肢体运动,对保持重心稳定、维持飞行平衡有重要意义。

后肢具适于栖树握肢的肌肉：栖肌、贯趾屈肌和腓骨中肌，三者巧妙配合，在体重的作用下可以自然拉紧，使足趾自动抓紧树枝(图 18-8)。

气管分叉处(鸣管)具有特殊的鸣肌，可以控制鸣膜的形状和紧张度，从而使鸟类发出多变的声音。

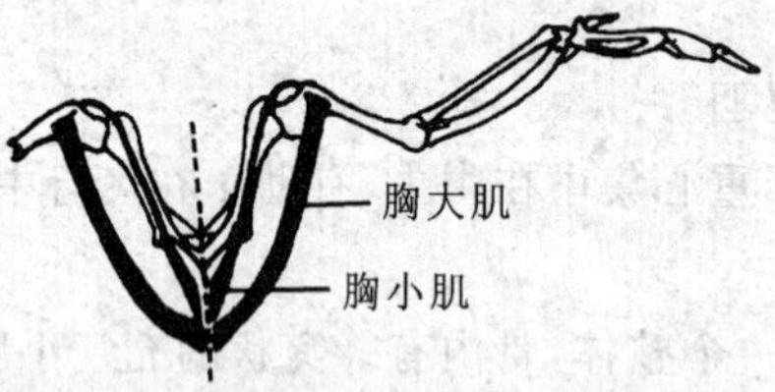

图 18-7 鸟类胸肌支配翼运动的模式图(仿 Wessells)

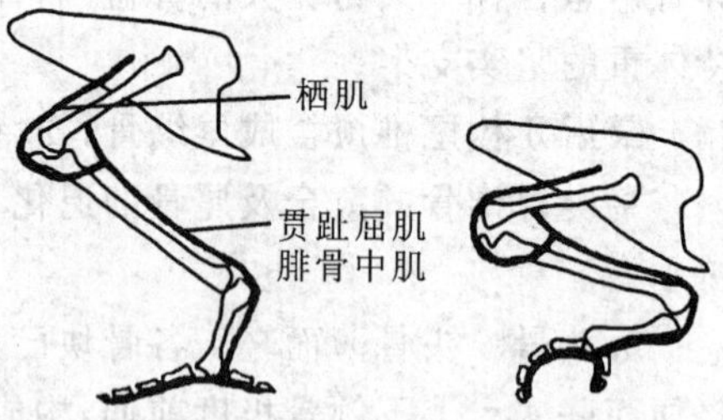

图 18-8 鸟类栖止肌肉节制足趾弯曲的模式图(自郑光美)

六、消化系统

鸟类消化力强，消化过程十分迅速(雀形目鸟类取食的食物经过 1.5 h 就可以通过消化道)，这是鸟类活动性强，新陈代谢旺盛的物质基础。

取食器官为角质喙。口腔中有舌和唾液腺，舌多具角质外鞘，其形态和结构与食性和取食方式有关。唾液腺主要分泌物为黏液，食谷鸟燕雀类含消化酶，雨燕目唾液腺最发达，内含糖蛋白，以唾液将海藻粘合而筑巢，其中金丝燕的巢为著名滋补品——“燕窝”。

食管长而具有延展性，基部的膨大称为嗉囊，具有贮存和软化食物功能。鸽繁殖期嗉囊壁能分泌“鸽乳”，用以喂饲雏鸽。

胃可分为腺胃和肌胃(砂囊)2 部分。腺胃富含腺体，可分泌蛋白酶和盐酸；肌胃外壁为强大的肌肉层，内壁为坚硬的革质层(中药称“鸡内金”)，腔内具有砂粒，在强大的肌肉的作用下，与革质内壁一起将食物碾碎。肉食类肌胃不发达。

小肠、肝脏和胰脏发达。

盲肠具有吸水功能，并能和细菌一起消化粗糙的植物纤维(以植物纤维为主食的鸟类特别发达)。

直肠极短，不贮存粪便，并且具有吸水作用，以减少失水和飞行时的负荷(图 18-9)。

泄殖腔背方有一腺体——腔上囊(法氏囊)，为一种淋巴组织，可以产生具有免疫成分的分泌物,幼体发达,可以辅助鉴定年龄。法氏囊易受病毒攻击而得病,是养禽业重点防治的禽病之一。

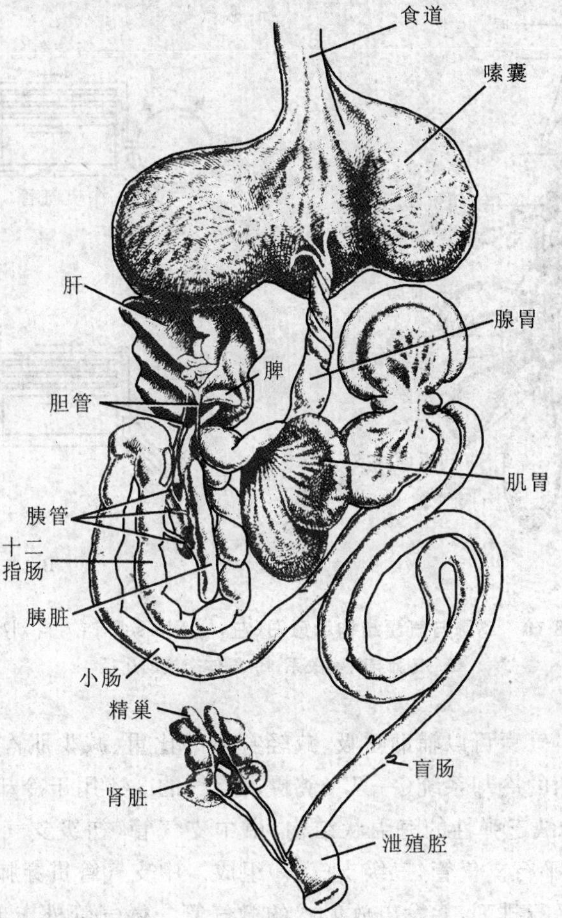

图 18-9 鸽的消化系统及腔上囊(仿 Young)

七、呼吸系统

鸟类呼吸系统十分特化,表现在有发达的气囊系统与肺气管相通,产生了独特的呼吸方式——双重呼吸。

1. 气囊 气囊由单层鳞状上皮细胞组成,广布于内脏、骨腔及某些运动肌之间,一般有 9 个:与肺部中支气管末端相连的为后气囊,包括腹气囊(2 个)和后胸气囊(2个);与肺部腹支气管末端相连的为前气囊,包括颈气囊(2个)、锁间气囊(1个)和前胸气囊(2个)(图18-10)。

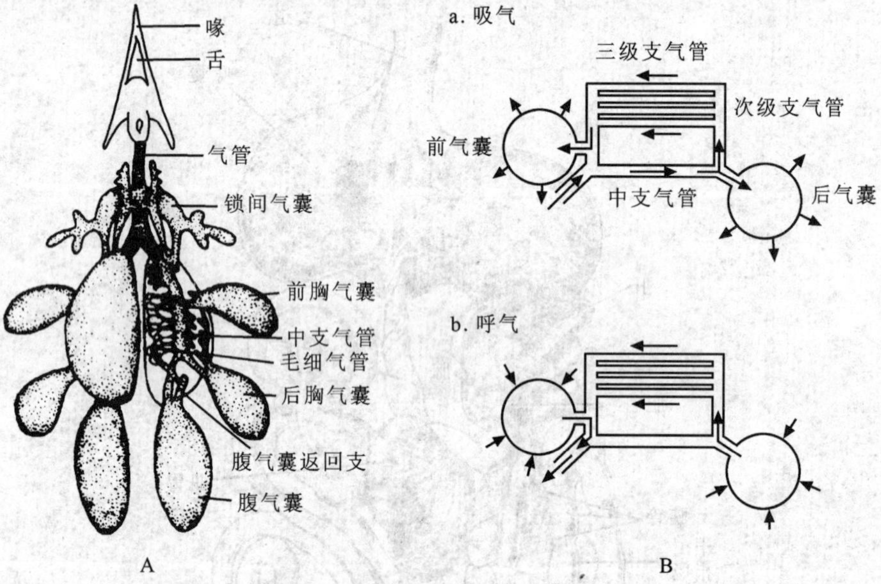

图18-10 鸟肺与气囊结构示意图(左,仿 Wessells;右,自刘凌云)

A. 鸟肺与气囊关系;B. 气体交换的途径

气囊的作用:气囊可以辅助呼吸、减轻身体的比重、减少肌肉间及内脏间的摩擦、为快速热代谢的冷却系统(一只飞鸽摄入空气的3/4用于冷却)。

2. 肺 肺为缺乏弹性的海绵状结构,由中支气管(初级支气管)、背腹支气管(次级支气管)和平行支气管(三级支气管)组成。中支气管贯穿肺体。平行支气管为最细的分支,平行排列,并发出放射状的微气管。微气管外布毛细血管,是气体交换的场所,为鸟肺的功能单位。微气管不是微细支气管末端膨大的盲端,不同于其他脊椎动物的肺泡。鸟类吸气时,O_2 进入中支气管后,一部分直接进入后气囊储存起来,另一部分则经次级支气管和三级支气管,在微气管处进行碳氧交换;呼气时,肺内 CO_2 经由前气囊排出体外,后气囊中储存的 O_2 经"返回支"进入微气管再次进行气体交换,最后经前气囊、气管排出体外。可见,鸟类不论吸气还是呼气,肺内均能进行气体交换,这种呼吸方式称为双重呼吸。鸟类呼气与吸气时,气体在肺内均为单向流动,即从背支气管 → 平行支气管 → 腹支气管,称为"d-p-v系统"。

鸟类栖止时，主要靠胸骨、肋骨运动来改变胸腔容积，引起肺、气囊的扩大和缩小，以完成气体代谢。飞翔时，主要靠气囊的伸缩来协助完成呼吸，因为，胸骨作为扇翅肌肉的起点，需趋于稳定，以保持飞行的平衡。飞行时，扬翅使气囊扩张，空气经肺吸入；扇翅时气囊压缩，空气再次经肺而出，飞行越块，扇翅越猛烈，气体交换也就越快，确保了飞行时的高 O_2 消耗。

鸣管是鸟类的气管特化成的发声器官，位于气管与支气管的交界处。此处内外侧管壁变薄，称鸣膜，鸣膜因气流振动而发声。鸣管壁的形状和紧张度受鸣管外侧的鸣肌控制(图 18-11)。

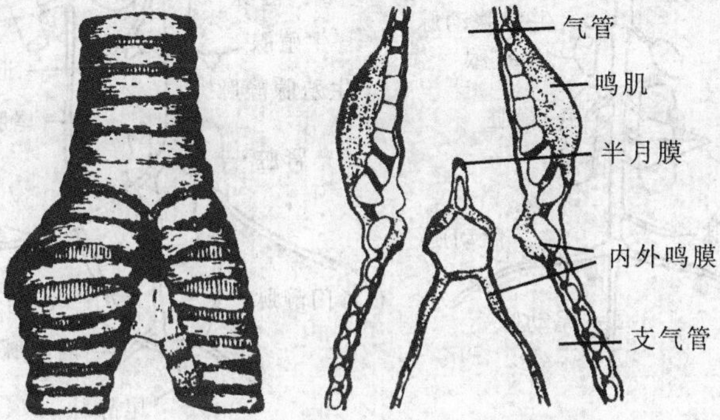

图 18-11　鸟类的鸣管(仿 Wessells)

八、循环系统

鸟类的循环系统是完全的双循环。心脏四室，心房、心室完全分隔，动脉血、静脉血完全分开。心脏容量大(心脏相对的大小占脊椎动物的首位，占体重的 0.95%～2.73%)，心跳频率快(300～500 次/分)，动脉压高，血液循环迅速，气体、营养及废物代谢旺盛，保证了高的代谢率和体温的恒定。鸟类仅具有右体动脉弓，左体动脉弓消失。肾门静脉趋于退化，但具特有的尾肠系膜静脉，收集内脏血液到肝门静脉(图 18-12)。血液中红细胞具核，红细胞中含极大量的血红蛋白，执行输送 O_2 及 CO_2 的机能。鸟类具有 1 对大的胸导管，收集躯体淋巴液注入前大静脉。

九、排泄系统

鸟类的排泄系统由肾、输尿管、泄殖腔组成(图 18-13)。肾与爬行类相似，成体为后肾，由头、中、尾 3 个肾叶构成。肾的体积相对较大(比哺乳类大)，可占体重的 2%以上，肾小球数目多，是哺乳类的 2 倍，能迅速排除废物，保持盐水平衡。排

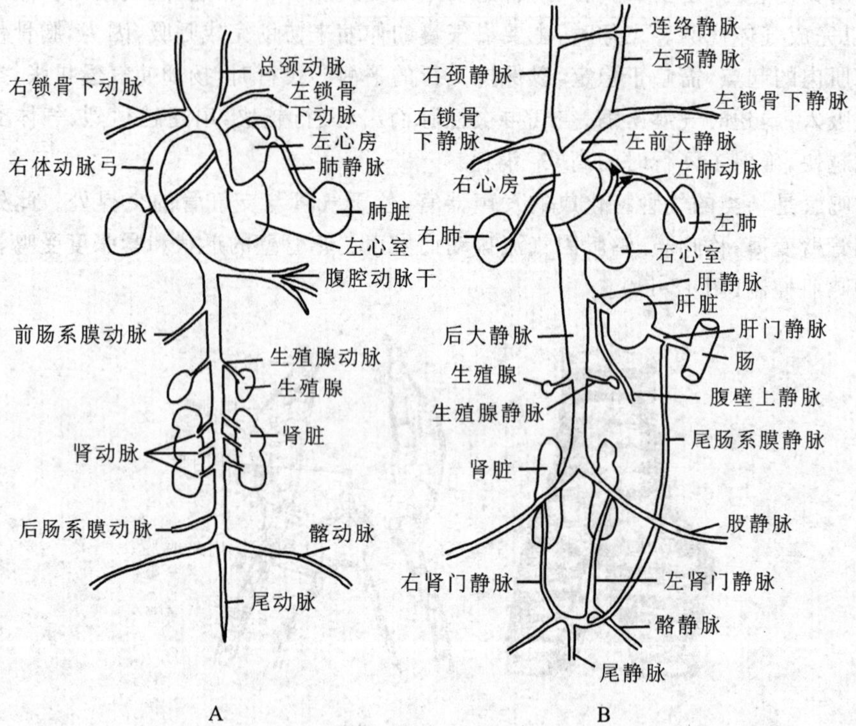

图 18-12 鸟类的循环系统(腹面观)(自郝天和)

A. 动脉;B. 静脉

泄物大多为尿酸,常呈半凝固的白色结晶,溶水性差;再加之肾小管、泄殖腔具有重吸收水的功能,所以鸟类排尿失水极少。鸟类没有膀胱,不储尿,尿可随粪便随时排除。此外,海鸟、一些沙漠鸟类(鸵鸟)、隼形目等鸟类的眼眶上部还有特殊的盐腺,能分泌比尿的浓度大得多的 NaCl,可把随食物进入体内多余的盐分排出,维持正常的渗透压。

在保存体内水分方面,鸟类皮肤干燥、缺乏腺体,体表覆有角质羽毛或鳞片,减少了体表水分的蒸发;排尿及排粪中所失水分也很少,鸟类可以有效地保存体内的水分,所以,鸟类对水分的需要也较其他陆生动物少。

十、生殖系统

鸟类的雄性生殖系统由睾丸(2 个)、输精管(2 条)和泄殖腔组成,多数不具交配器(鸵鸟、雁鸭类泄殖腔腹壁可隆起,构成交配器)。雌性生殖系统由卵巢、输卵

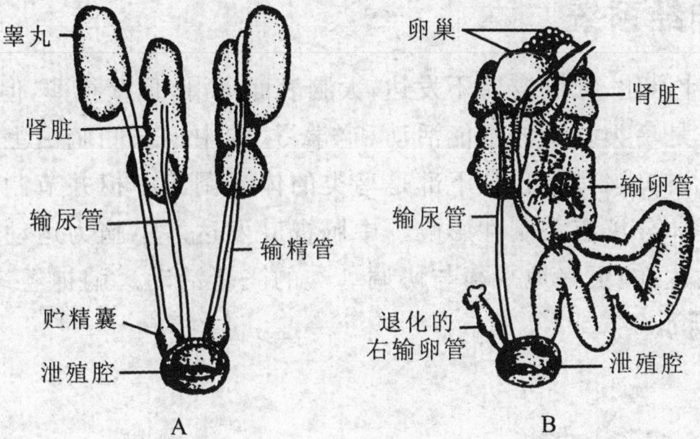

图 18-13　鸽的泄殖系统(仿 Parktr)

A. 雄性;B. 雌性

管和泄殖腔组成,绝大多数鸟类右侧卵巢和输卵管退化,这与产生具硬壳的大型的卵有关。雌、雄鸟借泄殖腔口接合而受精。受精作用在输卵管的上端进行。受精卵在下行过程中,依次被输卵管壁分泌的蛋白、壳膜、卵壳所包裹,两端稠蛋白层扭转成系带,固定卵黄,因重力作用胚盘永远朝上。卵壳上的花纹、颜色是输卵管下壁的色素细胞在产卵前 5 h 左右分泌形成的。鸡蛋的纵剖图如图 18-14 所示。

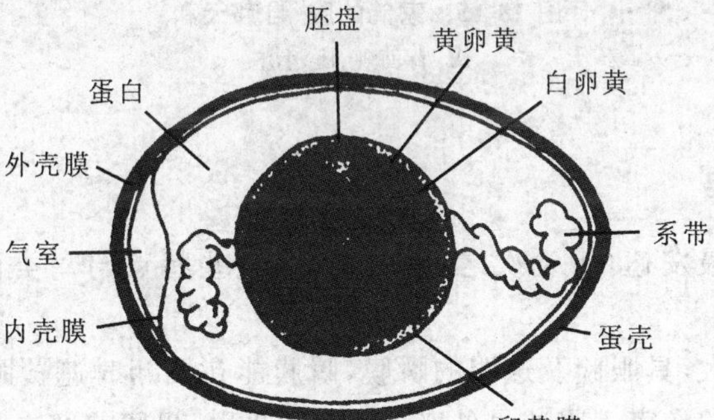

图 18-14　鸡蛋的纵剖图(自郝天和)

鸟类生殖腺具有明显的季节性变化,非繁殖季节生殖腺萎缩,繁殖期可增大几百倍到近几千倍,这与适应飞翔生活有关。生殖过程较复杂,包括占区、求偶、筑巢、交配、产卵、孵卵和育雏等行为。

十一、神经系统

鸟类的嗅叶退化,大脑皮层不发达,大脑表面平滑,顶壁很薄,但底部纹状体十分发达,纹状体是鸟类复杂的本能活动和"学习"的中枢。间脑由上丘脑、丘脑、丘脑下部(下视丘)构成,其中丘脑下部是鸟类的体温调节中枢并节制植物性神经系统,还对脑下垂体分泌有关键性影响。中脑视叶发达。小脑为运动协调和平衡中枢,较爬行类发达,能更好地平衡与协调鸟类的飞行活动。脑神经 12 对。家鸽的脑如图 18-15 所示。

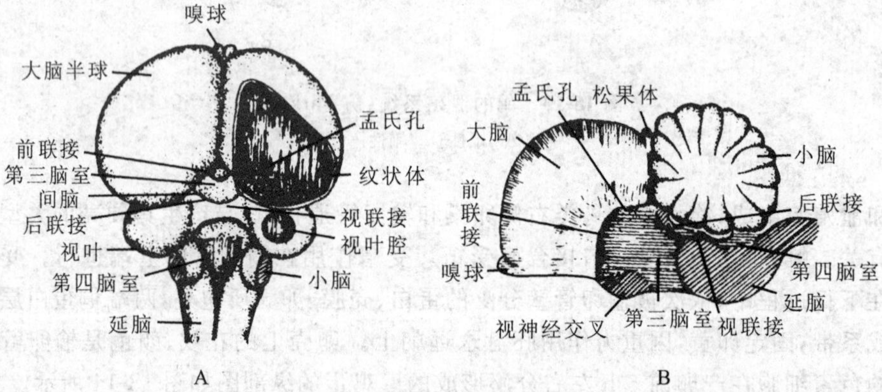

图 18-15 家鸽的脑(自郝天和)

A. 背面观;B. 小脑

十二、感官

鸟类的视觉最发达,听觉次之,嗅觉退化,这些特点与鸟类的飞翔生活密切相关。

鸟眼相对较大,具眼睑及透明的瞬膜,瞬膜能在飞翔时遮覆眼球,避免干燥气流和灰尘对眼球的伤害。眼球最外壁为坚韧的巩膜,巩膜前壁内具巩膜骨(一圈覆瓦状排列的环形骨片),巩膜骨构成眼球壁坚强的支架,使眼球在强大的气流压力下不变形。后眼房内具有栉膜,栉膜为视神经背方前伸出具有色素的、多褶的和富有血管的结构,具有营养视网膜的功能,并可以借体积的改变而调节眼球内的压力,还可以在眼内构成阴影,减少日光造成的目眩。视觉调节肌肉为横纹肌,调节方式为特殊的双重调节,不仅能改变晶体的形状以及晶体与角膜间的距离(后巩膜角膜肌调控),还能改变角膜的屈度(前巩膜角膜肌调控),这种调节方式可在瞬间把扁平的“远视眼”调整为“近视眼”，是飞翔生活中观察与定位必不可少的条件（图18-16，图18-17）。

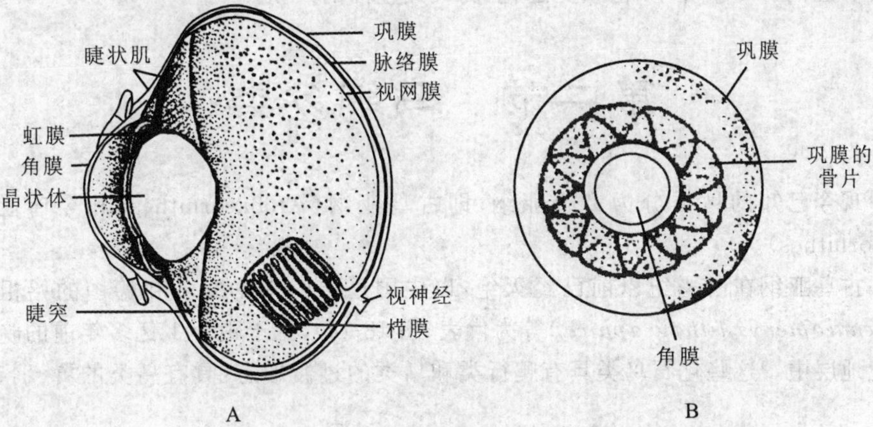

图 18-16　鸟眼的构造（自丁汉波）

A. 纵切面；B. 巩膜的骨片

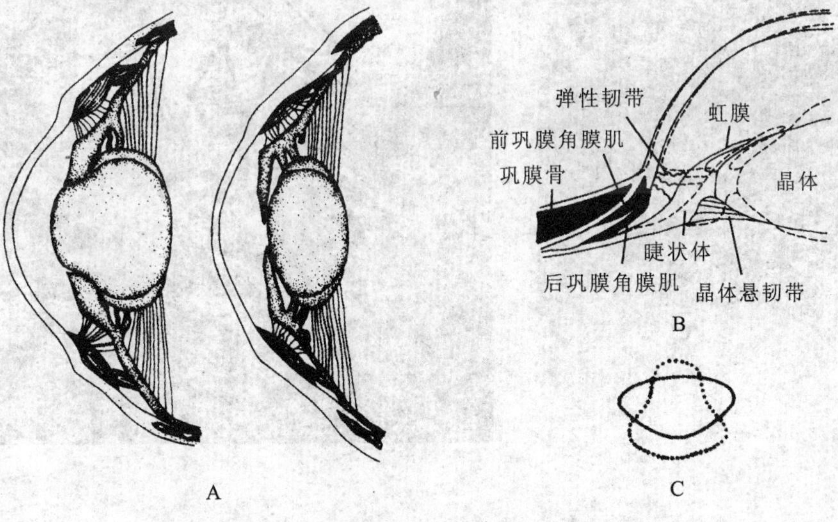

图 18-17　鸟眼视力调节模式图（自 Young 等）

A. 从近视(左)调至远视(右)；B. 眼球局部切面，示调节肌；C. 晶体调节前、后的形状

听觉器官基本上似爬行类，具单一的听骨（耳柱骨）和雏形的外耳道。夜间活动的种类（如猫头鹰）听觉器官发达，具有发达的耳孔和收集音波的耳羽。大多数鸟类鼻腔内有 3 个鼻甲，但嗅觉退化，为飞翔生活的产物。

第二节 鸟纲分类

现今已知的鸟类分为 2 个亚纲，即古鸟亚纲（Archaeornithes）和今鸟亚纲（Neornithes）。

古鸟亚纲在白垩纪以前已经灭绝，以中国辽宁的中华龙鸟和德国的始祖鸟（*Archaeopteryx lithographica*）等为代表（图 18-18），见于距今 1 亿多年前的晚侏罗纪地层中。这些化石鸟类具有爬行类和鸟类的过渡形态：具有鸟类的翼、羽毛、

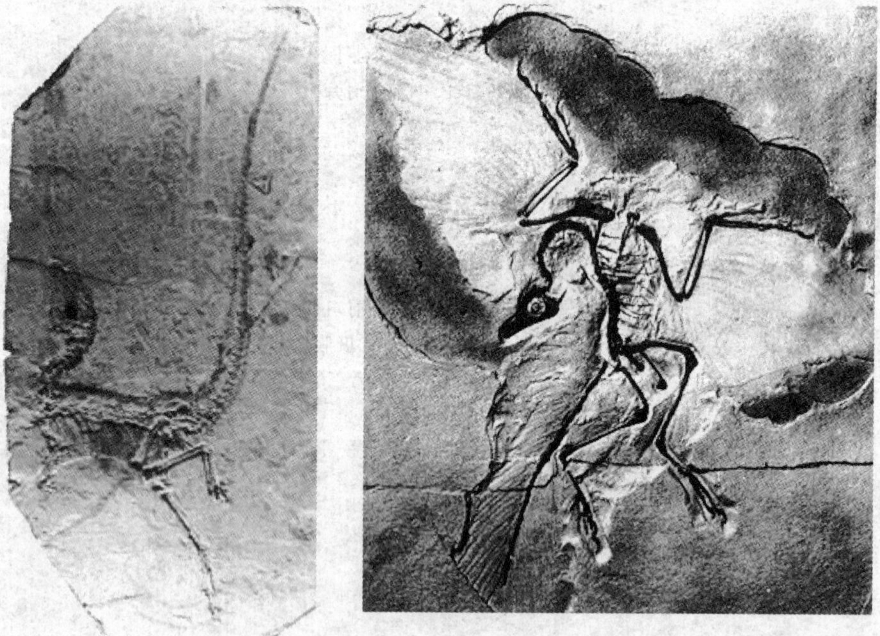

图 18-18 中华龙鸟化石（左）和始祖鸟化石（右）

“开放式”骨盘及后肢 4 趾（三前一后）等，但同时又具有槽生齿、双凹型椎体、18～21 枚分离的尾椎骨，前肢具 3 枚分离的掌骨，指端具爪，腰带各骨未愈合，肋骨间

无钩状突等爬行类的特征。中国学者认为中华龙鸟比始祖鸟更加古老和原始。

今鸟亚纲包括白垩纪以来的一些化石种类以及现存鸟类。化石种类以黄昏鸟目、鱼鸟目为代表,它们的骨骼近似现代鸟类,但颌具槽生齿。现存鸟类有 9 700 余种,可分为 3 个总目 33 目 203 科。

(一)平胸总目(Ratitae)

平胸总目为大型走禽,具有一系列原始特征(图 18-19):翼退化、不具龙骨突,

图 18-19　平胸总目(仿郑光美)

A. 非洲鸵鸟;B. 鸸鹋;C. 几维鸟

不具尾综骨和尾脂腺,羽毛均匀分布,无羽区、裸区之分,羽枝不具羽小钩,不形成羽片。雄鸟具发达的交配器官。2~3 趾,适于奔走。分布于南半球,共分 5 目 6 科,60 余种。如非洲鸵鸟(*Struthio camelus*),属于鸵鸟目,为现存最大的鸟,高可达 2.6 m,重达 150 kg,寿命 70~80 年。适于沙漠荒原中生活,一般成小群活动,繁殖期为一雄多雌,繁殖周期可达 40~50 年。经济价值大,肉味美且爽脆,皮可制革,已进行人工养殖。其他代表动物还有:美洲鸵鸟目的美洲鸵鸟(*Rhea americana*)、鹤鸵目的澳洲鸵鸟(鸸鹋)(*Dromaus novachollandeae*)、无翼目的几维鸟(*Apteryx oweni*)、鴂形目的鸨尾鴂(*Nothoprocta perdicaria*)等。

(二)企鹅总目(Impennes)

中、大型潜鸟,具有一系列适应潜水生活的特征:前肢鳍状,腿短而移至躯体后方,趾间具蹼,适于游泳划水。具鳞片状羽毛且均匀分布于体表,尾短,皮下脂肪发达,有利于在寒冷地区及水中保持体温。骨骼沉重不充气,胸骨具发达的龙骨突起,与前肢划水有关。在陆上行走时躯体近于直立,左右摇摆。分布于南半球。仅1目,1科,16种。代表动物为皇企鹅(*Aptenodytes patagonicus*)(图18-24A)等。

(三)突胸总目(Carinatae)

现存的绝大多数鸟类属此目,全为善飞的鸟类。共同特征:翼发达,具发达的龙骨突,最后4～6枚尾椎骨愈合成一块尾综骨,气质骨,正羽发达,构成羽片,有羽区、裸区之分,雄鸟绝大多数不具交配器,分布遍及全球。本总目分21目,155科,8 500种以上。我国现存鸟类均属于突胸总目,共21目84科1 319种。

1. 潜鸟目(Gaviiformes) 体羽紧密,多为背部黑色、腹部白色,喙长而尖,跗跖侧扁,前3趾具蹼,后肢退化,翅小而尖,早成鸟,多在淡水中生活,善潜水捕鱼,多贴水面飞行。代表动物有红喉潜鸟(*Gavia stellata*)(图18-20B)等。

2. 䴙䴘目(Podicipediformes) 中等大小的游禽,善潜水,趾具分离的瓣状蹼,眼前多具一窄条裸区,羽毛松软如丝,可加工成毛皮,尾羽由绒羽构成。在水面以植物茎叶营浮巢,雏鸟早成,尚需亲鸟照料。遇警时亲鸟能背负幼鸟在水下潜逃。代表种类有小䴙䴘(*Podiceps ruficollis*)(图18-20C)等。

3. 鹱形目(信天翁目)(Procellariiformes) 又称管鼻类,均为大型海鸟。嘴强大具钩,鼻孔呈管状,趾间具蹼,翼长而尖,善于在海面翱翔。多集群繁殖,在荒岛地面产卵。晚成鸟。代表种类有短尾信天翁(*Diomedea albatrus*)等。

4. 鹈形目(Pelecaniformes) 大型游禽。具全蹼——4趾间具有一完整蹼膜,嘴强大具钩,具发达喉囊以适于捕鱼。多在树上或岩崖上筑巢。晚成鸟。代表种类有斑嘴鹈鹕(*Pelecanus philippensis*)(图18-20D)、鸬鹚(*Phalacrocorax carbo*)(图18-20E)、小军舰鸟(*Fregata minor*)(图18-20F)、红脚鲣鸟(*Sula sula*)等。鹈鹕喉囊发达,通体近白色,飞羽暗黑,主要分布于热带及温带地区。鸬鹚又称鱼鹰,通体近黑色,杂有花斑,常集成大群捕鱼,数量过高时可对渔业造成危害。我国自古即驯养鸬鹚捕鱼。小军舰鸟和鲣鸟为我国西沙群岛的著名鸟类。小军舰鸟为掠夺性鸟类,飞行敏捷迅速,常靠于空中掠夺鲣鸟、海鸥口衔的鱼类为食。

图 18-20　鸟类的代表(一)(自郑作新、杨安峰、郑光美)

A. 企鹅;B. 红喉潜鸟;C. 小鸊鷉;D. 斑嘴鹈鹕;E. 鸬鹚;F. 小军舰鸟;G. 东方白鹳;H. 苍鹭;I. 朱鹮;J. 鸿雁;K. 大天鹅;L. 绿头鸭;M. 苍鹰;N. 秃鹫;O. 红隼;P. 环颈雉;Q. 褐马鸡;R. 红腹锦鸡;S. 雷鸟;T. 原鸡

5. 鹳形目(Ciconiiformes) 大中型涉禽。栖于水边，涉水生活。具有“三长”特征，即喙、颈、腿均长，胫部裸露，趾细长，且4趾均在同一水平面上。营巢于高大的树上、苇丛或岩崖上。晚成鸟。代表种类有鹳类和鹭类，鹭类中趾爪内侧具栉状突，颈部曲缩成“乙”型。我国常见的种类有黑鹳(*Ciconia nigra*)、东方白鹳(*Ciconia boyciana*)、苍鹭(*Ardea cinerea*)(图18-20G,H)、大白鹭(*Egretta alba*)等。在陕西秦岭地区(洋县)还分布有世界珍稀濒危鸟类——朱鹮(*Nipponia nippon*)(图18-20I)。

6. 雁形目(Anseriformes) 大中型游禽。嘴扁，边缘具梳状栉板，嘴端加厚呈嘴甲；腿后移，前3趾具蹼，翼的飞羽上有发闪光的绿、紫或白色斑块——翼镜；气管与支气管交界处有膨大的骨质囊，为发声的共鸣器。雄性具交配器，尾脂腺发达。早成鸟。广布于全球，迁徙和飞翔力强，北半球繁殖，南迁越冬。为重要经济鸟类，有些已被驯化为家禽。代表动物：大天鹅(*Cygnus cygnus*)(图18-20*K*)、鸿雁(*Anser cygnoides*)(家鹅祖先)、绿头鸭(*Anas platyrhynchos*)(家鸭祖先)(图18-20J,L)和斑嘴鸭(*Anas poecilorhyncha*)。

7. 隼形目(Falconiformes) 肉食性鸟类，体多大、中型。嘴具利钩，脚强健有力，具利爪，以抓捕撕裂猎物。善疾飞及翱翔，视力敏锐，白昼活动。雌鸟较雄鸟体大。晚成鸟。本目鸟类均为我国重点保护鸟类，代表种类有鹰类、隼类。鹰类为中、大型猛禽，上嘴边缘具弧状垂突，跗跖部相对较长，约与胫部等长，飞行时扇翅节奏较慢；代表种有鸢(*Milvus korshun*)、苍鹰(*Accipiter gentilis*)(图18-20M)、雀鹰(*A. nisus*)、金雕(*Aquila chrysaetos*)、秃鹫(*Aegypius monachus*)(图18-19N)等。隼类为中、小型猛禽，喙较短，上嘴边缘具单枚齿突，鼻孔圆形，内具一柱状骨棍，尾较长，扇翅节奏较快；代表种有红隼(*Falco tinnunculus*)(图18-20O)、红脚隼(*F. vespertinus*)等。

8. 鸡形目(Galliformes) 适于陆栖步行，腿脚健壮，具钝爪(适于挖土掘食)，上嘴弓形(适于啄食)、嗉囊发达，翼短圆，不善远飞。雌雄多异色，雄性羽色艳丽，繁殖期好斗，有复杂的求偶炫耀。早成鸟。本目为世界性分布，大多为留鸟，为重要经济鸟类。代表种类有环颈雉(*Phasianus colchicus*)(图18-20P)、绿孔雀(*Pavo muticus*)、褐马鸡(*Crossoptilon mantchuricum*)、红腹锦鸡(*Chrysolophus pictus*)(图18-20Q,R)、花尾榛鸡(*Tetrao parvirostris*)、柳雷鸟(*Lagopus lagopus*)(图18-20S)等。原鸡(*Gallus gallus*)(图18-20T)为家鸡的祖先，目前在我国云南等南方地区还有野生分布。近年被逐渐饲养的有鹌鹑(*Coturnix coturnix*)、环颈雉、绿孔雀、中华鹧鸪(*Francolinus pintadeanus*)、石鸡(*Alectoris* spp. 常称为美国鹧鸪)和白鹇(*Lophura nycthemera*)等。

9. 鹤形目(Gruiformes)　体形大小不等的涉禽。具“三长”特征——喙、颈、腿均长,胫常裸露无羽,趾不具蹼或微具蹼,后趾高于前3趾,不在同一平面上。早成鸟。代表种类(图18-21A,B,C)有丹顶鹤(*Grus japonensis*)、白骨顶(*Fulica atra*)、大鸨(*Otis tarda*)等。鹤为世界著名的湿地鸟类,我国有9种鹤,均为我国重点保护鸟类,其中黑颈鹤(*G. nigricollis*)为我国特产。大鸨是能飞翔的体重最大的鸟类,栖于草原荒地,为世界濒危物种。

10. 鸻形目(Charadriiformes)　多为中小型涉禽。体多为沙土色,多在水边和沼泽地带活动,奔跑快速,翼尖善飞,能突然起飞而方向不定。早成鸟。主要分布于北半球,种类很多。代表种类有(图18-21D,E)金眶鸻(*Charadrius dubius*)、白腰草鹬(*Tringa ochropus*)等。

11. 鸥形目(Lariformes)　海洋性鸟类,体羽多银灰色,前3趾间具蹼,翼长而善飞翔,雏鸟形态上似早成鸟,习性似晚成鸟,需留巢待哺。代表种类有(图18-21F,G)红嘴鸥(*Larus ridibundus*)、燕鸥(海燕)(*Sterna hirundo*)等。鸥与燕鸥常集成大群活动,在渔业区有时可对鱼苗造成危害,但燕鸥的多数种类嗜食草地螟等害虫,为非渔业区的益鸟。鸥形目与鸻形目亲缘关系密切,有的学者将其归入鸻形目。

12. 鸽形目(Columbiformes)　中、小型陆禽。嘴较短,基部分柔软,鼻孔外具蜡膜。腿短,脚较健壮,4趾在同一平面上。嗉囊发达,育雏期可分泌“鸽乳”喂雏。晚成鸟。为重要的经济鸟类和狩猎鸟类。代表种类有毛腿沙鸡(*Syrrhaptes paradoxus*)(图18-21H)、原鸽(*Columba livia*)、山斑鸠(*Streptopelia orientalis*)等。原鸽为家鸽的原祖,我国在新疆、甘肃、内蒙古等地区有分布。

13. 鹦形目(Psittaciformes)　中、小型攀禽。对趾足(中趾、内趾向前,外趾、后趾向后),嘴短而坚硬,先端具利钩,上嘴能上抬,利于攀缘及掰剥种皮,舌多肌肉质。树栖性强,多营洞巢。晚成鸟。广泛分布于各大陆的热带森林里,尤以澳洲最为丰富。为著名的观赏鸟。代表种类有绯胸鹦鹉(*Psittacula alexandri*)、小葵花鹦鹉(*Cacatua undulatus*)(图18-21I)、虎皮鹦鹉(*Melopsittacus undulatus*)等。

14. 鹃形目(Cuculiformes)　中型攀禽。对趾足或转趾型足(似常态足,但外趾能扭转向后),外形略似小鹰,但嘴、爪不具钩,嘴较纤细,常具鲜艳色泽,翅尖长,尾长呈圆形。一些种类寄生性繁殖,即将卵产于其他鸟类的巢中,由义亲代孵及哺育。晚成鸟。本目鸟类迁徙规律十分显著,每年早春即来,叫声洪亮,有时彻夜不停,俗称布谷鸟。主食昆虫,对松毛虫等具有一定的抑制作用,为农林益鸟。代表种类有大杜鹃(*Cuculus canorus*)、四声杜鹃(*C. micropterus*)(图18-21J)等。

图 18-21　鸟类的代表(二)(自郑作新,郑光美等)

A. 丹顶鹤;B. 白骨顶;C. 大鸨;D. 金眶鸻;E. 白腰草鹬;F. 红嘴鸥;G. 燕鸥;H. 毛腿沙鸡;I. 小葵花鹦鹉;J. 四声杜鹃;K. 长耳鸮;L. 雨燕;M. 金丝燕;N. 普通翠鸟;O. 戴胜;P. 犀鸟;Q. 斑啄木鸟;R. 家燕;S. 大山雀;T. 红尾伯劳;U. 蒙古百灵;V. 喜鹊;W. 红点颏;X. 画眉;Y. 黄胸鹀;Z. 麻雀

15. 鸮形目(Strigiformes) 夜行性猛禽,内部结构似攀禽。具钩嘴、利爪以抓捕、撕食猎物,外趾能后转成对趾型,以利于攀缘。两眼大而向前,眼周有放射状细羽构成的"面盘",似猫脸,故称"猫头鹰"。听觉为其主要的定位器官,耳孔特大,耳孔周缘具皱襞或具耳羽,有利于收集音波。羽片柔软,飞行无声,适于夜间捕食。主要捕食鼠类、昆虫等,属农林益鸟。本目鸟类均为我国重点保护鸟类。代表种类有红角鸮(*Otus scops*)、长耳鸮(*Asio otus*)(图 18-21K)、短耳鸮(*A. flammeus*)、雕鸮(*Bubo bubo*)等。

16. 夜鹰目(Caprimulgiformes) 夜行性攀禽。并趾足(前趾基部并合),中爪具栉状缘。喙短阔,口裂极大,有极发达的硬口须,适于飞捕昆虫。翅长尖,羽片柔软,飞行无声。体羽枯枝色(为保护色)。不营巢,置卵于林间地表。晚成鸟。代表种类有普通夜鹰(*Caprimulgus indicus*),季节性迁徙,嗜食蚊虫。

17. 雨燕目(Apociformes) 小型攀禽。喙短宽似燕,或细长;翅尖长适于疾飞或短圆可"悬停"飞行;雨燕科种类为前趾足(四趾均向前方);唾液腺发达;羽多具光泽。晚成鸟。代表种类有(图 18-21L,M)楼燕(北京雨燕)(*Apus apus*)、金丝燕(*Collocalia fuciphaga*)、蜂鸟等。楼燕常集成大群在高空中疾飞捕虫。金丝燕繁殖期以唾液混合海藻等营巢,为著名的滋补品"燕窝"。蜂鸟为世界上最小的鸟类,体重仅 1 g 左右,喙细长,直或下弯,以花蜜为食,主要分布于南美洲。

18. 咬鹃目(Trogoniformes) 小型攀禽。喙短粗,先端具钩;腿短弱,异趾足(中趾、外趾向前,内趾、后趾向后)适于攀缘;体羽艳丽并具金属反光。晚成鸟。广泛分布于各大陆的热带森林内。代表种类有红腹咬鹃(*Harpactes wardi*)。

19. 佛法僧目(Coraciiformes) 攀禽。喙形多样;腿脚短弱,并趾足;种类较多,形状各异。多为洞巢。晚成鸟。代表种类有(图 18-21N,O,P)普通翠鸟(*Alcedo atthis*)、戴胜(*Upupa epops*)、冠斑犀鸟(*Anthracoceros coronatus*)等。普通翠鸟嘴形粗大似凿,背羽翠绿色,尾羽短小,贴水面直线飞行,以鱼虾为主食,沿岸崖穿凿土穴为巢。戴胜嘴细长而微下弯,头顶具扇状冠羽,俗称"花蒲扇";在树洞、建筑物缝隙处筑巢,孵卵期雌鸟尾脂腺能分泌十分臭的黑棕色液体,故洞巢内奇臭,又名"臭姑姑",以地面蠕虫等小动物为食。冠斑犀鸟嘴巨大而下弯,顶部有角质隆起物,在高大树洞中营巢,为珍贵观赏鸟类。

20. 鴷形目(啄木鸟目)(Piciformes) 中、小型攀禽。对趾足,嘴凿形,舌长而具倒钩,能远伸出口外,专食蛀干害虫,尾羽尾轴坚硬具弹性,啄木时起支撑作用。凿树洞为巢。晚成鸟。代表种类有大斑啄木鸟(*Picoides major*)(图 18-21Q)和绿啄木鸟(*Picus* spp.)等。

21. 雀形目(Passeriformes) 中、小型鸣禽,约 5 000 种,为鸟类最高等类群。

喙形多样;鸣管、鸣肌发达,善于鸣啭;离趾型(三趾向前,一趾向后,后趾最强且与中趾等长),跗蹠后部鳞片愈合成一块完整的鳞板。大多营巢巧妙,适生于多种生态环境。晚成鸟。本目鸟类有许多种类是农林益鸟,代表种类有家燕(*Hirundo rustica*)、大山雀(*Parus major*)、红尾伯劳(*Lanius collurio*)(图 18-21*R*,*S*,*T*)、黄眉柳莺(*Phylloscopus inornatus*)、白眉姬鹟(*Ficedula zanthopygia*)、寿带(*Terpsiphone paradisi*)、普通䴓(*Sitta europaea*)等。又有许多具有观赏价值的种类,如百灵(*Melanocorypha mongolica*)、喜鹊(*Pica pica*)、红点颏(*Luscinia svecica*)(图 18-21*U*,*V*,*W*)、太平鸟(*Bombycilla garrulus*)、画眉(*Garrulax canorus*)(图 18-21*X*)、绣眼鸟(*Zosterops* spp.)、黑枕黄鹂(*Oriolus chinensis*)等。危害谷物的种类有黄胸鹀(*Emberiza aureola*)(图 18-21*Y*)等,麻雀(*Passer montanus*)(图 18-21Z)在农作物成熟季节大量取食谷物,但在繁殖期大量吃虫,其益害因时因地而异。

(四)鸟纲的生态类群

根据鸟类生活环境和与之相适应的生活方式以及外部形态的差异,可将鸟类分为 7 个生态类型,即走禽类、游禽类、涉禽类、陆禽类(鹑鸡类和鸠鸽类)、攀禽类、猛禽类、鸣禽类。

1. 走禽类 翼退化不会飞翔,足趾大而有力适于奔走生活,为平胸总目鸟类。

2. 游禽类 常在水中游泳生活。腿短,趾间具蹼,嘴扁平而阔或长而尖;不善行走,但适于游泳、潜水,具有较强的飞翔能力。包括企鹅总目、潜鸟目、鹈鹕目、鹱形目、鹈形目、雁形目和鸥形目鸟类。

3. 涉禽类 栖息于水边,涉浅水生活,不会游泳。具有嘴长、颈长、腿长的"三长"特征,趾间蹼不发达。包括鹳形目、鹤形目和鸻形目鸟类。

4. 陆禽类(鹑鸡类和鸠鸽类) 适于陆栖步行,腿脚短而健壮。包括鸽形目、鸡形目鸟类。

5. 攀禽类 多为树栖、善于攀树的种类。脚短而健壮,具有适于攀缘的足型,如对趾足、异趾足等。包括鹦形目、鹃形目、夜鹰目、佛法僧目、䴕形目等鸟类。

6. 猛禽类 喙和爪强壮有力,并弯曲成钩状,翼强健,善飞翔,体型大,性凶猛,捕食小动物或食腐肉。包括隼形目(昼行性)、鸮形目(夜行性)鸟类。

7. 鸣禽类 羽色鲜艳,鸣管、鸣肌发达,善鸣叫,巧于营巢,体态轻盈,活动灵敏,有多种生活习性。包括雨燕目、雀形目鸟类。

第三节 鸟类的迁徙

鸟类的迁徙(migration)是对环境条件变化的一种积极的适应本能,是每年在繁殖区与越冬区之间的周期性迁居。其特点是定期、定向且多集成大群。鸟类迁徙是自然界中最引人注目的生物学现象之一。研究鸟类的迁徙,在理论上可揭示迁徙本能的形成及发展过程,为生物进化论及有机体与环境之间的复杂关系提供深入的资料,在实践上可有效利用和控制经济鸟类,为改造自然区系提供理论基础,并为仿生学提供研究基础。

一、迁徙的类型

鸟类迁徙多南北方向,根据迁徙特点可分为留鸟、候鸟和迷鸟。

(一)留鸟(resident)

终年留居在出生地(繁殖区),不发生远距离迁徙的鸟类,如麻雀、喜鹊等。部分留鸟为了获得适宜的食物,在繁殖后离开生殖区,在其种的分布区域内迁移,并追随食物漂泊、游荡,活动无方向性和定居性,此类鸟称漂鸟(wandering bird),如普通䴓、煤山雀(*Parus ater*)等。

(二)候鸟(migrant)

在春秋两季,沿固定路线,在繁殖区和越冬区之间进行迁徙的鸟类。根据候鸟在某一地区的旅居情况,又可分为以下几种类型:

1. 夏候鸟 对某一地区而言,夏季在此繁殖,秋季离开到南方较温暖地区越冬,笠年春天又返回该地区繁殖的候鸟。如对我国而言,杜鹃、家燕、黄眉柳莺等均为夏候鸟。

2. 冬候鸟 对某一地区而言,冬季在此越冬,笠年春天飞往北方繁殖、秋天又返回该地区越冬的候鸟。如黑雁(*Branta bernicla*)、太平鸟等为我国的冬候鸟。

3. 旅鸟 对某一地区而言,不在此繁殖或越冬,只是迁徙途中经过该地区的候鸟。如黄胸鹀等为我国的旅鸟。

(三)迷鸟(Straggler bird)

在迁徙过程中,由于气候因子等的骤变(如大风等),使其漂离正常的迁徙路线而偶然出现在分布区以外的鸟类。如埃及雁(*Alopochen aegyptiaca*)偶见于北京,美洲鹤(*Grus americana*)偶见于云南。

二、迁徙的原因

迁徙的原因是自然选择的结果。因为目前已知许多鸟类的迁徙行为是先天的和可遗传的，但鸟类迁徙的原因很复杂，尚无确定的结论，通常可以从生态、历史等因素来考虑。

生态因素主要是气候和食物条件周而复始的季节性变化。历史因素：在新生代第四纪的约10万年前，地球上曾发生多次冰川运动，冰川自北向南侵袭。冰川所到之处天气极度寒冷，冰天雪地，给鸟类的生活和生存带来极大的威胁，迫使它们离开久居的故乡，向适宜生存的南方迁徙。以后随着冰川向北退去，北方的植被又开始恢复，这些新的栖息地成为生态学上的真空环境，南方的物种由于竞争压力的作用，而在夏季向北方迁徙。随着冰川周期性的向南侵袭和向北退去，促使鸟类形成了周期性的南北往返。这样经过长时期的历史发展过程，逐渐形成了鸟类迁徙的生物遗传本能。

三、迁徙的诱因

迁徙是多种条件刺激引起的连锁性反射活动。物种历史所形成的遗传性是迁徙的"内因"，外界刺激（光照、食物、气候、植被外貌的改变等）为引起迁徙的"条件"。近年来的实验证明，肾上腺分泌的皮质激素和脑下垂体分泌的催乳激素都与诱发迁徙直接相关，而这些激素的分泌与光照的长短有密切的关系。光照增长，激素分泌增加，促使生殖腺发育、膨大，促使鸟类向北迁徙；光照缩短，激素分泌减少，生殖腺萎缩，内分泌机能衰退，促使鸟类南返。生殖腺的变化和光照的季节变化有着间接而又极为紧密的关系。光照等外部刺激起着信号作用，这种信号通过内部的神经体液调节而起作用，使繁殖活动十分精确地与外部环境条件相适应，从而保证整个繁殖育雏期是在最有利的季节条件下发生。

四、迁徙定向

候鸟在迁徙过程中具有十分精确的定向导航能力。目前，鸟类定向导航机制正处于探索阶段，一般可分为视觉定向和非视觉定向两类。视觉定向是指鸟类通过视觉器官来获得信息进行的定向，视觉信息包括太阳、星辰、月球及陆地景观标志等。非视觉定向包括地磁场定向、风定向、听觉定向等定向机制。地磁场定向是鸟类通过感应地球磁场极性的方法进行定向的一种方式。风定向主要是依靠季节性的风来选择迁徙路线。此外，鸟能感受最低频率的声波（0.05 Hz），在高空中飞行的鸟能够听到地面上小动物等发散的声音，及其他夜间飞行鸟鸣叫的回声，有人认为回声能够为迁徙鸟提供飞行高度和地面特征的某些信息。

五、迁徙的路径

鸟类迁徙的方向取决于越冬地和繁殖地间的位置，主要与气候及食物变化有关，因此多数是属于南北迁徙的。候鸟的迁徙路径有3条：

1. 西部迁徙路线　包括在内蒙西部干旱草原，甘肃、青海、宁夏等地的干旱或荒漠、半荒漠草原地带和高原草甸草原等生境中繁殖的夏候鸟，如斑头雁(*Anser indicus*)等，迁飞时沿阿尼玛卿、巴颜喀拉、邛崃等山脉向南沿横断山脉至四川盆地西部、云贵高原甚至印支越冬，西藏地区候鸟除东部可沿唐古拉山和喜马拉雅山向东南方向迁徙外，部分大中型候鸟亦可飞越喜马拉雅山脉至印度、尼泊尔等地区越冬。

2. 中部迁徙路线　包括在内蒙东部、中部草原，华北西部地区及陕西地区繁殖的候鸟，冬季沿太行山、吕梁山越过秦岭和大巴山区进入四川盆地以及经大巴山东部到达华中或更南的地区越冬。

3. 东部迁徙路线　包括在东北地区、华北东部繁殖的候鸟，如许多鸭类、鹬类等。它们沿海岸向南迁飞至华中或华南，甚至迁到东南亚各国；或由海岸直接到日本、马来西亚、菲律宾及澳大利亚等国越冬。

本章小结

鸟类是从初龙类爬行动物进化而来的，是全身被覆羽毛、前肢特化为翼的恒温羊膜动物。高而恒定的体温提高了鸟类新陈代谢水平和快速运动的能力，减少了对外界环境的依赖性，扩大了其生活和分布范围。鸟类是在种数上仅次于鱼类，分布遍及全球的高等脊椎动物。

鸟类对飞翔生活的适应主要表现在：前肢特化为飞翔器官——翼；胸肌发达，使翼煽动有力；体被羽，使身体呈流线型，减少了飞行时的阻力；扇形尾羽可在飞行时起舵的作用，并与翅配合，增加了飞行时的灵活性；气质骨高度愈合；以角质喙代替了沉重的牙齿和颌骨；内脏结构简化(如直肠较短，无膀胱，有粪尿随时排出，一侧卵巢和输卵管退化，生殖腺在非繁殖季节萎缩等)，以减轻飞行时的负重；心脏发达，完善的双循环；高效的消化系统与双重呼吸系统保证了飞行时对大量氧气和能量的需要；敏锐的视力(双重调节)；良好的听力及发达的小脑，能对飞行进行良好的调节；较高的新陈代谢水平和发达的神经系统与感官。这一系列特化保障了鸟类对飞行生活的高度适应。

所有鸟类都是从能飞行的祖先进化而来的，在现存的鸟类中，大多数的突胸鸟类具有良好飞行能力，而平胸鸟类和一少部分的突胸鸟类则失去了飞行能力。鸟类具有复杂的繁殖行为和较强的迁徙能力。

思 考 题

1. 鸟类有哪些进步性特征？

2. 在鸟类的各个器官系统上有哪些适应于飞翔生活的特点？

3. 鸟类分为哪几个总目？鸟类分类的主要依据是什么？

4. 鸟类有哪几种生态类群？在形态结构上有哪些趋同性特征？各类群有哪些常见种类？

5. 什么叫迁徙？举例说明留鸟和候鸟。

第十九章　哺乳纲(Mammalia)

导读　哺乳动物是体外被毛、胎生和哺乳的恒温脊椎动物，是结构、功能和行为最为高等的一个动物类群。胎生和哺乳行为的出现，使哺乳动物完善了在陆地上繁殖的能力，提高了后代的成活率；大脑皮层和感觉器官的完善，使哺乳类能从环境中获取大量信息，以调节复杂的行为和适应多变的环境。哺乳类分布极为广泛，适应于陆栖、穴居、飞翔和水栖等多种生态环境。现存哺乳动物已知有 4 600 多种，我国已知有 607 种。虽其种类数目在脊椎动物中是较少的，但地位重要，占据着食物链的各个环节。其体型和习性的差别之大没有其他现存动物可与之相比，而有些哺乳动物仅一个种类就可对环境造成巨大影响。哺乳类虽然在海洋和天空中并未占据优势，但却是不可忽视的成员。哺乳动物的这种多方面的发展，除了中生代的爬行动物以外，还没有其他动物可与之相提并论。

最初的哺乳动物出现于距今 2.25 亿年前，原兽亚纲的现生种类仍保存着卵生等原始特征。后兽亚纲(有袋类)未能成功地与较高级的哺乳动物竞争，在欧、亚及美洲大陆的有袋类几乎全部绝灭；但在自白垩纪起就与其余大陆隔离的澳洲(隔离前没有真兽类到达，以后也只来了极少的蝙蝠类、鲸类和鼠类)得以大发展。真兽亚纲(有胎盘类)最为高等，其幼体在产出前就已发育到较成熟的阶段。但最早的有胎盘类是营隐蔽生活的、有潜在猎食能力的小型动物。由于体小，故只捕食昆虫幼虫及蠕虫等小型动物，还食些柔软的植物性食物。原始真兽类的这种生活方式，在恐龙类灭绝、哺乳类"解放"出来以前，经历了几千万年，在新生代初期(6 500 万年前)，才逐渐兴旺起来，占据了地球的所有生态环境。主要类群有：原始的食虫类；能飞的蝙蝠类；身体恢复为鱼形，四肢桨状善于游泳的鲸类和海豚类；啮齿类虽未产生飞行类型或海生类型，但在几乎任何陆生环境都是最繁荣的类群；还有善奔跑的食草有蹄类和食肉类。由于树栖而使大脑发达的灵长类，具攀缘能力的握持型附肢演化成了人类的手，人类诞生了。

第一节 哺乳纲的主要特征

一、外部形态

哺乳动物体外被毛，身体分为头、颈、躯干、四肢和尾。头颈部和躯体结构，以及四肢的着生和尾部均发生了适应快速运动的特化，如：陆生种类前肢的肘关节向后转，后肢的膝关节向前转，提高了支撑、奔跑和跳跃能力；尾主要起平衡作用，还有驱赶蚊虫（如牛）、撑地运动（如袋鼠）等功能。水栖种类体呈鱼形，附肢呈桨状，尾似鳍可划水。飞翔种类的前肢特化为翼。穴居种类体躯粗短，前肢特化如铲状，适应掘土。

二、皮肤及其衍生物

哺乳动物的皮肤由表皮、真皮及其衍生物构成，具有抗透水性，感觉，调节体温，抵抗张力，阻止细菌侵入，排泄和分泌等多种功能（图 19-1）。表皮和真皮均加厚，角质层发达。表皮及真皮内有黑色素细胞，呈现不同的肤色。真皮为致密的结缔组织，内含丰富的血管、神经和感觉末梢。真皮下的脂肪组织发达，能储蓄丰富的脂肪，具有保温、隔热和能量贮备作用。皮肤衍生物是由表皮和真皮形成的，包括毛、皮肤腺、爪、指甲、鳞、蹄和角等。

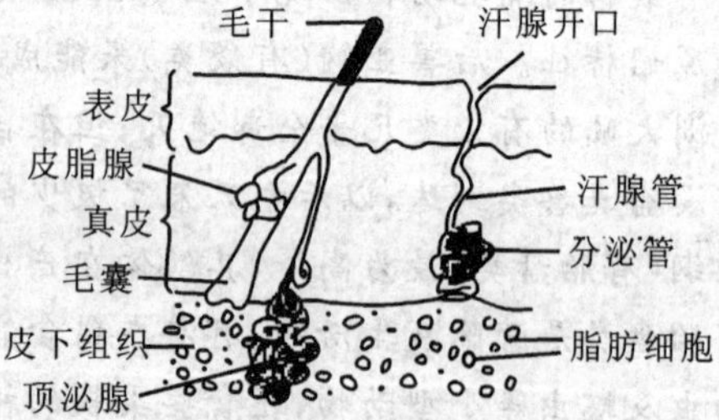

图 19-1 哺乳类的皮肤（自郑光美）

毛为表皮角质化的产物，由毛干及毛根构成。毛干由皮质部和髓质部构成，内具有黑色素，色素主要集中于皮质内，毛的颜色使动物体与所栖息的环境相协调。髓质部内含空气间隙，髓质部愈发达的毛，保温性能愈强。毛根埋在皮肤深处的毛囊里，外被毛鞘，毛根末端膨大为毛球。毛球基部即为真皮构成的毛乳突，内具丰富的血管。毛囊内有皮脂腺的开口，所分泌的油脂能滋润毛和皮肤。毛囊基部有竖毛肌附着。

毛可分为针毛（刺毛）、绒毛和触毛。针毛长而坚韧，具有毛向，有保护作用。绒毛位于针毛的下层，无毛向，保温性强。触毛为特化的针毛。吻端的触毛是特化的触觉器官。毛在春秋季有季节性更换现象。哺乳类的毛发与鸟羽的比较如图19-2所示。

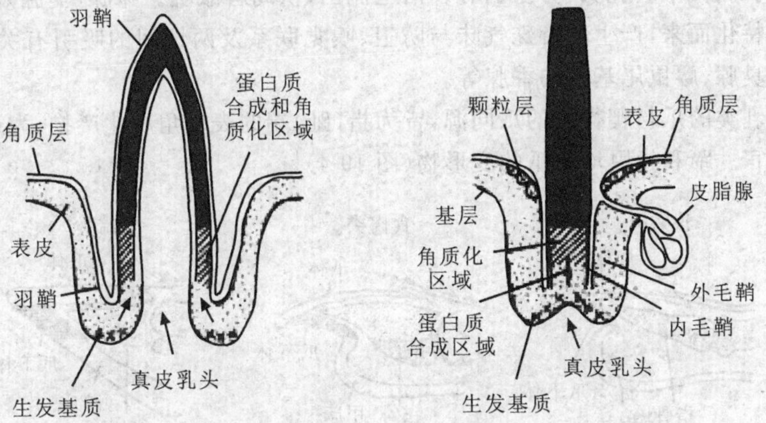

图 19-2　哺乳类的毛发与鸟羽的比较(自 Young)

皮肤腺来源于表皮的生发层，为多细胞腺。主要有皮脂腺、汗腺、乳腺和味腺(臭腺和香腺)。皮脂腺为泡状腺，多开口于毛囊基部，分泌的油脂可柔润皮肤及其衍生物。汗腺为管状腺，下陷入真皮深处，盘卷成团。出汗具有散热和排泄的功能，汗腺不发达的种类(如狗)散热主要靠口腔、舌和鼻表面的蒸发。乳腺是一种管状腺与泡状腺复合的腺体，也可认为是特化的汗腺，为哺乳类特有(图 19-3)。乳

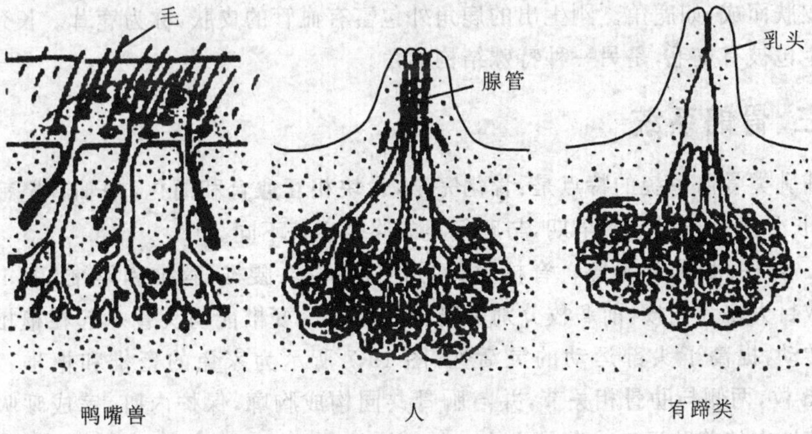

图 19-3　哺乳类的乳腺(仿 Kent)

腺分布集中的部位形成乳房，以乳头开口于体表。乳头数目因种类而异，一般乳头的对数与产仔数相当，例如猪为4～5对，牛羊为2对，猴与蝙蝠为1对。低等哺乳类（如鸭嘴兽）不具乳头，分泌的乳汁沿毛流出，供幼兽舐吮。味腺（臭腺）由汗腺或皮脂腺特化而来，产生的特殊气味与防卫、嗅觉联系及两性间的吸引有关，如黄鼬肛门的臭腺、麝鼠尾基部的香腺等。

哺乳类的爪与爬行类的爪同源，皆为指（趾）端的表皮角质化产物，为运动时的保护器官。蹄和指甲均为爪的变形物（图19-4）。

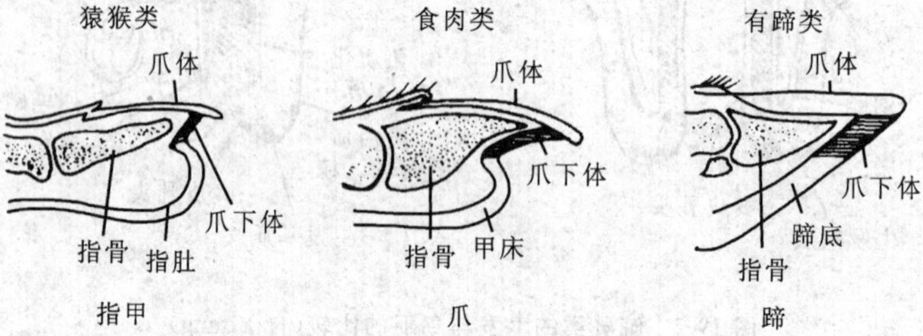

图19-4 哺乳类的爪、蹄和指甲（自郝天和）

角为头部的表皮和真皮部分特化的产物，为有蹄类的防卫利器（图19-5）。常见的有角质纤维角、洞角和实角等。角质纤维角为毛的特化物，终生不脱落，如犀角。洞角不分叉，终生不更换，为头骨的骨角外面套以由表皮角质化形成的角质鞘构成，如牛角。实角为分叉的骨质角，雄兽发达，每年脱换一次，是由真皮骨化后，穿出皮肤而成，如鹿角。刚生出的鹿角外包富有血管的皮肤，称为鹿茸。长颈鹿的角终生包被有皮毛，是另一种特殊结构的角。

三、骨骼系统

哺乳类骨骼系统的特点是：骨化完全，骨块相互愈合和简化，中轴骨坚韧而富弹性，长骨的生长仅限于早期，与爬行类的终生生长不同。

1. 脊柱、肋骨及胸骨 脊柱分化为颈椎、胸椎、腰椎、荐椎和尾椎（图19-6）。颈椎数目大多为7枚，前2枚分别为寰椎和枢椎。寰椎能与头骨一起在枢椎的齿突上转动，提高了头部运动的灵活性，图19-7所示为家兔的寰椎和枢椎。胸椎12～15枚，两侧与肋骨相关节，并与胸骨共同构成胸廓，保护内脏，完成呼吸动作和间接地支持前肢运动。荐椎大多3～5枚，有愈合现象，构成对后肢腰带的稳固支持。尾椎数目不定且退化。水栖种类由于后肢退化而无明显的荐椎。

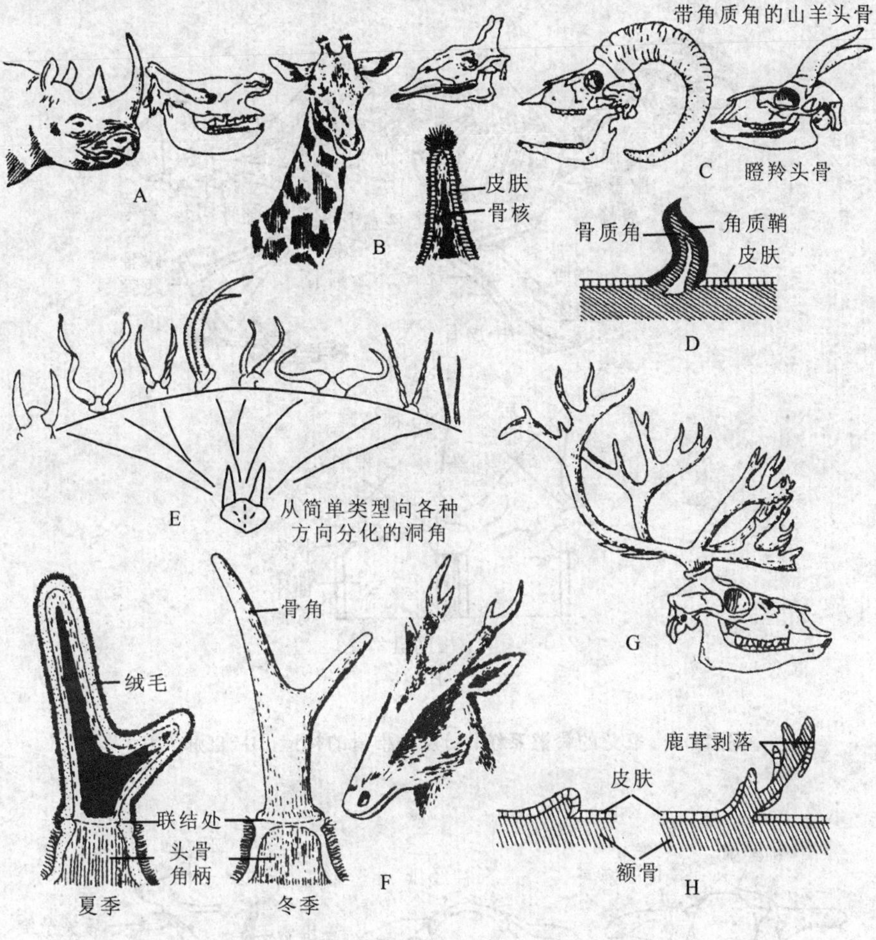

图 19-5　哺乳类的角(仿 Mcfarland 等修改)

A. 犀牛角及头骨;B. 长颈鹿的角及头骨;C. 山羊的角及头骨;D. 洞角;E. 洞角的演化类型;
F. 简单的鹿角;G. 复杂的鹿角;H. 鹿角的构造及发生

脊椎骨呈双平形,椎体之间具有软骨构成的椎间盘,内有一髓核,是退化的脊索。坚韧而富有弹力的椎间盘,能缓冲运动时对脑及内脏的震动。

2. 头骨　头骨骨块因愈合而减少,颅腔的扩大、鼻囊和耳囊的发达使哺乳类出现了明显的“脸部”。脑颅顶部有明显的“脑勺”以容纳脑髓,枕骨大孔移至头骨的腹侧(图 19-8)。鼻腔扩大,在鼻腔内有复杂的鼻甲骨(其表面有嗅黏膜)和鼻中隔,这是哺乳类嗅觉灵敏的基础。犁鼻器在单孔目、有袋目和食虫目较发达,其他

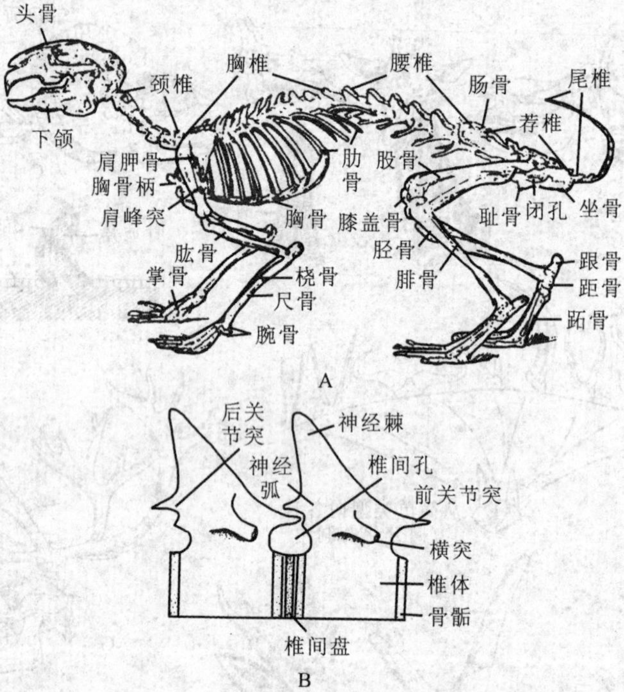

图 19-6 家兔的骨骼系统(A)及脊椎骨的构造(B)(自郝天和)

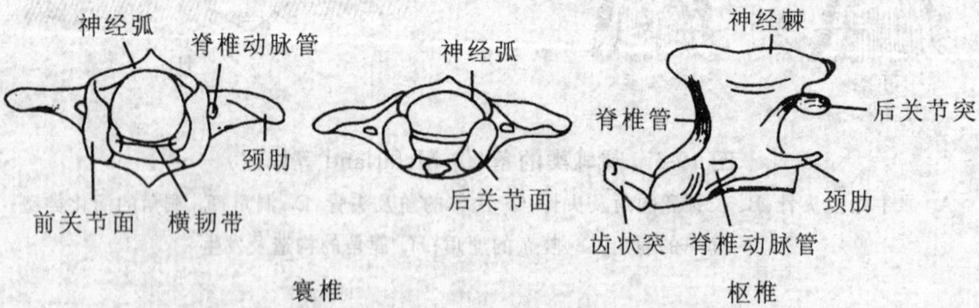

图 19-7 家兔的寰椎和枢椎(自郝天和)

类群大多退化。中耳腔被硬骨(鼓室泡)所保护,腔内有 3 块互为关节的听骨(锤骨、砧骨及镫骨)联结鼓膜与内耳。鼓膜受到声波的轻微震动,即被这些装置放大并传送入内耳。头骨腹面有 2 个枕骨髁。

下颌由单一的齿骨构成。齿骨与头骨的颞骨直接关节。头骨具有颧弓由颌骨与颞骨的突起以及颧骨本体所构成，以作为强大的咀嚼肌的起点。颧弓常作为分类依据之一。

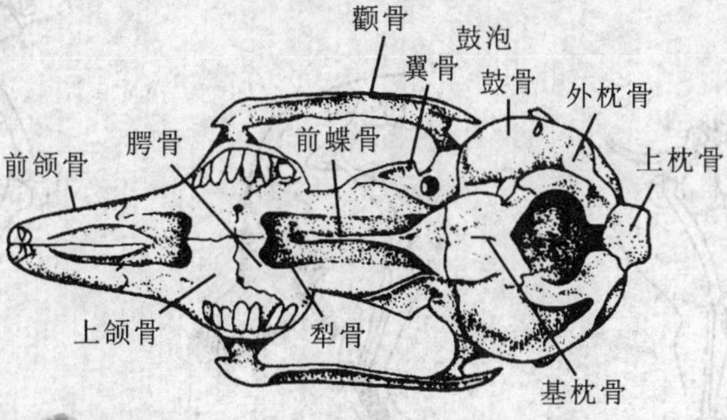

图 19-8　兔头骨腹面观(自郝天和)

3. 带骨及肢骨　四肢下移至腹面，肢骨长而强健，出现了肘和膝，肘关节向后转，膝关节向前转，将躯体撑起，适宜在陆上快速运动。

肩带由肩胛骨、乌喙骨及锁骨构成。肩胛骨扁而发达，乌喙骨退化成肩胛骨上的乌喙突。锁骨多趋于退化，仅在攀缘(如猴)、掘土(如鼹鼠)和飞翔(如蝙蝠)等类群发达。腰带由髂骨、坐骨和耻骨构成。髂骨与荐骨相关节，左右坐骨与耻骨在腹中线愈合，构成关闭式骨盆，加强了对后肢的支持。兔的肩带和腰带如图 19-9 所示。

陆栖哺乳类的足型可分为 3 种：跖行(如熊)、趾行(如猫)和蹄行(如马)。蹄行

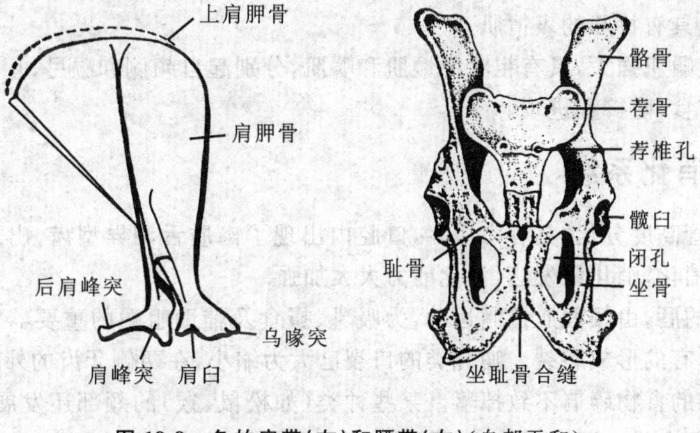

图 19-9　兔的肩带(左)和腰带(右)(自郝天和)

式与地表接触最小，是适应于快速奔跑的一种足型(图 19-10)。

图 19-10 哺乳类的足型(自刘凌云)

A. 跖行式(狒狒)；B. 趾行式(狐)；C. 蹄行式(羊)

四、肌肉系统

哺乳类肌肉系统的特点是：

(1)四肢肌肉强大，以适应快速奔跑。

(2)具有特殊的膈肌，膈肌起于胸廓后端的肋骨缘，止于中央腱，构成分隔胸腔与腹腔的膈。

(3)皮肤肌发达。马有时靠皮肤肌的运动来驱赶身上的昆虫。灵长类的皮肤肌退化，但具有特殊的表情肌。

(4)咀嚼肌强大，具有粗壮的颞肌和嚼肌，分别起自颅侧和颧弓，止于齿骨。用以咀嚼、捕食、防御和进攻。

五、消化系统

消化管高度分化，具有肉质唇，口腔内出现了肉质舌和异型齿，出现了口腔咀嚼和口腔消化，消化腺发达，消化能力大大加强。

肉质的唇，由颜面肌控制运动，为吸乳、摄食及辅助咀嚼的重要器官。草食类的唇发达，有的形成唇裂。哺乳类的口裂已大为缩小，在两侧牙齿的外侧出现了颊部，使咀嚼的食物碎屑不致掉落。某些种类(如松鼠、猴)的颊部还发展了颊囊，用以暂时贮藏食物。肌肉质的舌与摄食、搅拌及吞咽动作密切相关。舌表面分布着味蕾，用于感觉气味。

次生腭的出现,使口腔内呼吸与消化通路有了隔板(图19-11)。次生腭是由口腔背面骨质的硬腭以及后延的软腭所构成。硬腭是由前颌骨、颌骨及腭骨的突起拼合而成的,与软腭一起把内鼻孔与口腔分隔开。使空气沿鼻通路向后输送至喉,咀嚼时也能呼吸。腭部常有成排的具角质上皮的棱,与咀嚼时防止食物滑脱有关。草食及肉食种类的角质棱发达,鲸须角质棱特化成滤食器官。

异型齿着生于前颌骨、颌骨及齿骨上,为槽生齿。齿型分化为门齿、犬齿和臼齿。门齿切割食物,犬齿撕裂刺穿,臼齿有咬、切、压、研磨等多种功能。不同生活习性的哺乳类,牙齿的形状和数目均有很大变异。齿型和齿数在同一种类是稳定的,可作为分类依据之一。通常以齿式来表示一侧牙齿的数目。例如:猪的齿式为3.1.4.3/3.1.4.3。

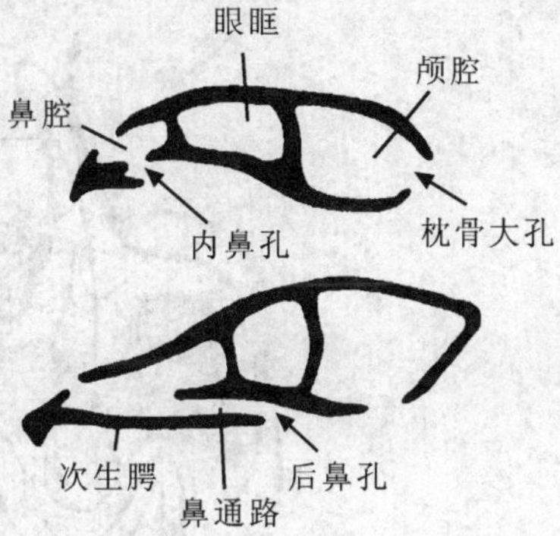

图 19-11　哺乳类次生腭的形成(自马克勤)

哺乳类有乳齿与恒齿的区别,乳齿脱落后代之以恒齿,终生不再更换。以干草为食者,齿冠加高,为高冠齿,齿面上的椎尖特化为各种形态(如牛、鹿和马),以加强臼齿的耐磨力。根据牙齿的磨损程度可以鉴定年龄。牙齿是真皮与表皮(齿的釉质)的衍生物,是由齿质、釉质(珐琅质)、齿骨质(白垩质)所构成。齿质内有髓腔,充有结缔组织、血管和神经。釉质是体内最坚硬的覆盖于齿冠的部分。齿骨质覆于齿根外周,与颌骨齿槽相联合(图19-12)。象的门牙不具釉质。

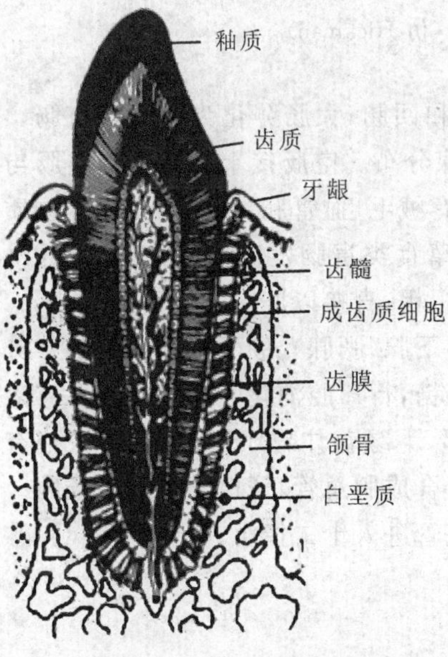

图 19-12　哺乳类牙齿剖面(仿 Torrey 等)

肌肉质的食道开口于喉门上方,后行连胃。胃为单室或多室,横卧于腹腔内,与食道连接处称贲门,与十二指肠连接处为幽门;外侧的凸面称胃大弯,内侧的凹面称胃小弯。由于胃的扩大和扭转,使胃系膜的一部分下垂呈袋状,即为大网膜,其上常有丰富的脂肪贮存。

胃的形态与食性相关。大多数为单胃,反刍类则具有复胃(反刍胃)(图19-13)。反刍胃一般由 4 室组成，即瘤胃、网胃(蜂巢胃)、瓣胃和皱胃。前 3 个胃室为食道的变形，皱胃为胃本体，能分泌胃液。新生幼兽的胃液中凝乳酶特别活跃，能使乳汁在胃内凝结。从胃的贲门部开始，经网胃至瓣胃，有一肌肉质的沟褶，称食管沟。食管沟在幼兽发达，借肌肉收缩可构成暂时的管，使乳汁直接流入皱胃内。成体的食管沟退化。

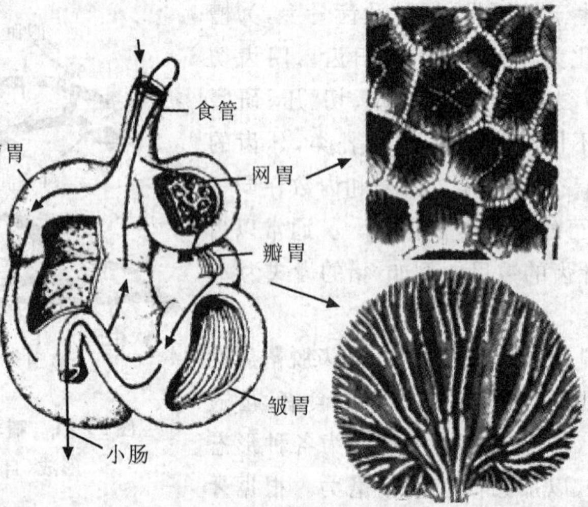

图 19-13　哺乳类的复胃(仿 Hickman)

肠高度分化，小肠分化为十二指肠、空肠和回肠；大肠分化为结肠与直肠。十二指肠为胃后方的一段 U 形管，弯曲处有胰腺分布。空肠接十二指肠。空肠与回肠的分界是以回盲韧带为标志。小肠黏膜富有绒毛、血管和乳糜管，是营养物质的主要吸收场所。小肠与大肠交界处为盲肠。草食类盲肠发达，有助于植物纤维质的消化。盲肠的盲端叫做蚓突(阑尾)。直肠短粗，直接以肛门开口于体外。

消化腺发达。口腔内有 3 对唾液腺，即耳下腺(腮腺)、颌下腺和舌下腺。分泌大量黏液和唾液淀粉酶，能把淀粉分解为麦芽糖，行口腔消化。唾液中还含有溶菌酶，具有抑制细菌的作用。肝脏位于腹腔前部，下缘盖住胃小弯，其右叶深处有胆囊，胆囊通出的胆囊管与肝通出肝管(胆管)汇合成胆总管，开口于十二指肠内。胰腺分布在十二指肠弯曲部的肠系膜上，有胰液管进入十二指肠。

六、呼吸系统

哺乳类鼻腔发达，喉部复杂，肺由“支气管树”和大量的肺泡构成，呼吸表面积增大。胸腔和膈肌的出现加强了呼吸功能。

鼻腔的上端为带嗅上皮的鼻甲部，下端为呼吸通气的鼻旁窦，有温暖、湿润和清洁空气以及嗅觉等功能。喉部复杂，为气管前端的膨大部，是空气的入口和发声器官。喉部有会厌软骨(形成喉盖)、甲状软骨和环状软骨构成的喉腔。在环状软骨上方有一对小的勺状软骨，甲状软骨与勺状软骨之间有黏膜皱襞构成的声带，为发声器官。

肺呈海绵状，由“支气管树”和肺泡构成。肺泡是呼吸性细支气管末端的盲囊，由单层扁平上皮组成，密布微血管，是气体交换的场所。呼吸表面积大，如人的肺泡约有 7 亿个，总面积可达 60～120 m^2。胸腔为哺乳类所特有，借横膈膜与腹腔分隔。肋间肌和膈肌的运动可改变胸腔容积，膈肌的出现，对于加强呼吸功能具有重要意义(图 19-14)。

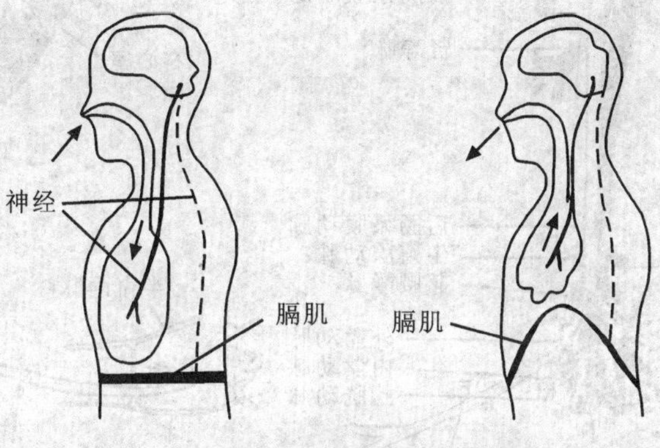

图 19-14 膈肌与呼吸运动(自郑光美)

七、循环系统

循环系统为完全的双循环。心脏分为 4 腔，右心室血液经肺动脉和肺静脉回左心房，构成肺循环；左心室的血液经体动脉和体静脉回右心房，构成体循环。右心房与心室壁均较薄，内贮静脉血，房室间有右房室瓣(三尖瓣)；左心房与心室壁较厚，内贮动脉血，房室间具有左房室瓣(二尖瓣)。从心脏发出的大动脉基部内有半月瓣，瓣膜可防止血液逆流。心脏肌肉的血液供应是由冠状循环完成的。

哺乳类具有左体动脉弓，左体动脉弓弯向背方为背大动脉，直达尾端，沿途发出各个分支到达全身。

前大静脉(上腔静脉)和后大静脉(下腔静脉)取代了低等四足类成对的前主静脉和后主静脉，肾门静脉消失。尾部及后肢的血液直接注入后大静脉回心。腹静脉消失。奇静脉(右侧)及半奇静脉(左侧)相当于低等四足类退化的后主静脉前段，收集背侧及肋骨间静脉血液，注入前大静脉回心(图 19-15)。

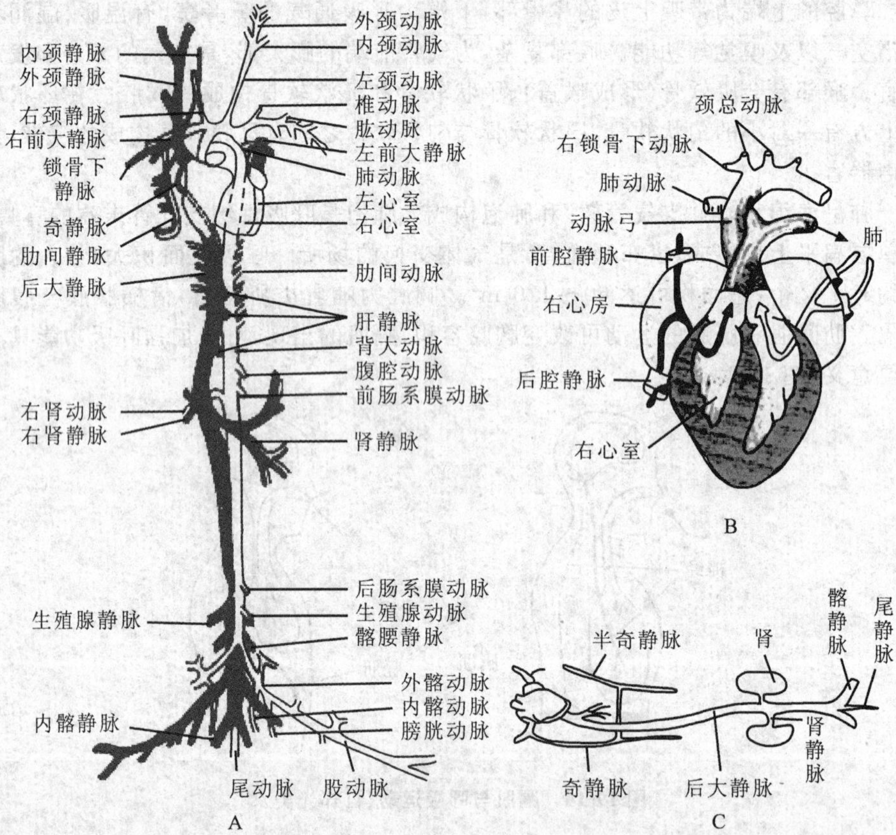

图 19-15 哺乳类的血液循环系统(仿刘凌云)

A. 循环系统模式图;B. 心脏;C. 静脉系统

哺乳动物的淋巴系统极为发达,是血液循环的辅助系统。淋巴管发源于组织间隙的微淋巴管,组织液通过渗透方式进入微淋巴管,后者逐渐汇集为较大的淋巴管,最后主要经胸导管注入前大静脉回心。肌肉收缩可以促进淋巴液流动。淋巴管内有瓣膜防止淋巴液逆流。来于小肠的淋巴管(乳糜管)携带着脂肪经胸导管注入前大静脉回心。淋巴结遍布于淋巴系统的通路上,在某些重要部位如颈部、腋下、鼠蹊部以及小肠处尤为发达。扁桃体、脾脏和胸腺也是一种淋巴器官。哺乳类具有发达的淋巴结,具有阻截异物、保护机体及制造各种淋巴细胞的功能。淋巴结的极度发达和遍布于全身,可能是热血动物防御异物滋长的一种特殊机制。

血液、淋巴液和组织液统称为细胞外液,构成机体的内环境。血液是一种不透明的黏稠性液体,由血浆和多种血细胞组成。血细胞是血液中的有形成分,包括红血球、白血球和血小板。红血球无核,呈扁圆形,含血红蛋白,用于运输氧和二氧化碳。白血球能做变形运动,可游至血管外行吞噬作用,在血管内司免疫作用,能产生抗体。血小板在血液中多呈颗粒状,参与凝血。

八、排泄系统

排泄系统由肾脏、输尿管、膀胱和尿道组成。皮肤也参与排泄,这是哺乳类的特征。由于新陈代谢异常旺盛,致使代谢中产生的尿量极大。肾脏不断地从尿中排除大量的代谢终产物,如尿素、尿酸、肌酐等含氮物,以及硫酸盐和无机磷酸盐等;并参与体内渗透压的调节,以维持有机体内环境理化性质的稳定性(图 19-16)。

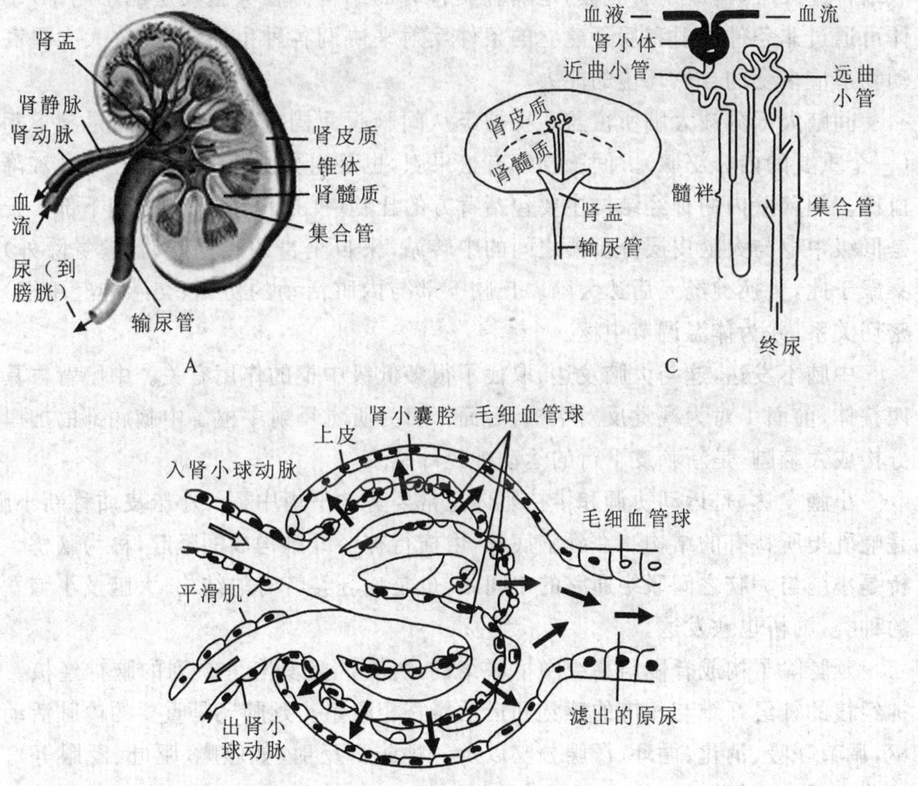

图 19-16　哺乳类的肾脏和肾单位(自 Schmidt-Nielsen)

A. 肾脏的纵剖面;B. 肾小体(自 McFarland 等);C. 肾脏及肾单位示意图,示肾单位的结构及其在肾脏中的位置

九、神经系统

哺乳类的神经系统高度发达。依据形态和功能的不同可将神经系统分为中枢神经系统和外周神经系统。中枢神经系统位于脑颅和脊柱的椎管内，是中空的神经组织，包括脑和脊髓。哺乳类的脑分为：端脑、间脑、中脑、小脑和延脑。家兔脑的结构如图 19-17 所示。

大脑体积增大，神经细胞所聚集的皮层加厚，为新脑皮层构成，表面出现了沟和回。大脑底壁的纹状体(基底核)已显著退化。低等动物的古脑皮层在哺乳类称梨状叶，为嗅觉中枢。原脑皮层萎缩为海马，与嗅觉和记忆有关。左右大脑半球的联络神经纤维，构成了胼胝体，是哺乳类特有的结构。在大脑皮层的参与下，动物体可通过非条件反射和后天建立的条件反射来协调各种生命活动，这大大提高了动物适应多变的自然环境的能力。

间脑大部分被大脑所覆盖。视神经从间脑腹面构成视交叉，其后是脑下垂体(一个重要的内分泌腺)。间脑顶部有松果腺，也是内分泌腺，可抑制性早熟和降低血糖。间脑壁内的神经结构主要包括背方的丘脑(视丘)与腹面的丘脑下部。丘脑是低级中枢与大脑皮层分析器之间的中转站，来自全身的感觉冲动(嗅觉除外)均集聚于此，更换神经元后达大脑。丘脑下部与内脏活动的协调(交感神经中枢)有密切关系，并为体温调节中枢。

中脑不发达，这与大脑发达、取代了很多低级中枢的作用有关。中脑背方具有四叠体，前面 1 对为视觉反射中枢，后面 1 对为听觉反射中枢。中脑底部的加厚部分构成大脑脚，是新脑皮下行的运动神经纤维束。

小脑发达，是运动协调和维持躯体正常姿势的平衡中枢。小脑皮质称新小脑，是哺乳类所特有的结构。在延脑底部，由横行神经纤维构成的隆起，称为脑桥。脑桥是小脑与大脑之间联络通路的中间站，也是哺乳类特有的结构；大脑及小脑发达的种类，脑桥也愈发达。

延脑除了构成脊髓与高级中枢联络的通路外，还具有一系列的脑神经核。脑神经核的神经纤维与相应的感觉和运动器官相联系。延脑还是重要的内脏活动中枢，调节呼吸、消化、循环、汗腺分泌以及各种防御反射(如咳嗽、呕吐、眨眼等)，故又称为活命中枢。

脑内具有脑室，与脊髓的中央管相通连。脑与脊髓外面包有硬膜、蛛网膜和软膜等脑膜。在脑室、脊髓中央管以及各种脑膜之间，充满脑脊液，对保证脑颅腔内压力的稳定，缓冲震动，维持内环境的平衡和营养物质代谢等，均具有重要作用。

外周神经是由脑和脊髓发出的神经构成的，可分为躯体神经和内脏神经。躯

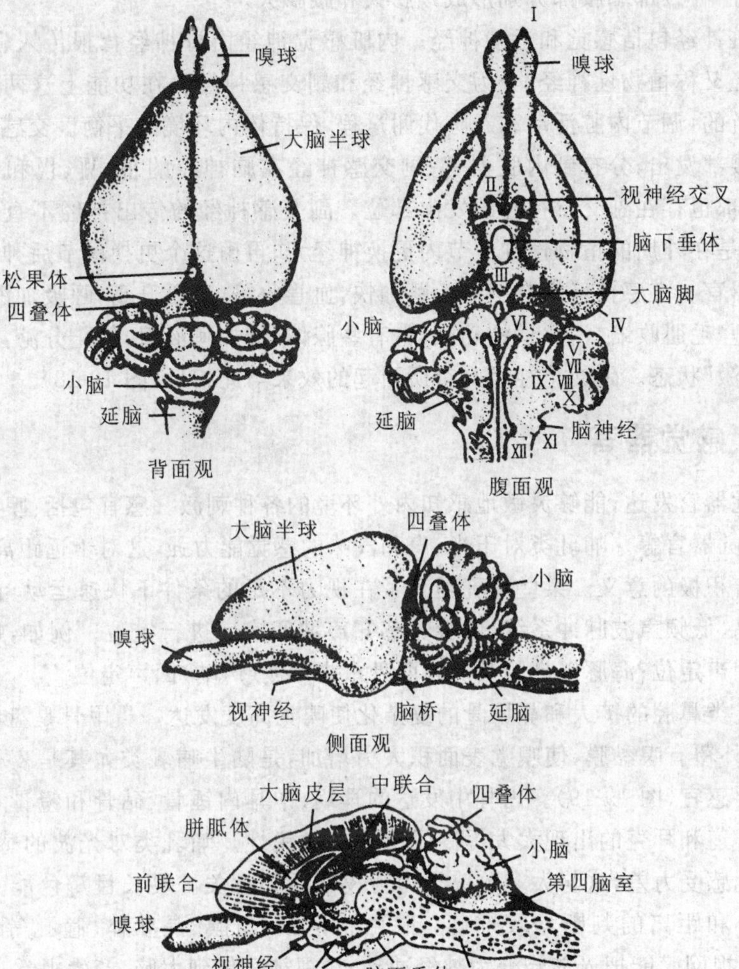

图 19-17　家兔脑的结构(自郝天和)

体神经分布于体表和骨骼肌。内脏神经分布于内脏、血管和腺体。

脑神经有 12 对,由大脑的不同部位发出,分布到头部和内脏器官,包括:Ⅰ.嗅神经;Ⅱ.视神经;Ⅲ.动眼神经;Ⅳ.滑车神经;Ⅴ.三叉神经;Ⅵ.外展神经;Ⅶ.面神经;Ⅷ.听神经;Ⅸ.舌咽神经;Ⅹ.迷走神经;Ⅺ.副神经;Ⅻ.舌下神经。

脊神经由脊髓发出，分布到躯干部肌肉、皮肤，司机体的运动和感觉。支配四肢的神经，在颈部和腰部分别形成颈膨大和腰膨大。

内脏神经包括感觉和运动神经。内脏感觉神经由脊神经背根传入脊髓；内脏运动神经又称植物性神经，分为交感神经和副交感神经。在功能上这两种神经是相互拮抗的，调节内脏活动和新陈代谢过程，保持体内环境的平衡。交感神经由脊髓的胸腰部发出，分布到内脏器官；副交感神经在脑神经的Ⅲ、Ⅶ、Ⅸ和Ⅹ对中发出，在荐部也存在副交感神经的发出部位。副交感神经的传出神经不直接达于效应器，而是在外周的植物性神经节内更换神经元，再由这个更换的节后神经纤维支配有关器官。交感神经兴奋引起心跳加快，血管收缩，血压升高，呼吸加深加快，瞳孔放大，竖毛肌收缩，消化道蠕动减弱，有些腺体（例如唾液腺）停止分泌，使有机体处于“应激”状态。副交感神经兴奋所引起的效果与此相反（图 19-18）。

十、感觉器官

感觉器官发达，能够灵敏地感知内外环境的各种刺激。感官包括：嗅觉、听觉、味觉、视觉器官等。哺乳类对于光、声和气味的感觉能力强，这对于远距离定向、定位都有着积极的意义。某些哺乳类为了在视力不足的条件下快速运动，而发展了特殊的高、低频声波脉冲系统，借听觉感知声波回声而进行定位。例如，蝙蝠以高频声波回声定位；海豚以高频及低频两种水内声波（声呐）回声定位。

哺乳类鼻腔的扩大和鼻甲骨的复杂化使嗅觉高度发达。鼻甲骨是盘卷复杂的薄骨片，外覆有嗅黏膜，使嗅觉表面积大为增加，是陆生哺乳类尤其是夜行性哺乳类的重要感官（图 19-19）。内耳中发达的耳蜗、中耳内锤骨、砧骨和镫骨 3 块听骨以及外耳道和耳壳的出现大大提高了听觉的敏锐性。哺乳类对光波的感觉灵敏，但对色觉感受力差，这与大多数兽类均为夜间活动有关。灵长目辨色能力以及对物体大小和距离的判断均较准确。眼由视网膜、角膜、晶状体、瞳孔等构成（图 19-20）。视网膜能把光能转变为神经冲动，经视神经传到大脑，产生视觉。

十一、内分泌系统

内分泌系统与神经系统紧密联系，相互作用，是调节机体各种机能，维持内环境相对稳定的两大信息传递系统。内分泌系统的信息传递物是内分泌细胞产生的激素。激素经血液传送至靶细胞或靶器官后发挥刺激或抑制作用。内分泌系统对于调节有机体内环境的稳定、代谢、生长发育和行为等具有主要意义。内分泌系统包括分散在体内的各种无管腺（内分泌腺）与分散在机体各处的内分泌细胞。内分泌腺之间通过激素反馈调节完成自我调节的功能。哺乳类的内分泌系统极为发

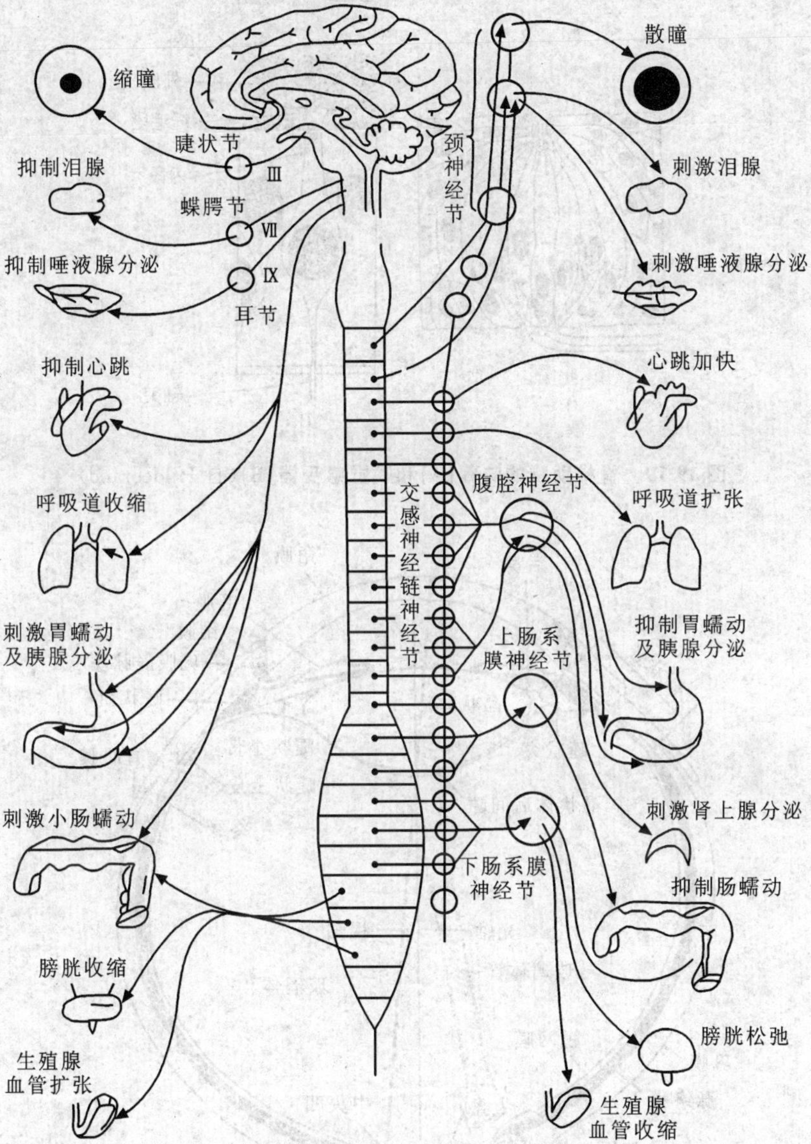

图 19-18 哺乳类的植物型神经系统模式图(自 Terrey 等)

达，但内分泌腺的种类及基本功能与低等脊椎动物是相似的。主要有脑垂体、甲状腺、甲状旁腺、胰岛、肾上腺、性腺和胸腺等。散在于组织器官中的内分泌细胞比较

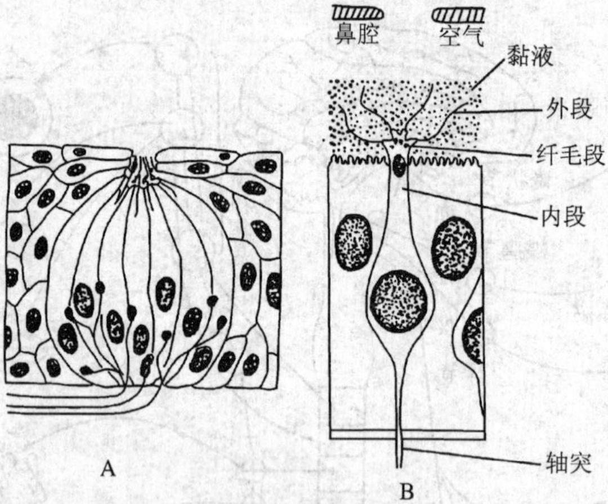

图 19-19 脊椎动物的味蕾(A)和嗅觉感受器(B)(自 Hildebrand)

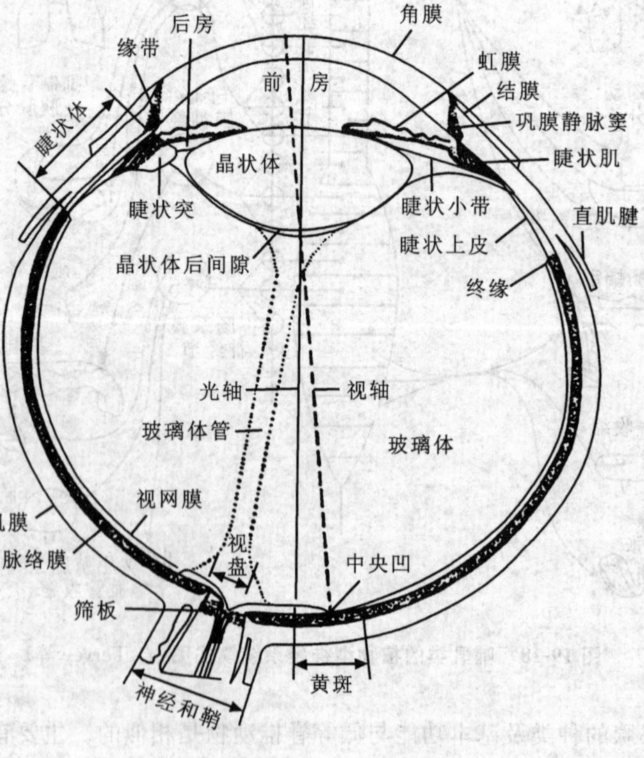

图 19-20 眼球水平切面(自陈守良)

广泛,如消化道黏膜、心、肾、肺、皮肤和胎盘等部位。

哺乳类的内分泌腺体组织相对集中,能使机体保持高而恒定的代谢水平,调节着比其他脊椎动物更为复杂的行为和对环境的适应能力。人和硬骨鱼的内分泌系统比较如图 19-21 所示。

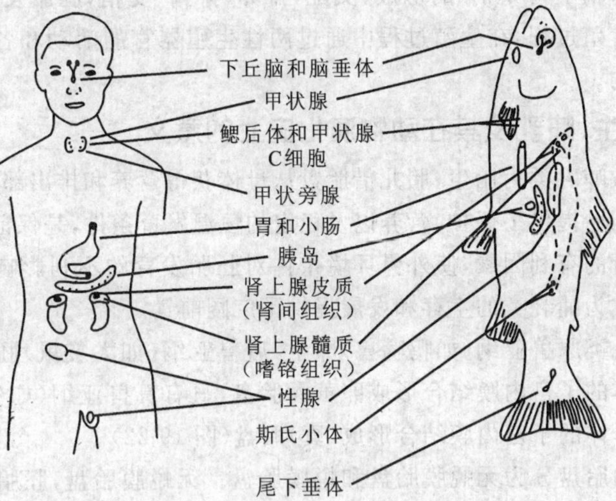

图 19-21 人和硬骨鱼的内分泌系统

哺乳类的外激素是动物分泌到体外的分泌物质,可将信息传递给同种的另一些个体,并引起接受者行为或发育过程的特异性反应,所以,外激素不同于在体内传递的激素,体内传递的激素只是对分泌的动物本身起作用的。但是,激素和外激素都起化学信使的作用,其基本性质和作用原理很相似。

外激素的作用大致有 2 类:一类是作用于神经系统,使接受者迅速产生行为上的变化,如昆虫性外激素对异性产生引诱作用;另一类是引起生理上的变化,如雄鼠对雌鼠的动情影响,使雌鼠的生殖周期发生变化。

嗅觉灵敏的哺乳动物亦通过外激素的作用进行联系。例如,可以利用香腺、尿或粪便来标记占领地和足迹,雄性个体可以通过嗅觉辨别发情的和不发情的个体,雌性个体亦可以把正常的雄性动物和阉割过的雄性动物区别开。灵猫的旁肛门腺分泌一种外激素叫香猫酮用来防卫和标志领地。麝分泌一种外激素麝香酮起性诱剂作用。哺乳动物的皮肤腺除皮脂腺外,还有一些特殊的腺体,如兔的颜腺、鼠蹊腺、肛腺,雄鼠的包皮腺,雌鼠的阴蒂腺,金仓鼠的腹胁器官,豚鼠的尾上腺等,它们受睾酮、孕酮等性激素的影响,在分泌的物质中可能包括外激素,例如,从雄鼠包皮腺和雌鼠的阴蒂腺分离的物质中,有些物质起性诱剂的作用。

十二、生殖系统

生殖是保证种族延续的各种生理过程的总称,包括生殖器官的分化、发育和成熟,生殖细胞(精子与卵子)的形成,交配,排卵、排精、受精,胚胎发育(妊娠)及分娩等一系列生殖过程,在生殖过程中通过两性生殖器官的活动和各种各样的生殖行为而实现的。

(一)胎生、哺乳及其在动物演化史上的意义

绝大多数哺乳类为胎生,胎儿借胎盘从母体获得营养和排出部分代谢废物,胎盘为发育的胚胎提供了保护、营养以及稳定的恒温发育条件,是保证酶活动和代谢活动正常进行的有利因素,使外界环境条件对胚胎发育的不利影响减低到最小程度。胎生方式为哺乳类的生存和发展提供了广阔前景。

低等哺乳类原兽亚纲(如鸭嘴兽)卵生,后兽亚纲(如大袋鼠)胚胎的绒毛膜和卵黄囊与母体的子宫内膜结合形成卵黄囊胎盘,只有真兽亚纲(如牛)胚胎的绒毛膜和尿囊与母体的子宫内膜结合形成(真)胎盘(图 19-22)。

哺乳类的胎盘分为无蜕膜胎盘和蜕膜胎盘。无蜕膜胎盘,胚胎的尿囊和绒毛膜与母体子宫内膜结合不紧密,胎儿出生时就像手与手套的关系一样易于脱离,不使子宫壁大出血。包括散布状胎盘(绒毛均匀分布在绒毛膜上,鲸、狐猴以及某些有蹄类属此)和叶状胎盘(绒毛汇集成一块块小叶丛,散布在绒毛膜上,大多数反刍动物属此)。蜕膜胎盘的尿囊和绒毛膜与母体子宫内膜结为一体,因而胎儿产生时需将子宫壁内膜一起撕下产出,造成大量流血。蜕膜胎盘一般包括环状胎盘(绒毛呈环带状分布,食肉目、象、海豹等属此)和盘状胎盘(绒毛呈盘状分布,食虫目、翼手目、啮齿目和多数灵长目属此)。

哺乳类自卵受精到胎儿产出的胚胎发育期限为妊娠期。胎儿发育完成后产出,称为分娩。不同类群的兽类所产仔兽数是不同的,一般说来,母兽乳头的对数与产仔个数相关,后代成活率高的类群,所产仔兽数较少。

(二)生殖系统

生殖器官包括主性器官和附性器官。附性器官也是完成生殖过程所必需的。

雌性生殖器官包括:输卵管、子宫、阴道等。卵巢主要由 3 部分构成:①结缔组织构成的基质;②围绕表层的生殖上皮;③数目繁多、处于不同发育阶段的滤泡。每个滤泡内含有一个卵细胞,卵细胞外的滤泡液含有雌性激素,能促进生殖管道及乳房的发育以及第二性征的成熟。卵成熟后,滤泡破裂,卵及滤泡液一起排出。所

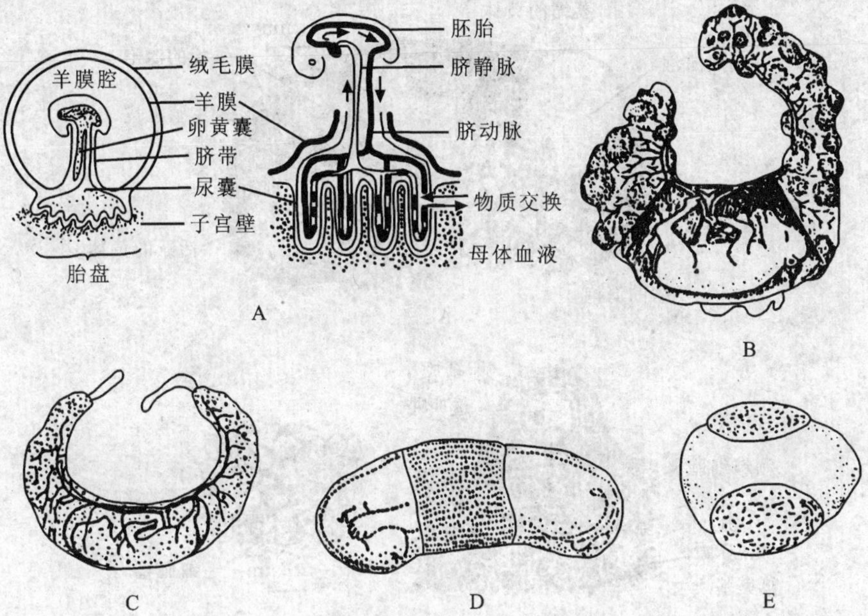

图 19-22　哺乳类的胎盘

A. 胎盘结构模式图(仿 Weisz 等)；B. 牛的多叶胎盘；C. 猪的散布胎盘；D. 猫的环状胎盘；E. 猴的盘状胎盘(仿郝天和等)

残余的滤泡即逐渐缩小，并由一种黄色细胞所充满，成为黄体。黄体是一种内分泌组织，所分泌的激素(孕酮)可抑制其他滤泡的成熟和排卵，并促进子宫和乳腺发育，为妊娠做好准备。成熟卵排出后，进入输卵管前端的开口(输卵管伞)，沿输卵管下行达于子宫。受精作用发生在输卵管上段，已受精的卵即种植于子宫壁上，在这里接受母体营养而发育。子宫经阴道开口于体外。猕猴卵巢及卵的成熟过程如图 19-23 所示。

哺乳类的子宫有多种类型(图 19-24)。原始类型为双体子宫(如啮齿类)，较高等种类则为分隔子宫(如猪)、双角子宫(如有蹄类、食肉类)和单子宫(如蝙蝠、灵长目)。单子宫一般产仔数目较少。

雄性生殖器官包括：附睾、输精管、前列腺、精囊和阴茎等。睾丸是由众多的曲精细管(精小管)构成，它是产生精子的地方(图 19-25)。曲精细管间具有间质细胞，能分泌雄性激素，促进生殖器官发育、成熟和第二性征的形成及维持。曲精细管经输出小管而达于附睾。附睾是大而卷曲的管，它的壁细胞分泌弱酸性适宜精

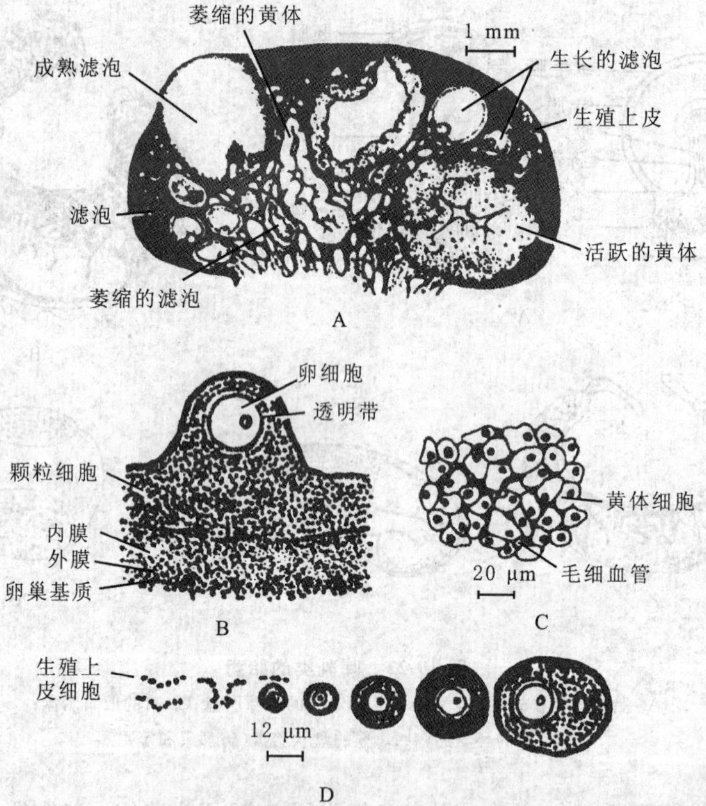

图 19-23 猕猴卵巢及卵的成熟过程(仿 Young)

A. 卵巢切面;B. 成熟卵的壁细胞;C. 黄体细胞;D. 生殖上皮细胞

子存活的黏液,精子在这里经过重要发育阶段而成熟。附睾下端经输精管而达于尿道。精液经尿道、阴茎而通体外。附属腺体有精囊腺、前列腺和尿道球腺,它们的分泌物构成精液的主体,所含的营养物质能促进精子的活性。前列腺还分泌前列腺素,对于平滑肌的收缩有强烈影响。精液中含有高浓度的前列腺素,可使子宫收缩,有助于受精。尿道球腺在交配时首先分泌,腺液为偏碱性的黏液,起着冲洗尿道及阴道,中和阴道内的酸性,以利于精子存活的作用。

温度对于精子生成过程有显著影响。阴囊中的温度比腹腔低 3~4℃,可以保证精子在生成过程的正常进行和存活。哺乳类的睾丸有的种类终生下降于阴囊中(如有袋类、食肉类、有蹄类、灵长类);有的在繁殖期下降于阴囊中(如啮齿类、翼手类);少数终生保留在腹腔内(如单孔类、鲸、象等)。睾丸终生下降的种类,在胚胎

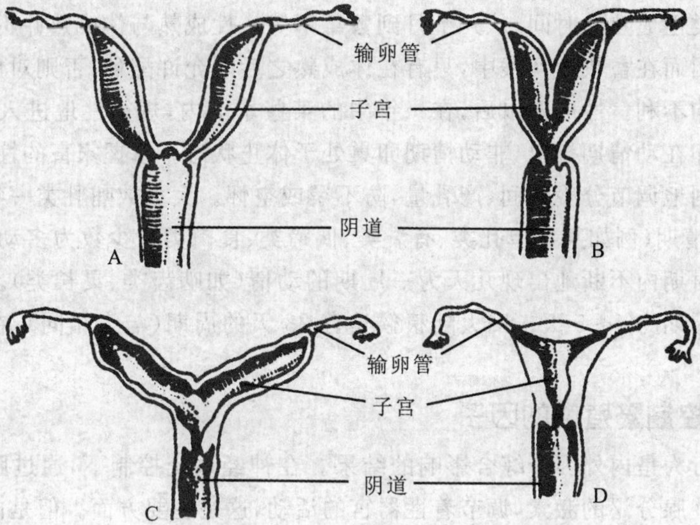

图 19-24　哺乳类子宫类型(自郝天和)

A. 双子宫；B. 分隔子宫；C. 双角子宫；D. 单子宫

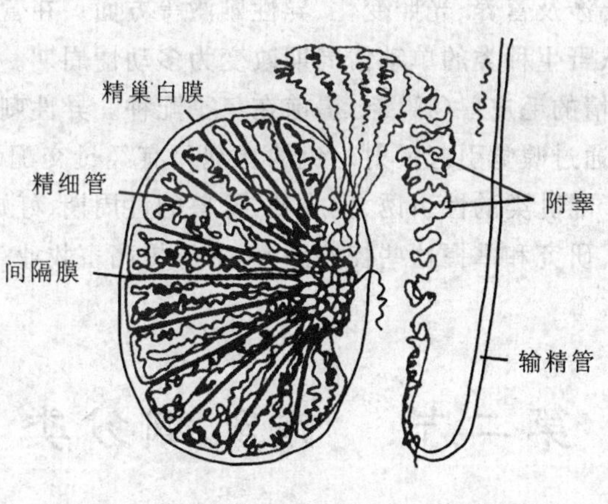

图 19-25　人的睾丸结构模式图(自郝天和)

发育早期，睾丸仍位于腹腔内，至后期则通过腹股沟管(鼠蹊管)降入阴囊。阴茎为雄兽的交配器官，由附于耻骨上的海绵体所构成，海绵体包围尿道。尿道兼有排尿及输送精液的功能。

(三)动情周期

哺乳类性成熟的时间,从几个月到数年不等。性成熟与体成熟并不一致(体成熟较晚),因而在畜牧业实践中,只有在体成熟之后才允许配种,否则对成兽及仔兽生长发育均不利。性成熟以后,在一年中的某些季节内,规律性地进入发情期,称为动情。卵在动情期排出,非动情期卵巢处于休止状态。掌握家畜的性周期规律,可以有计划地调节分娩时间、产乳量,防不孕或空怀。大多数哺乳类一年中仅出现1～2 次动情期(例如某些单孔类、有袋类、偶蹄类、食肉类);少数为多动情期,在一年的某些时期内不断地出现几天为一周期的动情(如啮齿类、灵长类)。大家鼠的每一动情周期为 4～5 天。旧大陆猿猴具有 28 天的周期(与人相同),在此期间具有月经。

(四)控制繁殖期的因子

繁殖行为是内外因子综合影响的结果。在神经系统控制下,通过脑下垂体的分泌以及性腺分泌的激素,调节着性器官的活动,这是主要方面。但是内因必须通过一定的条件(外因)而起作用。例如,猕猴尽管一年中间有多次月经周期,但仅在有限的动情期内发生妊娠,其余时期则处于不排卵状态。啮齿类的动情期具有季节性。环境因子的季节变化有重要影响。

环境因子主要涉及营养、光照变化、异性刺激等方面。在营养条件充足的情况下,家畜(牛、羊)从野生种类的单动情周期改变为多动情周期。人工控制光照的改变,可诱使春季动情的毛皮兽(狐、貂)提前在冬季配种。异性刺激可产生类似激素(外激素)的效果,通过嗅觉引起反射。兔的滤泡只有经过交配(交配后 10 h)才能排卵。外激素对于哺乳类的性引诱、性成熟,母兽的性周期、妊娠以及母性行为等,都有明显的影响。研究和掌握这些控制因素,对于提高畜牧业、驯养业的产量和质量,具有重要意义。

第二节 哺乳纲分类

现存哺乳动物有 4 600 多种,我国有 607 种(968 亚种或群),13 目,55 科,235 属。中国的哺乳动物物种多样性在世界的排名超过印度尼西亚(519 种)居第一位。

哺乳动物依照幼体繁殖和发育形式的不同,分为 3 个亚纲。原兽亚纲 Prototheria,后兽亚纲 Metatheria,真兽亚纲 Eutheria。

一、原兽亚纲(Prototheria)

原兽亚纲是现存哺乳类中的最原始类群，仍保留着许多类似爬行类的原始特征。例如，卵生，产具壳的多黄卵，母兽孵卵或在育儿袋中孵化(针鼹)。乳腺仍为一种特化的汗腺，不具乳头。雄性无阴囊，小阴茎在泄殖腔内。有泄殖腔(单孔目)。肩带有乌喙骨、前乌喙骨和发达的间锁骨。口缘无唇，具喙。成体口腔无齿。无外耳壳。大脑皮层不发达，无胼胝体。原兽亚纲也具有哺乳类的特征：有乳腺，体被毛，有横膈，下颌单一齿骨构成，体温在20～30℃之间波动，缺乏完善的调节体温的能力，一般在寒冷季节冬眠，热天蛰伏不出。现存种类仅产于澳洲及其附近的某些岛屿上。本亚纲仅3个种，其中2种是针鼹，另一种是鸭嘴兽。

图 19-26　针鼹

针鼹(*Tachyglossus aculeata*)体形略似刺猬(图 19-26)，全身被有夹杂着棘刺的毛。前肢适于掘土，角质的吻部为管状，舌长而有黏性，用以取食蚂蚁、白蚁和昆虫。穴居于陆上，夜间活动。每产一卵，母兽在繁殖期间腹部皮肤皱成育儿袋，用嘴将卵移入袋内，约10天孵出。幼兽再继续舐食乳汁发育。

鸭嘴兽(*Ornithorhynchus anatinus*)喜水栖，多居住在河岸上。体被密毛。嘴形宽扁似鸭，无唇而具角质鞘，尾扁平，指(趾)间具蹼，无耳壳。这些均是对游泳生活的适应。栖居于河川沿岸，穿洞为穴，以软体动物、甲壳类、蠕虫及昆虫为食。每年10～11月份繁殖，每产1～3卵，经14天孵出。孵出的幼仔舐食母兽腹部乳腺分泌的乳汁，4个月后开始独立生活。

二、后兽亚纲(Metatheria)

后兽亚纲是较低等的哺乳类，胎生，大多无真正胎盘(卵黄囊胎盘)，母兽有特殊的育儿袋(故又称为有袋类)，乳腺有乳头，开口育儿袋内。大脑体积小，无胼胝体，无沟回。异型齿，门齿数目多且多变化。雄性具外阴囊，末端分叉，泄殖腔退化。体温波动在33～35℃之间。肩带的前乌喙骨与乌喙骨均退化，肩胛骨发达。腰带具上齿骨，支持育儿袋。本亚纲约270种，仅有袋目(Masupialia)1个目，多分布于澳洲岛屿，少数居于北美及南美洲草原。因地理隔离且没有更高级的有胎盘哺乳类的竞争，所以，在澳洲独立、大量地发展起来。但由于适应不同生存环境和生活习性，在外形上与大陆上有相同环境和习性的真兽类相似，这种相似适应的独立进化称为趋同进化(convergent evolution)，如袋狼和狼、袋鼹和鼹鼠。

澳洲的后兽亚纲代表有大赤袋鼠(图19-27)，后肢强大，趾有并合现象，善跳跃，尾长大，栖息时与两后腿构成三角支撑，跳跃时又起平衡器作用，妊娠期短，约40天。初生鼠未完全发育，须继续在雌鼠腹部的育儿袋里吸食乳汁，幼仔刚出生时无吸吮能力，由母兽乳房的肌肉收缩将乳汁喷入其口中，7～8个月始发育完成。有袋类动物还有袋狼、袋鼬、袋熊、袋貂和袋兔。

图19-27　袋鼠(自郝天和)

三、真兽亚纲(Eutheria)

真兽亚纲是哺乳类中最高等的类群，胎生，具真正胎盘，乳腺发达具乳头，大脑皮层发达，有沟和回，有胼胝体，异型齿，再出齿，体温恒定在37℃左右。

乌喙骨退化为肩胛骨上的乌喙突。肩带为单一的肩胛骨所构成。不具泄殖腔，肠以肛门开口于体表。雌性单阴道。现存哺乳类约95%的种属于本亚纲，下分18目，我国有14目，54科，210属，509种。

(一) 食虫目(Insectivora)

最原始的一目，体较小，吻部细尖，适于食虫。四肢多短小，指(趾)端具爪，适于掘土。牙齿结构比较原始。体被绒毛或硬刺。主食昆虫及蠕虫，大多数为夜行性(图19-28)。

1. 猬科(Erinaceidae)　如刺猬(*Erinaceus europaeus*)，体被黑白相间的棘刺，棘间及腹部被软毛，颧弓粗大，上臼齿有4个大小相等的齿尖和中央1个小齿尖。齿式：3.1.3.3/2.1.2.3。每年繁殖2次，妊娠期35～37天，每胎3～6仔。栖息于山林或平原的草丛中，夜间活动，主食昆虫，也兼食小型动物及瓜果等，有冬眠习性。刺猬皮可入药。

2. 鼩鼱科(Soricidae)　如鼩鼱(*Sorex araneus*)，体长6～8 cm，尾长3～5 cm，栗褐色，吻部尖细，能缩。齿式：3.1.3.3/3.1.1.1。栖于山地或平原草丛下或石缝中，专以昆虫为食，对林业有一定益处。

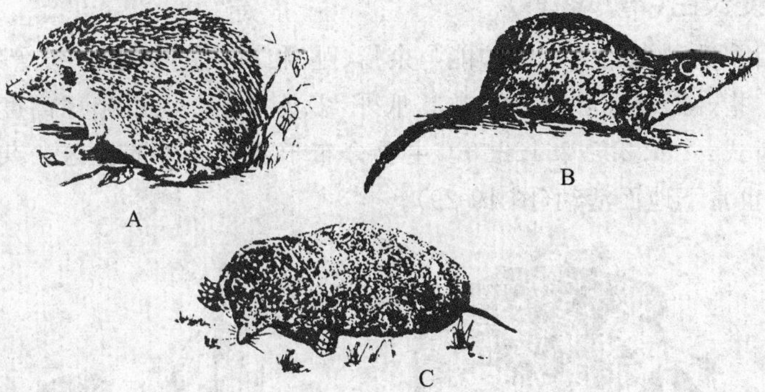

图 19-28 食虫目代表动物(自夏武平)

A. 刺猬;B. 鼩鼱;C. 鼹鼠

3. 鼹科(Talpidae) 如鼹鼠(*Scaptochirus moschatus*),齿式:3.1.3.3/3.1.3.3。终生地下生活,体圆筒形,体表被短密绒毛,前肢掌外翻又称"翻巴掌"。

(二) 树鼩目(Scandentia)

树鼩科(Tupaiidae) 我国仅1种。树鼩(*Tupaia glis*),体似松鼠,吻尖长,尾毛蓬松,两侧对生,有完整的眼眶骨环,眼窝与颞窝分开。齿式:2.1.3.3/3.1.3.3.。分布于云南、广西及海南岛。主食昆虫,易于饲养,为重要的实验动物。

(三)翼手目(Chirpotera)

翼手目前肢具特别延长的指骨,由指骨末端至肱骨、体侧、后肢及尾间,着生有薄而柔韧的翼膜,借以飞翔。前肢仅第一或第一及第二指端具爪。后肢短小,具长而弯的钩爪,适于悬挂栖息,具胸骨突起,锁骨发达,齿尖锐,适于食虫或果实。1对乳头位于胸部。蝙蝠回声定位:鼻发出超声波,耳回收,借以定位。

1. 狐蝠科(Pteropidae) 如果蝠(*Pterropus leschenaulti*),体粗壮,通体深褐色,吻短,耳长呈卵圆形,无耳屏,尾短末端游离,在华南盗吃荔枝等水果,每胎1仔。

2. 蝙蝠科(Vespertilionidae) 如蝙蝠(*Vespertilio superans*),体形小,具发达的尾,尾间不伸出股膜外,吻部不具叶状突,具耳屏。背毛灰褐色,腹毛浅棕色。每胎2仔。粪便为中药"夜明砂"。清肝明目,治白内障、跌打损伤。白天在旧屋和树林等倒悬栖息,晨、昏外出飞捕昆虫,能于飞行中发出高频声波,并借耳及颜面部的特殊感官收集回声以定位。

(四)灵长目(Primates)

灵长目多数种类的拇指(趾)能与余指(趾)相对,适于攀握。锁骨发达,手掌及跖部裸露。指(趾)端部除少数种类具爪外,多具指甲。大脑半球高度发达。雌兽有月经。齿式:2.1.2.3/2.1.2.3。主要分布于寒带以外的地区。杂食性。成群树栖,有些也常下地面活动(图 19-29)。

图 19-29 灵长目代表动物(自郑作新)

A. 懒猴;B. 猕猴;C. 长臂猿;D. 黑猩猩

1. 原猴亚目(Prosimiae) 颜面似狐,吻突出,无颊囊。前肢短于后肢,指端具甲或爪。尾长无缠绕性。

狐猴科(Lemuridae) 如节尾狐猴(*Lemur catta*)面似狐,尾有黑白相间的环。后肢第二指具爪,其余各指具甲。

懒猴科(Lorisidae) 如懒猴(*Nycticebus coucang*)前肢第二指短,有爪,指间有膜相连,尾极短,我国云南有分布。

2. 类人猿亚目(Anthropoidea) 颜面似人,两眼向前,吻短,多具颊囊。前肢长于后肢,各指端具甲。大脑发达,沟回多。尾长或无尾。雌性成熟后有月经期。

猴科(Cercopithecidae)　尾不具缠绕性。多具颊囊和臀胼胝。脸部有裸区。后肢一般比前肢长,齿式为2.1.2.3/2.1.2.3。猴科、长臂猿科、猩猩科属狭鼻类,分布于东半球。鼻尖隔狭窄,两鼻孔相距较近,朝下方。一般具颊囊和臀部胼胝,尾无缠绕性。猕猴(*Macaca mulatta*)又叫恒河猴,毛一般灰棕色,背后半部毛橙黄色,颜面部多成肉色或红色,胼胝明显,呈红色。产于华南及西南,集大群生活,可危害农作物或人屋偷盗,也是重要的实验及观赏动物。金丝猴(*Rhinopithecus roxellanae*),面部蓝色,眼圈周围白色,鼻孔向上,吻部肿胀突出,背部有金黄色长毛可达30 cm。尾长,无颊囊。分布于川南、陕南、甘南以及湖北省神农架的高山上。以植物性食物为主食。我国特产珍贵动物,国家一级保护动物。

长臂猿科(Hylobatidae)　前肢长度超过后肢,前臂长于上臂,手长于脚,站立时前肢可触地。无尾,无颊囊,具小的臀胼胝。齿式:2.1.2.3/2.1.2.3。如黑长臂猿(*Hylobates concolor*)成体雄性全身黑色,雌性全身灰棕色,略带金黄色。白眉长臂猿(*Hylobateslar*)。

猩猩科(Pongidae)　体型较大,前肢长可过膝,行走时身体半直立状。臀无胼胝,尾退化。面部毛少,大脑发达;有多种表情。齿式:2.1.2.3/2.1.2.3。如猩猩(*Pongo pygmaeus*)个体大,毛略微红,颌部突出,眼间距较窄,多树栖。黑猩猩(*Pan satyrus*)个体小,毛黑色,前肢较短,眉弓高,眼深凹。大猩猩(*Gorilla gorilla*),体长可达2 m,平时四肢行走,能直立。毛黑褐色略发灰。除猩猩产于加里曼丹、苏门答腊外,其余2种分布于非洲热带森林。进化地位与人类较为接近。

人科(Hominidae)　大脑最发达,结构、思维、语言和行为等最为复杂。尾退化,直立步行,臂不过膝。多数部位的毛变短或变稀,但局部仍明显,头部的毛发尤其发达。会使用火和制造各种工具,因劳动而手足分工。目前地球上的人都属同一物种,即现代人(*Homo sapiens*),是已知生物中最高等的,几百万年来进化甚速。人类学家吴汝康主张另立人界。

(五)贫齿目(Edentata)

贫齿目不具门齿、犬齿,臼齿单齿根,缺釉质。吻管状,舌细长能灵活伸缩。后足5趾,前足仅2～3趾发达。分布于美洲。代表动物如图19-30所示。

1. 食蚁兽科(Myrmecophagidae)　如大食蚁兽(*Myrmecophaga tridactyla*)全身多毛,呈棕褐色,四肢色浅,有两条黑色毛由喉部通过肩部达背部。尾多毛似扫把,不具缠绕性。小食蚁兽(*Tamandua* sp.)树栖,毛短,耳大,尾具缠绕性。

2. 树懒科(Bradypodidae)　颈椎6～10枚,头小而圆,耳小隐在毛中,尾极短仅3～4 cm。毛粗长,常附着绿藻。三趾树懒(*Bradypus tridactylus*)前、后肢均3

图 19-30 贫齿目代表动物(自盛和林等)
A. 大食蚁兽;B. 三趾树懒;C. 懒犰狳

趾,各趾有长爪,颈椎 9 枚,二趾树懒颈椎 7 枚(前肢 2 趾,后肢 3 趾),何氏树懒(*C. hoffmani*)颈椎 6 枚。

3. 犰狳科(Dasypodidae) 如九袢犰狳(*Tatusia novemcinctus*)体背骨质鳞片,身体分前、中、后三段,前、后段鳞片不能伸缩,中段鳞片呈带状,以肌肉相连,可伸缩,有 9 条带状鳞片,腹部无鳞有毛。

(六)鳞甲目(Pholidota)

鳞甲目体被角质鳞甲,鳞片间有稀疏硬毛,吻尖,无齿,舌发达,细长能伸缩,前肢较后肢长而有力,前足爪长于后足爪,前足中指爪特长,挖掘蚁穴、舐食蚁类等昆虫。本目仅 1 科。

鲮鲤科(Manidae) 如穿山甲(*Manis pentadactyla*)鳞甲三角形,可入药,《本草纲目》记有"鳞可治恶疮,疯疟,通经,利乳"。数量少,繁殖率低,为我国二级保护动物(图 19-31)。

(七)兔形目(Lagomorpha)

兔形目是中小型草食性动物,与啮齿目的亲缘较近,二者也被合称为啮齿动物。上颌具有 2 对前后着生的门牙,后 1 对很小,隐于前 1 对门牙的后方,又称重

图 19-31　穿山甲(自杨安峰)

齿类(Duplicidentata)。门牙前后缘均具珐琅质。无犬牙,在门牙与前臼齿间呈现空隙,便于食草时泥土等杂物溢出。上唇具有唇裂,也是对食草习性的适应。代表动物如图 19-32 所示。

图 19-32　兔形目代表动物鼠兔(A)和草兔(B)(自盛和林)

1. 鼠兔科(Ochotonidae)　前、后肢几乎等长,耳壳短圆,无尾。齿式:2.0.3.2/1.0.2.3。上门齿前面具深的表面沟,齿游离缘呈"V"形。达乌尔鼠兔(*Ochotona daurica*)体长 125～185 mm,后肢略长于前肢,无尾。耳大椭圆形,有明显的白色边缘。夏毛背部沙褐色,间有黑色细毛。

2. 兔科(Leporidae)　后肢明显长于前肢,耳长大,尾短,上唇纵裂。齿式:2.0.3.3/1.0.2.3 上门齿前面有沟,其游离缘平直。如:草兔(*Lepus capensis*,野兔),蒙古兔为其一亚种,背毛土黄,带黑色毛尖,腹毛纯白,尾毛背黑腹白。耳长大于头长,有窄的黑尖。雪兔(*Lepus timidus*)冬毛全身雪白仅保留黑色耳尖和眼周一极窄的黑环。夏毛体背棕褐色,两侧较浅,臀带黑色,尾背中央浅棕色,耳棕黑色有黑尖。

(八) 啮齿目(Rodentia)

啮齿目上、下颌各具 1 对门牙,仅前面被有釉质,呈凿状,终生生长,需经常磨牙。无犬牙而留有空隙(称虚位)。嚼肌特别发达,适于啮咬坚硬物质(如种子硬壳)。臼齿常为 3/3。本目共 1 700 余种,我国 180 余种。啮齿目代表动物如图 19-33 所示。

图 19-33 啮齿目代表动物(自夏武平,盛和林等)

A. 松鼠;B. 黄鼠;C. 旱獭;D. 鼢鼠;E. 麝鼠;F. 小家鼠;G. 跳鼠;H. 鼯鼠;I. 河狸

1. 松鼠科(Sciuridae) 头骨具眶后突,颧骨发达。齿式 1.0.2.3/ 1.0.1.3。花鼠(*Eutamias sibiricus*)体背有 5 道纵形黑色条纹,中间一条达头顶,眼上下及耳缘白色(五道眉)。如松鼠(*Sciurus vulgaris*,灰鼠),树栖,体毛灰褐,具膨松尾毛的长尾,为跳跃的平衡器。耳尖具有丛毛。齿式为 1.0.2.3/1.0.1.3。为重要毛皮兽。产于东北的亚寒带针叶林中。达乌尔黄鼠(*Citellus dauricus*)毛棕黄色,尾无丛毛,有颊囊,眼大突出(大眼贼)。旱獭(*Marmata bobak*),体背褐色,毛根黑,端褐色。腹毛基部灰色端部草黄,四肢、足背浅灰黄色。体表无花纹。破坏草原,传播鼠疫。

2. 鼯鼠科(Petauristidae)　形似松鼠,颈侧、前肢、体侧、后肢、尾基部有皮膜相连,可在树间滑翔。如毛耳飞鼠(*Belomys pearsonii*)体似松鼠,前后肢之间有宽大多毛飞膜。树栖,主食果实。昼伏夜出。棕鼯鼠(*Petaurista petaurista*)体大尾长,夜行性。以坚果、嫩叶、甲虫为食。

3. 河狸科(Castoridae)　半水栖的大型啮齿动物,体重可达 30 kg,全世界仅 2 种,产于北半球北部水域。以树枝、树皮及水生植物的根茎为主食,能以树干筑堤坝以维持洞口水位。我国新疆的河狸(*Castor fiber*)体肥胖,颈短,尾扁平,尾光滑无毛有鳞片,前脚小爪锐利,后脚大有蹼。半水栖,筑坝蓄水。

4. 河狸鼠科(Capromyidae)　如海狸鼠(*Myocastor coypus*),体灰褐色,足黑色,体长约 50 cm,尾圆形,毛稀少,有鳞片。前足拇指退化,无蹼,后足除第 5 趾外其余有蹼。产于南美,善游泳。

5. 豪猪科(Hystricidae)　如豪猪(*Hystrix hodgsoni*),体棕褐色被长刺,体后背面刺长可达 20 cm,直径 6 cm,刺端白色,中间 1/3 浅褐色。额部至颈背部中线有 1 条白色纵纹,肩部至颌下有一白色半圆形。刺下边有稀疏白色长毛。

6. 仓鼠科(Cricetidae)　犬齿、前臼齿均不发达,颧骨不发达,齿式 1.0.0.3/1.0.0.3。黑线仓鼠(*Cricetulus barabensis*)背灰褐色,正中线有一黑色条纹。腹毛灰色具白尖。有颊囊。尾短,为体长的 1/4。有贮粮习性,贮粮洞深 40 cm,末端为一大仓,可储粮 1～2 kg。居住洞深 30～40 cm,多分支,有洞口 1～3 个。越冬洞深 50 cm,长 2 m 多。中华鼢鼠(*Myospalax fontanierii*)背毛锈红色,腹毛灰黑色。额部中央有一白色斑点。耳壳退化在毛内,眼小,四肢粗壮,尾很短,前肢第三趾爪特别长。麝鼠(*Ondatra zibethica*),成体背毛由棕黄至棕褐色,体侧毛色较浅。头较扁平,眼小,耳短,吻钝圆。前肢短无蹼,后肢较长具半蹼,尾侧扁,基部圆形,被小而圆的鳞片与稀疏的黑色短毛。本种原产北美,1927 年引入前苏联,后迁入东北及新疆等地,并普遍引种到各地放养成功,是珍贵毛皮兽。

7. 鼠科(Muridae)　第 1,2 上臼齿咀嚼面具三纵行隆起,每 3 个隆起磨平后形成一横嵴。尾较长,毛稀疏,具鳞片。齿式:1.0.0.2～3/1.0.0.2～3。全球超过 450 种,分布极广,繁殖及适应能力均强。广布于农田和建筑物内的害鼠。本科部分种类对工农业生产、人体健康和日常生活的危害是哺乳纲中最为广泛和严重的,需长期进行综合防治。但利用小家鼠培育的小白鼠和褐家鼠培育的大白鼠则是最常用的实验动物。黑线姬鼠(*Apodemus agrarius*),背毛棕褐色,背中央有 1 条明显的黑色条纹,从两耳间延伸到尾基部。腹部、四肢灰白色。小家鼠(*Mus musculus*),背毛由灰褐色至黑褐色,腹毛由纯白至灰黄。上门齿内侧面有一明显的缺刻。小白鼠(*M. m. albus*)为其变种。褐家鼠(*Rattus norvegicus*),背毛棕褐色至灰褐色,头及背中部色深,腹毛基部灰褐色尖端白色。尾毛上面黑褐色下面灰白。尾部鳞片组成的环节明显。是鼠疫、兔热病、丹毒、蜱性斑疹伤寒、旋毛虫病原体的天然携带者。实验用大白鼠为野生褐家鼠(*R. n. aibus*)的变种。巢鼠(*Micromys minutus*),背棕黄或棕褐色,腹面白色或略带沙黄。尾长能缠绕。

8. 跳鼠科(Dipodidae) 后肢显著加长,跖骨特别长,中间三块跖骨常愈合,第1、5趾不发达或消失,脚被长毛。前肢极小,尾长,末端有长毛束。三趾跳鼠(*Dipus sagitta*),后肢3趾。五趾跳鼠(*Allactaga sibiriea*),后肢5趾,但1、5趾退化,很小。

(九)鲸目(Cetacea)

鲸目体似鱼,颈不明显,颈椎愈合。毛退化。前肢鳍状,后肢缺少,叉状"尾",适于游泳。无外耳壳。鼻孔位于头顶,有瓣膜控制鼻孔的开或闭,呼气时形成水柱。雄性睾丸终生位于腹腔内,雌性生殖孔两侧有1对乳房,周围肌肉收缩,乳汁喷入仔鲸口内。鲸目下分2个亚目,代表动物如图19-34所示。

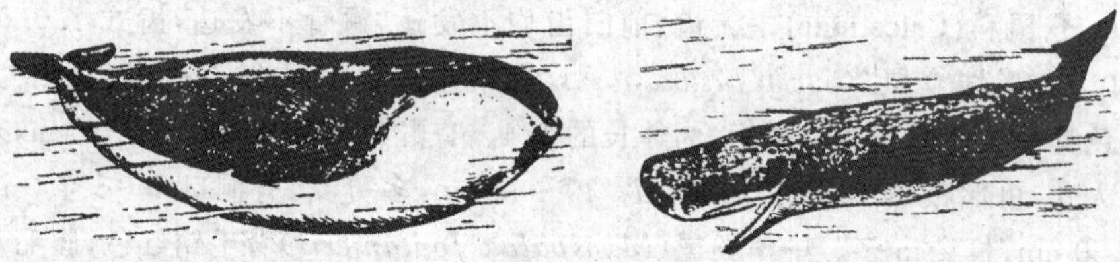

图 19-34 须鲸(左)和齿鲸(抹香鲸)(右)(自郝天和)

1. 齿鲸亚目(Odontoceti) 上下颌有齿,呈圆锥状,终生不换。头顶有1个喷水孔。

淡水鲸科(Platcmistidae) 向前突出,上下颌骨细长,颈椎彼此分离。白鳍豚(*Lipotes vexillifer*),体上部淡蓝灰色,腹白色,背中部有1个三角形背鳍,牙齿130个,为国家一级保护动物。

鼠海豚科(Phocoenidae) 如江豚(*Neomeris phocaenoides*),体灰黑色,头短,额部微凸,眼小,尾扁平,无背鳍。

抹香鲸科(Physeteridae) 头大,占全长的近1/3,上颌与吻部呈圆筒形,前端钝,外鼻孔1个,位于头顶偏左侧,水向前方喷出。上颌齿残余,下颌齿发达,有

40～50个齿。抹香鲸(*Physeter catodon*),头长为体长的1/4,前端截形,背部及尾鳍黑色,腹部白色,无背鳍(小抹香鲸有背鳍),下颌每侧有18～28个齿。头骨中含"鲸脑油"是高级涂料,肠中灰色甜酸味的分泌物叫"龙涎香"可用来制作香料。

海豚科(Delphinidae) 如:海豚(*Delphinus delphis*),背部黑灰色,腹部白色。吻突出如喙,吻基与额部之间有一"V"形沟极明显。背中央有背鳍,头顶有喷水孔。上下颌各有40～50枚齿。虎鲸(*Orcinus orca*),背黑腹白,眼后上方通常有一梭形白斑。背鳍高大略呈三角形。性凶猛,捕食鱼类、海豚、海豹等。中华白海豚(*Sousa chinensis*),体成乳白色背部有许多小灰黑色斑点,腹部略带粉红。在厦门又叫做"妈祖鱼"每年春天朝拜妈祖时正是中华白海豚大量出现在厦门海域的时候。为国家一级保护动物。

2. 须鲸亚目(Mystacoceti) 口内无齿(胎儿有齿),具腭表皮延伸而成的角质鲸须。由300多块三角形须板排成2排,呈栉状,自上颌向下垂入口腔,与头长轴成直角,彼此间距6～7 mm。滤出水,留下食物。外鼻孔2个呈纵列状。

须鲸科(Balaenopteridae) 吻扁平而阔,具背鳍,胸部有数十条纵走的褶沟。颈椎7个不愈合。如蓝鲸(*Balaenoptera musculus*),是最大的哺乳动物,体长35 m,重120～150 t。

(十)食肉目(Carnivora)

食肉目门牙小,犬牙强大而锐利,上颌最后一枚前臼齿和下颌第一枚臼齿的齿突如剪刀状相交,特化为裂齿(食肉齿)。指(趾)端常具利爪以撕捕食物。脑及感官发达。毛厚密而且多具色泽,多数性凶猛代表动物如图19-35所示。

1. 犬科(Canidae) 体型类犬,颜面部长而突出,四肢适于奔跑,后足常具4趾,爪钝、不能伸缩。肉食性。齿式为3.1.4.1～4/3.1.4.2～5。狼(*Canis lupus*),体似犬,尾常下垂,吻尖,口阔,耳尖长,直立。赤狐(*Vulpes vulpes*),背毛棕红色,耳背黑色,尾尖白色,尾大,毛蓬松。银狐为赤狐的变种。豺(*Cuon alpinus*),通深毛色多成赤棕色或棕褐色,背中部毛尖棕褐色,腹黄白色或淡棕色,尾背面有1条黑纹,尾末1/2～1/3处全黑色。貉(*Nyctereutes procyonoides*),体似狐,两颊横生淡色长毛,吻、耳较短,体肥,腿短。

2. 熊科(Ursidae) 体大,头圆,吻长,裂齿不发达,颈短,爪不能收缩,后足跖行性。齿式:3.1.4.2/3.1.4.3。棕熊(*Ursus arctos*),体形大,毛棕色。前足腕垫椭圆形不与掌垫相连。黑熊(*Selenarctos thibetanus*),体毛黑色,前胸有"V"形白斑。白熊(*Thalassarctos maritimus*),体毛白色,头小,面扁,颈长,耳小圆。跖底无毛。马来熊(*Helarctos malayanus*),毛黑色胸部淡白,前肢显著弯曲,善爬树。

3. 大熊猫科(Ailuropodidae) 如大熊猫(*Ailuropoda melanoleuca*),体毛多

图 19-35　食肉目代表动物(自郑作新,夏武平等)

A. 狼;B. 狐;C. 貉;D. 黑熊;E. 大熊猫;F. 紫貂;G. 水獭;H. 黄鼬;I. 獾;J. 虎;K. 猞猁

白色,眼圈、耳壳、肩部、四肢呈黑色。齿式:3.1.4.2/3.1.4.3。以竹类(冷箭竹、华桔竹)为食,也吃小虫。我国特产,产于我国四川、甘肃及陕西,栖息于海拔1 500 m以上的中、高山原始林内。为一级保护动物。

4. 鼬科(Mustelidae)　体细长,腿短,尾长。多数肛门处有臭腺。齿式:3.1.2~4.1/2~3.1.2~4.2。獾(*Meles meles*,狗獾),头部毛短有白色纵纹3条,颜面两侧从口角经耳基部至头后各1条,中间1条由吻端至额部,3条白纵纹间隔以2条黑纵纹,由吻端两旁向后延伸,经过眼到头后部与背部深色部分相连。下颌、喉部、体腹面、四肢黑棕色。鼻端尖,有软骨质鼻垫,鼻垫与上唇间被毛。猪獾(*Arctonyx collaris*),喉部白色,鼻垫与上唇间裸露。头部也有3条白纹。黄鼬(*Mustela sibirica*),尾长为体长的一半,尾毛膨松。背毛棕褐色,腹毛色淡。水獭(*Lutra lutra*),半水栖,四肢趾间有蹼,头扁,耳壳退化,体棕黑色。紫貂(*Martes zibellina*),为本科著名的毛皮兽。

5. 浣熊科(Procyonidae)　尾通常有环纹,杂食性,以植物为主。齿式:3.1.3.2/3.1.4.2。小熊猫(*Ailurus fulgens*),体毛棕红色,口鼻四周有乳白色毛伸至眶间中央。耳边白色,胸、腹、四肢黑褐色。眼睛上方及颊部有白斑。尾有9个赤白相间的环纹(九节狼)。

6. 猫科(Felidae)　颜面短,前肢5指,后肢4趾。趾行性。裂齿发达,齿式:3.1.2~3.1/3.1.2.1。爪能伸缩,多数性凶猛,善于攀缘或快速跳跃,猎食其他温血动物。

(1)虎(*Panthera tigris*),体毛淡黄色有许多黑色横纹。前额黑纹似"王",尾部有10个黑环。虎分布于亚洲,有8个亚种:①苏门答腊虎(*P. t. sumatrae*),体型最小,脸部颊毛较长,胡须也长,全身黄色,黑色条纹显著,狭窄且较密。分布于印度尼西亚的苏门答腊岛。②东北虎(*P. t. amoyensis*,西伯利亚虎、朝鲜虎),虎中体型最大者。体毛较长而密,体色较淡,身体上黑色斑纹疏。腹部的白色延伸到身体两肋部。分布于俄罗斯西伯利亚,我国东北小兴安岭和长白山一带。为国家一级保护动物。③华南虎(*P. t. amoyenstis*,中国虎),体型较东北虎小,体毛较东北虎短,色橘黄略近赤,背部较深,全身具黑色纵纹,色深而宽且较密。主要分布于我国东南、西南、华南各省。据估计其野外数量现不足20头,数量极度稀少。为国家一级保护动物。④印支虎(*P. t. corbetti*,东南亚虎),体型较孟加拉虎小,体毛较华南虎短,身体颜色较华南虎浅,较孟加拉虎深,黑色条纹狭窄且黑。分布于东南亚大陆东部、越南、老挝、泰国、马来西亚、中国和缅甸等。为国家一级保护动物。⑤孟加拉虎(*P. t. tigris*,印度虎),其猎物主要是野鹿和野牛。孟加拉虎的栖息地范围很广,包括很高、很冷的喜马拉雅山针叶林、沼泽芦苇从、印度半岛的枯山上、印度北部苍翠繁茂的雨林和干燥的树林。白虎为孟加拉虎的变种。⑥巴里虎

(*P. t. balica*)，分布于印尼巴里岛，于 20 世纪 40 年代灭绝。⑦里海虎(*P. t. virgata*,高加索虎)，分布于土耳其至亚洲中部以及西部，于 20 世纪 70 年代灭绝。⑧爪哇虎(*P. t. sondaica*)，分布于印尼爪哇岛，于 20 世纪 80 年代灭绝。

(2)狮(*Panthera leo*)，幼狮身上有斑点，成体无，毛棕黄色。雄狮头后颈部生鬣毛(棕黄至褐色)。尾端有球状茸毛。耳背黑色。

(3)豹(*Panthera pardus*)，(金钱豹)毛棕黄色，体背、侧有环状斑 3～6 行。头、四肢、尾有黑色圆斑点。腹部、四肢内侧斑点较少。云豹(*Neofelis nebulosa*)，毛黄色或灰黄色，体侧自前肢到臀部有大型云状斑纹，边缘黑色中间灰黄色。眼后颊部有 2 列黑纹，颈背部 4 条黑纹。尾有若干条黑环。猞猁(*Lynx lynx*)，体毛为淡黄与灰褐混合，有深色斑点。两耳间有 2 撮直立的毛。

7. 灵猫科(Viverridae) 体瘦长，吻较突出，爪略具伸缩性，灵猫亚科会阴处具芳香腺，獴亚科无芳香腺。齿式 3.1.4.2 /3.1.4.2。果子狸(*Paguma larvata*)，俗名:香狸、白额灵猫(因爱吃水果而得名;又因头部有 7 块大小不等的白色斑块，与棕黑色被毛相同，构成一个黑白鲜明的特定脸谱，而又被称为花面狸)。体毛多灰色，头、耳黑色，头顶正中有一条白纹通达吻端，颊两侧及颈部有白毛，眼下有白斑。四肢 5 趾，能攀缘。果子狸遇敌时，会由肛门腺放出恶臭气味以免掠食者的捕食。夜行性动物，主要分布在我国河北、山西、陕西、江苏和浙江等地。主要栖息在森林、灌木丛、岩洞、树洞或土穴中。以野果和谷物为主食，也吃树枝叶、鸟及鸟卵、蛙、鼠、昆虫之类的食物。目前民间繁殖饲养的数量颇多，但野外族群的现状目前不明。果子狸属于国家二级保护动物。

(十一)鳍脚目(Pinnipedia)

鳍脚目四肢特化为鳍状，趾间有蹼，尾小夹在后肢之间，无裂齿分化。

1. 海狗科(Otaridae) 有小耳壳，颈部较长，前肢较长无爪无毛，后肢发达在陆地上能向前转，在陆地上移动。面部似狮，有的种类颈部着生毛。海狮(*Zalophus californianus*)，体色深褐，略紫。毛短粗，颈部有鬃状长毛，叫似狮吼。前肢第 1 指长于第 2 指，后肢外侧趾明显长于中间 3 趾。吻部钝。皮下脂肪厚，听觉、嗅觉灵敏。可训练、表演。分布于美国加州沿岸。海狗(*Callorhinus curilensis*,膃肭兽)，与海狮分属不同亚科。体毛由灰色至黑色，雌性色淡。体密被长毛，绒毛多。前肢第 1 指短于第 2 指，后肢各趾长度几乎相同。吻部较尖。阴茎、睾丸可入药。

2. 海豹科(Phocidae) 无耳壳，颈短，成体无绒毛，在陆地后肢不能转向前，用腹部弯曲动作完成运动。海豹(*Phoca vitulina*)(图 19-36)，成体背部灰黄或苍灰色，有许多棕黑色或灰黑色斑点，形状不规则，头、四肢斑纹小，腹部斑纹少。头圆，眼大，口须长，鼻孔和耳具瓣膜可开闭。前肢小，后肢大，且与尾连接不能前转。

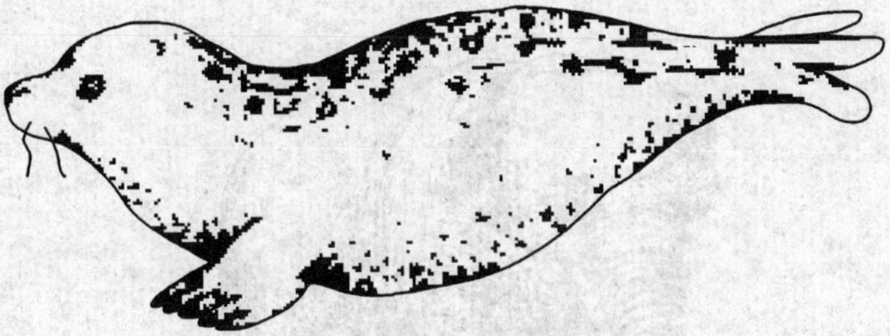

图 19-36　海豹(自谢祚浑)

3. 海象科(Odobenidae)　无耳壳,后肢发达,能在陆地运动。上犬齿发达,突出口外,形成獠牙。雌性獠牙较细短。北海象(*Mirounga angustirostris*),生活在北半球,雄性鼻长似象,南海象(*M. leonina*),生活在南半球,雄性鼻上部皮肤长成囊状,能膨起。

(十二)海牛目(Sirenia)

海牛目的前肢为鳍状,指上有许多对退化的蹄;后肢消失,但体内有带骨。水平尾鳍,颈部明显,草食性。

儒艮科(Dugonidae)　体似鲸,颈部明显,前肢发达,尾宽大。眼小,无耳壳,上颌有 2 门齿,雄性门齿较长突出。如儒艮(*Dugong dugong*),体背深灰,负面灰色,皮肤有稀而细的短毛。头小,前方较钝,向下方倾斜。口向腹面开口。鼻孔位于头背面,眼位于鼻孔后方。耳位于眼后方。前肢特化为鳍状,指不外露。乳房位于鳍基部,哺乳时前肢抱幼仔。草食性,曾有人用其来清除河口的水草,每天食草 45 kg。在我国广东、广西、台湾等省沿海生活,儒艮还分布于印度洋、太平洋周围的一些国家。已被列为国家一级保护动物。

(十三)长鼻目(Proboscidea)

长鼻目是现存最大的陆栖动物。体毛退化,脚底有厚层弹性组织垫。具长鼻,上唇与鼻连在一起成圆筒状,可取食、吸水、触摸和攻击等。上门齿发达,突出口外,即通称的"象牙"。齿式 1.0.3.3/ 0.0.3.3。植物食性。睾丸终生留于腹腔内。

象科(Elephantidae)　有 1 属 2 种。亚洲象(*Elephas maximus*)(图 19-37),耳较小,鼻端具有一个突起,雄性有象牙(门齿突出口外)。前足 5 指,后足 4 趾,趾端成蹄状。前额中央凹陷。我国云南南部有产,为国家一级重点保护动物。非洲象(*Loxodonta africanus*),耳较大,鼻端具有 2 个突起,雄、雌性均具象牙。前、后足均 5 趾。

额部平滑。

图 19-37 亚洲象(自夏武平等)

(十四)奇蹄目(Perissodactyla)

奇蹄目的足第3趾发达,趾端具蹄,其余趾退化消失。齿式:0～3.0～1.3～4.3/0～3.0～1.3～4.3。代表动物如图19-38所示。

1. 马科(Equidae) 四肢长,善奔跑。仅第3趾发达,2、4趾退化,门齿凿状。野马(*Equus przewalskii*),尾长,自基部至尾端具毛。鬃短直立自头顶至肩部成深棕色。家马的祖先。野驴(*Equus hemionus*),尾上部毛短,下部毛长。夏毛赤棕色,背中央有一条黑褐色纹由肩部至尾基部。冬毛灰黄色。吻端、耳内侧、四肢内侧,喉、胸腹部白色。斑马(*Equus burchelli chapmani*),棕多且长,身上黑褐色纹宽大,由背部直到腹部,两侧联结。四肢纹细碎有形成斑点的趋势。

2. 犀牛科(Rhinocerotidae) 头顶额部具1～2个表皮角(若2个则前后排列),前肢3～4指,后肢3趾。印度犀(*Rhinoceros unicornis*),鼻端有1个角,粗而不长。皮肤在肩胛、颈下、四肢关节处有宽大褶皱成甲胄状。前后肢3趾。白犀(*Rhinoceros simus*),鼻端有2个角,较长。雌犀角比雄犀长。吻部大且方(方吻犀)。

3. 貘科(Tapiridae) 鼻端无角,向前突出,能自由伸缩。如:马来貘(*Tapirus indicus*),身体中部灰白色,其余各部分黑色,幼兽体深褐色有黄色斑纹。前肢4指,后肢3趾。

图 19-38　马(A)、斑马(B)和犀牛(C)(自 Hildcbrand)

(十五)偶蹄目(Artiodactyla)

偶蹄目第 3、4 趾发达,第 2、5 趾小,第 1 趾退化。多数上门齿消失,臼齿咀嚼面复杂。低等的齿冠短圆,丘形,高等的齿冠高,月形。代表动物如图 19-39 所示。

1. 猪科(Suidae)　头长,吻长,雄性上颌犬齿发达成为獠牙,向外上方翘起。体毛粗硬。具 4 趾,3、4 趾着地,齿式 1～3.1.2～4.3/ 3.1.2～4.3。杂食性。野猪 *Sus scrofa* 体毛黑色,背鬃毛长,耳直立,为家猪祖先(图 19-40)。

2. 河马科(Hippopotamidae)　身体庞大,头特别大,四肢短。门齿、犬齿皆獠牙状。齿式 2～3.2.4.3/1～3.1.4.3。如河马(*Hippopotamus amphibious*),体黑褐色,光滑无毛,眼、耳、鼻孔位于面上部,前后肢 4 趾,略有蹼。半水栖,以水生植物为食(图 19-40)。

3. 驼科(Camelidae)　第 3、4 趾着地,蹄下有胼胝状肉垫,齿式:1.1.2～3.3/3.1～2.3。胃三室,瘤胃与网胃上有许多水囊。如双峰驼(*Camelus bactrianus*),单峰驼(*Camelus dromedarius*),后者为国家一级保护动物。

4. 鹿科(Cervidae)　头具骨质角(驯鹿雌雄均有角,麝、牙獐和麂雌雄均无角,

图 19-39 偶蹄目代表动物(自郝天和,夏武平等)

A. 双峰驼;B. 梅花鹿;C. 麝;D. 麋鹿;E. 野牛;F. 黄羊;G. 羚牛;H. 盘羊;I. 长颈鹿

其余雄性有角,雌性无),每年脱落1次。鹿角分叉随年龄而增多。上颌犬齿缺或呈獠牙状,下颌犬齿呈门齿状,臼齿月形。齿式 0.0~1.3.3/ 3.1.3.3。除麝外均

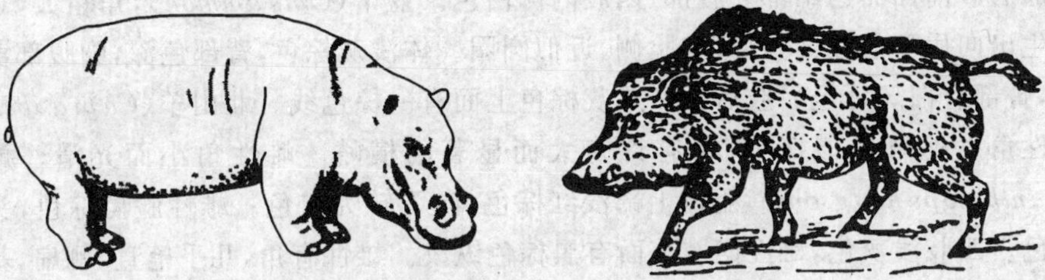

图 19-40　野猪(右)与河马(左)(自谢祚浑)

无胆囊。我国所产鹿类共 15 种。如:梅花鹿(*Cervus Nippon*),夏毛红棕色有明显白斑(冬毛无白斑),臀部有 1 大白斑。雄性有角(四叉)。麋鹿(*Elaphurus davidianus*,四不像),尾似马,颈似驼,角似鹿,蹄似牛。夏毛红棕色,冬毛灰棕色,颈部有 1 黑褐色纵纹延至体背前部,体侧下部灰白色。尾末端丛毛黑褐色。麋鹿是我国特产,野生种群已灭绝,1866 年侵略者从我国盗运出的麋鹿,在英国繁育成功,解放后我国数次引入并在北京及南京近郊半放养成功,麋鹿成了"归侨"。马鹿(*Cervus elaphus*),雄性角 8 叉,第 1、2 叉接近,角基有 1 圈小瘤状突,产鹿茸。冬毛灰棕色,有 1 黑棕色条纹从额始延背中线至体后。臀部有 1 黄赭色大斑。夏毛赤褐色。白唇鹿(*Cervus albirostris*),体褐色,有淡色小斑,吻端两侧及下唇纯白色。臀有明显淡黄色斑,雄角扁平,4～5 叉。我国特产。麝(*Moschus moschiferus*),麝不具角,雄性上犬齿獠牙状,腹部有麝香腺,后肢比前肢略长。颈部两侧各有白毛延至腋下成 2 条白带纹。颈背、体背有土黄色斑点 4～5 纵行,腰臀部斑点密集不成行。狍(*Capreolus capreolus*),夏毛红棕色,冬毛灰棕色,臀部有 1 块白斑。四肢细长,雄性角 3 叉。鼻端黑色。獐(*Hydroptes inermis*),体黄色,毛粗。雄性犬齿发达形成獠牙,雌雄均无角。小麂(*Muntiacus reevesi*),体棕褐色,腹白色,四肢细长。雄性有短角,基部通常 1 叉。从角基部到眼内侧有 2 条纵黑纹,上犬齿发达。

5. 长颈鹿科(Giraffidae)　如:长颈鹿(*Giraffa camelopardalis*),头顶具 2～3 个不分叉包有表皮的角,终生不脱落。体黄色,有不同形状的黑色斑纹。产于非洲,栖于森林草原地区,以树叶及嫩枝为主食。

6. 牛科(Bovidae)　多数雄兽具 1 对洞角,角由额骨衍生而成,外包角质壳由表皮形成。齿式 0.0.3.3 /3.1.2～3.3。岩羊(*Pseudois nayaur*),角粗大,基部横切面略呈三角形。躯体上部棕黄,脸部毛有黑尖,喉及胸部的黑色向下延伸,至前肢的前边变为一明显的黑纹直达蹄部。由腋下起延至体侧、腰部和鼠蹊部有黑纹直通后肢前面而达蹄部。腹部、四肢内侧白色。盘羊(*Ovis ammon*),角粗大,自基部生出向后弯向腹面,再弯向脸侧,近似圆圈。体浅灰棕色,背部色深,胸腹部黄棕色,臀部有白斑延至后肢后面。尾灰棕色上面有一棕色线。北山羊(*Capra ibex*),雄性角发达弯曲似镰刀状,有许多大而显著的横嵴。雌性角小而光滑。藏羚(*Pantholops hodgsoni*),躯体上部浅红棕色,向下转为白色。雄性脸黑棕色,头顶白色。四肢浅灰色,雄性四肢前面有黑棕色纵纹。雄性有角,几乎笔直,侧扁,基部有明显的等距横棱。黄羊(*Procapra gutturosa*),体形纤瘦,头圆,耳长尖生有密毛。雄兽的角短而直,呈竖琴状,表面有紧密的环形横棱,环的数目最多不超过23个,尖端平滑,呈弧形外展,最后2个角尖彼此相对。雌兽无角。颈部粗壮,尾巴很短,仅9~11 cm。臀部有明显的白色斑块。四肢细长,前腿稍短,蹄窄而尖,分布于蒙古国、中国和俄罗斯的西伯利亚地区。黄羊栖息于半沙漠地区的草原地带,性喜群栖。每胎产1~2仔,寿命7~8年。黄羊的皮革光润轻暖,肉味鲜美,曾经是草原牧民冬季的主要食物,角可入药,有清热解毒、平肝息风的功能,国家二级保护动物。羚牛(*Budorcas taxicolor*),角粗,由头骨顶部长出先向外侧生长,然后转向后上方生长,体深棕灰色,吻部、鼻周、嘴角黑色延伸至鼻与眼间2/3处,尾末端有棕黑色簇毛。野牛(*Bos gaurus*),体暗棕色,鼻唇灰白色,四肢上部金棕色,膝上及踝关节、蹄为白色。有不少已被驯化成家畜,例如,黄牛(*Bostaurus domestica*)、水牛(*Bubalus bubalus*)、牦牛(*Bosgrunniens*)、山羊(*Capra hircus*)、绵羊(*Ovisaris*)等。

本章小结

哺乳纲是脊椎动物亚门中最高等的一纲,基本特征是:体被毛,出现膈肌,异型齿,恒温,心脏四室,红细胞无核,胎生(除单孔目外),哺乳,神经、感官和肌肉发达,身体构造完善,运动、捕食等生存能力和适应环境能力均大大加强。现存哺乳纲分为原兽亚纲、后兽亚纲和真兽亚纲。

思考题

1. 哺乳类的进步性特征表现在哪些方面?

2. 恒温及胎生哺乳对于动物生存有什么意义?

3. 试述哺乳类牙齿的结构特点及齿式在分类学上的意义。

4. 总结哺乳类血液循环系统的特征,理解动脉、静脉、毛细血管以及淋巴管之间的关系。

5. 试述哺乳类脑、脑神经、脊神经和植物性神经系统的主要结构和功能。

6. 简述哺乳类的繁殖过程及影响因素。

7. 简述哺乳类主要内分泌腺及其功能。

8. 简述哺乳类各亚纲的特征。

9. 简述哺乳类各生态类群及适应意义。如何理解生物多样性及其保护的意义?

第二十章　动物进化

导读　地球上生存的物种形形色色，种类繁多，并且还在不断地有新物种的产生和旧物种的消失。现存200多万种物种究竟是怎样来的呢？达尔文发展了拉马克学说，阐述了生物是进化来的科学论断，为人类科学地认识生命世界奠定了基础。

第一节　生命的起源

关于生命起源的问题，由于历史不能再现，所以，人们只能根据已掌握的材料来推断过去。所有的生物，无论是最简单的还是最复杂的生命体，都是由基本的生物分子——核酸或蛋白质构成的，而这两种分子加在一起，也只不过是由更简单的结构单位：20种氨基酸、5种碱基、2种核糖（核糖和脱氧核糖）和磷酸组成的。这些基本物质是与地球的形成密切相关的。

一、地球的起源

近代天文学家认为，宇宙的年龄为200亿年。宇宙包括河外星系和银河系。现已证明，构成宇宙的最基本的物质是氢（H），占总量的90%；其次是氦（He），占9.9%；其余的是碳（C）、氧（O）、氖（Ne）、氮（N）、硫（S）及少量简单的分子。太阳系是银河系中极微小的一部分。太阳是从纯氢开始的，根据星云假说，由于致密核心重力的吸引，物质向核内集中，这时就形成了恒星。太阳就是在这个过程中形成的。太阳是一炽热的球体，由于旋转加速，一部分气体被甩了出去，形成了许多行星，地球就是太阳系的九大行星之一。

据推断，地球诞生于约50亿年前。在地球不断地旋转和地球引力的作用下，原子间不断地发生相互碰撞，会形成许多小分子，如：$H+H \rightarrow H_2$＋热；$N+H_3 \rightarrow NH_3$＋热；还有水蒸气（H_2O）、二氧化碳（CO_2）、硫化氢（H_2S）和氰化氢（HCN）等。自然界的一些重元素如铁和溴等化合物集中到内部，构成了密度较大的地核；较重的铅、铝等分布于中层，构成了地幔；外层为地壳，地壳的年龄约有46亿年。而最轻的氢、氦、氮、二氧化碳等气体，则分布在地球表面，形成了大气层。由于地球内部各种物质的密度收缩，使物质间相互碰撞而释放出巨大的能量，这是造成地球内部的高温和火山喷发的原因。由于地球内部温度不断升高，使内部结晶水变成水气，水气因火山喷发而进入大气中。后又随降雨落到地面，于是又形成了水圈。

早期的地球表层非常热，气体分子运动剧烈，致使原始大气层脱离了地球的引力，飞向太空，地球表层的大气层完全消失。随着地球表面温度逐渐地冷却，加上火山频繁喷发，产生了大量的还原性大气，如甲烷（CH_4）、二氧化碳（CO_2）、分子氮（N_2）、水蒸气（H_2O）、氨（NH_3）、氰化氢（HCN）等，这些又构成了新的大气层。一些水蒸气在太阳紫外线的作用下，分解成氢和氧。氢气轻，可以从地球重力场逸出，而氧较重，则留在了大气层里。氧是活泼的元素，它几乎可与所有的金属、非金属形成各种氧化物，致使大气中再也没有游离的氧，只是在绿色植物出现以后，通过光合作用才产生了氧。

二、地球上原始海洋的出现

地球形成初期，表面没有任何河流和海洋。由于地球表面温度降低，内部温度仍很高，造成火山频繁喷发。同时，地壳也不断发生造山运动。有的地方隆起形成高山、丘陵，有的地方凹陷形成山谷和低洼地。当大气中由于火山喷发，使水蒸气达到饱和时，形成了持续不断的倾盆大雨，降落到地面上，于是，低洼地区就逐渐聚集形成了河流和海洋。那时的海称作太古海，海水含盐量很低，后经几十亿年的冲刷，将地面上可溶性的 NaCl、$MgCl_2$ 及不溶性的 SiO_2 等带入海洋，才形成了今日含盐量高的海洋。

三、早期地球上有机物的形成

降雨将大气中的一些 CH_4、CO_2、N_2、H_2O、NH_3 和 HCN 等带进了原始海洋。由于当时海水的温度还较高，加上宇宙射线、紫外线、闪电放电、X 射线等，促使了 CH_4 与 H_2O、NH_3 之间的化合，最终衍生出糖、嘧啶、嘌呤、甘油、脂肪酸、氨基酸等有机化合物。这些有机分子的出现为生命有机体的诞生提供了原材料。

早在 1953 年，美国学者 Stanley Miller 就模拟早期地球的条件，把 H_2O、CH_4、NH_3 和 H_2 混在一密闭的容器内，并加热，使水变成水蒸气。为了模拟早期的闪电，他进行火花放电，一周后停止，使容器冷却。结果，原来无色的气体使水变成了红色的液体。经过分析，液体内含有氨基酸、脂肪酸、甲酸、乙酸及其他一些聚合物。其中的氨基酸有 11 种，有 4 种是自然界存在的。还有氰化氢和甲醛，这是合成过程中的中间产物，瞬时即消失了。继 Stanley Miller 以后，不少人去扩大他的实验，利用无机物合成了氨基酸、嘌呤、嘧啶、核糖、脱氧核糖等。因此，再也没有理由怀疑早期地球上不可能出现生命的问题了。

四、生物大分子的合成

当时的太古海洋逐渐变为混有上述各种有机分子的“肉汤”。由于各种有机物并存，必然会经常接触，可能在太阳辐射能的作用下，它们结合成了蛋白质、核酸等大分子。1963 年，德国生物学家舍曼把简单的糖、嘌呤、嘧啶及含磷的无机化合物混在一起，给予正常的压力，通过放电，发现生成了一种具有螺旋结构的核酸，但没有表现出生命活性。1968 年，我国科技工作者在世界上首次合成了具有生命活性的蛋白质——结晶牛胰岛素。这对生命起源的研究提供了一个重要的论据。

五、多分子体系和非细胞阶段的原始生命

由于核酸、蛋白质等大分子化合物在海水中不断积累，使它们中的一部分附在岩石或浅海的淤泥里，通过相互吸附作用，聚集成团聚体或微球体样的多分子体系，同时形成原始的界膜，与海水分隔开来，这可能就是原始的生命形态。据推断，最初出现的原始生命应是异氧的。他们以吞噬海洋里的有机分子为生，并进行无氧酵解，因为在当时的还原性大气中还没有氧气，更不会有今日大气层里的臭氧(O_3)层。所以，早期的生命只有在水中或淤泥、石缝等处，才能免遭强烈紫外线的杀伤。

六、细胞的起源

非细胞的原始生命在经历了漫长岁月的演化后，也许分化成了异氧的原核细胞。迄今为止，最早的原核细胞化石是在南非巴伯顿城硅质沉积物形成的燧石中发现的，被命名为原始细菌(*Eubacterium isolatum*)，距今已有 32 亿年的历史。随着岁月的流逝，这些原始细菌又分化出了一种能够放氧的蓝藻，这可能是光合作用的开始。科学家在南非同样地区还发现了一种蓝藻化石，命名为巴伯顿古球藻(*Archaeo sphaeroides Barbertonensis*)，距今已有 30 亿年的历史。

在距今大约 10 亿年前，出现了真核细胞。迄今，最早的真核生物化石是在澳大利亚的阿斯附近的苦泉地层(bitter spring formation)中发现的，这是一种绿藻化石(Glenobotrydion aenigmatis)，距今也有 10 亿年的历史。由于真核细胞有膜包围着的细胞核和各种膜性细胞器，所以，它一经出现，就以其无比的生命力，获得了在海洋中的主导地位。

随着光合作用的出现，氧气开始积累在大气里，当大气中氧气含量达到今日的 1%时，臭氧便开始积累，逐渐挡住了紫外线对地球的辐射，这彻底改变了大气的组

成。有了游离氧,便出现了需氧型的生物。利用氧来氧化食物,可以从中获取更多的能量,加速了生物的代谢活动,促进了生物的大发展。

综上所述,生命的发生与发展,大致可分为 3 个阶段:①由原始大气或原始海洋中的无生命的元素形成无机物,经过符合逻辑并允许的步骤形成简单有机物至生物大分子,进而形成具有初步生命现象的多分子体系,这可能经历了 10 亿~15 亿年的时间;②由原始生命开始到原核细胞、真核细胞,直到 10 亿年前,共经历了 20 亿年左右的时间;③从真核细胞开始到现在,经历了 10 亿年时间。总之,在经历了几十亿年漫长岁月的发展以后,地球上最终形成了生物圈。

第二节　动物进化的例证

研究动物的起源与进化,只依靠现存生物形态的知识是不够的,应该从古生物学、比较形态学、生物化学等多方面进行综合比较和考证,寻找动物进化的旁证。随着科学技术的进步,研究生物进化的手段和途径逐渐增多。人类将会找到更多的证据,利用更广泛的手段,完善动物进化的历程。

一、动物胚胎学方面的例证

各种不同的脊椎动物,无论其成体和生活习性差异有多大,如果将他们早期的胚胎加以比较,就不难发现他们之间存在着多么惊人的相似,而且越是处于早期的胚胎阶段,从形态上越难以辨别。所有陆生脊椎动物在胚胎发育的早期都具有鳃裂和尾,头部较大身体弯曲(图 20-1)。即使是人类,在胚胎发育的初期也同样具有鳃裂、尾巴等,以后消失。种种迹象表明,脊椎动物都来自一个共同的祖先。

二、动物解剖学方面的例证

通过比较解剖学的研究发现,不同动物的体内存在着痕迹器官(vestigial organ)、同源器官(homologous organ)和同功器官(analogous organ),这些都能为生物间的亲缘关系和进化提供例证。

痕迹器官是指动物体内的某些器官,会随着动物的进化而逐渐退化,失去功能。如人的盲肠、耳肌、瞬膜、尾椎骨,鲸鱼的后肢等。这些痕迹器官的存在,证明了人类正是从具有这些器官的动物进化而来的。

同源器官是指不同动物的器官,形状和功能都不同,但在结构和发生上却是相同的。如鸟的翅、鲸鱼的鳍、马的前腿、蝙蝠的翼及人的手臂等,都属于五趾型附

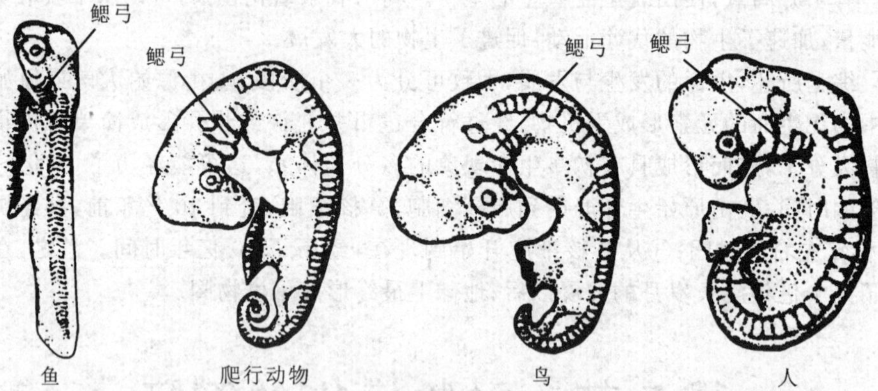

图 20-1 动物早期胚胎比较(仿 Hickman)

肢,只是由于不同的动物为了适应不同的生存环境,逐渐演化成了不同的器官。这些同源器官,也为生命进化理论提供了证据。

三、动物生理生化方面的例证

动物有机体的结构与生理功能是密切联系的。结构相似,生理功能也相近。亲缘关系近的个体之间在血液的生理生化方面要比亲缘关系远的个体间相似;体内的激素等也是如此。有的有机物甚至可以替换。

血清免疫反应:每种动物的血清中,都含有特异的蛋白质,这些蛋白质的相似程度,可通过抗原—抗体反应查明。方法是:向甲动物体内注射少量乙动物的血清,甲动物的血浆细胞会对乙动物的抗原迅速产生抗体,将这种血清样本稀释后,再与一滴乙动物的血清混合,就会发生抗体—抗原反应,即产生明显的沉淀。产生的沉淀越多,证明两种动物相近的蛋白质越多,亲缘关系越近;反之,沉淀少或没有沉淀产生,则证明两种动物亲缘关系远或无亲缘关系。利用这种方法,科学家们找到了与人类血缘关系最近的是类人猿,以后依次是东半球的猴、西半球的猴、跗猴类。此外,还测出猫、狗、熊之间的亲缘关系也很近。奶牛、绵羊、山羊、鹿和羚羊之间也有很近的亲缘关系。

四、动物地理学方面的例证

动物的地理分布,也可证明生物的进化过程。如澳大利亚、新西兰等地区真兽类极少,即使有哺乳动物,也都是有袋类动物(袋鼠、袋狼和树熊等)和单孔类。惟一合理的解释就是澳洲在真兽类发生以前就脱离了大陆。所以在那里,动物一直维持在有袋类和单孔类等原始哺乳动物这一水平上。

五、遗传学方面的例证

亲缘关系近的物种,染色体对数常常是相同的。如人、猩猩、黑猩猩的染色体都是 46 条。而亲缘关系远的动物,染色体数目则相差很大。染色体组型(karyotype)分析也为生物进化提供了间接证据。

六、古生物化石方面的证据

化石是过去生命的记录,是那些现在已经灭绝的生命的遗体和遗迹。生物体死亡后,很快就会腐烂。只有一些坚硬的部分如骨骼、贝壳、几丁质等在偶然的情况下,经过漫长的岁月,被大自然矿化,随着地壳的运动被埋藏于地下,从而有幸保留下来,成为我们今日所见到的化石。由于化石的形成是偶然的、有选择性的,它只保留了生物全部进化过程的某一片段,所以,往往会出现偏差。但化石仍不失为动物进化过程中最有力和最直接的证据。如马和象的化石能够清晰地显示出马和象进化的历程。

第三节 进化学说

一、拉马克主义

法国生物学家拉马克(L. B. Lamarck,1744—1829)是现代进化论的最初奠基者。他在 1809 年出版的《动物哲学》中首先阐明了动物是进化来的。拉马克主义——"获得性遗传"理论的精髓在于:由于环境改变,有机体会产生适应性的变异并遗传给下一代。他举的最著名的例子是长颈鹿。长颈鹿祖先的颈并不很长,但由于它们生活在经常干旱、地面缺草的非洲大陆,迫使它们不得不经常伸颈觅树叶,久而久之,颈部逐渐增长,并遗传给后代,最后形成了现代的长颈鹿,这是"用进"的例子。另一方面,营穴居生活的鼠,两眼发生了退化,这是"废退"的例子。这些都说明:环境条件的改变,决定了变异的方向,我们将它称为定向变异。

按照拉马克的定向变异理论,变异是受外界环境直接影响的。但事实上,在相同的环境下,生活着不同的生物;反之,在不同的环境下,又存在同种生物。相似的变异能在不同的条件下发生,不同的变异又能在相似的条件下发生。拉马克的定向渐变理论不能对上述情况做出合理地解释，因此，近代绝大多数生物学家没有接受这一理论，因为遗传学的研究表明，有机体的某些特征是由其一生形成的，无法遗传给下一代，如动物发达的肌肉。不过，限于当时的科学发展水平，他能够首先冲破神创论的禁锢，提出生物进化的观点，是难能可贵的。

二、达尔文主义

达尔文(Charles Darwin，1809—1882)在不满 23 岁时，就以自然科学家的身份，乘坐英国皇家贝格尔号军舰，开始了长达 5 年(1831—1836)的环球旅行，在搜集了大量的事实后，又经过 20 余年的潜心研究，终于在 1859 年出版了不朽之作《物种起源》，提出了以自然选择理论为基础的进化学说，即达尔文主义。主要包括 5 点：

1. 永恒的变化 他强调生命世界既不是永恒的，也不是周而复始的循环，而是在慢慢地发生着变化。

2. 共同起源 所有的生物都来自一共同的祖先。从系统发生上看，生命史呈一有分支的进化树结构。

3. 物种的种类增多 从生物的祖先开始，通过遗传变异，不断地分化出新种，使物种的种类逐渐增多。

4. 渐进主义 生物在进化过程中，不同的物种间在解剖形态上都存在着明显的差异。这些差异是通过世世代代许多微小的有益变异长期累积形成的，而非短时间内突然形成的。

5. 自然选择 他认为生物在生存竞争中，通过遗传变异，将具有有益变异的个体保留下来，并将这些变异遗传下去；而且具有有害变异的个体，会被淘汰。这就是自然选择。自然选择学说是达尔文进化论的核心。

达尔文的自然选择学说基本是正确的，但也存在着 2 个弱点：一是生物为什么能发生变异，从而导致生物的进化？二是自然选择的结果为什么能遗传给后代？限于当时的科学水平，这些问题很难解释清楚；但达尔文的进化论仍极大地推动了生物科学的发展。

第四节 动物进化规律

地球上形形色色的动物，尽管形态与功能千差万别，但都遵循着一定的进化规律，按照由低等到高等，由简单到复杂，由水生向陆生的总趋势不断地进化发展的。了解一些动物进化规律有助于更深刻地认识动物界。

1. 适应辐射律 原始的物种在扩大生存范围和占领区域的过程中，由于受到不同环境因素的影响，会逐渐形成不同的适应器官，这种现象称适应辐射。达尔文称之为性状分歧。哺乳动物具有共同的祖先，由于生活环境不同，逐渐产生了不同的类型，如水中生活的鲸，适于飞翔的蝙蝠，树栖的长臂猿等。

2. 平行律 不同类群的动物，由于生活在极其相似的环境条件下，对等的器官可以出现相似的性状，这就是平行律。如翼手目的蝙蝠和啮齿目的鼯鼠，前者在黄昏时飞出来寻找昆虫，后者在晚上于树间滑行觅食。他们的前后肢都有一张皮膜相连。

3. 趋同律 亲缘关系较远的不同类群，生活在相同的环境条件下，他们不对等的器官可以出现相似的性状，这种现象称趋同律。如蝴蝶的翅和鸟类的翅都有飞翔作用。

4. 不可逆律 动物在进化过程中所丧失的某些器官，即使后代恢复了祖先的生活环境，也不会再度出现，这种现象称不可逆律。如重新回到海洋中适应水中生活的鲸类，仍然用肺呼吸，而不会恢复到他们祖先用鳃呼吸的状态。

动物按照进化的规律不断发展变化，经过几亿年的时间推移，呈现为今天这样种类纷繁的动物界。地球上最早的生命体，应是一团能进行新陈代谢的蛋白质体，当有了细胞核和细胞质的分化，便形成了单细胞动物。原始的单细胞动物可能是原始鞭毛虫类，以后又进化出更高等一些的原生动物。单细胞的原生动物个体聚集在一起生存，成为单细胞的群体，群体逐渐发生形态上的分化和机能上的分工，继而演化为多细胞动物。最原始的多细胞动物——海绵动物就是由领鞭毛虫的群体进化而来的。

腔肠动物一般认为起源于类似浮浪幼虫的祖先。从腔肠动物到扁形动物，动物不断地进化发展，从两胚层分化为三胚层；体制由辐射对称转变成两侧对称。两侧对称的体制和中胚层的出现，为动物从被动的漂浮或固着生活，过渡到主动运动和登上陆地生活奠定了基础。三胚层动物的进化分为 2 支，一支是原口动物，包括扁形动物、线形动物、软体动物、环节动物和节肢动物等，另一支是后口动物，包括棘皮动物和脊索动物。

扁形动物起源于浮浪幼虫的祖先，线形动物可以和扁形动物的涡虫纲联系起来。环节动物一般认为起源于扁形动物的涡虫纲。软体动物胚胎发育过程中的螺旋形卵裂和担轮幼虫相同，充分显示出它们与环节动物的亲缘关系较密切。这两门动物应是同一祖先分别朝着不同的方向发展的结果。

节肢动物是由环节动物进化而来的。动物在长期的演化过程中，细胞的形态、机能逐步分化，出现了各种复杂的组织、体腔和器官系统，身体由不分体节到分节现象的产生,再到体节发生愈合和身体的分部;附肢从无到有,由疣足到节肢;神经细胞由分散到集中,神经冲动由弥散型的缓慢传导到沿着特定的分向迅速传导。

脊椎动物的出现,是动物演化史上的一个飞跃。目前一般认为脊索动物可能和棘皮动物有一共同的原始祖先,因为脊索动物和棘皮动物都是后口动物,其祖先一支演化成棘皮动物;另一支演化成脊索动物的祖先。

由无头类分化出原始有头类,这是原始的脊椎动物,以后分化为两支:一支是无颌类,化石无颌类及现存的圆口纲动物都没有上下颌;另一支是有颌类,后来发展成为鱼类。从没有上下颌到颌口的出现是脊椎动物进化的一大飞跃。原始鱼类大约出现在四亿多年前的古生代奥陶纪,而泥盆纪则是鱼类广泛分布和繁殖的时代,从早期鱼类化石来看,它们都生活在淡水。因此,可以认为鱼类起源于内陆水域,然后再迁居到海中繁衍。

脊椎动物演化的第二阶段是两栖类的出现和成功登陆。古生代泥盆纪末期,地壳强烈运动,大片陆地上升,气候环境变化剧烈,地面上出现了季节性干旱,巨大的木贼、石松和蕨类植物沿着广阔的沼地和淡水河岸生长繁殖。大量的残枝落叶在水中腐烂,造成严重的缺氧。一些河湖、池沼甚至干涸无水,水中的生活环境变得恶化起来,其中一支古总鳍鱼类可以通过内鼻孔和"肺"进行呼吸,靠肉质丰富且有力的偶鳍把身体支撑起来爬行运动,在长期的适应过程中,古总鳍鱼类终于演变出原始的两栖类,具有肉质柄的偶鳍发展为五趾型附肢,肺呼吸代替了鳃呼吸,由水栖过渡到陆栖,揭开了脊椎动物向陆地发展的序幕。

爬行类在2亿多年前的古生代石炭纪末期,由古两栖类分化而出,当时的自然环境在很大范围内的气候条件是潮湿和温暖的,且较稳定,石炭纪末期自然条件渐次变坏,开始出现寒冷的冬季。在石炭纪和二叠纪交替时期,地壳又发生很大的变化,大面积的陆地变得干燥、炎热和沙漠化。古两栖类长期生活在这种由潮湿变为干燥的环境中,逐渐形成了新的适应,首先是富于腺体的皮肤演变为厚的角质板,皮肤腺退化,防止了体内水分的蒸发。尤其是在生殖方面有了较大发展,羊膜卵外具坚固的卵壳,可免受干燥的影响,使动物能完全摆脱对水环境的依赖而适应陆地生活。

爬行类出现后,迅速在中生代大量地繁殖,并适应辐射出形形色色的古爬行动物:地面上爬行的有体长达10余米的巨型恐龙;空中飞行的有翼龙和羽齿龙;水中游泳的有蛇颈龙和鱼龙。整个中生代被誉为"爬行动物时代"。由于地形和气候变化不大,古爬行类在特定的环境中生活,造成了身体结构的极端特化,如体大、头小、前肢短、后肢粗大、食量过大而生殖率低等,他们对气候等自然环境的依赖性极大,因此,对中生代末地球上的造山运动所引起的气候剧烈变化难以适应,大量绝

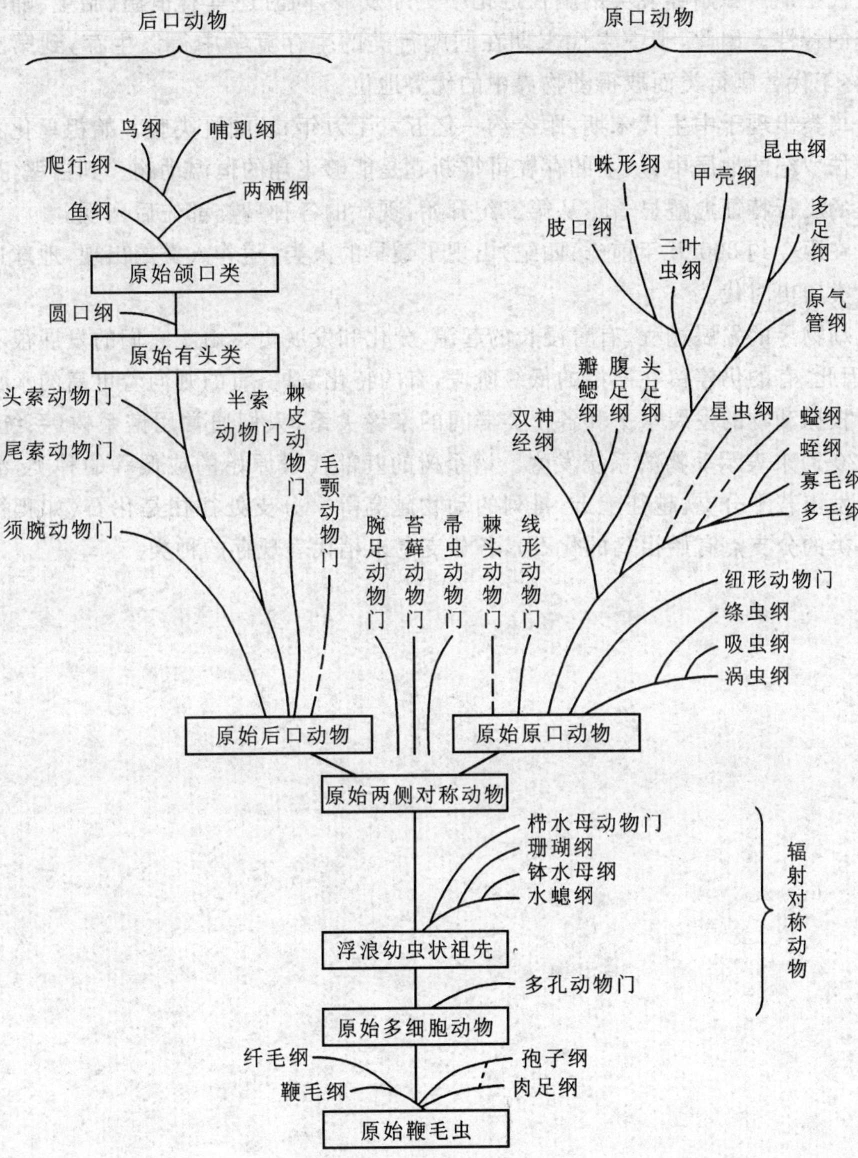

图 20-2 动物界演化树(自周正西等)

灭,现存的仅有龟、蛇、蜥蜴和鳄 4 类。

哺乳类和鸟类先后从古爬行动物演化而来。哺乳类最初出现于约 2 亿年前的中生代中期。原始哺乳类的脑在进化中更加发展，同时还具有恒温、胎生、哺乳等优越的特性。因此，于中生代末期在同爬行类的生存竞争中得以生存，到第三纪时，终于代替爬行类而取得动物界中的优势地位。

鸟类出现于中生代末期，距今约一亿五六千万年，较哺乳类晚。始祖鸟化石发现于侏罗纪的地层中，从羽的存在可推断它是能够飞翔的恒温动物。到白垩纪后，鸟类的飞行特征愈益显著。从第三纪开始，现代的各种鸟类都先后出现。

在距今约 300 万年前(第四纪)出现了最早的人类，随着人类的出现，地球进入到人类历史时代。

动物界的发展过程，有着漫长的起源、分化和发展史。由于它们的发展很不平衡，因此，有的仍停留在原始的低级阶段，有的特化发展，有的则向着更高的水平进化。根据动物的发展水平和各个类群间的亲缘关系，人们通常用谱系树(系统树)(图 20-2)来表示动物的系统发生。谱系树的基部代表原始的或低等的种类，沿着树干发出若干分支，越往上走，排列的动物越高等。分支处往往是化石(如爬行类和鸟类的分支点有始祖鸟的化石)，各分支的末梢代表现存的种类。

参考文献

1. 武汉大学,南京大学,北京师范大学,等. 普通动物学. 北京:高等教育出版社,1983

2. 华中师范学院,南京师范学院,湖南师范学院,等. 动物学(上下册),北京:高等教育出版社,1984

3. 堵南山,等. 无脊椎动物学. 上海:华东师范大学出版社,1989

4. 鲍学纯. 动物学. 长春:东北师范大学出版社,1987

5. 华东师范大学,等. 动物生态学(上下册). 北京:人民教育出版社,1982

6. 盛和林,王岐山. 脊椎动物野外实习指导. 北京:人民教育出版社,1982

7. Richard D Jurd. 动物生物学. 北京:科学出版社,1999

8. 王德兴,等. 动物学野外实习指导. 西安:陕西师范大学出版社,1991

9. 任淑仙. 无脊椎动物学(上下册). 北京:北京大学出版社,1990

10. 杨安峰,程红. 脊椎动物比较解剖学. 北京:北京大学出版社,1999

11. 杨安峰,等. 脊椎动物学(上册). 北京:北京大学出版社,1983

12. 江静波,等. 无脊椎动物学(修订本). 北京:人民教育出版社,1982

13. [美]老克利夫兰·P·希克曼,等著. 林琇瑛,等译. 动物学大全. 北京:科学出版社,1988

14. 刘凌云,郑光美. 普通动物学. 第3版. 北京:高等教育出版. 1997

15. 张训蒲,朱伟义. 普通动物学. 北京:中国农业出版社,2000

16. 许崇任,程红. 动物生物学. 北京:高等教育出版社-施普林格出版社,2000

17. 左仰贤. 动物生物学教程. 北京:高等教育出版社,2001

18. 赵建成,吴跃峰. 生物资源学. 北京:科学出版社,2002

19. 周正西,王宝青. 动物学. 北京:中国农业大学出版社,1999

20. 郑光美. 鸟类学. 北京:北京师范大学出版社,1995

21. 郑作新. 中国鸟类系统检索. 第3版. 北京:科学出版社,2002

22. 郑光美. 世界鸟类分类与分布名录. 北京:科学出版社,2002

23. 王应祥. 中国哺乳动物种和亚种分类名录与分布大全. 北京:中国林业出版社,2003

24. 马克勤，郑光美. 脊椎动物比较解剖学. 北京：高等教育出版社，1984

25. 罗默著 . 杨白苍译. 脊椎动物身体. 北京：科学出版社，1985

26. Hildebrand, M. Analysis Of vertebrate structure (Second edition) John Wiley and Sons inc. USA. 1982

27. 刘学英，申瑞玲. 动物学. 太原：山西高教联合出版社，1993

图书在版编目(CIP)数据

动物学/王慧,崔淑贞主编.—北京:中国农业大学出版社,2006.6
ISBN 978-7-81117-004-7

Ⅰ.动…　Ⅱ.①王…②崔…　Ⅲ.动物学　Ⅳ.Q95

中国版本图书馆CIP数据核字(2006)第019885号

书　名　动物学
作　者　王　慧　崔淑贞　主编

策划编辑	赵　中	**责任编辑**	潘晓丽　洪重光
封面设计	郑　川	**责任校对**	王晓凤　陈　莹
出版发行	中国农业大学出版社		
社　址	北京市海淀区圆明园西路2号	**邮政编码**	100193
电　话	发行部 010-62731190,2620	读者服务部	010-62732336
	编辑部 010-62732617,2618	出　版　部	010-62733440
网　址	http://www.cau.edu.cn/caup	**E-mail**	caup@public.bta.net.cn
经　销	新华书店		
印　刷	涿州市星河印刷有限公司		
版　次	2006年6月第1版　2015年1月第5次印刷		
规　格	787×980　16开本　23.25印张　425千字　彩插3		
定　价	33.00元		

图书如有质量问题本社发行部负责调换